한국사

허동욱 저

박영사

최근 많은 대학생들이 군 간부가 되고자 한다. 그 길목에 '국사' 필기시험이 있다.

군 간부선발 시 '국사' 필기시험 과목이 별도로 편성되어 있으며, 2019년부터는 한국사능력검정시험 합격자에게 잠재역량 가점을 부여한다. 그만큼 중요하다는 것이다.

대학에서 군사학부 학과장으로 '한국사' 교과목을 6년째 강의하면서 우리의 역사를 학생들이 잘 기억하고 '국사' 필기시험을 합격할 수 있도록 도와주고 싶은 마음에서 본 교재를 집필하게 되었다.

역사는 옛 사람들의 희로애락을 담은 이야기라 참 흥미롭고 재미있다.

그런데 '한국사'는 중·고등학교에서 배웠는데도 군 간부가 되려는 학생들에게 군장학생 선발시험에서 많은 부담이 되고 있으며, 군에서 요구한 교양필수 교과목으로 반드시 이수해야 한다.

어떻게 하면 학생들에게 수업시간이 재미있고,

군 간부선발 시험에서 합격할 수 있는 공부하기 좋은 책은 없을까?

학생들의 고민을 해결해 주기 위해 대한민국 간부선발 국사 필기평가 기준과 한국사능력검정시험에 맞춰서 준비한 교재가 바로 『한국사』이다.

본 교재는 군이 요구한 '국사' 능력을 배양하기 위해 총 13개의 장으로 구성하였다.

제1장 한국사의 이해는 우리가 역사를 왜 배우는 지 한국사의 중요성은 무엇인지와 2018년 군장학생 국사 출제문제를 정리하였고, 한국사능력검정시험에 대비 최근 기출문제를 제시하였으며, 제2장부터 제4장에서는 근대사의 시작인 개항기로부터 대한민국의 역사적 정통성까지 정리하였다.

제5장부터 제8장에서는 대한민국 건국으로부터 6·25전쟁을 극복하고 국가 발전과정에서 군의 역할과 북한 정치체제의 허구성까지 포함하였다.

제9장부터 제11장까지는 한·미동맹의 필요성과 중국과 일본의 역사 왜곡을 정리하였으며, 제12장에서는 대학 강의에서 필수요소인 중간·기말고사 문제를 제시하였고, 제13장에서는 최근 3년 간 출제되었던 문제를 중심으로 2019년 실전 모의고사를 편성하여 우리 **학생들이 대학성적은 A⁺를 받고, 군 간부 선발시험과 한국사능력검정시험에 꼭 합격할 수 있도록 간절히 기원하는 마음으로** 집필하였다.

끝으로 이러한 『한국사』 교재를 출판할 수 있도록 배려해 주신 박영사 안종만 대표이사님과 출판사 관계자 여러분께 진심으로 감사드리며, 대한민국 국가안보를 책임지기 위해 군 간부의 꿈을 키우고 있는 학생들과 대학에서 한국사를 강의하시는 교수님들께 조금이나마 도움이 되었으면 하는 바람이다.

2019년 2월 20일

저자 허동욱

차 례

제12장 ——————————————————————————— 중간·기말고사

제13장 ——————————————————————————— 실전 모의고사

제1장

한국사의 이해

제1절   역사란 무엇인가?

① 역사(歷史)의 의미

1) 사실로서의 역사(history as past): 객관적 의미의 역사, 시간적으로 현재에 이르기까지 일어났던 모든 과거 사건을 의미, 수많은 과거 사건들의 집합체. 19C 독일의 역사학자 랑케(Leopold von Ranke, 1795~1886)는 "원래의 역사적 자료에 충실하면서 사료의 개념을 어떠한 편견이나 선입견에 사로잡히지 않고 끝까지 객관적인 입장에서 역사를 서술해야 한다."고 주장.
   또한 역사의 어원을 살펴보면 역(歷: 지낼역)이란? 세월, 세대, 왕조 등이 하나하나 순서를 따라 계속되어 가는 것으로서 '과거에 있었던 사실'을 뜻함.

2) 기록으로서의 역사(history as historiography): 조사되어 기록된 과거 기록된 자료, 역사서, 주관적 의미의 역사, 과거의 사실을 토대로 역사가가 이를 조사하고 연구하여 주관적으로 재구성한 것, 역사가의 가치관과 주관적 요소 개입. 20C 영국의 에드워드 핼릿 카(E. H. Carr, 1892~1982)는 "역사는 현재와 과거의 끊임없는 대화다. 인간의 역사는 끊임없는 변화며 이러한 변화는 우리들의 가치와 관점의 변화에 따라 언제나 다르게 해석될 수 있다."고 주장.
   예) 1961년 5월 16일 발생한 사건을 3~6공화국에서는 "5·16 군사혁명"으로 평가하였으나, 1993년 김영삼 문민정부에서 역사바로세우기를 하면서 "5·16 군사정변"으로 재평가하였음.
   또한 역사의 어원에서 사(史: 역사사)란? 활쏘기에 있어서 옆에서 적중한 수를 계산 기록하는 사람을 가리키는 말로서 '기록을 관장하는 사람'을 뜻함.

3) 우리가 역사를 배운다고 할 때 이것은 역사가들이 선정하여 연구한 기록으로서의 역사를 배우는 것임. 기록으로서의 역사는 과거의 모든 사실을 대상으로 하는 것이 아니라 역사가들이 특별히 의미가 있다고 선정한 사실에 한정되어 있음. 따라서 이를 연구할 때는 과학적 인식을 토대로 학문적 검증을 거쳐야 함.

② 역사(歷史) 학습의 목적

1) 역사 그 자체를 배운다는 의미(과거 사실에 대한 지식 늘림)와 역사를 통하여 배운다는 의미(역사적 인물이나 사실들을 통하여 현재 이해, 삶의 지혜 습득, 역사적 사고력과 비판력 교훈을 얻음)

2) 첫째, 역사를 배움으로써 과거의 사실을 토대로 현재를 바르게 이해할 수 있음.
   둘째, 역사를 통하여 삶의 지혜를 습득할 수 있음.
   셋째, 역사를 배움으로써 역사적 사고력과 비판력을 기를 수 있음.

3) 동양에서는 역사학이 정책의 입안을 위한 이론적 근거와 참고자료를 마련하기 위하여 연구됨. 귀감이 되는 것을 찾는 목적이었음.

예) 우리나라에서는 서거정의 동국통감(鑑: 거울감), 중국에서는 사마광의 자치통감.

4) 한국사의 이해는 우리 민족의 역사적 삶의 특수성을 이해하고 그 가치를 깨우치는 것이어야 함. 우리 역사와 문화의 특수성에 대한 이해는 한국사를 바르게 인식하는 데 기초가 될 뿐만 아니라 우리가 민족적 자존심을 잃지 않고 세계 문화에 공헌하는 데에도 필요함. 따라서 역사를 바르게 이해하는 것은 세계사적 보편성과 지역적 특수성을 균형 있게 파악함을 의미하는 것임.

제2절 한국사의 중요성

최근 군에서는 '한국사' 교과목을 군사학과 학생들이 반드시 이수해야 할 '교양필수' 교과목으로 지정하였다. 또한 간부선발 필기시험에서 '국사' 과목을 별도로 편성하여 합격에 큰 영향을 미치고 있다. 따라서 새롭게 추가되는『대한민국 간부선발 국사 필기평가 지침』의 주요 내용을 정리하면 아래와 같다.

❶ 적용대상

육군·해군 간부과정 선발 필기고사 대상자 전원
공군 간부과정 중 전근대사 외에 근현대사 3~5문항 출제

❷ 출제 수준 및 의도

1) 국군 간부로서 반드시 알아야 할 대한민국 근·현대사에 대한 기본소양 또는 실무능력·지식을 검정할 수 있는 수준
2) 개념정립이 필요한 내용
   (1) 대한민국의 역사적 정통성
   (2) 대한민국 건국과 발전과정에서의 군의 역할
   (3) 북한의 대남도발
   (4) 북한체제의 허구성
   (5) 한·미동맹
   (6) 주변국 역사왜곡 등

❸ 출제 범위

1) 조선 후기 개항기(1860년대)~2010년대 초반
2) 주요 출제 세부항목
   - 개항기 / 일제강점기 독립운동사
   - 임시정부 수립과 광복군 창설의 의의
   - 대한민국의 역사적 정통성
   - 6·25 전쟁의 원인과 책임
   - 대한민국의 건국과 국가 발전과정에서 군의 역할
   - 6·25 전쟁 이후 북한의 대남도발 사례
   - 북한 정치체제의 허구성
   - 한·미동맹의 필요성
   - 중국의 동북공정
   - 일본의 독도 영유권 주장 배경과 대응

❹ 출제 유형

4지 선택형(육군, 해군 20문항, 공군 25문항), 시험시간 20분(2018년부터 25분에서 20분으로 조정).

❺ '국사'시험 만점으로 합격하고, 대학에서 A⁺ 받는 비법!

1) 출제자 의도를 파악하자: 군간부가 갖춰야 하는 역사의식을 평가한다.
2) 편식하지마라: 근현대사 10개 분야에서 골고루 2~3문제가 출제된다.
3) 시대적 흐름 속에 2~3개 사건의 연관성과 상호미치는 영향을 기억하자.
4) 문제유형별 반복 출제되는 사례는 외우자.
5) 스토리텔링(Story Telling) 기법으로 즐기며 수업에 참여하자.

❻ 출제 범위(각 장별 2~3문제 출제)

주 제	출제된 핵심 주제
1. 개항기 / 일제강점기 독립운동사	강화도조약 / 임오군란 / 갑신정변 / 동학농민운동 / 청일전쟁 / 갑오개혁 / 을미사변 / 을미개혁 / 을미의병 / 아관파천 / 대한제국 / 광무개혁 / 러일전쟁 / 을사늑약 / 을사의병 / 국채보상운동 / 헤이그특사파견 / 정미7조약 / 군대해산 / 정미의병 / 한일병합조약 / 보안회 / 헌정연구회 / 대한자강회 / 신민회 / 학회 / 삼원보 / 신흥무관학교 / 서간도 / 북간도 / 연해주
2. 임시정부 수립과 광복군 창설의 의의	대한국민의회 / 상하이임시정부 / 한성정부 / 대한민국임시정부 / 연통제 / 교통국 / 국민대표회의 / 의열단 / 한인애국단 / 실력양성운동 / 물산장려운동 / 민립대학설립운동 / 형평사운동 / 박은식 / 신채호 / 6.10만세운동 / 신간회 / 광주학생항일운동 / 봉오동전투 / 청산리대첩 / 간도참변 / 한국광복군
3. 대한민국의 역사적 정통성	카이로회담 / 포츠담회담 / 조선건국준비위원회 / 모스크바3상회의 / 반탁 / 찬탁 / 미소공동위원회 / 정읍발언 / 좌우합작위원회 / 삼백산업 / 삼저호황 / IMF / 우루과이라운드 / WTO
4. 6·25 전쟁의 원인과 책임	애치슨선언 / 박헌영 / 김일성 / 스탈린 / 마오쩌둥 / 낙동강방어선 / 인천상륙작전 / 1.4후퇴 / 반공포로석방 / 최인훈 광장 / 한미상호방위조약
5. 대한민국의 건국과 국가 발전과정에서 군의 역할	의병 / 독립군 / 한국광복군 / 조선경비대 / 군사영어학교 / 국군 / 이범석 / 소말리아상록수부대 / 국군의료지원단 / 앙골라공병부대 / 동티모르상록수부대 / 레바논동명부대 / 아이티단비부대 / 필리핀아라우부대 / 아프가니스탄 오쉬노부대 / 이라크 자이툰부대 / 소말리아청해부대
6. 6·25 전쟁 이후 북한의 대남도발 사례	1.21사태 / 푸에블로호사건 / 울진·삼척무장공비침투 / 판문점도끼만행사건 / 아웅산테러사건 / KAL기폭파사건 / 강릉잠수함침투사건 / 연평해전 / 대청해전 / 천안함폭침 / 연평도포격 / 화전양면정책 / 도발행위은폐·엄폐
7. 북한 정치체제의 허구성	박헌영 / 조만식 / 소련파 / 연안파 / 김일성파 / 8월종파사건 / 중·소이념분쟁 / 주체사상 / 선군정치 / 우리식사회주의 / 1인지배체제 / 강성대국론 / 자립적민족경제 / 합영법 / 7·1경제관리개선개조조치 / 나진·선봉자유무역지대 / 황금평경제특구 / 대북인권결의안 / 고려민주연방공화국 / 1민족1국가2제도2정부 / 국가보안법폐지 / 주한미군철수
8. 한·미동맹의 필요성	신미양요 / 주한미군사고문단 / 한미상호방위조약 / 브라운각서 / 한미안보연례협의회 / 닉슨독트린 / 데탕트 / 한미연합사령부 / 군사·정치외교·경제적 차원에서의 역할
9. 중국의 동북공정	동북변강역사여현상계열연구공정 / 통일적다민족국가론 / 상서대전 / 비파형동검 / 북방식고인돌 / 삼국유사 / 제왕운기 / 기자동래설 / 사출도 / 예맥족 / 낙랑군 / 현도군 / 영토패권주의 / 동이 / 삼국사기 / 조공·책봉제도 / 말갈족 / 거란족 / 고구려국왕 / 독자적연호 / 무왕 / 문왕 / 선왕
10. 일본의 역사 왜곡	오키섬 / 만기요람 / 세종실록지리지 / 신증동국여지승람 / 동국문헌비고여지고 / 증보문헌비고 / 칙령41호 / 시마네현고시40호 / 울릉도쟁계 / 돗도리번답변서 / 조선국교제시말내탐서 / 태정관지령 / 기죽도약도 / 카이로선언 / 훈령(SCAPIN)제677호 / 샌프란시스코강화조약 / 청구권협정 / 고노담화

01 다음 도표의 (가)에 해당하는 시기에 대한 설명으로 옳은 것을 고르시오.

> 을미의병 → 을사의병 → (가) → 국내진공작전

① 고종의 강제퇴위에 반발하여 일어났다.
② 을미사변과 단발령에 의해 일어났다.
③ 13도 창의군을 창설하였다.
④ 신돌석 평민출신이 의병장을 하였다.

02 다음 〈사진〉을 보고 알맞은 내용을 고르시오.

한국군이 베트남전 참전으로 파병 가는 모습

① UN의 요청으로 참전하였다.
② 한국의 방위태세는 약화되었다.
③ 이 일을 계기로 국군의 장비는 현대화되었다.
④ 한국은 베트남 파병에 1개 사단만 지원했다.

03 다음 중 1990년대에 일어난 사건으로 옳은 것을 고르시오.

① 울진삼척 무장공비침투사건
② 강릉 앞바다 잠수함침투사건
③ 아웅산 묘소 폭파사건
④ 연평도 포격사건

04 1920년대에 일어났던 국외 무장투쟁과 관련된 사건들을 순서대로 알맞은 것은 ?

> ㉠ 자유시 참변   ㉡ 간도참변
> ㉢ 청산리대첩   ㉣ 봉오동전투
> ㉤ 3부 형성
> ㉥ 조선혁명군. 한국독립군

① ㉠ - ㉡ - ㉢ - ㉣ - ㉤ - ㉥
② ㉣ - ㉤ - ㉥ - ㉠ - ㉡ - ㉢
③ ㉢ - ㉣ - ㉠ - ㉥ - ㉤ - ㉡
④ ㉣ - ㉢ - ㉡ - ㉠ - ㉤ - ㉥

05 다음 〈보기〉를 읽고 북한의 사상으로 옳은 것을 고르시오.

> "조선민주주의인민공화국은 사람 중심의 세계관이며 인민 대중의 자주성을 실현하기 위한 혁명사상이다."
> 1972년 사회주의 헌법에서 북한의 통치이념으로 공식화하였다.

① 선군사상   ② 주체사상
③ 강성대국론   ④ 김일성-김정일주의

★정답/문제풀이

1. ③   2. ③   3. ②   4. ④   5. ②

06 다음 〈보기〉를 보고 알맞은 것을 고르시오.

> 미국은 태평양 방위선으로 필리핀으로부터 오키나와를 연하는 선으로 한다.
> 이 외의 침략을 받는 국가는 국가자체방위력으로 침략에 대응해야 한다.

① 브라운 각서   ② 애치슨 선언
③ 닉슨 독트린   ④ 한미상호방위조약

07 다음 〈보기〉의 내용과 관련이 있는 문서를 고르시오

> 황제의 재가를 받아 울릉도를 울도로 개칭하고 도감을 군수로 승격한다.

① 대한제국 칙령 제41호
② 시마네현 고시 40호
③ 센프란시스코 강화조약
④ 카이로선언문

08 다음 중 독도가 우리 영토라는 근거에 대해 옳지 않은 것은?

① 일본은 시마네현 고시 40호를 통해 우리나라 영토라는 것을 인정했다.
② 대한제국 당시 칙령 제41호를 통해 독도가 우리영토라는 것을 확인했다.
③ 독도는 울릉도보다 오키섬에서 더 가깝다.
④ 안용복은 일본에 가서 독도가 우리영토라는 것을 확인시켰다.

09 한국의 전후복구에 대한 미국의 경제적 지원에 대한 내용이다. 옳지 않은 것을 고르시오.

① 미국은 1953~1959년까지 16억 달러 원조제공
② 소비제 중심의 경제원조
③ 한국이 원한 생산재 및 산업기반시설 원조제공
④ 1950년대 후반, 미국은 국내경제 악화를 이유로 경제적 지원의 형태를 무상원조에서 유상차관으로 변경

10 북한의 정치체제로 옳지 않은 것을 고르시오.

① 해방 직후 다양한 정파들이 각축하는 구도를 형성하였다.
② 1956년 8월 종파사건으로 김일성은 독재체제를 공고히 하였다.
③ 1972년 사회주의 헌법을 제정하여 민주적 사회주의로 발전하였다.
④ 세습적 후계체제를 만들었다.

11 다음 〈보기〉 내용에 대해 옳지 않은 것을 고르시오.

> ㉠ 미얀마 아웅산묘소 폭파 사건
> ㉡ KAL기 폭파 사건

① 기존 전략을 그대로 유지
② 배경이 해외로 이동
③ 테크닉을 요하는 해외 테러
④ 모르는 척 발뺌

★정답/문제풀이

6. ②   7. ①   8. ③   9. ③   10. ③   11. ①

12 다음 〈보기〉에서 설명하는 단체로 맞는 것을 고르시오.

> 1926년 6·10만세운동 이후 1927년 국내에서 최초로 형성된 민족유일당운동 단체로 1929년 광주학생운동에도 영향을 준 단체이다. 자매 단체로는 근우회가 있다.

① 신민회
② 대한자강회
③ 신간회
④ 국채보상기성회

13 다음 중 모스크바 3국 외상회의가 일어날 당시의 국내정세로 옳은 것을 고르시오.

① 신탁통치에 대한 관점의 차이로 반탁과 찬탁으로 대립되었다.
② 제주도에서 4·3사건이 일어났다.
③ 미국에 의해 주도된 삼백산업이 시행되었다.
④ 한미상호방위조약이 체결되었다.

14 중국의 동북공정에 대한 입장으로 옳지 않은 것을 고르시오.

① 고구려는 중국의 한 지방민족 정권이다.
② 고구려와 수·당의 전쟁은 국내전쟁이다.
③ 고려는 고구려를 계승한 국가이다.
④ 고구려 민족은 중국 고대의 한 민족이다.

15 다음 〈보기〉에 제시된 글의 시대상황에 대하여 옳지 않은 것을 고르시오.

> 〈1950년대 경제상황〉
> 1950년대 한국의 경제는 원조 경제 체제로, 미국으로부터 잉여 농산물, 소비재 등의 무상 지원을 받으면서 식량 문제를 해결하였다. 이 시기에는 삼백산업이 발달했다. 그러나 생산재 산업의 부진으로 인해 공업 부분의 불균형 현상이 드러났고, 한국 내 농산물의 가격이 하락하고, 밀·면화 생산이 타격을 받아 농업 기반이 파괴되었다.

① 1950년대 한국 산업은 소비재 중심 산업이 발달하였다.
② 삼백산업은 정부의 보호아래 독점적으로 성장한 대표적인 산업이다.
③ 1960년대 수출중심의 경제정책을 수립하였다.
④ 삼백산업은 1960년대 이후에도 대표성을 유지했다.

★정답/문제풀이

12. ③   13. ①   14. ③   15. ④

16 다음 〈보기〉에서 6·25전쟁 진행순서로 알맞은 것은 ?

> 가. 1.4 후퇴
> 나. 평양수복
> 다. 낙동강방어선
> 라. 인천상륙작전
> 마. 중국군 개입

① 다 – 라 – 나 – 마 – 가
② 가 – 라 – 나 – 마 – 다
③ 다 – 나 – 라 – 마 – 가
④ 라 – 나 – 가 – 마 – 다

17 한미동맹의 군사적 차원으로 옳지 않은 것은 ?

① 북한에 대한 대북 억제력을 제공한다.
② 한국군의 군사전략 및 전술이 발전되었다.
③ 한국군의 무기체계가 발전하였다.
④ 동아시아의 세력균형자 및 안정자 역할을 한다.

18 다음 중 중국이 주장하는 발해사에 관한 설명으로 틀린 것을 고르시오.

① 중국 사서인 신당서, 구당서를 바탕으로 발해의 국호는 말갈이다.
② 발해 문화의 바탕은 말갈인의 문화이다.
③ 발해사는 중국역사의 일부이다.
④ 발해인들도 8세기 중반에는 국호를 고려 혹은 고려국이라 불렀다.

19 해외파병 임무를 수행하는 레바논 동명부대에 관해 옳지 않은 것을 고르시오.

① 참가국이 모든 경비를 부담하는 활동이다.
② 동티모르부대에 이어 두 번째 보병부대로 정전 감시가 주 임무이다.
③ 동명부대 전 장병은 UN평화유지군에게 부여되는 최고의 영예인 UN메달을 수여 받았다.
④ 민사작전 명칭은 Peace Wave로 노후된 학교 건물 보수도 하였다.

20 다음 〈보기〉는 일제의 통치정책 중 일부이다. 이와 같은 내용으로 옳은 것을 고르시오.

> 가. 위안부   나. 징병, 징용제도 실시
> 다. 공출, 공납   라. 신사참배 강요

① 무단통치   ② 헌병경찰통치
③ 문화통치   ④ 국가 총동원법

★정답/문제풀이

16. ①   17. ④   18. ④   19. ①   20. ④

2018년도 기출문제(2회)

01 다음 (보기)와 관련된 사건과 옳은 것을 고르시오.

> 신미양요랑 관련된 지문
> ex) 조선군은 끝까지 저항하며 미군에게 맞써 싸웠다

① 병인박해가 원인이 되어 일어났다.
② 운요호사건을 빌미로 일어났다.
③ 오페르트가 남연군묘 도굴을 시도하였다.
④ 제너럴셔먼호 사건을 구실로 일어났다.

02 다음 밑줄 친 것에 대해 옳지 <u>않은</u> 것을 고르시오.

> 한국을 독립국가로 만들기 위해 임시적으로 한국 민주정부를 수립한다.
> 한국 임시정부의 설립을 돕기 위해 <u>미·소 공동위원회를 설치한다.</u>
> 미국, 영국, 소련, 중국이 공동으로 관리하는 신탁통치를 최대 5년간 실시한다.
> 모스크바 3국 외상회의 결정사항(1945)

① 소련은 공산주의 정당만 참여하자고 주장하였다.
② 미국은 모든 정당을 참여시키자고 주장하였다.
③ 서로의 이익이 위해 대립이 있었다.
④ 2차 미소공동회담에서 임시정부를 설립하기로 합의 하였다.

03 다음 보기가 일어나 옳은 사건을 고르시오.

> 1956년 북한의 김일성이 갑산파를 중심으로 일어난 사건이며 자신이 권력을 장학하기 위해 연안파, 소련파 등 수많은 세력들을 숙청하여 자신의 1인 집권체제를 구성하여 독재정치를 시작하는 계기가 되었다

① 천리마 운동   ② 합영법
③ 8월 종파사건   ④ 7.1 경제관리 조치

04 다음 (가)에 들어갈 상황으로 옳은 것을 고르시오.

봉오동전투 (1920.6.)	청산리대첩 (1920.10.)	(가)	대한독립 군단 결성 (1920.12.)	자유시참변 (1921.6.)

① 홍범도가 이끄는 대한독립군이 일본군을 격했다.
② 참의부, 정의부, 신민부를 결성하여 3부를 만들었다.
③ 한국독립군이 중국 호로군 과 연합작전을 펼쳤다.
④ 일본군이 보복으로 간도에 있는 조선인을 학살 하였다.

05 다음 중 1960년대 북한의 도발 유형에 대해 옳은 것을 고르시오.

> ㉠ 잠수함을 통하여 침투하였다.
> ㉡ 무장공비들을 침투시켰다.
> ㉢ 생화학 무기를 이용하여 암살을 시도하였다.
> ㉣ 요인 암살을 주요목표로 하였다.

① ㄱ, ㄴ   ② ㄴ, ㄹ
③ ㄱ, ㄷ, ㄹ   ④ ㄷ, ㄱ

★정답/문제풀이

1. ④   2. ④   3. ③   4. ④   5. ②

06 다음 (보기) 법령 시행한 이유를 고르시오.

제1조 회사의 설립은 조선 총독의 허가를 받아
야 한다.
제2조 조선 밖에서 설립된 회사가 한국에 본점
이자 지점을 둘 때에도 직예 총독의 허가를 받
아야 한다.

-1910년 12월 30일-

① 쌀 생산량을 증가시키기 위해 실시되었다.
② 조선인의 회사설립이 어려워 민족자본 성장을
  방해하기 위해 시행되었다.
③ 토지를 조사하여 총독부 지세를 증가하기 위
  해 실시되었다.
④ 일본인에게 토지를 헐값으로 판매할 목적 위
  해 실시하였다.

07 다음 보기가 나온 적절한 시기를 고르시오

나는 해방 후, 본국에 들어와서 우리 여러 애
국, 애적하는 동포들과 더불어 칠, 잘 지내왔습
니다. 이제는 세상을 떠나도 한이 없으나 나는
모든, 무엇이든지 국민이 원하는 것만 알면
..... 사랑하는 우리 청소년 학도들이, 을 위시
하여 우리 해국, 해적하는 동포들이 내게 몇 가
지 결심을 요구하고 있다 ... 고로 대통령 직을
사임할 것이다.

진보당 사건	3.15 부정선거	4.19 혁명	장면 내각	한일 협약
㉠		㉡	㉢	㉣

① ㉠   ② ㉡   ③ ㉢   ④ ㉣

08 다음 발표문이 공고된 시기에 있었던 일로 옳은 것은?

대한제국 광무개혁 때
지계 및 양전사업 관령 공문
ex) 양지아문

① 태양력 사용이 결정되었다.
② 토지조사사업이 실시되었다.
③ 재정의 일원화를 탁지아문에서 시행하였다.
④ 근대적 토지문서를 발급하였다.

09 다음 북한의 대남도발 중 가장 먼저 일어난 것을 고르시오.

① 연평도 포격
② 제2차 연평해전
③ 강릉 무장공비 침투사건
④ 아웅산 묘소 테러사건

10 발해에 관한 우리의 주장으로 옳지 않은 것을 고르시오.

① 발해는 고구려의 문화와 부여의 정신을 계승
  하였다.
② 발해왕성은 평양성을 참고해서 만들었다.
③ 일왕에게 보낸 국서에 '고구려 국왕'이라고 되
  어있다.
④ 당나라 빈공과에 발해, 신라인들이 응시하였다.

★정답/문제풀이

6. ②   7. ③   8. ④   9. ④   10. ②

11 다음 ㉠에 들어갈 제목으로 옳은 것을 고르시오.

㉠ (제목)

① 김일성이 스탈린을 만나러간 이유
② 브라운각서 체결하게 된 배경
③ 대한민국 정부가 수립된 이유
④ 미군정 기간 동안 일어났었던 사건들

12 다음 글에 해당되는 운동을 고르시오.

> 제1기에 자본금 400만원으로 대지 5만평을 구입하여 교실 10동과 대강당 1동을 짓고, 한편으로 교수를 양성하며 과는 법과·문과·경제계·이과의 4과를 두게 되었다. 제2기는 300만원으로 공과를 신설하고 이과와 기타 각 과를 충실히 하는데 두었다. 제3기에 자본금 300만원으로 의과와 농과를 설치 할 것이다

① 토지조사사업　　② 민립대학설립운동
③ 산미증식계획　　④ 물산장려운동

13 다음 상황에 일어난 적절한 사건을 고르시오.

> 1945년 8·15 광복 당시 상황
> ex) 만 백성이 흰옷을 입고 뛰쳐나와 기쁨에 차 있고 기나긴 끝에 광복을 맞이하였다....

① 일본이 무조건 항복을 선언하였다.
② 미군정이 실시되었다.
③ 애치슨 선언이 발표되었다.
④ 임시정부가 수립되었다.

14 중국의 동북공정으로 옳지 않은 것을 고르시오.

① 2007년부터 2015년 까지 진행된 역사왜곡 사업이다.
② 고구려와 발해를 자국의 역사라고 주장 하고 있다.
③ 중국정부의 주도하에 시행되었다.
④ 정치적 목적이 아닌 순수한 학문적 측면에서 접근한 것이다.

15 다음 글과 관련된 설명으로 옳은 것을 고르시오.

> 제 1, 2차 미소 공동위원회가 결렬된 후 한반도의 문제는 UN으로 상정되었다. UN의 결정에 따라 투표가 진행되었지만 북한과 소련은 UN선거위원단 방북을 거부하였고 남한만이 UN의 감시 하에 투표를 실시, 이후 1948년 8월 15일 대한민국을 건국하였다.

① 대한민국은 민주공화국이다.
② 초대 대통령으로 이승만이 선출되었다.
③ 6·25전쟁이 발생하게 되었다.
④ 대한민국은 유엔의 인정을 받은 합법적인 정부이다.

★정답/문제풀이

11. ①　　12. ②　　13. ①　　14. ④　　15. ④

16 다음 빈칸에 들어갈 단어로 알맞은 것은?

```
6.25 전쟁 발발
ㄱ
인천상륙작전 개시
ㄴ 개입
휴전협정
한미 ㄷ
```

	ㄱ	ㄴ	ㄷ
①	대만군	미군	기본 조약
②	유엔군	중공군	방위 조약
③	일본군	미군	상호 원조 조약
④	유엔군	중공군	상호 방위 조약

17 한미동맹의 영향으로 옳지 않은 것은?

① 주한미군 2개 사단이 한반도에 주둔했다.

② 북한의 대북억제력이 강화되었다.

③ 한국은 미국의 지원을 받아 핵무기 및 대량살상무기를 만들었다.

④ 코리아 디스카운트(Korea Discount)를 극복할 수 있었다.

18 일본군 위안부문제에 관한 설명으로 틀린 것을 고르시오.

① 1930년대 수많은 소녀들을 강제 동원하였다.

② 일본은 보상과 공식사과를 하지 않았다.

③ 일본군이 운송, 관리를 직·간접적으로 관여하였다.

④ 일본은 2007년 미국에서 통과된 '위안부 결의안'에 대해 찬성하였다.

19 1950년대 경제상황을 나타낸 그림이다. 옳지 않은 것을 고르시오.

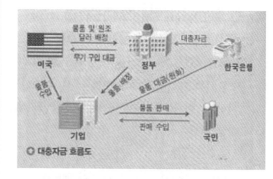

○ 대충자금 흐름도

① 원조 받은 물품을 기업으로 배정했다.

② 식량난이 해결되었고 무기구입을 통해 국방력이 강화 되었다.

③ 미국의 원조를 바탕으로 생산직 공업을 진행하였고 경제계발 계획을 시행하였다.

④ 정부는 남은 대충자금을 한국은행에 저축하였다.

20 쇄환정책에 대해 옳지 않은 것을 고르시오.

① 울릉도 주민의 안전을 위해 본토로 이주시켰다.

② 쇄환정책 후에도 조정에서 관리사를 파견시켰다.

③ 19세기 조선은 독도와 울릉도를 적극적으로 관리했다.

④ 대한제국에서는 울릉도에 이주를 금지시켰다.

★정답/문제풀이

16. ④   17. ③   18. ④   19. ③   20. ④

제3절 한국사능력검정시험

❶ 한국사능력검정 시험이란?

- 주변 국가들은 역사교과서를 왜곡하고 심지어 역사 전쟁을 도발하고 있다. 한국사의 위상을 바르게 확립하는 것이 무엇보다 시급한 실정이다. 이러한 현실에서 우리역사에 관한 패러다임의 혁신과 한국사교육의 위상을 강화하기 위하여 국사편찬위원회에서는 한국사능력검정시험을 마련하였다.
- 국사편찬위원회는 우리 역사에 대한 관심을 제고하고, 한국사 전반에 걸쳐 역사적 사고력을 평가하는 다양한 유형의 문항을 개발하고 있다. 이를 통해 한국사 교육의 올바른 방향을 제시하고, 자발적 역사학습을 통해 고차원적 사고력과 문제해결 능력을 배양하고자 한다.

1) 한국사능력검정시험의 특징

- 한국사능력검정시험은 한 나라의 국민으로서 가져야 하는 기본적인 역사적 소양을 측정하고, 역사에 대한 전 국민적 공감대를 형성하기 위한 시험으로 다음과 같은 특징을 갖고 있다. 한국사 학습능력을 측정할 수 있는 대표적인 시험이다.
- 응시자의 계층이 매우 다양하다. 한국사능력검정시험은 입시생이나, 각종 채용시험과 같은 동일한 집단이 아니라, 다양한 연령층과 직업군을 가진 사람들이 응시하고 있다. 한국사에 대한 관심과 애정만 있다면 응시자의 학력수준이나 연령 등은 더욱 다양해질 것이다.
- 국가기관인 국사편찬위원회가 주관한다.
- 국사편찬위원회는 우리 역사에 대한 자료를 관장하고 있는 교육부 직속 기관이다.
- 한국사능력검정시험은 우리나라 역사에 관한 자료를 조사·연구·편찬하는 국사편찬위원회가 주관·시행을 함으로써, 수준 높고 참신한 문항과 공신력 있는 관리를 통해 안정적인 시험 운영을 하고 있다.
- '선발 시험'이 아니라 '인증 시험'입니다.
- 합격의 당락을 결정하는 선발 시험의 성격이 아니라, 한국사의 학습 능력을 인증하는 시험이다.

2) 한국사능력검정시험의 출제유형

- 한국사능력검정시험의 문항은 역사교육의 목표 준거에 따라 다음의 여섯 가지 유형으로 구분된다.
- 역사 지식의 이해 역사 탐구에 필요한 기본적인 지식을 갖고 있는가를 묻는 영역이다. 역사적 사실·개념·원리 등의 이해 정도를 측정한다. 연대기의 파악 역사의 연속성과 변화 및 발전을 이해하고 있는지를 묻는 영역이다. 역사 사건이나 상황을 시대 순으로 정확하게 이해하고 인과

관계를 파악할 수 있는가를 측정한다. 역사 상황 및 쟁점의 인식 제시된 자료에서 해결해야 할 구체적 역사 상황과 핵심적인 논쟁점, 주장 등을 찾을 수 있는가를 묻는 영역이다.

• 문헌자료, 도표, 사진 등의 형태로 주어진 자료에서 해결해야 할 과제를 포착하거나 변별해내는 능력이 있는지를 측정한다. 역사 자료의 분석 및 해석 자료에 나타난 정보를 해석하여 그 의미를 파악할 수 있는가를 묻는 영역이다.

• 정보의 분석을 바탕으로 자료의 시대적 배경과 사회적 의미를 해석할 수 있는가를 측정한다. 역사 탐구의 설계 및 수행 제시된 문제의 성격과 목적을 고려하여 절차와 방법에 따라 역사 탐구를 설계하고 수행할 수 있는 능력이 있는가를 묻는 영역이다. 결론의 도출 및 평가 주어진 자료의 타당성을 판별하고, 여러 자료를 종합하여 결론을 도출할 수 있는가를 묻는 영역이다.

3) 평가등급

시험구분	고급	중급	초급
인증등급	1급(70점 이상)	3급(70점 이상)	5급(70점 이상)
	2급(60점~69점)	4급(60점~69점)	6급(60점~69점)
문항수	50문항(5지 택1형)	50문항(5지 택1형)	40문항(4지 택1형)

4) 평가내용

시험구분	평가등급	평가 내용
고급	1,2급	한국사 심화 과정으로 차원높은 역사 지식, 통합적 이해력 및 분석력을 바탕으로 시대의 구조를 파악하고, 현재의 문제를 창의적으로 해결할 수 있는 능력 평가
중급	3,4급	한국사 기초 심화과정으로 한국사에 대한 기본적인 이해를 바탕으로 한국사의 흐름을 대략적으로 이해할 수 있는 능력과, 전반적인 이해를 바탕으로 한국사의 개념과 전개 과정을 체계적으로 파악할 수 있는 능력 평가
초급	5,6급	한국사 입문과정으로 한국사에 대한 흥미와 관심을 가지고 있으면 누구나 이해할 수 있는 기초적인 역사 상식을 평가

❷ 시험일정: 매년 4회(1월, 5월, 8월, 10월)

구분	접수기간	시험일시	합격자발표
제42회	2018년 12월 25일(화) 09:00 ~ 2019년 1월 3일(목) 18:00	2019년 1월 26일(토)	2019년 02월 15일(금)
제43회	2019년 4월 23일(화) 09:00 ~ 2019년 5월 2일(목) 18:00	2019년 5월 25일(토)	2019년 06월 07일(금)
제44회	2019년 7월 9일(화) 09:00 ~ 2019년 7월 18일(목) 18:00	2019년 8월 10일(토)	2019년 08월 23일(금)
제45회	2019년 9월 24일(화) 09:00 ~ 2019년 10월 4일(금) 18:00	2019년 10월 26일(토)	2019년 11월 08일(금)

❸ 활용 및 특전

- 2012년부터 한국사능력검정시험 2급 이상 합격자에 한해 인사혁신처에서 시행하는 5급 국가공무원 공개경쟁채용시험 및 외교관후보자 선발시험에 응시자격 부여
- 2013년부터 한국사능력검정시험 3급 이상 합격자에 한해 교원임용시험 응시자격 부여
- 국비 유학생, 해외파견 공무원, 이공계 전문연구요원(병역) 선발 시 국사시험을 한국사능력검정시험(3급 이상 합격)으로 대체
- 일부 공기업 및 민간기업의 사원 채용이나 승진 시 반영
- 2014년부터 한국사능력검정시험 2급 이상 합격자에 한해 인사혁신처에서 시행하는 지역인재 7급 수습직원 선발시험에 추천 자격요건 부여
- 일부 대학의 수시모집 및 육군·해군·공군·국군간호사관학교 입시 가산점 부여
- 2015년부터 공무원 경력경쟁채용시험에 가산점 부여
- 2018년부터 군무원 공개경쟁채용시험에서 국사 과목을 한국사능력검정시험으로 대체
- 2019년부터 군간부(장교, 부사관) 선발시험에서 한국사능력검정시험(1~4급 이상)을 잠재능력 가점 부여

2018년도 기출문제(중급)

1. (가) 시대의 생활 모습으로 옳은 것은? [1점]

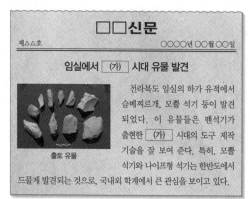

□□신문

제△△호 　　　　　　　　 ○○○○년 ○○월 ○○일

임실에서 (가) 시대 유물 발견

전라북도 임실의 하가 유적에서 슴베찌르개, 모뿔 석기 등이 발견되었다. 이 유물들은 뗀석기가 출현한 (가) 시대의 도구 제작 기술을 잘 보여 준다. 특히, 모뿔 석기와 나이프형 석기는 한반도에서 드물게 발견되는 것으로, 국내외 학계에서 큰 관심을 보이고 있다.

출토 유물

① 소를 이용하여 농사를 지었다.
② 주로 동굴이나 막집에서 거주하였다.
③ 지배층의 무덤으로 고인돌을 축조하였다.
④ 반달 돌칼을 사용하여 곡식을 수확하였다.
⑤ 거푸집을 활용하여 비파형 동검을 제작하였다.

2. 밑줄 그은 '이 나라'에 대한 설명으로 옳은 것은? [2점]

10월 3일은 개천절이야. 1909년에 대종교가 이날을 개천일로 이름 짓고 기념한 것에서 비롯되었다고 해.

단군왕검이 이 나라를 건국한 것을 기리는 뜻에서 제정되었지.

2018년 **10월**

① 독서삼품과를 실시하였다.
② 신지, 읍차 등의 지배자가 다스렸다.
③ 철을 생산하여 낙랑, 왜 등에 수출하였다.
④ 제가 회의에서 국가 중대사를 결정하였다.
⑤ 사회 질서를 유지하기 위한 범금 8조가 있었다.

3. (가) 나라의 사회 모습으로 옳은 것은? [2점]

윷놀이의 도, 개, 걸, 윷, 모는 돼지, 개, 소, 말 등의 동물을 가리킨다고 합니다. 신채호는 윷놀이가 (가) 에서 유래되었다고 주장하면서 사출도를 주관했던 마가, 우가, 저가, 구가의 존재를 근거로 들었습니다.

① 12월에 영고라는 제천 행사를 열었다.
② 골품에 따른 신분 차별이 엄격하였다.
③ 읍락 간의 경계를 중시하는 책화가 있었다.
④ 특산물로 단궁, 과하마, 반어피 등이 있었다.
⑤ 제사장인 천군과 신성 지역인 소도가 존재하였다.

4. (가) 국가의 문화유산으로 옳은 것은? [2점]

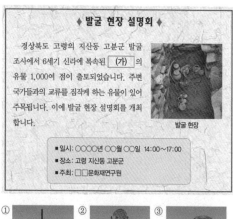

◆ 발굴 현장 설명회 ◆

경상북도 고령의 지산동 고분군 발굴 조사에서 6세기 신라에 복속된 (가) 의 유물 1,000여 점이 출토되었습니다. 주변 국가들과의 교류를 짐작케 하는 유물이 있어 주목됩니다. 이에 발굴 현장 설명회를 개최합니다.

발굴 현장

■ 일시: ○○○○년 ○○월 ○○일 14:00～17:00
■ 장소: 고령 지산동 고분군
■ 주최: □□□문화재연구원

① 　② 　③
④ 　⑤

★ 정답/문제풀이

1. ②　2. ⑤　3. ①　4. ②

5. (가) 시기에 있었던 사실로 옳은 것은? [3점]

① 백제가 수도를 사비로 옮겼다.
② 마진이 국호를 태봉으로 변경하였다.
③ 옥저와 동예가 고구려에 복속되었다.
④ 고구려가 안시성에서 당의 대군을 물리쳤다.
⑤ 신라가 지배자의 칭호를 마립간으로 변경하였다.

7. 다음 자료를 활용한 탐구 주제로 가장 적절한 것은? [2점]

○ 유인원, 김법민 등이 육군과 수군을 거느리고 백강 어귀에서 왜의 군사를 상대로 네 번 싸워서 모두 이기고 그들의 배 4백 척을 불살랐다.

○ 사찬 시득이 수군을 거느리고 소부리주 기벌포에서 설인귀가 이끄는 군대와 싸웠다. 처음에는 패하였지만 다시 나아가 스물 두 번의 전투에서 승리하였다.

① 백제의 평양성 공격
② 신라의 삼국 통일 과정
③ 수의 고구려 침략 배경
④ 가야 연맹의 세력 확장
⑤ 고구려의 남진 정책 추진

6. 밑줄 그은 '이 유물'로 옳은 것은? [1점]

8. (가), (나) 인물에 대한 설명으로 옳은 것은? [2점]

① (가) - 무애가를 지었다.
② (가) - 불국사를 창건하였다.
③ (나) - 수선사 결사를 제창하였다.
④ (나) - 대각국사라는 시호를 받았다.
⑤ (가), (나) - 유불 일치설을 주장하였다.

★정답/문제풀이

5. ① 6. ① 7. ② 8. ①

9. (가) 왕에 대한 설명으로 옳은 것은?   [2점]

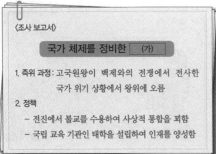

〈조사 보고서〉

국가 체제를 정비한 ___(가)___

1. 즉위 과정: 고국원왕이 백제와의 전쟁에서 전사한 국가 위기 상황에서 왕위에 오름
2. 정책
   – 전진에서 불교를 수용하여 사상적 통합을 꾀함
   – 국립 교육 기관인 태학을 설립하여 인재를 양성함

① 율령을 반포하였다.
② 수도를 평양으로 옮겼다.
③ 김씨의 왕위 세습을 확립하였다.
④ 신라에 침입한 왜를 격퇴하였다.
⑤ 지방의 22담로에 왕족을 파견하였다.

10. (가) 국가에 대한 설명으로 옳은 것은?   [3점]

본인 소개와 함께 ___(가)___ 의 중앙 관제에 대해 말씀해 주시기 바랍니다.

나는 정당성을 총괄하는 대내상을 맡고 있소. 우리나라의 중앙 관제는 정당성, 선조성, 중대성의 3성과 충·인·의·지·예·신부의 6부를 골격으로 삼고 있소.

① 기인 제도를 실시하였다.
② 중앙군으로 5군영을 두었다.
③ 나·당 연합군의 공격으로 멸망하였다.
④ 전성기에 해동성국이라 불리기도 하였다.
⑤ 전국을 9주로 나누고 5소경을 설치하였다.

11. 다음 퀴즈의 정답으로 옳은 것은?   [1점]

1단계: 고려의 독자적인 정치 기구

2단계: 중서문하성과 중추원의 고위 관료로 구성

3단계: 국방 및 군사 문제 등을 논의

제시된 단계별 힌트를 종합하여 알 수 있는 이것은 무엇일까요?

① 도방   ② 경시서   ③ 어사대
④ 홍문관   ⑤ 도병마사

12. 다음 대화에 나타난 제도가 시행된 국가의 경제 상황으로 옳은 것은?   [3점]

이번에 새로운 토지 제도가 시행된다고 하네.

관직 복무 등에 대한 대가로 지급한다는군.

전지와 시지로 구분하여 토지를 나누어 준다네.

① 일본의 요청으로 3포가 개항되었다.
② 벽란도가 국제 무역항으로 번성하였다.
③ 담배, 고추 등의 상품 작물이 재배되었다.
④ 청해진을 중심으로 해상 무역이 전개되었다.
⑤ 시장을 감독하기 위해 동시전을 설치하였다.

13. 다음 사건에 대한 탐구 활동으로 가장 적절한 것은?   [2점]

개경 북산에서 나무하던 노비들이 변란을 모의하였다. …… 약속한 날이 되어 노비들이 모였으나 그 수가 수백 명에 불과하였다. 모의가 성공하지 못할 것을 염려하여 보제사(普濟寺)에서 다시 모이자고 약속하였다. …… 한충유의 노비인 순정이 주인에게 변란을 고하자 한충유가 최충헌에게 알렸다. 마침내 만적 등 100여 명을 체포하여 강에 던져버렸다.

① 진대법을 실시한 목적을 알아본다.
② 임술 농민 봉기의 결과를 분석한다.
③ 천리장성이 축조된 배경에 대해 살펴본다.
④ 무신 집권기에 발생한 봉기에 대해 조사한다.
⑤ 신라 말기 호족 세력이 성장하게 된 계기를 파악한다.

★ 정답/문제풀이

9. ①   10. ④   11. ⑤   12. ②   13. ④

14. (가), (나) 사이의 시기에 있었던 사실로 옳은 것은? [3점]

(가) 거란군이 귀주를 통과하자 강감찬 등이 동쪽 들판에서 맞아 싸우니, …… 적의 시체가 들을 덮었고 사로잡은 포로, 노획한 말과 낙타, 갑옷, 병장기를 다 셀 수 없을 지경이었다.

(나) 충주성이 몽골에 포위를 당한 것이 무릇 70여 일이 되었으며, …… 김윤후가 병사와 백성들을 독려하며 말하기를, "만약 힘을 다해 싸운다면 귀천을 막론하고 모두 관직과 작위를 제수하겠다." 라고 하였다.

① 장문휴가 등주를 공격하였다.
② 윤관이 동북 9성을 축조하였다.
③ 이사부가 우산국을 정벌하였다.
④ 최영이 홍산에서 왜구에 승리하였다.
⑤ 권율이 행주산성에서 왜군을 물리쳤다.

15. (가)에 들어갈 인물로 옳은 것은? [1점]

① 서희   ② 양규   ③ 정중부   ④ 척준경   ⑤ 최무선

16. 다음 가상 뉴스에서 보도하고 있는 사건이 일어난 시기를 연표에서 옳게 고른 것은? [2점]

① (가)   ② (나)   ③ (다)   ④ (라)   ⑤ (마)

17. 다음 가상 인터뷰에 등장하는 왕의 업적으로 옳은 것은? [2점]

① 호패법을 시행하였다.
② 후삼국을 통일하였다.
③ 4군 6진을 개척하였다.
④ 노비안검법을 실시하였다.
⑤ 전민변정도감을 설치하였다.

18. (가)에 들어갈 문화유산으로 옳은 것은? [2점]

① 미인도
② 씨름도
③ 자화상
④ 고사관수도
⑤ 수월관음도

★정답/문제풀이

14. ②   15. ⑤   16. ③   17. ④   18. ⑤

19. (가)에 들어갈 책으로 옳은 것은? [2점]

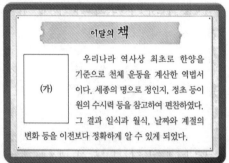

이달의 책

우리나라 역사상 최초로 한양을 기준으로 천체 운동을 계산한 역법서이다. 세종의 명으로 정인지, 정초 등이 원의 수시력 등을 참고하여 편찬하였다. 그 결과 일식과 월식, 날짜와 계절의 변화 등을 이전보다 정확하게 알 수 있게 되었다.

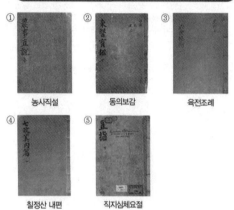

① 농사직설   ② 동의보감   ③ 육전조례
④ 칠정산 내편   ⑤ 직지심체요절

20. (가) 인물에 대한 설명으로 옳은 것은? [2점]

① 혼천의를 제작하였다.
② 성학집요를 저술하였다.
③ 조의제문을 작성하였다.
④ 백운동 서원을 건립하였다.
⑤ 현량과 실시를 건의하였다.

21. 다음 답사 지역을 지도에서 옳게 고른 것은? [2점]

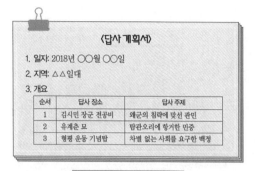

〈답사 계획서〉
1. 일자: 2018년 ○○월 ○○일
2. 지역: △△일대
3. 개요

순서	답사 장소	답사 주제
1	김시민 장군 전공비	왜군의 침략에 맞선 관민
2	유계춘 묘	탐관오리에 항거한 민중
3	형평 운동 기념탑	차별 없는 사회를 요구한 백정

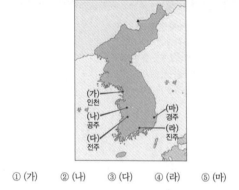

① (가)   ② (나)   ③ (다)   ④ (라)   ⑤ (마)

22. (가)에 해당하는 제도로 옳은 것은? [1점]

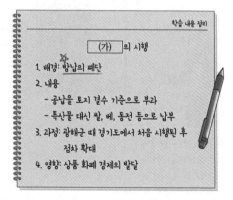

① 균역법   ② 대동법   ③ 영정법   ④ 직전법   ⑤ 호포법

★정답/문제풀이

19. ④   20. ⑤   21. ④   22. ②

23. 밑줄 그은 '이 전쟁' 중에 있었던 사실로 옳은 것은? [2점]

① 삼별초가 항쟁하였다.
② 황룡사 구층 목탑이 소실되었다.
③ 국왕이 남한산성에서 항전하였다.
④ 신립이 탄금대에서 전투를 벌였다.
⑤ 조선 수군이 명량 해전에서 승리하였다.

24. 밑줄 그은 '이 인물'에 대한 설명으로 옳은 것은? [2점]

① 추사체를 창안하였다.
② 인왕제색도를 그렸다.
③ 북학의를 저술하였다.
④ 사상 의학을 정립하였다.
⑤ 대동여지도를 제작하였다.

25. 다음 대화의 상황이 나타난 시기를 연표에서 옳게 고른 것은? [3점]

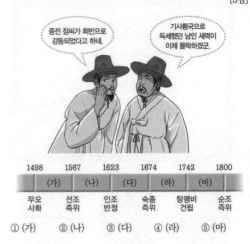

1498		1567		1623		1674		1742		1800
	(가)		(나)		(다)		(라)		(마)	
무오사화		선조즉위		인조반정		숙종즉위		탕평비건립		순조즉위

① (가)　② (나)　③ (다)　④ (라)　⑤ (마)

26. 다음 자료의 상황이 나타난 시기의 경제 모습으로 옳지 <u>않은</u> 것은? [2점]

> 이른바 도고는 도성 백성이 견디기 어려운 폐단입니다. 근래에 물가가 뛰어오르는 것은 전적으로 부유한 도고가 돈을 많이 가지고서 높은 값으로 경향(京鄉)의 물건을 마구 사들여 저장해 두었다가, 때를 보아 이득을 노리기 때문입니다. 귀한 것, 천한 것 모두 그들이 장악하고 가격도 그들의 마음대로 하니 그 폐단으로 백성은 더욱 어렵습니다.
>
> – 『비변사등록』 –

① 모내기법이 널리 행해졌다.
② 장시가 전국적으로 확산되었다.
③ 건원중보가 주조되어 유통되었다.
④ 덕대가 광산을 전문적으로 경영하였다.
⑤ 송상, 만상이 대청 무역으로 부를 축적하였다.

★ 정답/문제풀이

23. ③　24. ①　25. ④　26. ③

27. 밑줄 그은 '이 왕'의 업적으로 옳은 것은?　　　　　[2점]

역사 다큐멘터리 기획 회의

- 이 왕을 소재로 한 다큐멘터리에 어떤 장면을 담아 볼까?
- 초계문신에 선발된 관리들이 규장각에서 교육받는 모습을 연출해 보자.
- 수원 화성의 축조를 명하는 왕의 모습도 재연하자.

① 집현전을 설립하였다.
② 경복궁을 중건하였다.
③ 대전통편을 편찬하였다.
④ 훈민정음을 창제하였다.
⑤ 백두산정계비를 세웠다.

28. (가) 사건에 대한 설명으로 옳은 것은?　　　　　[3점]

이 그림은 순무영진도입니다. 1811년 평안도 지역에서 일어난 (가) 을/를 진압하기 위해 파견된 순무영군이 정주성을 포위하고 있는 모습을 그린 것입니다.

① 우금치에서 관군과 일본군에 의해 진압되었다.
② 사건의 수습을 위해 박규수가 안핵사로 파견되었다.
③ 공신 책봉에 불만을 품고 이괄이 주도하여 일으켰다.
④ 삼수병으로 편제된 훈련도감을 설치하는 계기가 되었다.
⑤ 세도 정치 시기의 수탈과 지역 차별에 반발하여 일어났다.

29. (가)에 대한 탐구 활동으로 가장 적절한 것은?　　　　　[2점]

역사 신문

제△△호　　　　　　　　　　○○○○년 ○○월 ○○일

(가) , 농민 사이에서 급속도로 확산

교조 최제우의 처형 이후에도 (가) 은/는 교세가 줄지 않고 있다. 제2대 교주 최시형이 교리와 교단을 정비하고 '사람이 곧 하늘'임을 강조하면서, 지배층의 폭정에 시달리는 농민들 사이에서 급속히 확산되고 있다.

① 소격서 폐지의 배경을 분석한다.
② 팔관회를 중시한 이유를 살펴본다.
③ 신유박해로 희생된 인물들을 검색한다.
④ 동경대전과 용담유사의 내용을 조사한다.
⑤ 황사영 백서 사건의 전개 과정을 알아본다.

30. (가)에 해당하는 세시 풍속으로 옳은 것은?　　　　　[1점]

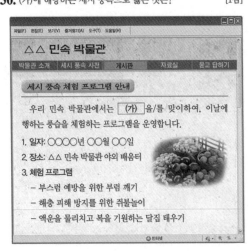

① 단오　　② 칠석　　③ 한식　　④ 대보름　　⑤ 한가위

★정답/문제풀이

27. ③　　28. ⑤　　29. ④　　30. ④

31. 밑줄 그은 '이 사건'에 대한 탐구 활동으로 가장 적절한 것은?

[2점]

이곳은 이 사건의 격전지였던 강화 광성보의 손돌목 돈대입니다. 미국 함대의 침입으로 시작된 이 사건에서 어재연 장군이 이끄는 조선군은 미군에 맞서 격렬한 전투를 벌였습니다.

① 임오군란의 결과를 알아본다.
② 한성 조약의 내용을 분석한다.
③ 병인박해가 일어난 계기를 찾아본다.
④ 제너럴 셔먼호 사건의 영향을 조사한다.
⑤ 삼국 간섭 이후의 상황에 대해 살펴본다.

32. (가)에 들어갈 기구로 옳은 것은?

[1점]

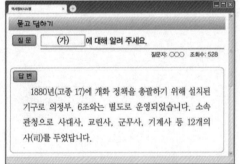

묻고 답하기

질문	(가) 에 대해 알려 주세요.

질문자: ○○○   조회수: 528

답변

1880년(고종 17)에 개화 정책을 총괄하기 위해 설치된 기구로 의정부, 6조와는 별도로 운영되었습니다. 소속 관청으로 사대사, 교린사, 군무사, 기계사 등 12개의 사(司)를 두었답니다.

① 박문국   ② 승정원   ③ 원수부
④ 탁지아문   ⑤ 통리기무아문

33. 다음 인물에 대한 설명으로 옳은 것은?

[2점]

역사 인물 카드

- 개화 사상가, 정치가
- 생몰: 1856년~1914년
- 주요 활동
  - 일본, 미국에서 유학
  - 조사 시찰단, 보빙 사절단에 참여
  - 을미개혁 때 단발령 주도
- 저서: 서유견문, 노동야학독본 등

① 조선학 운동을 전개하였다.
② 조선 중립화론을 주장하였다.
③ 서울 진공 작전을 지휘하였다.
④ 조선 혁명 선언을 작성하였다.
⑤ 조선말 큰사전 편찬을 주도하였다.

34. (가)에 해당하는 책에 대한 설명으로 옳은 것은?

[2점]

영남의 유생 이만손 등 만 명이 올린 연명 상소의 대략에, "방금 수신사 김홍집이 가지고 온 황준헌의 (가) 이/가 유포된 것을 보니, 저도 모르게 머리털이 곤두서고 가슴이 떨렸으며 이어서 통곡하면서 눈물을 흘렸습니다."라고 하였다.

－「고종실록」－

① 식민 사관에 의해 편찬되었다.
② 양반의 무능과 허례를 비판하였다.
③ 동물들의 입을 빌려 인간 사회를 풍자하였다.
④ 천국을 향해 가는 순례자의 여정을 묘사하였다.
⑤ 조선이 미국과 외교 관계를 맺어야 한다고 제안하였다.

35. 밑줄 그은 '이 사건'에 대한 설명으로 옳은 것은?   [2점]

사진 속의 인물들은 정부의 소극적인 개화 정책에 불만을 품고 우정총국 개국 축하연을 기회로 삼아 이 사건을 일으켰습니다.

① 청군의 개입으로 3일 만에 실패하였다.
② 보국안민, 제폭구민을 기치로 내세웠다.
③ 제물포 조약을 체결하는 결과를 가져왔다.
④ 신식 군대인 별기군이 창설되는 배경이 되었다.
⑤ 김윤식을 청에 영선사로 파견하는 계기가 되었다.

36. 밑줄 그은 '이 사건' 이후 전개된 사실로 옳은 것은?   [2점]

이 사진은 옛 러시아 공사관의 모습이야.

고종이 일본의 위협을 피해 거처를 옮긴 이 사건과 관련된 곳이지.

① 당백전이 발행되었다.
② 척화비가 건립되었다.
③ 삼정이정청이 설치되었다.
④ 대한 제국 수립이 선포되었다.
⑤ 조·미 수호 통상 조약이 체결되었다.

37. (가) 시기의 의병에 대한 설명으로 옳은 것은?   [2점]

네덜란드 헤이그에서 개최되는 만국 평화 회의에 은밀히 특사를 파견해야겠어.

저기 끌려가는 사람들이 작년에 총독으로 부임한 데라우치를 암살하려고 계획했다는데 사실인가요?

제가 들은 바로는 일제가 독립운동가들을 탄압하기 위해 날조한 사건이라고 해요.

① 영릉가 전투에서 일본군을 물리쳤다.
② 고종의 조칙에 따라 대부분 해산하였다.
③ 해산된 군대의 군인 중 일부가 합류하였다.
④ 곽재우, 고경명 등이 의병장으로 활약하였다.
⑤ 황푸 군관 학교에서 군사 훈련을 실시하였다.

38. 다음 법령이 시행된 시기에 볼 수 있는 모습으로 적절하지 <u>않은</u> 것은?   [3점]

제1조 회사의 설립은 조선 총독의 허가를 받아야 한다.
제2조 조선 외에서 설립한 회사가 조선에 본점이나 또는 지점을 설립하고자 할 때는 조선 총독의 허가를 받아야 한다.
⋮

① 태형을 당하고 업혀 가는 조선인
② 칼을 찬 채 수업을 진행하는 교사
③ 국채 보상 운동을 취재하는 대한매일신보 기자
④ 재판 없이 현장에서 벌금을 부과하는 헌병 경찰
⑤ 토지 조사령에 따라 토지를 측량하는 일본인 기사

★정답/문제풀이

35. ①   36. ④   37. ③   38. ③

39. (가)~(다) 지역에서 전개된 독립운동에 대한 설명으로 옳은 것은? [3점]

① (가) – 신한청년당이 결성되어 외교 활동을 전개하였다.
② (가) – 대조선 국민 군단이 창설되어 군사 훈련을 실시하였다.
③ (나) – 고종의 밀지를 받아 독립 의군부가 조직되었다.
④ (나) – 신흥 무관 학교가 설립되어 독립군을 양성하였다.
⑤ (다) – 대한 광복군 정부가 수립되어 독립 전쟁을 준비하였다.

40. (가)에 해당하는 기관으로 옳은 것은? [1점]

🔍 역사 돋보기 　　　　(가)

1908년 일제가 조선의 토지와 자원을 수탈하고 일본인의 농업 이민을 장려할 목적으로 설립하였다. 1926년에 의열단의 나석주가 폭탄을 투척한 곳으로도 잘 알려져 있다. 현재 목포, 대전, 부산 지점으로 사용되었던 건물이 남아 있다.

① 전환국　　　　② 혜상공국
③ 농광 회사　　　④ 대한 천일 은행
⑤ 동양 척식 주식회사

41. 밑줄 그은 '민족 운동'에 대한 설명으로 옳은 것은? [2점]

사진은 조선 민립 대학 기성회의 창립 총회를 기념하여 촬영한 것입니다. 이 단체는 조선인의 힘으로 고등 교육 기관을 설립하고자 하는 취지에서 조직되었습니다. 이 단체가 주도한 민족 운동에 대해 말해 볼까요?

① 통감부의 방해로 실패하였다.
② 중국의 5·4 운동에 영향을 주었다.
③ 대구에서 시작되어 전국으로 확산되었다.
④ 고종의 인산일을 기회로 삼아 시위를 전개하였다.
⑤ 이상재, 이승훈 등을 중심으로 모금 활동을 추진하였다.

42. 밑줄 그은 '이 시기'를 연표에서 옳게 고른 것은? [2점]

2018년 ○○월 ○○일

오늘은 서귀포에 있는 알뜨르 비행장을 찾았다. 이곳은 일제가 주민들을 강제 동원하여 건설한 군사시설로, 만주 사변 이후 중국 대륙 침략을 본격적으로 진행하던 <u>이 시기</u>에 일본 해군 항공대의 전진 기지로 이용되었다고 한다. 이러한 역사의 흔적은 과거를 잊지 않도록 깨우쳐 준다.

비행장 활주로　　　　비행기 격납고

1876	1895	1909	1919	1929	1945
(가)	(나)	(다)	(라)	(마)	
강화도 조약	을미 의병	하얼빈 의거	3·1 운동	광주 학생 항일 운동	8·15 광복

① (가)　② (나)　③ (다)　④ (라)　⑤ (마)

43. (가) 인물의 활동으로 옳은 것은? [2점]

여기는 (가) 의 묘가 있는 곳입니다. 그는 대한 독립군 사령관으로 김좌진과 함께 만주에서 큰 활약을 하였습니다. 이후 연해주에서 활동하다가, 1937년 소련에 의해 이곳 카자흐스탄으로 강제 이주를 당하였습니다.

① 조선 의용대를 창설하였다.
② 봉오동 전투를 승리로 이끌었다.
③ 이완용을 습격하여 중상을 입혔다.
④ 조선 총독부에 폭탄을 투척하였다.
⑤ 쌍성보 전투에서 일본군을 격퇴하였다.

44. 다음 검색창에 들어갈 단체로 옳은 것은? [1점]

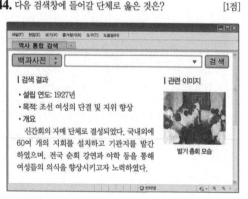

파일(F) 편집(E) 보기(V) 즐겨찾기(A) 도구(T) 도움말(H)

역사 통합 검색

백과사전   [▼] 검색

| 검색 결과
· 설립 연도: 1927년
· 목적: 조선 여성의 단결 및 지위 향상
· 개요
　신간회의 자매 단체로 결성되었다. 국내외에 60여 개의 지회를 설치하고 기관지를 발간하였으며, 전국 순회 강연과 야학 등을 통해 여성들의 의식을 향상시키고자 노력하였다.

| 관련 이미지

발기 총회 모습

① 권업회　　　　　② 근우회
③ 대한 자강회　　　④ 헌정 연구회
⑤ 토산 애용 부인회

45. 교사의 질문에 대한 학생의 답변으로 옳은 것은? [3점]

이 사진은 일제 강점기 강원도 평창군에서 있었던 입영 행사 모습입니다. 일제는 징병제를 통해 수많은 조선 청년들을 전쟁터로 끌고 갔습니다. 일제가 조선인에 대한 징병제를 공포한 이후에 있었던 사실을 말해 볼까요?

① 간도 참변이 발생하였어요.
② 원산 총파업이 일어났어요.
③ 여자 정신 근로령이 실시되었어요.
④ 제1차 조선 교육령이 시행되었어요.
⑤ 산미 증식 계획이 처음 추진되었어요.

46. (가)의 활동으로 옳은 것은? [2점]

이것은 (가) 의 대일 선전 포고문입니다. 일제가 태평양 전쟁을 일으키자 김구 주석과 조소앙 외무부장 명의로 발표되었습니다.

① 독립문을 건립하였다.
② 서전서숙을 설립하였다.
③ 한국광복군을 창설하였다.
④ 기관지로 만세보를 발행하였다.
⑤ 한글 맞춤법 통일안을 발표하였다.

47. (가)~(다) 학생이 발표한 내용을 일어난 순서대로 옳게 나열한 것은? [3점]

① (가) – (나) – (다)　　② (가) – (다) – (나)
③ (나) – (가) – (다)　　④ (나) – (다) – (가)
⑤ (다) – (나) – (가)

48. 다음 뉴스가 보도된 정부 시기의 사실로 옳은 것은? [2점]

① 금융 실명제가 실시되었다.
② 서울 올림픽 대회가 개최되었다.
③ 박종철 고문 치사 사건이 발생하였다.
④ 반민족 행위 특별 조사 위원회가 구성되었다.
⑤ 전태일이 근로 기준법의 준수를 요구하며 분신하였다.

49. 다음 퀴즈의 정답으로 옳은 것은? [1점]

50. 다음 사건이 있던 정부 시기의 통일 노력으로 옳은 것은? [2점]

① 남북 조절 위원회를 구성하였다.
② 남북 기본 합의서를 채택하였다.
③ 7·4 남북 공동 성명을 발표하였다.
④ 개성 공단 건설 사업을 실현하였다.
⑤ 최초로 남북 정상 회담을 개최하였다.

★ 정답/문제풀이

47. ①　　48. ⑤　　49. ④　　50. ②

韓 國

제2장

개 항 기 /
일제강점기
독립운동사

史

제1절 개화정책과 열강의 이권 침탈

19세기 국제질서에 큰 변동이 있었는데 서양의 제국주의의 등장과 아시아 침략이다. 독점자본주의와 배타적 민족주의의 결합으로 약소민족을 식민지로 점령하며, 사회진화론을 바탕으로 강대국이 약소국을 지배하는 방식을 정당화하였다. 제국주의 열강의 아시아 침략으로 청은 영국에게 아편전쟁에 패배하여 난징조약 체결(1842년)로 개항되었고, 일본은 미국에 의해 미일화친조약 체결(1854년)로 개항하였으며, 베트남은 프랑스에 의해 사이공 조약(1862년)으로 개항되었다.

❶ 흥선대원군의 정책

1) 흥선대원군의 집권과 개혁 정치

(1) 흥선대원군 집권 무렵의 국내외 정세

① 국내(정치의 파탄): 세도정치 → 삼정의 문란 → 민생파탄, 농민봉기
② 국외(제국주의 열강의 접근): 청·일의 문호 개방, 이양선의 출몰, 천주교 확산

(2) 흥선대원군의 개혁 정책

① 왕권 강화책
㉮ 세도 가문 축출: 능력에 따른 인재 등용, 부패한 관리 제거, 안동 김씨 집안 제거
㉯ 비변사의 기능 축소: 의정부와 삼군부(군사) 기능 부활
㉰ 법전 편찬: 대전회통, 육전조례 → 통치체제 재정비
㉱ 경복궁 중건: 왕실의 위엄 과시
ⅰ) 원납전 강제 징수, 당백전 남발: 경제적 혼란(인플레이션)
ⅱ) 양반의 묘지림 벌목과 백성의 공사장 징발: 양반과 백성들의 원성 고조

② 민생 안정책
㉮ 삼정의 개혁
ⅰ) 전정: 양전 사업실시, 토지대장에서 누락(은결) 토지 색출, 지방관과 토호의 토지의 불법 겸병 금지, 각종 잡세 징수 및 지방토산물 진상 금지
ⅱ) 군정: 호포법 → 양반에게도 군포 징수
ⅲ) 환곡: 사창제 → 민간인 중심의 춘대 추납제도, 마을단위로 덕망있는 사람에 운영을

📖 심화학습

세도정치
정조 사후 순조가 어린 나이에 즉위하여 외척세력이 권력을 장악. 순조, 헌종, 철종으로 이어지는 3대 60년간 왕의 외척인 안동 김씨와 풍양 조씨 등 소수 가문의 권력 독점. 그 결과 정치기강 문란, 왕권약화, 매관매직성행, 농민수탈로 농민의 저항 발생

맡김

    ㉯ 서원 철폐: 47개의 서원만 남기고 600여개의 서원 철폐, 토지와 노비 몰수 → 국가 재정
        확충, 백성들에 대한 양반 유생의 횡포 차단, 붕당의 근거지 혁파, 보수적 유
        생의 반발

  ③ 흥선대원군의 개혁 정책에 대한 평가

    ㉮ 긍정적인 면: 통치체제의 재정비, 국가 기강의 확립, 민생 안정에 기여

    ㉯ 한계: 조선 왕조의 전통적 사회질서 안에서 전제 왕권강화를 목표로 추진

2) 통상 수교 거부와 양요

(1) 배경: 열강의 문호 개방과 통상 수교 요구는 군사적 침략으로 이어질 수 있다는 위기의식

(2) 결과: 통상 수교 요구 거절, 국방력 강화에 노력

(3) 통상수교 거부 정책의 의의와 한계

  ① 의의: 서양 세력의 침략을 일시적으로 저지

  ② 한계: 세계정세의 변화를 깊이 인식하지 못함 → 조선 사회의 근대화 지연

사 건	연도	내용
병인박해	1866.1.	• 흥선대원군이 선교사의 알선으로 프랑스 세력을 끌어들여 러시아의 남하를 저지하려고 시도 → 실패 • 청에서의 천주교 탄압 소식이 전해짐 + 천주교 금압을 요구하는 여론 • 프랑스 신부 9명과 8천여 명의 천주교 신자 처형
제너럴 셔먼호 사건	1866.7.	• 미국 상선 제너럴 셔먼호가 평양에 와서 통상을 요구하다 충돌 → 선박을 불태움 (평안도 관찰사 박규수) ★ 신미양요의 원인
병인양요	1866.9.	• 병인박해를 구실로 프랑스 함대 침입 → 로즈 제독이 이끄는 프랑스군이 강화읍 점령 • **문수산성(한성근), 정족산성(양헌수)에서 격퇴** • **외규장각 문화재 약탈(2011년 영구 임대 반환)**
오페르트 도굴사건	1868.4.	• 독일 상인 오페르트가 충남 덕산에 있는 남연군묘 도굴 기도 → 서양인은 야만인이라는 의식 확산
신미양요	1871	• 제너럴 셔먼호 사건을 빌미로 미국 로저스 제독의 함대가 강화도 침략 • **광성보**에서 **어재연** 부대의 강력한 저항에 부딪힘, 철군하며 어재연 장군 수자기(帥) 빼앗아감(장기 임대로 2009년 이후 강화박물관에 전시)
척화비 건립	1871	• 통상 수교 거부 정책 강화, 전국 각지에 척화비 건립 • 척화비 내용: **"洋夷侵犯 非戰則和 主和賣國"** → "서양 오랑캐가 침범했을 때, 싸우지 않음은 곧 화친(화의, 화해)하는 것이요, 화친을 주장하는 것은 곧 나라를 파는 것이다" • 서양의 침입에 대한 투쟁의지와 민심 결속 강화

▸ 병인양요와 신미양요

출처: 홍범준, 「한국사 바로가기 부록」, 좋은책 신사고, 2014, p.91.

▸ 척화비

❷ 개항과 불평등조약 체제의 성립

1) 강화도 조약 체결과 개항

(1) 문호 개방의 여건 조성

① 흥선대원군 하야(1873): 경복궁 중건과 서원 철폐 정책

→ 양반 유생들의 비판 고조

→ 최익현을 비롯한 유생들의 고종 친정(親政) 요구 상소

② 고종의 친정 체제: 민씨 세력의 등장

㉮ 흥선대원군이 물러남에 따라 민씨 일파가 정권 장악

㉯ 민씨 정권의 정책 방향: 전통적 외교 관계를 유지하되, 자신들의 정권을 안정시키는 선에 서 개방

③ 통상 개화론의 대두: 박규수, 오경석, 유홍기 등 → 부국강병을 위한 문호 개방의 필요성 주장

(2) 운요호 사건과 강화도 조약

① 정한론 대두

㉮ 일본의 서계(書契, 외교문서) 전달(1868): 왕정복고(메이지유신)를 알리고 새로운 외교 관계 수립을 청함 → 조선이 거부(일본을 황제 국가로 표기, 조선이 준 도장을 미사용)하자 정한론 대두

㉯ 정한론 유보: 일본의 국력 배양과 내치(內治) 우선 등의 이유 때문

② 운요호 사건(1875)

㉮ 운요호 사건: 일본 군함 운요호가 강화 해역을 침범 → 조선군의 포격을 유도한 후 초지 진과 영종도를 포격하고 파괴

㉯ 조약 체결 강요: 운요호 사건을 구실로 조선에 조약 체결을 강요

③ 강화도 조약(조·일 수호조규, 1876)

▶ 강화도 조약

㉮ 성격

ⅰ 외국과 맺은 최초의 근대적 조약

ⅱ 불평등 조약(치외법권, 해안측량권=영사재판권 허용)

ⅲ 조선을 자주국으로 명시 → 청의 간섭을 배제하려는 생각

ⅳ 부산 외에 2개의 항구를 개항

　　(부산: 경제적, 원산: 군사적, 인천: 정치적)

ⅴ 침략 거점을 확보하려는 정치적, 군사적 목적이 내포된 조약

ⅵ 이후 서구 열강과 맺게 되는 조약의 선례가 됨

㉯ 강화도 조약의 주요 내용과 의미

조 항	내 용	의 미
제1관	조선국은 자주의 나라이며 일본국과 평등한 권리를 가진다.	청과 조선의 종속적 관계를 부인 → 청의 간섭을 사전에 차단
제4관	조선 정부는 부산과 제5관에서 제시하는 두 항구(뒤에 인천과 원산으로 결정)를 개방하고 일본인이 자유롭게 왕래 하면서 통상할 수 있게 한다.	경제(부산, 1876)적 목적을 넘어 정치(인천, 1883)·군사(원산, 1879)적 침략 거점 확보
제7관	조선국 연해의 섬과 암초는 극히 위험하므로 일본국의 항해자가 자유롭게 해안을 측량하도록 허가한다.	심각한 주권침해, 군사기지 점령 의도

📖 심화학습

조·일 수호 조규 부록과 조·일 무역 규칙(1876)

	내용	의미
수호 조규 부록	일본국 국민은 본국에서 사용되는 화폐로 조선국 국민이 보유하고 있는 물자와 마음대로 교환할 수 있다.(제7관)	일본 화폐 사용 → 일본의 경제적 침투 용이
조·일 무역 규칙	조선국 항구에 머무르는 일본인은 쌀과 잡곡을 수출할 수 있다.(제6조)	무제한 양곡 수출 방곡령 사건의 배경
	일본국 소속의 선박은 항세(港稅)를 납부하지 않으며, 수출입 상품에도 관세를 부과하지 않는다.(제7조)	무관세 규정 → 시장 보호와 재정 수입을 늘릴 수 있는 수단 상실

조 항	내 용	의 미
제9관	양국 국민은 각자 임의에 따라 무역을 하며, 양국의 관리는 조금도 이에 관여하거나 금지 또는 제한하지 못한다.	일본 상인들의 자유로운 활동 보장
제10관	일본국 국민이 조선국이 지정한 각 항구에 머무르는 동안 죄를 범한 것이 조선국 국민에게 관계되는 사건일 때는 모두 일본국 관원이 심판한다.	조선에서 활동하는 모든 일본인에 대한 치외법권 보장

2) 서양 열강과 조약 체결

① 미국

㉮ 배경: 미국의 조선에 대한 수교 관심 + 황준헌의 '조선책략' 유포

(친중국·결일본·연미국 ⇔ 러 배척)

㉯ 청의 알선: 러시아의 남하 정책과 일본의 대륙 진출 정책 견제

조선에 대한 종주권 확인

㉰ 조·미 수호통상 조약(1882.5.)의 주요 내용

ⓘ 치외법권 인정

ⓘⓘ 최혜국 대우 규정: 어떤 외국에 부여하고 있는 가장 유리한 대우를 조약 상대국에도 부여 → 열강의 이권침탈 심화 빌미

ⓘⓘⓘ 수출입 상품에 대한 협정 관세 제도

ⓘⱽ 거중조정(居中調整): 양국 중 한 나라가 다른 나라의 핍박을 받을 경우 반드시 서로 돕고 분쟁을 원만히 해결하도록 주선한다는 내용

★ 을사늑약 이후 깨짐

② 기타 서구 열강과의 수교: 영(1883)·독(1883)·러(1884)·프(1886, 천주교 포교 문제로 수교가 늦어짐)

③ 문호 개방의 의의

㉮ 긍정적 측면: 근대 문물을 수용하여 새롭게 발전할 수 있는 계기

㉯ 부정적 측면: 열강의 침략을 가속화시키는 계기

❸ 개화 정책의 추진과 갈등

1) 개화사상의 형성과 초기 개화정책

(1) 개화사상의 형성

① 형성 시기: 흥선대원군의 집권기인 1860년대~1870년대 무렵

② 형성 배경

   ㉮ 국내: 북학파의 실학사상

   ㉯ 국외: 청의 양무사상, 일본의 문명개화론

③ 초기의 개화사상가: 1860년대 개화사상을 형성한 박규수, 오경석, 유홍기 등

(2) 개화파의 형성과 분화

① 형성시기: 개항을 전후하여 정치 세력으로 등장

② 개화파의 분화: 1880년대 개화의 방법, 속도 및 외교 정책의 차이 등으로 분화

구분	온건 개화파(동도서기론)	급진 개화파(변법적 개화론)
개혁 모델	청(양무운동)	일본(메이지 유신, 문명개화론)
중심인물	김홍집·김윤식·어윤중	김옥균·박영효·홍영식
개혁방향	우리의 유교적 전통문화를 유지하면서 서양의 과학기술을 받아들인다.	서양의 기술뿐 아니라 사상과 제도도 받아들여 체제 개혁을 해야 한다.
청에 대한 태도	사대 관계 인정(민씨 정권과 결합)	청의 간섭 배제

2) 개화 정책의 추진과 반발

(1) 개화 정책의 추진

① 수신사 파견

   ㉮ 1차(김기수, 1876): 일본의 관청, 군사학교, 병기창, 조선소 등 시찰

   ㉯ 2차(김홍집, 1880): '조선책략' 소개

   ㉰ 3차(박영효, 1882): 임오군란 이후 사죄단 파견, 태극기 제작

📖 **심화학습**

양무운동과 문명개화론

- **양무운동**: 중체서용의 이념에 따라 중국의 전통과 체제를 유지하면서 서양의 우수한 기술을 수용하려는 근대화 운동, 즉 우수하다고 인정되는 물질문명에 한정하여 서양문명을 받아들이는 "선택적 수용"
- **문명개화론**: 서양의 기술문화를 뒷받침하는 근대적 사상과 제도까지 수용하려는 근대화 운동, 즉 물질문명 뿐 아니라 서양의 정신문화 및 제도문화까지 포괄적으로 받아들이는 "전면적 수용"

오경석과 유홍기

조선 후기에 해외 사정에 가장 밝았던 사람은 중인, 특히 역관들이었다. 그들은 유교적 세계관에 빠져 있지 않았고, 현실을 중시하였으므로 변화에 빠르게 반응하였다.
또, 중국이 문호를 개방한 이후 서양 세력이 급속히 침투해 오는 모습도 보다 가까이에서 지켜볼 수 있었다. 이러한 역관들 중 대표적 인물은 오경석이었다. 박규수가 중국에 사신으로 갈 때 수행하기도 하였던 오경석은, 여러 차례 중국을 왕래하면서 세계정세와 문물의 변화에 대하여 보고들은 것이 많았다. 그는 서양세력이 언젠가는 우리나라에도 침투할 것이라고 판단하고, 이에 대비한 일대 개혁을 단행해야 한다고 생각하였다. 그는 이러한 생각을 절친한 사상적 동지인 의관 유홍기와 함께 하였다. 이들은 중인 신분이었기 때문에 정치의 전면에 나설 수는 없었지만, 유홍기가 뒷날 개화파의 중심이 된 명문가의 양반 자제들을 직접 지도함으로써 개화 운동에 큰 영향을 주었다.

② 제도 개혁

　㉮ 정치 제도: 통리기무아문과 12사 설치(1880)

　　ⓘ 통리기무아문: 근대 문물을 수용하기 위한 중심 기구

　　ⓘⓘ 12사: 외교·군사·통상·기계·선박·외국어 교육 등 담당

　㉯ 군사 제도: 5군영을 2영(무위영과 장어영)으로 개편, 신식 군대인 별기군 창설

③ 근대 문물 시찰

　㉮ 조사 시찰단과 영선사

조사 시찰단(=신사유람단 1881)	영선사(1881)
일본에 파견	김윤식 등을 청의 톈진에 파견
일본의 정부 기관과 각종 산업 시설 시찰 → 보고서 제출	톈진의 기기국에서 근대식 무기 제조 기술 습득 → 정부의 지원 부족으로 문제가 생김 → 기기창(=무기제조 관청) 설치(1883)

　㉯ 보빙사(報聘使, 1883): 조미수호통상조약(1882) 이후 미국에 사절단(대표: 민영익) 파견

3) 위정척사 운동

(1) 배경

① 외세의 침략적 접근, 일본에 의한 개항

② 정부의 개화정책 추진, 천주교의 유포, 개화사상, 개화정책에 대한 반발

📖 **심화학습**

위정척사 운동

- **1860년대: 이항로의 척화 주전론**
"양이의 화가 금일에 이르러 비록 홍수나 맹수의 해로움일지라도 이보다 심할 수 없습니다. 전하께서는 부지런히 힘쓰시고 경계하시어 안으로 관리들로 하여금 사학(邪學)의 무리를 잡아 베시고, 밖으로 장병으로 하여금 바다를 건너오는 적을 정벌하게 하소서."

- **1870년대: 최익현의 개항 반대 운동**
"저들의 물화는 모두가 지나치게 사치하고 기이한 노리개이고 손으로 만든 것이어서 그 양이 무궁한 데 반하여, 우리의 물화는 모두가 백성들의 생명이 달린 것이고 땅에서 나는 것으로 한정이 있는 것입니다. ……
강화가 한번 이루어지면 사학(邪學)의 서적과 천주의 초상화가 교역하는 곳에서 들어올 것입니다. 그렇게 되면 얼마 안 가서 선교사와 신자 간의 전수를 거쳐 사학이 온 나라 안에 퍼지게 될 것입니다. …… 아들이 그 아비를 아비로 여기지 않고 신하가 그 임금을 임금으로 여기지 않게 되어, 예의는 시궁창에 빠지고 인간들은 변하여 금수(禽獸)가 될 것입니다."

- **1880년대: 영남 만인소(이만손)**
"중국은 우리가 신하의 예로써 섬기는 바이며 해마다 옥과 비단을 수레로 보내어 삼가 신의와 절도를 지키고 그 직분에 충실한 지가 벌써 200년이나 되었습니다. 그런데 이제 무엇을 더 친할 것이 있겠습니까? ……
러시아, 미국, 일본은 같은 오랑캐입니다. 그들 사이에 누구는 후하게 대하고 누구는 박하게 대하기는 어려운 일입니다."
→ 자강을 도모하기 위해 문호를 개방하고, 러시아의 남하를 막기 위해 친중국(親中國), 결일본(結日本), 연미국(聯美國)해야 한다고 주장한 '조선 책략'이 유포되자 유생들은 격렬하게 반발하였다. 영남 유생들은 그 책을 가져온 김홍집의 탄핵을 부르짖으며 정부의 문호 개방 정책을 비판하는 상소를 올렸고, 이를 계기로 위정척사 운동은 전국으로 확대되었다.

(2) 개념

성리학[正學] 이외의 종교, 사상을 사학(邪學)으로 규정하여 배격

(3) 전개

연대	핵심주장	주요 인물	주요 내용
1860년대	통상반대	기정진·이항로	척화주전론, 흥선대원군의 대외 정책 지지
1870년대	개항반대	최익현·유인석	왜양일체론, 개항불가론 등 주장
1880년대	개화반대	이만손·홍재학	상소 운동(영남만인소) 전개
1890년대	항일의병	유인석·기우만	일본의 침략에 저항

(4) 의의

① 외세의 침략에 강력히 저항

② 봉건적 사회 질서 유지, 세계사의 흐름 거부

③ 일부는 서양 문물과 전통 문화의 발전적 계승 주장

4) 임오군란(1882. 6.)

(1) 배경

① 군제 개혁, 구식 군인에 대한 차별 대우, 민씨정권과 개화정책에 대한 반발

② 일본으로의 곡물 유출로 인한 가격 폭등, 서민 생활의 궁핍화 가중

(2) 전개

① 구식 군대의 폭동과 도시 하층민 가담, 민씨정권의 고관 살해(민겸호), 궁궐 난입, 일본 공사관 습격, 신식군대 별기군의 일본인 교관 호리모토 살해

② 흥선대원군의 재집권

개화정책 중단, 군제 복구

③ 청군의 개입과 민씨세력 재집권

청군이 흥선대원군 납치 → 톈진으로 호송

(3) 결과

① 청군의 조선 주둔과 고문 파견

㉮ 내정고문(마젠창, 중국인)과 외교고문(묄렌도르프, 독일인) 파견하여 간섭

㉯ 청의 조선 속방화 정책 강화

② 조·청 상민 수륙 무역장정 체결

    ㉮ 청 상인의 통상 특권 인정, 내지통상권(서울 양화진에 점포 개설) → 청 상인의 본격적 진출과 경제 침략

③ 제물포 조약(조·일): 일본에 배상금 지불, 일본 공사관 경비병 주둔 인정, 부속 조약(조·일 수호조규 속약)에서 일본 상인의 활동 범위를 50리로 확대하고 외교관과 가족의 내지 여행 허용

5) 갑신정변(1884.12.)

(1) 개화당(=급진개화파)의 활동

① 근대 문물 수용: 박문국(한성순보 간행), 우정국(근대적 우편사무) 설치

② 유학생 파견: 근대적 학문과 기술 습득 → 1883년 말 일본 유학생 수가 50여 명에 이름

③ 차관도입 시도: 개혁에 필요한 자금을 일본으로부터 도입 시도 → 실패

(2) 갑신정변

① 배경

    ㉮ 국내: 개화 정책의 후퇴, 친청 세력의 개화당 탄압, 청의 내정 간섭 심화

    ㉯ 국외: 베트남을 둘러싼 청·프 전쟁으로 청군 일부 철수, 일본의 군사적·재정적 지원 약속

▶ 박영효, 서광범, 서재필, 김옥균

② 정변의 전개: 우정국 개국 축하연을 이용하여 거사 → 민씨 정권의 요인 처단 → 신정부 수립 → 14개 조 정강 발표 → 청군 개입(위안 스카이) → 홍영식 사망, 김옥균, 박영효, 서광범, 서재필 등 일본 망명 → 3일 천하로 끝남

📖 **심화학습**

조·청 상민 수륙 무역 장정의 주요 내용

이 수륙 무역 장정은 중국이 속방을 우대하는 뜻에서 상정한 것이고, 각 대등 국가 간의 일체 균점(均霑: 국제법상 다른 나라와 동일한 혜택을 받음)하는 예와는 다르다.

- 제1조: 청의 상무위원을 서울에 파견하고 조선 대관을 톈진에 파견한다. 청의 북양 대신과 조선 국왕은 대등한 지위를 가진다.
- 제2조: 조선에서 청의 상무위원의 치외법권을 인정한다.
- 제3조: 선박의 조난 구호 및 평안도, 황해도와 산둥성, 펑톈성 연안에서의 어업 활동을 허용한다.
- 제4조: 북경과 한성의 양화진에서의 개잔(開棧: 화물을 쌓아 두고 객상이 유숙하여 장사하는 곳) 무역을 허락하되 양국 상민의 내지 채판(內地采辦: 내륙 지방의 시장에 상품을 운반하여 판매하는 상행위)을 금하고, 다만 내지 채판이 필요한 경우 지방관의 허가서를 받아야 한다.
- 제5조: 책문과 의주, 그리고 훈춘과 회령 간의 국경 무역을 존속시킨다.
- 제6조: 청국 윤선(증기선)의 항로개설권, 청국 병선의 조선 연해내왕권 및 조선 국방담당권을 허용한다.
- 제7조: 장정의 수정은 북양 대신과 조선 국왕의 자문으로 결정한다.

③ 14개 개혁 정강의 주요 내용

분야	14개조 정강	개화당의 목표
정치	1. 흥선대원군을 빨리 귀국시키고 종래 청에 대해 행하던 조공의 허례를 폐지한다.	청에 대한 사대관계 폐지
	2. 문벌을 폐지하고 인민 평등권을 제정하여 능력에 따라 관리를 임명한다.	양반 중심의 정치 체제와 신분제 타파
	4. 내시부를 없애고 그 중에서 우수한 인재를 등용한다.	국왕을 가까이에서 보좌하는 기관을 폐지하여 국왕의 권력 약화
	7. 규장각을 폐지한다.	
	13. 대신과 참찬은 의정부에 모여 정령을 의결하고 반포한다.	국왕의 전제 정치와 외척의 국정 간섭을 막고, 내각 제도를 확립하기 위해
	14. 의정부와 6조 외에 필요 없는 관청을 없앤다.	
경제	3. 지조법을 개혁하여 관리의 부정을 막고 백성을 보호하며 재정을 넉넉히 한다.	삼정의 문란을 바로잡고 국가의 재정을 확보하기 위해
	6. 각 도의 환상(환곡)을 영구히 받지 않는다.	
	9. 혜상공국(보부상을 총괄하는 기관으로, 보부상의 특권을 보호하며 집권층의 손발 노릇을 하였음)을 혁파한다.	보부상 등의 특권을 없애고 자유 상업을 발전시키기 위해
	12. 모든 재정은 호조에서 관할한다.	왕실과 정부 재정을 구분하고 호조가 국가 재정 관할
기타	5. 탐관오리 중에서 그 죄가 심한 자는 처벌한다.	국가기강확립과 민생안정
	8. 급히 순사를 두어 도둑을 방지한다.	근대적 경찰제도 도입
	10. 귀양살이하거나 옥에 갇혀 있는 자는 그 정상을 참작하여 적당히 형을 감한다.	민심을 얻기 위해
군사	11. 4영을 1영으로 합하되, 영 가운데에서 장정을 뽑아 근위대를 설치한다.	군의 통솔권 확립

④ 실패 원인: 청군의 개입, 개화당의 세력 기반 취약, 일본에 의존

　　　　　→ 대다수 관료와 국민의 지지를 받지 못함

⑤ 결과

　㉮ 조선과 일본 사이에 한성조약(일본에 배상금 지불), 청과 일본 사이에 톈진조약(청·일 양국군의 동시 철병, 앞으로 조선에 파병할 때 상대국에 미리 통고 → 청·일전쟁의 계기) 체결

　㉯ 청의 내정 간섭 강화

　㉰ 개화 세력이 크게 위축되어 개화 정책 추진이 어려워짐

⑥ 의의: 근대국가 건설을 위한 최초의 개혁 → 근대화 운동의 선구

❹ 동학농민운동과 청·일 전쟁

1) 동학농민운동

(1) 농민층의 동요

① 농촌 경제의 파탄

㉮ 농민 수탈 심화: 일본에 대한 배상금 지불과 근대문물 수용 비용으로 재정 궁핍

㉯ 일본의 경제적 침탈 심화: 입도선매(=벼를 논에 세워 둔 채로 미리 돈을 받고 팖), 고리대의 방식으로 미곡 수탈 → 곡물 가격 폭등 → 백성생활 궁핍

② 농민 봉기: 전국 각지에서 지배층과 외세의 수탈에 저항 → 소규모, 산발적 봉기

(2) 동학의 성장과 교조 신원 운동

① 동학 교세의 확산

㉮ 동학의 창시(1860): 몰락 양반 최제우 창시, 인내천(人乃天) 사상 강조

㉯ 교세 확장: 삼남 지방 농민들 사이에 급속히 확산

㉰ 정부의 탄압: 혹세무민의 죄로 대구에서 최제우 처형 (1864)

전라도 고부 군수 조병갑의 가혹한 착취에 항거하여 봉기할 것을 촉구하는 **사발통문**. 통문이란 거사의 명분을 밝히고 발기인의 이름을 적은 문서이다. 특히, 사발통문은 사발을 엎어놓고 참가자의 이름을 원을 그리며 써넣어 모두가 함께 책임을 진다는 단결의 상징으로 이용되었다. 전봉준 등 발기자 20명의 이름이 보인다.

② 동학의 발전: 2대 교주 최시형의 포교 활동으로 큰 세력 형성

㉮ 교단 정비: 포와 접(하부 조직) 설치

㉯ 교리 정리: 동경대전(경전), 용담유사(포교 가사집) 편찬

③ 교조 신원 운동

㉮ 처형된 교조 최제우의 원한을 풀고 동학 포교의 자유를 인정해 줄 것 요구

→ 공주·삼례집회(1892), 서울 경복궁 복합상소운동(1893)

📖 심화학습

동학 농민군의 폐정 개혁안 12개조(1894.5.)

1. 동학교도는 정부와의 원한을 씻고 서정에 협력한다.
2. 탐관오리는 그 죄상을 조사하여 엄중히 징벌한다.
3. 횡포한 부호(富豪)를 엄중히 징벌한다.
4. 불량한 유림과 양반의 무리를 징벌한다.
5. 노비 문서를 소각한다.
6. 7종의 천인 차별을 개선하고, 백정이 쓰는 평량갓은 없앤다.
7. 젊어서 과부가 된 여성의 개가를 허용한다.

8. 무명의 잡다한 세금은 일체 거두지 않는다.
9. 관리 채용에는 지벌(地閥)을 타파하고 인재를 등용한다.
10. 왜와 통하는 자는 엄중히 징벌한다.
11. 공채이든 사채이든 기왕의 것은 모두 무효로 한다.
12. 토지는 균등히 나누어 경작하게 한다.
→ 10조: 반외세, 그 외 조항: 반봉건

ⓓ 보은 집회(1893): 종교적 성격뿐만 아니라 정치적·사회적 성격을 띠게 됨

→ 탐관오리의 숙청과 일본 및 서양 세력의 축출 요구

(3) 동학 농민 운동의 전개 과정

단계 구분	원인	목표	결과
고부농민봉기	고부군수 조병갑의 가혹한 수탈	부패 군수, 아전 징벌	징벌 후 해산
1차 봉기 (1894년 3월)	고부 농민 봉기 처리 과정에서 안핵사 이용태가 농민 탄압	탐학한 관리, 권세가 제거, 외세(일본) 배격 → 보국안민, 제폭구민	• 황토현 전투 등에서 대승 • 전주성 점령 → 전주 화약
집강소 설치 (농민자치기구)	농민군 1차 봉기 승리	치안 유지, 폐정 개혁안 실천	2차 봉기 실패로 개혁 좌절
2차봉기 (1894년 9월)	청·일 전쟁, 일본군의 왕궁 침입 → 내정 간섭	일본군을 몰아내고 나라를 구하려 함 → 남·북접 연합(논산)	• 공주 우금치 전투에서 패배 • 일본군·관군의 탄압

(4) 동학 농민 운동의 성격과 의의

① 성격: 반봉건(→갑오개혁에 영향) 반외세(→잔여세력이 을미의병 활동에 가담) 민족 운동

② 한계

㉮ 근대국가 건설을 위한 구체적 방안 제시 못함

㉯ 농민층 이외의 지지 기반 확보 실패

▸ 동학농민운동, 전봉준

2) 청·일 전쟁(1894)

(1) 배경

① 조선에서 청과 일본의 대립 격화: 양국 상인들 간의 대립

② 동학농민운동 당시 텐진조약(1885)에 의한 청·일 양국 군대 조선 파병을 약속하였음

📖 **심화학습**

동학 농민 운동을 계승한 영학당(英學黨)의 활동

1898년과 1899년, 두 차례에 걸쳐 고부, 흥덕 등 전라도 일부 지역에서 보국안민, 척왜양(斥倭洋)을 주장하는 농민 봉기가 일어났다. 흥덕 농민 봉기를 주도한 최익서는 "우리 당은 동학 농민군의 잔여 세력으로서 이번에 봉기하였다."라고 심문관에게 진술하였다. → 동학 농민군의 잔여 세력은 을미의병에 가담하여 투쟁하였고, 나중에는 영학당 등 새로운 조직을 결성하여 반봉건, 반침략의 민족 운동을 계속해 나갔다.

동학농민운동 정부기념일 지정(2019.2.19. 국무회의 의결)

125년 전 부패한 정치를 개혁하고 외세에 맞서기 위해 일어난 동학농민운동(1894년)을 기리기 위해 5월 11일을 정부기념일로 지정

(2) 전개

① 전주화약 체결로 조선정부가 청과 일본의 철군을 요구하자 조선에서의 철병을 거부한 일본
군이 청 함대 기습

② 일본의 제해권 장악, 산둥 반도의 청 해군 기지 공격 → 전쟁 발발

③ 8월 평양성 전투에서 일본이 승세를 잡음 → 일본군 승리

(3) 결과

① 시모노세키 조약 체결: 요동반도, 타이완 할양 받음

② 독일, 프랑스, 러시아의 삼국간섭으로 요동반도는 청에게 돌려줌 → 러시아의 세력 강화

❺ 서구 열강의 침탈과 사회·경제적 변화

1) 서구 열강의 침탈과 조선중립화론

(1) 갑신정변 이후의 열강의 대립

① 국내외 정세: 청의 내정 간섭 심화 → 청을 견제하기 위해 비밀리에 러시아와 교섭(조·러 통상
조약 체결) → 영국의 견제

② 거문도 사건(1885~87): 러시아의 남하를 대비한다는 구실로 영국이 거문도(=해밀턴 섬)를 불법
으로 점령

③ 조선중립화론 대두: 독일 부영사 부들러와 유길준이 주장 → 실패

2) 개항 이후의 사회·경제적 변화

(1) 일본 상인들의 무역 활동

① 1876년 강화도 조약: 불평등 조약(치외법권, 해안측량권)

조일수호조규 부록: 일본화폐 사용, 개항장 10리 거류지 지정

조일무역규칙: 무관세 무역, 무제한 양곡 수출

② 일본 상인들의 개항장 진출: 약탈적 무역 활동

③ 일본 상인: 영국산 면제품과 조선 원자재의 중계 무역으로 이윤

(2) 대외 무역의 변화

① 배경: 임오군란 이후 조·청 상민수륙무역장정 체결, 청 상인 대거 침투

② 청 상인의 특혜: 양화진(마포 양화대교 부근)과 한성에 상점 개설, 내륙 통상권 허용

③ 외국 상인의 내륙 진출 허용: 청 상인의 내륙 진출 허용 → 최혜국 대우 규정 → 다른 나라
상인들의 내륙 진출 허용

④ 청·일 상인의 경쟁

㉮ 일 상인의 내륙 진출: 일본의 산업화·도시화로 식량 부족

→ 조선 곡물 대량 반출(고리대 방식의 입도선매 등)로 곡물 가격 폭등

㉯ 청 상인이 가격 면에서 우위 차지하면서 상권을 장악한 결과 청일 상인 간 경쟁 심화

㉰ 일본 상인은 곡물 수출에 주력, 입도선매, 고리대, 조선의 흉작으로 조일 무역 쇠퇴

㉱ 조일 무역의 쇠퇴와 청 상인의 상권 장악 결과 청일전쟁의 한 원인이 됨

㉲ 청일전쟁 이후 일본 상인들이 조선시장 독점, 일본산 면제품 판매

(3) 개항 후 경제 침탈에 대한 대응

① 방곡령(1889~1890): 함경도와 황해도 등지에서 지방관이 방곡령을 내림

㉮ 배경: 일본 상인의 곡물 반출로 곡물 가격 폭등, 흉년으로 곡물 부족

㉯ 결과: 방곡령 실시 1개월 이전에 통고해야 한다는 조·일 통상 장정(1883)의 규정을 근거로 한 일본의 항의로 배상금을 지불하고 방곡령 철회

② 상회사 설립: 1890년대 초부터 대동·장통·종삼회사 같은 상회사 설립

㉮ 배경: 개항장과 내륙 시장을 연결하던 객주·여각·보부상 등이 1880년대 외국 상인의 내륙 진출이 허용됨에 따라 타격을 받음

→ 동업자 성격 상회사 설립(농·수산업 부문에 두드러짐)

→ 점차 근대적 형태의 주식회사로 발전

㉯ 운수업: 국내 기업가들이 해운 회사 설립

㉰ 금융업: 일본의 금융 기관 침투와 일본 상인의 고리대금업에 대항

→ 조선은행(1896, 관료 자본, 국고 출납 업무 대행), 한성은행, 천일은행 등

→ 화폐 정리 사업으로 몰락 등

㉱ 철도 부설: 일본이 상품의 수출과 군대를 수송하는 침략의 도구로 이용

ⅰ 경인선: 최초(1899)

ⅱ 경부선(1905)과 경의선(1906) → 군사적 목적, 경의선은 러·일 전쟁 중에 부설

제2절 일제의 국권침탈과 국권수호 운동

❶ 갑오·을미개혁

1) 배경

동학 농민군의 개혁 요구, 개화 세력의 개화 의지, 일본의 내정 개혁 강요

2) 개혁의 추진

개혁 과정	내각(추진 기구)	내용
제1차 갑오개혁 1894.7.27.	• 김홍집 내각 • 온건개화파 중심	일본이 경복궁을 점령하고 청·일 전쟁을 일으키면서 개혁 강요 → **군국기무처**(초정부적 회의기구)가 중심이 되어 자주적 개혁 추진
제2차 갑오개혁 1894.12월	• 김홍집·박영효의 연립 내각 • 온건 + 급진개화파	청·일 전쟁에서 승세를 잡은 일본이 내정 간섭 본격화 → 군국기무 처 폐지, 독립서고문(=나라의 자주독립을 선포)과 홍범 14조 발표

개혁의 중단
• 삼국 간섭(독·프·러 1895년 4월)으로 일본이 요동반도를 청에 반납하고 세력 위축
• 민씨 일파에 의해 박영효 실각 → 개혁 중단

을미사변(1895년 8월): 조선의 배일 정책에 위기를 느낀 일본이 명성황후 시해

을미개혁 (제3차 개혁) (1895.8월)	• 4차 김홍집 내각(친일적) • 유길준 참여	을미사변 이후 태양력 사용, 단발령 등 급진적 개혁 추진, 일본의 내정 간섭 강화 → 국민의 반발, 아관파천으로 개혁 중단

📖 **심화학습**

제1차 갑오개혁의 주요 내용
1. 이후 국내외의 공사(公私) 문서에 개국 기원을 사용한다.
2. 문벌과 양반·상민 등의 계급을 타파하여 귀천에 구애됨이 없이 인재를 뽑아 쓴다.
4. 죄인 자신 이외의 일체의 연좌율(緣坐律)을 폐지한다.
6. 남자 20세, 여자 16세 이하의 조혼을 금지한다.
7. 과부의 재혼은 귀천을 막론하고 자유에 맡긴다.
8. 공사 노비법을 혁파하고 인신매매를 금지한다.(노비 세습제는 1886년 이미 폐지)
18. 퇴직 관리의 상업 활동은 자유 의사에 맡긴다.
20. 각 도의 각종 세금은 화폐로 내게 한다.

홍범 14조
1. 청에 의존하는 생각을 버리고 자주 독립의 기초를 세운다.
2. 왕실 전범(典範)을 제정하여 왕위 계승의 법칙과 종친과 외척과의 구별을 명확히 한다.
3. 임금은 각 대신과 의논하여 정사를 행하고, 종실, 외척의 내정 간섭을 용납하지 않는다.
4. 왕실 사무와 국정 사무를 나누어 서로 혼동하지 않는다.
5. 의정부(議政府) 및 각 아문(衙門)의 직무, 권한을 명백히 한다.
6. 납세는 법으로 정하고 함부로 세금을 거두지 않는다.
7. 조세의 징수와 경비 지출은 모두 탁지아문(度支衙門)의 관할에 속한다.
8. 왕실의 경비는 솔선하여 절약하고, 이로써 각 아문과 지방관의 모범이 되게 한다.
9. 왕실과 관부(官府)의 1년 회계를 예정하여 재정의 기초를 확립한다.
10. 지방 제도를 개정하여 지방 관리의 직권을 제한한다.
11. 총명한 젊은이들을 파견하여 외국의 학술, 기예를 견습시킨다.
12. 장교를 교육하고 징병을 실시하여 군제의 근본을 확립한다.
13. 민법, 형법을 제정하여 국민의 생명과 재산을 보전한다.
14. 문벌을 가리지 않고 인재 등용의 길을 넓힌다.

3) 주요 내용

1차 개혁(1차 갑오개혁)	2차 개혁(2차 갑오개혁)	3차 개혁(을미개혁)
• **군국기무처** 주도: 초정부적 기구 • 정치: 개국 연호 사용, 왕권 약화 내각 권한 강화, 과거제 폐지 • 사회: 신분제 철폐, 봉건적 폐습 타파, 고문·연좌제 폐지 • 경제: 재정 일원화, 도량형 통일, 조세 금납화	• 박영효 중심으로 추진 • 홍범 14조 발표 • 청의 간섭과 왕실의 정치 개입 배제 • 중앙·지방 행정 개편 • 사법권과 행정권 분리 • 군제 개혁 소홀	• 친일 내각 수립(95) • 단발령 실시 • '건양' 연호 사용 • 우편 사무 시작 • 소학교 설치 • 종두법 시행 • 태양력 사용 • 친위대, 시위대 설치

4) 평가 및 의의

(1) 긍정적 측면

① 봉건적 전통질서를 타파하려는 근대적인 개혁

② 개혁의 자율성: 조선의 개화 인사들(갑신정변)과 동학 농민층(동학농민운동) 개혁 의지 반영, 조선의 개화파 관료들에 의하여 추진됨

(2) 부정적 측면

① 일반 대중이 개혁 외면: 일본의 침략적 간섭과 만행, 개혁의 급진성 때문 토지제도 개혁에 대한 언급 없음

② 타율성: 일본의 강요 → 일본의 조선 침략을 용이하게 함

③ 군사면의 개혁 소홀

❷ 독립협회 활동(1896~1899)

1) 배경

→ 열강의 이권 침탈(아관파천), 근대 문물의 필요성, 민중 계몽에 대한 관심

2) 주도 세력

(1) 서재필의 활동: 미국에서 귀국하여 서구 시민 사상에 입각한 계몽운동 전개 → 독립신문 창간 (1896년 4월), **독립협회 창립**(1896년 7월)

(2) 초기 서재필 등 개화 지식층 중심, 점차 각계각층의 인사 참여(지식인·정부 관료·도시 시민층·학생·노동자·여성·천민 등)

3) 주요활동

(1) 민중 계몽, 독립문 건립, 강연회·토론회 개최, 신문·잡지 발간
(2) 서재필 중심: 만민공동회 중심, 군주권 제한을 주장
(3) 윤치호·남궁억 중심: 관민공동회 개최(헌의 6조), 전제 황권 강화 주장

헌의 6조 내용	
1. 외국인에게 의지하지 말고 관민이 합심하여 황제권을 공고히 할 것.	'황제권을 공고히 함'은 전제적 군주권을 견고히 한다는 것이 아니라, 우리나라 황제로 하여금 다른 나라 황제와 같은 위치에 서게 하여 자주 국권을 확립하려는 것
2. 외국과의 이권에 관한 계약과 조약은 해당 부처의 대신과 중추원 의장이 함께 날인하여 시행할 것. 5. 칙임관은 정부에 그 뜻을 물어 과반수가 동의하면 임명할 것.	국왕의 전제권에 대한 제한
3. 재정은 탁지부에서 전담하여 맡고, 예산과 결산을 국민에게 공포할 것.	재정의 일원화, 예산과 결산의 공개 주장(근대적 재정 체계 확립 도모)
4. 중대한 범죄는 공개 재판하고, 피고의 인권을 존중할 것.	재판의 공개, 피고의 인권 존중
6. 정해진 규정을 실천할 것.	

4) 해산(1899)

(1) 독립협회가 공화정을 추진하려 한다는 보수파의 모함(서재필 추방)
(2) 정부에서 황국협회(=보부상 단체)와 군대 동원하여 강제 해산

5) 의의: 민중을 개화 운동과 결합시킴

구분	활동 내용
자주국권 (민족주의)	• 만민 공동회 개최(1898): 최초의 근대적 민중 집회 → 러시아의 내정 간섭 규탄, 한러은행 폐쇄, 열강의 이권 침탈 저지
자유민권 (민주주의)	• 신체의 자유, 재산권, 언론·출판·집회·결사의 자유 보장 및 국민참정권 주장 • 관민 공동회 개최: 헌의 6조 결의
자강개혁 (근대화)	• 박정양 진보 내각 수립 • 의회식 중추원 관제와 국정 개혁(입헌 군주제) 주장

📖 **심화학습**

백정 박성춘의 관민공동회 연설(1898.10.)

독립 협회가 중심이 되어 개최하고 정부 관리들도 참석한 관민 공동회에서 백정 신분인 박성춘이 다음과 같은 내용의 연설을 하였다.
"나는 대한의 가장 천한 사람이고 배운 것도 없습니다. 그러나 충군 애국의 뜻은 대강 알고 있습니다. 이에, 나라를 이롭게 하고 국민을 편안하게 하려면 관민이 합심해야 한다고 생각합니다. 저 차일(遮日)에 비유하건대, 한 개의 장대로 받치면 튼튼하지 못하나, 많은 장대로 받치면 매우 튼튼합니다. ……"

❸ 대한제국과 광무개혁

1) 대한제국의 성립

(1) 배경

① 고종이 경운궁(=덕수궁)으로 환궁, 독립 협회와 국제 여론의 요구

② 자주 독립을 바라는 국민 여론과 러·일의 세력 균형 하에서 성립

(2) 황제즉위식 및 대한제국 선포

① 원구단에서 황제 즉위식 실시 → 중국과의 사대 관계 청산, 서구 열강에 자주 독립의 의지 표현

② 국호는 대한제국, 연호는 광무

(3) 대한국 국제 제정(1899)

① 전제 황권의 강화 추구(전 세계의 시대적 흐름에 역행)

② 군대통수권·입법권·사법권을 황제 권력에 집중시킴

③ 대한국 국제(1899년 1월)

> 제1조 대한국은 세계 만국이 공인한 자주독립제국이다.
> 제2조 대한국의 정치는 만세 불변의 전제 정치이다.
> 제3조 대한국의 대황제는 무한한 군권을 누린다.
> 제5조 대한국 대황제는 육·해군을 통솔하고 군대의 편제를 정하고 계엄을 명한다.
> 제6조 대한국 대황제는 법률을 제정하여 그 반포와 집행을 명하고, 대사, 특사, 감형, 복권을 명한다.
> 제7조 대한국 대황제는 행정 각부의 관제를 정하고, 행정상 필요한 칙령을 발한다.
> 제8조 대한국 대황제는 문무 관리의 출척 및 임면권을 가진다.
> 제9조 대한국 대황제는 각 조약 체결 국가에 사신을 파견하고, 선전, 강화 및 제반 조약을 체결한다.

2) 광무개혁의 전개(1897)

(1) 광무개혁의 특징

① 구본신참(舊本新參. 옛 것을 근본으로 삼고, 새로운 것을 참조한다)의 정신, 점진적 개혁 추구

② 갑오·을미개혁의 급진성 비판, 점진적인 개혁 추구(동도서기론에 입각) → 독립 협회 탄압

(2) 내용

① 양전 사업 → 지계(토지 소유권 증명서) 발급

② 상공업 진흥책(=식산흥업): 황실 주도로 제조공장 설립, 민간인 회사 설립 지원

③ 지방 제도 개편

④ 근대적 교육 제도 마련(실업학교 설립, 유학생 파견)

⑤ 근대 시설 도입 추진

⑥ 군제 개편(시위대, 원수부 설치)

3) 의의 및 한계

(1) 근대 주권 국가 지향

(2) 국방·산업·교육 등의 분야에 성과

(3) 복고주의(전제황권 강화) → 대한국 국제로 이어짐

(4) 민권 운동 탄압(독립협회)

(5) 집권층의 보수적 성격과 열강의 간섭으로 성과 미흡

❶ 일제의 국권 침탈 과정

한·일 의정서(1904.2.23.)	러일전쟁 직후 군사 요지 사용권 요구, 사전 동의권 획득
제1차 한·일 협약(1904.8.22.)	고문 정치 → 재정(일. 메가타), 외교(미. 스티븐스)에 의해 실시
화폐정리사업(1905)	재정고문 메가타에 의해 주도. 일본제일은행권에 예속.
열강들의 묵인(1905)	가쓰라 태프트 밀약(미), 제2차 영·일 동맹, 포츠머스 조약(러)
을사늑약(1905)	일본이 대한제국의 외교권 대행 → 통감부 설치(이토 히로부미)
헤이그 특사 파견(1907)	고종이 을사조약에 반발하여(비준 거부) 헤이그 만국 평화 회의에 특사 파견(이준, 이상설, 이위종) → 고종 강제 퇴위
한·일 신협약(1907)	고등 관리의 임용에 통감 동의권, 일본인 차관 임명, 군대 해산(8,800명)
신문지법과 보안법(1907)	신문지법 → 언론 탄압, 보안법 → 집회·결사 탄압
기유각서(1909)	사법권 박탈 → 경찰권 박탈(1910, 경찰 사무 위탁 각서)
일진회의 합방 건의	이용구 등의 일진회가 한·일 합방에 관한 청원서 발표
국권 피탈(1910.8.)	일본이 대한 제국을 병합(한일병합조약) → 총독부 설치

📖 **심화학습**

화폐정리사업

1905년 6월 탁지부령 제1호

"백동화의 상태가 매우 좋은 갑종 백동화는 개 당 2전 5리의 가격으로 새 돈으로 바꾸어 주고, 상태가 좋지 않은 을종 백동화는 개 당 1전의 가격으로 정부에서 사들이며, 팔기를 원치 않는 자에 대해서는 정부가 절단하여 돌려준다. 단 모양과 질이 조잡하여 화폐로 인정키 어려운 병종 백동화는 사들이지 않는다."

→ 우리나라에서 쓰이던 상평통보나 백동화 등을 일본 제일 은행에서 만든 새로운 화폐로 바꾸도록 한 것인데, 법을 갑자기 시행한데다가 질이 나쁜 백동화는 교환해 주지 않았다. 일본 상인들은 이 사실을 미리 알고 대비하였으나, 그렇지 못한 우리 상인들은 파산하는 경우가 많았다. 또, 적은 금액은 바꾸어 주지 않아 농민들도 큰 피해를 입었다.

→ 차관 증가(화폐 정리 자금 300만원), 한국 금융 공황, 한국 상인 도산

기유각서

• **기유각서(한국사법 및 통감사무 위탁에 관한 각서, 1909.7.12.)**

: 한일신협약의 3항인 사법사무에 관한 조항을 이행하기 위한 각서

① 한국의 사법 및 감옥사무가 완비되었다고 인정할 때까지 한국정부는 사법 및 감옥사무를 일본정부에게 위탁할 것

② 일본정부는 일정한 자격을 가진 일본인 및 한국인을 재한국 일본재판소 및 감옥의 관리로 임용할 것

③ 재한국일본재판소는 협약 또는 법령에 특별한 규정이 있는 이외에 한국신민에 대해서는 한국법규를 적용할 것

④ 한국지방관청 및 관공리는 직무에 부응하여 사법 및 감옥의 사무에 대해 재한국 일본 당해관리의 지휘 명령을 받고 또 그를 보조할 것

⑤ 일본정부는 한국의 사법 및 감옥에 관한 일체의 경비를 부담할 것

간도협약

• 백두산정계비(서쪽으로는 압록강, 동쪽으로는 토문강으로 한다. 1712년, 숙종)의 토문강에 대한 해석(청: 두만강이라 함, 조선: 송화강의 지류라 해석)을 둘러싼 청과 대한제국의 갈등.

• 대한제국은 간도를 함경도의 행정구역으로 편입, 간도관리사 이범윤 파견(1902)

• 일제는 청과 간도협약(1909)을 체결하여 만주의 안동–봉천선 철도부설권과 탄광 채굴권을 획득, 간도를 청의 영토로 인정함.

열강들이 일본의 한국 지배를 묵인함

• **한일의정서(1904.2.23.)**

① 한일 양국이 친교를 유지하고 동양의 평화를 확립하기 위하여, 대한제국 정부는 대일본제국 정부를 믿고 시정의 개선에 관하여 그 충고를 들을 것

② 대일본제국 정부는 대한제국 황실의 안전을 도모할 것

③ 대일본제국 정부는 대한제국의 독립과 영토보전을 보장할 것

④ 제3국의 침해나 내란으로 인하여 대한제국의 황실안녕과 영토보전에 위험이 있을 경우에 대일본제국 정부는 속히 필요한 조치를 행할 것이며, 이때 대한제국 정부는 대일본제국 정부의 행동이 용이하도록 충분한 편의를 제공할 것, 또한 대일본제국 정부는 이러한 목적을 달성하기 위하여 전략상 필요한 지점을 사용가능할 수 있도록 할 것

⑤ 대한제국 정부와 대일본제국 정부는 상호의 승인을 거치지 않고는 본 협정의 취지에 위반되는 협약을 제3국과 체결할 수 없음

• **제1차 한일협약(한일 외국인 고문 용빙에 관한 협정서, 1904.8.22.)**

① 한국정부는 대일본정부가 추진하는 일본인 1명을 재정고문으로 삼아 재무에 관한 사항은 모두 그의 의견에 따를 것

② 한국정부는 대일본정부가 추진하는 외국인 1명을 외교고문으로 하여 외부(外部)에 용빙하여 외교에 관한 주요업무를 일체 그 의견에 따를 것

③ 한국정부는 외국과의 조약체결과 기타 중요한 외교안건, 즉 외국인에 관한 특권양여와 계약 등사의 처리에 관해서는 미리 대일본정부와 협의할 것

• **가쓰라·태프트 비밀 협약(1905.7.)**

첫째, 일본은 필리핀에 어떠한 침략적 의도도 품지 않으며, 미국의 필리핀 지배를 인정한다.

둘째, 미국은 한국에 대한 일본의 지배권을 확인한다.

셋째, 극동 평화를 위하여 미국·영국·일본 세 나라가 실질적으로 동맹 관계를 맺는다.

제3절 애국계몽 운동(을사늑약 전후하여 많이 일어남)

❶ 성립

개화파 계열의 계몽 운동가들이 중심. 교육과 산업을 통한 실력 양성 주장

❷ 주요 단체

1) 보안회(1904.7월=보국안민회의 줄임)

(1) 일제의 황무지 개간권 요구 반대

(2) 일본의 황무지 개간권 철회로 보안회 해산

📖 **심화학습**

열강들이 일본의 한국 지배를 묵인함(계속)

- **제2차 영·일 동맹(1905.8.)**

  제3조 일본은 한국에 있어서 정치, 군사 및 경제적으로 탁월한 이익을 가지므로 영국은 일본이 그 이익을 옹호 증진시키기 위하여 정당·필요하다고 인정하는 지도, 감리 및 보호의 조치를 한국에 있어서 취할 권리를 승인한다. 단, 이 조치는 항상 열국의 상공업상 기회 균등주의에 위배될 수 없다.

- **포츠머스 강화 조약(1905.9.): 미국의 중재로 러·일 전쟁 강화조약을 미국의 포츠머스에서 체결**

  제2조 러시아 정부는 일본국이 한국에 있어서 정치, 군사 및 경제적으로 탁월한 이익을 가질 것을 승인하고 일본 제국 정부가 한국에 있어서 필요하다고 인정하는 지도, 보호 및 감리의 조치를 취함에 있어 이를 방해하거나 간섭하지 않을 것을 약속한다.

- **을사조약(1905.11.17.)**

  제1조 일본 정부는 한국의 외국에 대한 관계 및 사무를 감리·지휘하고, 일본 영사는 외국에서의 한국의 이익을 보호할 것

  제2조 일본 정부는 한국과 타국 간에 현존하는 조약의 실행을 완수할 임무가 있으며, 한국 정부는 일본 정부의 중개를 거치지 않고는 어떠한 조약이나 약속을 하지 않을 것

  제3조 통감(統監)을 두어 외교에 관한 사항을 관리하기 위하여 경성에 주재하고 한국 황제 폐하를 내알(內謁)하는 권리를 가지고, 한국의 각 개항장 및 그밖에 일본 정부가 필요하다고 인정하는 지역에 이사관(理事官)을 설치해 본 협약의 조관을 완전히 실행하기 위하여 필요한 일체의 사무를 관장할 것

- **정미7조약(1907.7.25.)**

  ① 한국정부는 시정개선에 관하여 통감의 지휘를 받을 것

  ② 한국정부가 하는 법령제정 및 중요한 행정상의 처분은 미리 통감의 승인을 거칠 것

  ③ 한국의 사법사무는 보통행정사무와 이를 구별할 것

  ④ 한국의 고등관리의 임명·면직은 통감의 동의를 얻을 것

  ⑤ 한국정부는 통감이 추천하는 일본인을 한국관리에 임명할 것

  ⑥ 한국정부는 통감의 동의 없이 외국인을 관리로 등용하지 못함

  ⑦ 1904년 8월 22일에 가결한 한일 외국인 고문 용빙에 관한 협정서 제1항은 폐지할 것

대한자강회

"무릇 우리나라의 독립은 오직 자강(自强)의 여하에 있을 따름이다. 우리나라가 과거에 자강의 방법을 강구하지 않아, …… 마침내 오늘날 외국인의 보호를 받게 되었으니 …… 자강의 방법은 다른 데 있는 것이 아니라 교육을 진작하고 산업을 일으키는 데 있다. 무릇 교육이 일어나지 못하면 국민의 지식이 열리지 않고, 산업이 일어나지 않으면 나라의 부가 늘어나지 못하는 것이다. 그러므로 국민의 지식을 열고 국력을 기르는 길은 무엇보다도 교육과 산업의 발달에 있지 않겠는가? 교육과 산업의 발달이 곧 하나뿐인 자강의 방도임을 알 수 있을 것이다. ……"

'대한 자강회 월보' 제1호, 1906년 7월

2) 헌정연구회(1905)

(1) 을사늑약 체결 후 독립 협회를 계승하여 조직

(2) 정치의식 고취 및 입헌 군주제 수립 주장, 일진회의 활동을 규탄

3) 대한자강회(1906. 헌정연구회를 모체로 하여 설립)

(1) 교육 진흥, 산업 개발 등 실력 양성에 의한 국권 회복 운동

(2) 1907년 헤이그 특사 파견에 따른 고종이 퇴위하자 이에 대한 격렬한 반대 운동을 전개하다가 일제의 탄압으로 해산

4) 대한협회(1908. 대한자강회 계승)

교육 보급, 산업의 진흥, 민권 신장 추구

5) 신민회(1907~1911)

(1) 비밀 결사

(2) 공화정체의 국민 국가 수립

(3) 대성학교(초대 교장: 안창호), 오산학교(초대 교장: 이승훈) 설립

(4) 태극서관, 자기회사 설립

(5) 국외 독립군 기지 건설(이회영·이시영 형제가 서간도의 삼원보 개척)

(6) 신흥 무관 학교 설립(← 신흥중학교 ← 신흥강습소)

(7) 1911년 일제가 날조한 '105인 사건'으로 인해 해산

❸ 주요 활동

1) 교육 운동

국권 회복을 위한 구국 교육 운동, 서북 학회, 기호 흥학회, 호남 학회 등

📖 심화학습

신민회, 국외에 독립 운동 기지를 건설

"…… 남만주로 집단 이주하려고 기도하고, 조선 본토에서 상당한 재력이 있는 사람들을 그 곳에 이주시켜 토지를 사들이고 촌락을 세워 새 영토로 삼고, 다수의 청년동지들을 모집, 파견하여 한인 단체를 일으키고, 학교를 세워 민족 교육을 실시하고, 나아가 무관 학교를 설립하여 문무를 겸하는 교육을 실시하면서, 기회를 엿보아 독립 전쟁을 일으켜 구한국의 국권을 회복하려고 하였다. ……"

'105인 사건 판결문(1911)'

2) 언론 운동

(1) 국민 계몽과 애국심 고취

(2) 황성신문(장지연. 을사늑약 체결로 인한 '시일야 방성대곡' 연재)

(3) 대한 매일 신보(영국인 베델과 양기탁이 발행한 신문) → 의병 운동과 국채보상운동에 대한 기사 연재

3) 산업 운동

경제 단체 조직, 상권 보호, 근대 경제 의식 고취

4) 국채 보상 운동

(1) 배경: 일제 통감부가 시설 개선의 명목으로 거액의 차관 제공 → 재정 예속화(국채 1300만원)

(2) 경과: 대구에서 서상돈, 김광제 등의 발의로 국채 보상 운동 시작(1907) → 국채 보상 기성회 조직(서울), 애국 계몽 운동 단체와 언론기관의 모금운동 참여, 금주·금연 운동, 여성들의 비녀·가락지 헌납

(3) 결과: 통감부의 방해(모금 활동하는 양기탁을 국채보상금 횡령 혐의를 씌워 구속)로 인해 실패

(4) 의의: 국채를 갚아 한민족의 생존권을 지켜나가기 위해 일어난 자발적 경제운동

❹ 애국계몽운동의 의의

1) 국권 회복과 근대 국민 국가 건설을 동시에 추구, 실력 양성 운동으로 계승

2) 일본의 방해와 탄압, 실질적인 성과를 거두는 데에 어려움

📖 **심화학습**

시일야 방성대곡

아! 원통한지고, 아! 분한지고. 우리 2000만 타국인의 노예가 된 동포여! 살았는가, 죽었는가? 단군, 기자 이래 4000년 국민정신이 하룻밤 사이에 갑자기 망하고 말 것인가. 원통하고 원통하다. 동포여! 동포여!

-황성신문, 1905.11.20. 장지연-

제4절 항일 의병 운동(을사늑약 전후하여 많이 일어남)

❶ 항일 의병 운동의 전개

구분	을미의병(1895)	을사의병(1905)	정미의병(1907)
계기	을미사변·단발령	을사늑약 → 외교권 박탈·통감부 설치	고종 강제퇴위·군대 해산

전개	• 사상적 배경: 위정척사
	• 유인석, 이소응 유생 의병장 +
	  농민, 동학 농민군 잔여 세력
	• 단발령 철회, 국왕의 해산권고
	  로 대부분 종식
	• 최초의 항일 의병
		• 을사조약 폐기 운동
		  - 상소
		  - 5적 암살단(나철, 오기호)
		  - 우국지사들의 자결
		    (민영환, 조병세, 홍만식)
		  - 언론활동(시일야방성대곡)
		• 을사의병
		  - 양반 의병장: 민종식(홍주성),
		    최익현(순창에서 활동, 쓰시마
		    섬에서 순절)
		  - 평민 의병장 활약: 신돌석
		    (태백산 호랑이)
		• 전술 변화, 반침략 운동
			• 해산 군인의 합세: 조직과 화력
			  강화 → 의병전쟁으로 발전
			• 이인영, 허위
			• 의병 활동이 전국 각지로 확산,
			  간도와 연해주에서도 활동
			• 각국 영사관에 의병을 국제법상
			  교전 단체로 인정해 줄 것을 요
			  구 → 정당한 독립군임을 주장
			• 서울 진공 작전(13도 창의군)
			  → 선발대가 서울 근교까지 진격
			  (실패)

📖 심화학습

양반 유생층의 한계

- 1895년 3월, 충주성 부근의 청룡촌 싸움에서 패배한 뒤, 선봉장 김백선이 그 책임 문제를 가지고 작전 약속을 지키지 않은 중군장 안승(양반 유생 출신)에게 따지며 대들었다. 그러자 유인석은 일개 포군이 감히 양반에게 무례하게 대든 불경죄를 저질렀다고 하며 김백선을 참살하였다.
- **최익현**: 호남 지방의 대표적 의병장은 최익현이었다. 태인에서 일어난 최익현 의병 부대가 정읍, 곡성을 거쳐 순창에 진출하였을 때 그 숫자는 1000여 명에 이르렀다. 그러나 최익현 부대는 여기서 전투 없이 쉽게 무너졌다. 전주 관찰사 한진창이 인솔하는 전주 및 남원의 진위대가 순창을 포위하자 최익현은 왕이 보낸 군대와 싸울 수 없다 하여 항전을 중지하고 스스로 체포 되었던 것이다. 그 후 최익현은 일본군에게 넘겨져 대마도로 끌려갔다가 그곳에서 순절하였다.

서울진공작전

- 서울 진공 작전(1908): 의병 전쟁이 전국적으로 확산되면서 유생 출신 의병장을 중심으로 전국 13도 연합 의병 부대(13도 창의군)가 결성되었다. 경기도 양주에 집결한 1만여 명의 의병은 이인영을 총대장으로 추대하고 서울 탈환을 위해 진격하였다. 그러나 이 작전은 우세한 화력을 지닌 일본군의 방어를 뚫지 못하여 실패하였다. 한편, 13도 창의군의 편성 과정에서 신돌석, 홍범도 등 평민 출신 의병장들은 신분이 낮다고 하여 제외되었다. 이는 유생 출신 의병장들이 봉건적인 사고에서 벗어나지 못하였음을 보여 준 것으로, 13도 창의군이 폭넓은 대중적 기반을 확보하지 못하고 있음을 드러낸 것이었다.
  13도 창의군의 총대장이었던 이인영은 거사를 앞두고 부친상을 당하자, "나라에 대한 불충은 어버이에 대한 불효요, 어버이에 대한 불효는 나라에 대한 불충이다. 그러므로 나는 3년상을 치른 뒤 다시 의병을 일으켜 일본을 소탕하고 대한을 회복하겠다."는 말을 남기고 고향으로 되돌아갔다. 그 후 충청도 황간에서 숨어 지내다 1909년 일본군에 체포되어 처형되었다.

❷ 의병 운동의 의의

1) 일본군에 비해 조직과 화력 열세
2) 유생 출신 의병장의 보수적 성격
3) 국제적 고립
4) 항일 무장 독립 투쟁의 기반 마련
5) 일제의 남한 대토벌 작전(1909년 전라도 지역 호남의병 대규모 토벌) 이후 대부분의 의병은 만주, 연해주로 이동하여 독립 운동 기지 마련
6) 애국계몽운동에 대한 비판(애국계몽운동가들도 의병운동 비판)

❸ 의거 활동의 전개

▸ 안중근 의사

1) 전명운·장인환: 샌프란시스코에서 스티브스
   (외교 고문, 친일파 미국인) 사살(1908)
2) 안중근: 만주 하얼빈에서 이토 히로부미 사살
   (1909)

📖 **심화학습**

애국계몽운동의 의병 투쟁 비판

의병 제군에게 경고한다.

"…… 실로 충의의 마음이 격렬하게 일어나 의병으로 나선 사람도 있는 동시에, 저 교활한 도적들과 지난날의 부랑아나 파락호의 못된 무리가 때가 왔다고 하면서 의병이라 일컫는 경우 또한 적지 않을 것이다. ……

군들의 오늘 이러한 행동이 …… 실은 도리어 동포를 해치고 조국을 상하게 할 뿐이요, 털끝만치도 실효가 없을지니, …… 국권을 되찾으려고 한다면 눈앞의 치욕을 참고 국가의 원대한 계획을 도모하여 모두 병기를 버리고 각자 고향으로 돌아가 농부는 농업을 열심히 하고, 공장(工匠)은 공업을 열심히 해야 한다. 각기 산업에 종사하여 자산을 저축하고 자제를 교육하여 지성을 계발하며 실력을 양성하면, 다른 날에 독립을 회복할 기회를 자연히 기대할 수 있을 것이니……"

－황성신문, 1907.9.25.－

남한 대토벌 작전

• **남한 대토벌 작전(1909)**: 평민 출신 의병장들이 이끄는 의병 부대는 주로 유격 전술을 펼치며 일제에게 타격을 가하였는데, 특히 호남 지역 의병들의 활약이 두드러졌다. 민중들의 끈질긴 저항이 계속되자 일제는 우리나라를 식민지로 만드는 데 가장 큰 걸림돌이 의병들이라고 생각하여 대대적인 공세에 나섰다. 1909년 9월부터 2개월 동안 진행된 이른바 남한 대토벌 작전에서만 해도 의병장 100여 명, 의병 4000여 명이 붙들리거나 학살당하였다.

일제의 공세가 거세어지면서 의병 전쟁은 차츰 위축되었고, 규모도 작아졌다. 그러나 의병들의 항전은 1910년대 중반까지 끈질기게 계속되었다. 또, 많은 의병 부대가 간도나 연해주로 이동하였고, 그 곳에서 무장 독립군으로 재편성되어 치열한 독립 전쟁을 전개하였다.

제5절 일제의 식민지 통치

1) 1910~1919년의 통치형태

(1) 조선총독부의 무단통치(=헌병경찰통치)

① 헌병경찰을 앞세운 일제의 폭력적 통치방식, 관리와 교사들까지 칼을 휴대, 태형제도 부활
② 한국인의 정치 활동 금지, 언론·집회·출판·결사의 자유 등 기본권 제한

(2) 토지조사사업

① 목적: 근대적 토지 소유 관계 확립, 기한부 신고주의, 소작인의 경작권 부정
② 결과: 조선 총독부의 조세 수입 증가, 합법적인 토지 약탈, 소작농의 지위 하락, 식민지 지
　　　 주제 확립, 농민의 해외 이주

(3) 기타

회사령(허가제), 삼림령, 어업령, 광업령 등 제정, 식민 지배 체제 확립

📖 심화학습

105인 사건

1911년 일제가 무단통치의 일환으로 민족운동을 탄압하기 위해 데라우치 마사타케 총독의 암살미수사건을 확대·조작하여 애국 계몽 운동가들을 투옥한 사건. 데라우치 총독암살미수사건이라고도 하지만, 제1심 공판에서 유죄판결을 받은 사람이 105명이었으므로 일반적으로 '105인 사건'이라고 한다. 1910년 전후 평안도와 황해도 등 서북지역에서는 신민회(新民會)와 기독교도들을 중심으로 신문화운동을 통한 독립운동이 확산되고 있었다. 이에 따라 조선총독부는 이 지역의 반일적인 운동을 탄압하기 위해 여러 종류의 사건을 조작하여 애국 계몽 운동가들을 탄압하기에 이르렀다. 1910년 12월에는 군자금을 모금하다 잡힌 안명근의 사건을 확대·날조하여 서북 일대의 배일기독교인과 신민회 회원을 체포한 안악사건을 조작했으며, 이 사건 이후 비밀결사조직으로서 신민회의 조직을 확인하고 이들을 탄압하기 위해 105인 사건을 조작하게 되었다. 일제는 1911년 9월부터 총독암살미수사건으로 윤치호를 비롯하여 양기탁·임치정·이승훈·유동열·안태국 등 전국적으로 600여 명을 검거했다. 일제는 이미 짜놓은 각본에 맞추어 피의자들에게 진술을 강요하면서 잔인한 고문에 의해 허위자백을 받아내어 혐의사실을 그대로 인정하게 했다.
제1심 공판에서 유죄 판결을 받은 105명 중 최종적으로 윤치호 등 6명에게만 징역 5~6년 형이 선고되고 나머지는 무죄로 풀려났다. 일제는 이 사건을 통해 신민회의 실체를 파악하고 이를 해체시켰다.

조선 태형령(1912년)

제1조 3월 이하의 징역 또는 구류에 처하여야 하는 자는 정상(情狀)에 의하여 태형에 처할 수 있다.
제5조 태형은 16세 이상 60세 이하의 남자가 아니면 부과할 수 없다.
제6조 태형은 태로 볼기를 때려 집행한다.
제11조 태형은 감옥 또는 즉결관서에서 비밀로 집행한다.
제13조 이 영은 조선인에 한하여 적용한다.

토지조사사업의 결과

자작농과 자소작농이 줄고 소작농이 늘었다. 지주 계층이 증가한 것은 일제가 지주들의 권리를 보호하여 자신들의 편으로 끌어들이려는 정책 때문이었다. 그 결과 지주들은 친일적 성향을 띠기도 하였다.

황국 신민 서사

우리는 대일본 제국의 신민입니다.
우리들은 마음을 합하여 천황 폐하에게 충의를 다합니다.
우리들은 괴로움을 참고 견디며 단련을 하여 훌륭하고 강한 국민이 되겠습니다.

2) 1919~1931년의 통치형태

(1) 문화통치(=보통경찰통치=민족분열통치)

① 배경: 한국인의 강인한 독립의지를 표출한 3·1 운동의 영향
② 내용
 ㉮ 유화적인 식민통치 방식을 제시한 기만책(문관출신 총독은 한명도 없음)
 ㉯ 헌병경찰제도를 보통경찰제도로 전환하면서 오히려 경찰 수 3배 증가
 ㉰ 부분적인 언론·출판·집회·결사의 자유를 허용(조선일보·동아일보 창간)했으나, 철저한 검열·감시
 ㉱ 한국인에 대한 교육 기회를 확대하였으나, 초등교육과 하급 기술교육에 치중
③ 목적: 한국인의 이간·분열 유도, 친일파 양성, 독립운동의 역량 약화 기도
④ 결과: 민족독립운동 내부의 분열과 혼선 발생(친일파 양산)

(2) 회사령 철폐

허가제에서 신고제로 전환, 일본기업들이 한국으로 대거 진출

(3) 산미증식계획

① 배경: 일본의 급격한 공업화로 도시 노동자 증가·농촌 인구 감소, 쌀 수요 증대
② 내용: 한국에 대규모 농업 투자, 쌀 생산 증대, 일본으로 유출
③ 결과: 한국인의 식량 사정 악화(만주에서 수입한 잡곡으로 충당)

3) 1931~1945년의 통치형태

(1) 민족말살 정책

① 배경: 만주사변(1931), 중일전쟁(1937), 태평양 전쟁(1941) 등, 전시 동원체제 강화
② 내용: 민족 운동 봉쇄를 위한 각종 악법 제정, 언론 탄압, 군과 경찰력 증강
 ㉮ 황국신민화: 내선 일체(=일본과 조선은 하나다)
  일선 동조론(=일본과 조선은 조상이 같다) 주장
 ㉯ 신사 참배, 황궁 요배(=일왕을 향해 참배), 황국 신민서사 암송 강요
 ㉰ 우리말 사용 금지, 학술·언론 단체 해산(=조선·동아일보, 조선어학회), 창씨개명, 한국인을 침략 전쟁에 효율적으로 동원할 목적

(2) 병참기지화 정책

① 목적: 한국의 인적·물적 자원 활용, 전쟁 물자 생산기지로 이용
② 한국의 기지화: 남면북양정책(남쪽은 면화, 북쪽은 양 사육)

일본 독점 자본의 진출, 북부 지방을 중심으로 군수 공업, 중화학 공업 시설 확충

③ 전시 수탈체제 강화: 국가 총동원법(1938), 전쟁 말기로 갈수록 심화

㉮ 인적자원 수탈: 지원병제, 징용, 징병, 학도병, 정신대, 일본군 위안부로 동원

㉯ 물적자원 수탈: 식량 공출과 배급제 실시, 전쟁물자 공출, 산미증식계획 재개(중단), 가축 증식계획, 금속물자 수탈

제6절 국내·외 독립 운동 기지건설

❶ 3·1 운동 이전의 민족운동

1) 국내 민족운동의 전개

(1) 독립의군부(1912)

임병찬(최익현 제자) 중심. 고종의 밀명을 받음. 비밀결사단체

의병전쟁 계열의 독립 단체, 복벽주의(고종을 왕으로 다시 추대하려 함)를 표방

(2) 대한광복회(1915. 총사령-박상진, 부사령-김좌진)

① 광복단과 조선국권회복단이 결합하여 만든 계몽운동 계열의 독립 단체

② 복벽주의를 반대하고 공화주의를 주장

③ 군대식 조직을 갖춘 비밀결사단체

④ 군자금 모집, 친일부호 처단, 독립군 양성 등 활동

❷ 3·1 운동

1) 배경

(1) 국제정세의 변화

미국 대통령 윌슨의 '민족 자결주의(=그 민족의 일은 그 민족이 스스로 결정한다', 소련의 '소수 민족 해방운동' 지지 선언으로 독립군 활동 지원

(2) 신한청년당의 활동

상하이에서 조직된 신한청년당은 독립청원서를 작성하여 1차 세계대전 이후 열린 파리강화회의에 김규식을 대표로 파견

(3) 무오(대한) 독립선언서(1918.12. 만주 길림성)

① 대종교 단체인 중광단이 중심이 되어 발표한 선언(박은식, 조소앙)

② 무장 투쟁의 혈전을 통한 완전한 독립을 주장

(4) 2·8 독립선언서(1919)

일본 도쿄에서 유학생이 중심이 되어 독립선언서 발표

2) 전개

(1) 독립 선언

대외적으로 독립 청원, 대내적으로 비폭력 원칙을 표방

(2) 민족대표 33인

천도교계 15명(손병희), 기독교계 16명(이승훈), 불교계 2명(한용운)으로 구성

(3) 일제의 탄압

화성 제암리 학살 사건 등 일제는 군대와 헌병 경찰을 동원하여 유혈 진압

(4) 해외로 확산

만주와 연해주 지역 동포들의 만세 시위, 미국 필라델피아에서 독립 선언식 거행, 일본 유학생들의 만세 시위 전개

📖 **심화학습**

대한독립선언(무오독립선언 1918.12.)

"우리 대한 동족 남매와 온 세계 우방 동포여, 우리 대한은 완전한 자주 독립과 우리들의 평등 복리를 우리자손들에게 대대로 전하기 위하여 여기 이민족 전제의 학대와 압박을 벗어나서 대한 민주주의 자립을 선포하노라.... 우리의 털끝만한 권리도 이민족에게 양보할 수 없고 우리강토의 한치 땅도 이민족이 점령할 수 없으며 한 사람의 한국인도 이민족의 간섭을 받을 의무가 없다. 우리 국토는 완전한 한국인의 한국 땅이다. 궐기하라 독립군아. 독립군은 일제히 천지(세계)를 바르게 하라. 한번 죽음은 면할 수 없는 인간의 숙명이니 남의 노예가 되어 짐승 같은 일생을 누가 바라랴. 살신성인하면 2천만 동포가 다 부활하는 것이다. 육탄혈전으로 독립을 완성하자."

→ **조소앙이 쓴 선언문으로서 서명한 인사는 김교헌, 김동삼, 조소앙, 여준, 박은식, 이상룡, 이동영, 신채호, 김좌진, 이승만, 서일 등 39명의 해외 독립운동가가 망라되어 있었다.**

3·1 운동의 시작

"... 거사일자는 3월 1일로 최종 결정되었다(3월 3일은 고종의 인산일). 2월 28일 가회동 손병희 자택에서의 최종 모임에서 박희도의 긴급제의로 만세장소에 대해 폭동의 우려가 있다고 하자, 손병희가 파고다 공원에서 태화관으로 변경할 것을 제의하여 3월 1일 오후 2시 30여 명이 동시에 모일 수 있는 방을 예약해 두기로 하고, 검찰에 자원피착(自願被捉)의 결의를 다짐하였다.

1919년 3월 1일 오후 2시의 태화관은 민족대표 33명 중 29명이 예약한 방에 모였다. 이때 독립통고서는 세브란스 의학전문학교 학생인 서영환(徐永煥)에 의해 조선총독부에 제출되었고, 이내 파고다공원에 모여 있던 학생들은 만세장소 변경에 당황하고 강기덕 등을 보내 항의하는 소동도 있었다. 오후 3시 손병희의 제의로 한용운이 독립운동의 결의를 다짐하는 간략한 인사에 이어 그의 선창으로 만세 3창을 고창하였으며, 불과 15분 만에 전격적으로 낭독식을 끝내고 통고한 대로 경찰이 오자 스스로 체포되어 갔다.

한편 파고다 공원에서는 2시 30분경 수천 명의 학생단이 당초 계획과는 달리 별도로 독립선언서를 낭독하고 시가로 나가 시위하면서 독립만세를 외치고 태극기를 흔들었다. 남녀학생들의 독립만세 시위운동에 전국에서 상경하여 대기하던 시민과 민중이 가담하여 그들의 독립시위의 의지와 열기는 더욱 고조되어 갔다.

3) 의의

(1) 일제 식민통치 방식의 변화

억압적이었던 일제의 통치방식이 유화책을 제시하는 방향으로 바뀌는 전기 마련

(2) 민주공화정 운동의 확산

기존의 복벽주의를 타파하고 모든 국민이 주인이 되는 공화정체 주장

(3) 민족 독립운동의 조직화, 체계화 필요성 대두

대한민국 임시정부의 수립(1919.9. 상하이로 통합)

(4) 세계 반제국주의 운동과 약소 민족 해방운동에 영향

중국의 5·4 운동, 인도의 반영운동(=비폭력 불복종 운동. 간디)

(5) 자주 독립을 추구한 거족적인 민족 운동

민족의 독립 의지 고취

❸ 국외 민족 운동의 전개

- 독립전쟁론의 대두
  실력 양성론과 의병 전쟁론 결합, 독립 운동 기지 건설 운동

1) 만주 지역의 독립운동기지

(1) 서간도(삼원보 중심)

① 자치 기관인 경학사 조직
② 경학사가 부민단으로 발전
③ 신흥강습소(→ 신흥중학교 → 신흥무관학교)를 설립하여 독립군 사관 양성

📖 **심화학습**

제암리 학살 사건

3·1 운동 당시 일본 군대가 경기 화성군 향남면 제암리에서 주민을 집단적으로 살해한 만행사건. 1919년 4월 15일 오후 2시경 아리타 도시오[有田俊夫] 일본 육군중위가 이끄는 일단의 일본군경이 앞서 만세운동이 일어났던 제암리에 도착해서 주민 약 30명을 제암리 교회에 모이게 하였다. 주민들이 교회당에 모이자 아리타는 출입문과 창문을 모두 잠그게 하고 집중사격을 명령하였다. 그때 한 부인이 어린 아기를 창밖으로 내어놓으면서 아기만은 살려달라고 애원하였으나, 일본군경은 그 아이마저 찔러 죽였다. 이 같은 학살을 저지른 일제는 증거인멸을 위해 교회에 불을 질렀으며, 아직 죽지 않은 주민들이 아우성을 치며 밖으로 나오려고 하였으나 모두 불에 타 죽었다. 이때 죽은 사람이 23명이었다(일본 측 발표). 일제는 이것으로도 부족해서 인근의 민가 32호에 불을 질러 또다시 살상자를 내었다.

(2) 북간도

① 용정에 서전서숙, 명동학교와 같은 학교를 설립 → 민족교육과 군사교육 실시

② 대종교 계통의 항일 단체인 중광단 결성(산하 군사기구 북로군정서군)

2) 연해주 지역의 독립운동기지

(1) 블라디보스토크에 신한촌에 권업회 조직(비밀무장단체)

(2) 대한광복군 정부(1914): 권업회가 이상설과 이동휘를 정·부통령으로 조직 → 임시정부의 효시

(3) 대한 국민 의회(1919): 3·1 운동 이후 최초로 수립된 임시정부

(4) 밀산부(한흥동) 형성

3) 미주 지역의 독립운동기지

(1) 대한인 국민회: 안창호, 이승만, 박용만이 중심이 되어 대한인 국민회 조직

→ 간도·연해주에 독립운동 자금 지원

(2) 대조선 국민군단(박용만. 하와이)

(3) 흥사단(안창호. 미국)

(4) 주로 외교 활동을 통한 구국운동 전개

주제 01

고종이 시행한 광무개혁의 배경과 성과를 발표하시오.

주제 02

일본의 국권침탈 과정을 발표하시오.

01 다음 사건들을 일어난 순으로 나열한 것은?

> ㉠ 흥선대원군이 전국에 척화비를 세웠다.
> ㉡ 병인박해를 구실로 프랑스 군함이 조선을 침략하였다.
> ㉢ 일본의 통상 요구에 조선 정부는 강화도 조약을 체결하였다.
> ㉣ 조선의 어재연 부대가 광성보에서 강력히 저항하여 결국 미군이 물러갔다.
> ㉤ 오페르트가 흥선대원군의 아버지 남연군의 무덤을 도굴하려다 실패한 사건이 일어났다.

① ㉠-㉡-㉢-㉣-㉤
② ㉠-㉡-㉣-㉤-㉢
③ ㉡-㉢-㉣-㉠-㉤
④ ㉡-㉤-㉣-㉠-㉢

02 다음 도표의 ㈎에 들어갈 내용은?

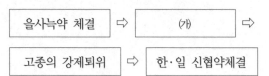

을사늑약 체결 ⇨ ㈎ ⇨
고종의 강제퇴위 ⇨ 한·일 신협약체결

① 일본인 차관 임명
② 군대의 강제 해산
③ 헤이그에 특사 파견
④ 서울 진공 작전 전개

03 다음 밑줄 친 '이 단체'에 대한 설명으로 옳지 <u>않은</u> 것은?

> 일제는 데라우치 총독 암살 미수 사건을 조작하여 민족 지도자들을 체포하고 <u>이 단체</u>를 탄압하였다. 이 사건으로 105명이 유죄를 선고받았다.

① 만주에 독립군 기지를 건설하였다.
② 대한매일신보를 통해 국민 계몽에 앞장섰다.
③ 입헌 의회 제도 중심의 정치 개혁을 주장하였다.
④ 안창호, 양기탁 등이 조직한 비밀 결사 단체였다.

04 다음은 근대사회의 전개과정에서 나타난 개혁에 관한 내용들이다. 개혁을 추진했던 순서가 바르게 된 것은?

> ㉮ 지조법을 개혁하여 간악한 관리를 근절하고 국가 재정을 충실히 하라.
> ㉯ 토지는 평균으로 나누어 경작하게 하라.
> ㉰ 조세의 금납제와 외국화폐를 혼용하게 하였다.
> ㉱ 전국의 토지를 측량하고 지계를 발급하였다.

① ㉮-㉯-㉰-㉱
② ㉮-㉰-㉱-㉯
③ ㉯-㉰-㉱-㉮
④ ㉯-㉰-㉮-㉱

★정답/문제풀이

1. ④ ㉠ 척화비 건립은 신미양요 이후, ㉡ 병인양요는 1866년, ㉢ 강화도 조약은 1876년, ㉣ 신미양요는 1871년, ㉤ 오페르트 도굴 사건은 1868년에 일어났다.

2. ③ ㈎에는 헤이그 특사파견이 들어간다. 일제는 헤이그 특사파견을 구실로 고종을 강제 퇴위시킨 후 한·일 신협약을 강제로 체결하였다.

3. ③ 밑줄 친 '이 단체'는 신민회로, 1911년 105인 사건으로 해체되었다. ③ 신민회는 공화정 수립을 목표로 1907년 결성되었다.

4. ① ㉮ 지조법 개혁과 국가재정확보는 1882년 14개조의 개혁정강과 관련된 내용이다.
㉯ 토지평균분작은 1894년 동학농민전쟁 때 농민군이 제시한 폐정개혁 12안의 내용이다.
㉰ 조세의 금납제와 외국화폐(유학생 등)의 혼용은 1894년 갑오개혁때의 사실이다.
㉱ 토지의 측량과 지계의 발급은 대한제국 광무개혁(1897) 때의 사실이다.

05 다음은 항일 의병 운동이 일어난 배경을 정리한 것이다. 각 의병운동에 관한 설명 중 옳은 것을 〈보기〉에서 모두 고른 것은?

(A) 명성 황후 시해와 단발령 실시에 항거하여 일어났다.

(B) 고종의 강제 퇴위와 군대 해산을 계기로 일어났다.

(C) 외교권을 빼앗고, 통감부를 설치한 것을 계기로 확산되었다.

〈보기〉

㉮ (A)-(B)-(C)순으로 의병운동이 전개되었다.

㉯ (B)의 의병은 13도 창의군을 결성하고 서울 진공작전을 시도하였다.

㉰ (C)의 의병 때 평민 출신 신돌석의 활약이 두드러졌다.

㉱ (C)의 의병은 (B)에 비해 전투력이 한층 강화되었다.

① ㉮, ㉯　　　　② ㉯, ㉰

③ ㉮, ㉯, ㉰　　④ ㉯, ㉰, ㉱

06 갑신정변, 동학농민운동, 갑오개혁에서 공통적으로 제기된 것은?

① 사법권의 독립과 경찰제의 실시

② 행정기구의 개편과 연좌법의 폐지

③ 신분질서의 타파와 조세제도의 개혁

④ 토지의 균분과 도량형의 통일

07 다음은 국채보상 국민대회의 취지문에서 발췌한 내용이다. 이를 통해 알 수 있는 일제의 침략정책은?

지금은 우리가 정신을 새로이 하고 충의를 떨칠 때이니, 국채 1,300만원은 바로 한(韓) 제국의 존망에 직결된 것이다. 이것을 갚으면 나라가 존재하고, 갚지 못하면 나라가 망할 것은 필연적인 사실이나, 지금 국고는 도저히 상환할 능력이 없으며, 만일 나라에서 갚는다면 그 때는 이미 3,000리 강토는 내 나라, 내 민족의 소유가 못 될 것이다. 국토란 한번 잃어버리면 다시는 찾을 길이 없는 것이다.

① 재정적으로 일본에 예속시키기 위한 정책을 시행하였다.

② 공산품을 수출하고 그 대가로 조선의 곡물을 주로 가져갔다.

③ 조선의 민족정신을 말살하려는 우민화교육을 실시하였다.

④ 식민지화를 위한 기초 작업으로 토지약탈에 주력하였다.

★정답/문제풀이

5. ②　㉮ (A)는 을미의병(1895), (B)는 정미의병(1907), (C)는 을사의병(1905)이다. 일어난 순서는 A-C-B순이다. 라. 을사의병보다 정미의병 때 해산된 군인들이 의병활동에 참여하게 되면서 의병이 군 조직화 되었고 의병의 전투력이 이전보다 급격히 강화되었다.

6. ③　갑신정변, 동학농민운동, 갑오개혁은 근대적 개혁운동의 성격을 띠고 있었으며, 공통적으로 신분제와 문벌제도의 폐지, 조세제도개혁 등을 추구하였다.

7. ①　① 청·일전쟁 후 내정 간섭을 강화한 일제는 러·일전쟁 이후에는 화폐정리를 명목으로 차관을 강요하였다. 이는 대한제국을 재정적으로 일제에 예속시키기 위한 조치였다.

08 다음 글을 읽고 임오군란의 성격으로 추론할 수 <u>없는</u> 것은?

> 임오군란은 민씨 정권이 일본인 교관을 채용하여 훈련시킨 신식군대인 별기군을 우대하고, 구식군대를 차별대우 한 데에 대한 불만에서 시작되었다. 구식군인들은 대원군에게 도움을 청하고, 정부교관의 집을 습격하여 파괴하는 한편 일본인 교관을 죽이고 일본공사관을 습격하였다. 임오군란은 대원군의 재집권으로 일단 진정되었으나 이로 인해 조선을 둘러싼 청·일 약국의 새로운 움직임을 초래했다.

① 친청운동
② 반일운동
③ 대원군 지지운동
④ 개화반대운동

09 다음의 내용을 통해 알 수 있는 것을 고르면?

> • 탐관오리는 그 죄상을 조사하여 엄징한다.
> • 노비문서를 소각한다.
> • 왜와 통하는 자는 엄징한다.
> • 토지는 평균하여 분작한다.

① 시민사회로 전환하는 계기가 되었다.
② 봉건제도의 성립 원인이 되었다.
③ 우리말과 우리글의 사용이 금지되었다.
④ 반외세, 반침략적 성격을 띤 운동이다.

10 독립협회에서 주최했던 관민공동회에서 결의한 헌의 6조의 내용에 나타난 주장이라고 볼 수 <u>없는</u> 것은?

> ㉠ 외국인에게 아부하지 말 것
> ㉡ 외국과의 이권에 관한 계약과 조약은 각 대신과 중추원 의장이 합동 날인하여 시행할 것
> ㉢ 국가재정은 탁지부에서 전관하고, 예산과 결산을 국민에게 공포할 것
> ㉣ 중대 범죄를 공판하되, 피고의 인권을 존중할 것
> ㉤ 칙임관을 임명할 때는 정부에 그 뜻을 물어서 중의를 따를 것
> ㉥ 정해진 규정을 실천할 것

① 공화정치의 실현
② 권력의 독점방지
③ 국민의 기본권 확보
④ 자강개혁운동의 실천

---

35. 다음 글이 작성된 배경으로 옳은 것은? [2점]

1905년 11월 17일, 이상설은 일본이 완전히 국제법을 무시하고 무력으로 우리나라와 여러분 나라와의 사이에 오늘날까지도 유지되는 우호적인 외교 관계를 강제적으로 단절하고자 했던 그 음모를 목격하였습니다.
......
1. 일본인들은 대한 제국 황제 폐하의 정식 허가 없이 행동하였다.
......

이상설
이준
이위종

① 을사늑약이 체결되었다.
② 간도 참변이 발생하였다.
③ 원산 총파업이 일어났다.
④ 산미 증식 계획이 추진되었다.
⑤ 대한 제국의 군대가 해산되었다.

36. (가) 운동에 대한 설명으로 옳은 것은? [2점]

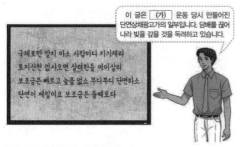

이 글은 (가) 운동 당시 만들어진 단연상채광고가의 일부입니다. 담배를 끊어 나라 빚을 갚을 것을 독려하고 있습니다.

국채로만 알지 마소 사람마다 지기채라
토지산천 없사오면 살려한들 어이살리
보조금은 빠르고 늦음 없소 부디부디 단연하소
단연이 제일이요 보조금은 둘째로다

① 정부에 헌의 6조를 건의하였다.
② 중국의 5·4 운동에 영향을 주었다.
③ 황국 중앙 총상회를 중심으로 전개되었다.
④ 조선 사람 조선 것이라는 구호를 내세웠다.
⑤ 김광제, 서상돈 등의 제창으로 확산되었다.

37. (가) 인물에 대한 설명으로 옳은 것은? [2점]

이것은 단지동맹비입니다. 1909년 2월 7일 (가) 을/를 비롯한 결사 동지 12인이 이곳 연해주에서 조국의 독립과 동양의 평화를 위해 단지 동맹을 맺었다고 합니다. (가) 은는 하얼빈 의거 이후 뤼순 감옥에서 순국하였습니다.

① 이완용을 습격하였다.
② 이토 히로부미를 사살하였다.
③ 사이토 총독에게 폭탄을 던졌다.
④ 봉오동 전투를 승리로 이끌었다.
⑤ 조선 총독부에 폭탄을 투척하였다.

38. 밑줄 그은 '이곳'으로 옳은 것은? [1점]

역사 신문

제△△호   1883년 ○○월 ○○일

덕원 관민의 노력, 교육 기관 설립으로 이어져

최근 함경도 덕원 지역에 설립된 한 교육 기관이 세간의 화제가 되고 있다. 이곳에서 학생들은 산수(算數), 기기(機器), 농잠(農蠶), 광산 채굴 등의 근대적 학문을 배울 수 있다고 한다.
그동안 덕원 부사 정현석은 자신이 다스리는 곳이 해안의 요충지이고 아울러 개항지이기 때문에 중요하다고 말하며, 근대적 교육 기관 설립이 필요하다고 주장해왔다. 결국 이러한 주장이 덕원 주민의 지지에 힘입어 결실을 맺은 것이다.

① 서전서숙
② 원산 학사
③ 대성 학교
④ 배재 학당
⑤ 한성 사범 학교

★정답/문제풀이

35. ①   36. ⑤   37. ②   38. ②

제41회 한국사능력검정시험(고급)

개항기/일제강점기 독립운동사

2장

31. (가), (나) 사이의 시기에 있었던 사실로 옳은 것은? [2점]

> (가) 지난 달 조선에서 국왕의 명령에 의해, 선교 중이던 프랑스인 주교 2명과 선교사 9명, 조선인 사제 7명과 무수히 많은 남녀노소 천주교도들이 학살되었습니다. …… 며칠 내로 우리 군대가 조선을 정복하기 위해 출발할 것입니다. …… 이제 우리는 중국 정부의 조선 왕국에 대한 어떤 영향력도 인정하지 않을 것임을 선언합니다.
> － 「베이징 주재 프랑스 대리공사 벨로네의 서한」 －
>
> (나) 이때에 이르러서는 돌을 캐어 종로에 비석을 세웠다. 그 비면에 글을 써서 이르기를, "서양 오랑캐가 침범하는데 싸우지 않으면 즉 화친하는 것이요, 화친을 주장함은 나라를 팔아먹는 짓이다." 라고 하였다.
> － 「대한계년사」 －

① 오페르트가 남연군 묘 도굴을 시도하였다.
② 일본 군함 운요호가 영종도를 공격하였다.
③ 영국군이 러시아를 견제하기 위해 거문도를 점령하였다.
④ 조선이 프랑스와 조약을 체결하고 천주교 포교를 허용하였다.
⑤ 조선책략 유포에 반발하여 이만손 등이 영남 만인소를 올렸다.

32. 다음 조약에 대한 설명으로 옳은 것은? [3점]

> 제1관 사후 대조선국 군주와 대미국 대통령과 아울러 그 인민은 각각 모두 영원히 화평하고 우호를 다진다. 만약 타국이 어떤 불공평하게 하고 경시하는 일이 있으면 통지를 거쳐 반드시 서로 도와주며 중간에서 잘 조정해 두터운 우의와 관심을 보여준다.
> ⋮
> 제14관 현재 양국이 의논해 정한 이후 대조선국 군주가 어떤 혜택·은전의 이익을 타국 혹은 그 나라 상인에게 베풀면 …… 미국과 그 상인이 종래 점유하지 않고 이 조약에 없는 것 또한 미국 관민이 일체 균점하도록 승인한다.

① 양곡의 무제한 유출 조항을 포함하고 있다.
② 외국 상인의 내지 통상권을 최초로 규정하였다.
③ 청의 알선으로 서양 국가와 맺은 최초의 조약이다.
④ 스티븐스가 외교 고문으로 부임하는 계기가 되었다.
⑤ 부산, 원산, 인천에 개항장이 설치되는 결과를 가져왔다.

33. (가) 인물에 대한 설명으로 옳은 것은? [2점]

> 심문자: 재차 기포(起包)한 것을 일본 군사가 궁궐을 침범하였다고 한 까닭에 다시 일어났다 하니, 다시 일어난 후에는 일본 병사에게 무슨 행동을 하려 하였느냐.
> 진술자: 궁궐을 침범한 연유를 힐문하고자 하였다.
> 심문자: 그러면 일본 병사나 각국 사람이 경성에 머물고 있는 자를 내쫓으려 하였느냐.
> 진술자: 그런 것이 아니라 각국인은 다만 통상만 하는데 일본인은 병사를 거느리고 경성에 진을 치고 있으므로 우리나라 영토를 침략하는가 하고 의아해한 것이다.
> － 「 (가) 공초」 －

① 을사늑약에 반대하여 의병을 일으켰다.
② 독립 협회를 창립하고 독립문을 세웠다.
③ 지부복궐척화의소를 올려 왜양일체론을 주장하였다.
④ 13도 창의군을 지휘하여 서울 진공 작전을 전개하였다.
⑤ 보국안민을 기치로 우금치에서 일본군 및 관군과 맞서 싸웠다.

34. 다음 인물에 대한 설명으로 옳은 것은? [1점]

> 이달의 역사 인물
> **국권 침탈에 저항한 구국 운동의 지도자**
> **이준(1859년~1907년)**
>
> 1896년에 한성 재판소 검사보로 임명되었다. 을사늑약 폐기를 주장하는 상소 운동을 펼쳤고, 안창호 등과 함께 비밀 결사인 신민회를 조직하여 구국 운동을 전개하였다. 정부에서는 그의 공훈을 기리어 1962년에 건국훈장 대한민국장을 추서하였다.

① 고종의 밀지를 받아 독립 의군부를 조직하였다.
② 영국인 베델과 함께 대한매일신보를 발간하였다.
③ 평양에서 조선 물산 장려회 발기인 대회를 개최하였다.
④ 북간도에 서전서숙을 설립하여 민족 교육을 실시하였다.
⑤ 네덜란드 헤이그에서 열린 만국 평화 회의에 특사로 파견되었다.

★ 정답/문제풀이
31. ① 32. ③ 33. ⑤ 34. ⑤

066 한국사

01 다음은 어느 단체에 대해 정리한 것이다. (가)에 들어갈 활동 내용으로 적절하지 <u>않은</u> 것은?

> (1) 조직: 1907년 비밀 결사로 조직
> (2) 주요 인물: 양기탁, 이승훈, 안창호
> (3) 주요 활동: _____(가)_____
> (4) 해체: 일본이 조작한 105인 사건으로 해체

① 태극 서관 운영

② 물산장려운동 추진

③ 만주에 독립운동 기지 건설

④ 오산 학교와 대성 학교 설립

02 다음 중 외세의 직접적 개입으로 실패한 것은?

> ㉮ 입헌군주제로 바꾸고 근대적 평등사회를 이루려고 하였다.
> ㉯ 반봉건적, 반침략적 근대 민족 운동의 성격을 띠었다.
> ㉰ 자주권, 행정·재정·관리 임용·민권 보장의 내용을 규정한 국정 개혁의 강령을 발표하였다.
> ㉱ 민중적 구국 운동을 전개하며 외세의 이권 침탈을 배격하였다.
> ㉲ 일제의 황무지 개간권 요구에 반대 운동을 벌였다.

① ㉮, ㉯

② ㉯, ㉰

③ ㉰, ㉲

④ ㉱, ㉲

03 다음은 개항 이후 근대 문물의 수용과 외세의 침략에 관한 내용이다. 다음 연표를 보고 ㉠~㉣ 각 시기에 들어갈 사실로 올바른 것은?

1882		1894		1896		1904		1910
	㉠		㉡		㉢		㉣	

임오군란 청일전쟁 아관파천 러일전쟁 한일합방

① ㉠ – 국한문체로 사용한 한성주보가 발간되었다.

② ㉡ – 경인선 철도가 개통되었다.

③ ㉢ – 일제는 화폐 정리 사업을 단행하였다.

④ ㉣ – 영국이 거문도 사건을 일으켰다.

04 신문에 대한 설명으로 틀린 것은?

① 독립신문 – 영문과 한글로 간행되었다.

② 황성신문 – 장지연의 시일야방성대곡을 기재하였다.

③ 대한매일신보 – 베델과 양기탁에 의해 발행되었고 국채보상운동도 지원하였다.

④ 만세보 – 천주교의 기관지이다.

★정답/문제풀이

1. ② 제시된 내용은 신민회(1907 설립)에 대한 내용이다. ② 물산장려운동은 조만식이 중심이 되어 평양에서 20년대 초에 일어났다.

2. ① ㉮ 갑신정변, ㉯ 동학농민운동. ㉰ 갑오개혁. ㉱ 독립협회. ㉲ 보안회의 활동이다. 갑신정변은 청군에 의해. 동학농민운동은 일본군에 의해 진압되었다.

3. ① ① 한성순보는 최초의 신문으로 1883년 박영효 등 개화파 관리들이 주도가 되어 박문국에서 유행들을 대상으로 간행되었다.
   ② 경인선은 최초의 철도로서 1899년에 부설되었다.
   ③ 일제의 재정고문 메가타가 민족 자본을 흡수할 목적에서 주도한 화폐 정리 사업은 1905년 6월에 했다.
   ④ 영국의 거문도 사건은 1885년의 사실로 러시아를 견제하기 위한 목적에서 이루어졌다.

4. ④ 제국신문은 종류 이하의 대중과 부녀자들을 대상으로 발간된 순한글판 신문이었다. 가톨릭 교회가 발간한 신문은 경향신문이었다.

05 1895년 '교육입국조서(教育立國詔書)' 반포의 결과로 나타난 사실로 옳은 것은?

> 교육은 실로 국가를 보존하는 근본이 된다. 교육은 그 길이 있는 것이니, 헛된 것과 실용적인 것을 먼저 구별해야 한다. 이제 짐은 정부에 명령하여 널리 학교를 세우고 인재를 길러 새로운 국민의 학식으로써 국가 중흥의 큰 공을 세우고자 하니, 국민들은 나라를 위하는 마음으로 덕과 건강과 지식을 기를지어다. 왕실의 안전이 국민들의 교육에 있고, 국가의 부강도 국민들의 교육에 있도다.

① 동문학을 세워 영어 교육을 실시하였다.
② 소학교·중학교·사범학교·외국어학교·의학교 등을 세워 관립 학교 제도를 확립하였다.
③ 오산학교·대성학교를 설립하였다.
④ 육영 공원을 세워 고급 관료 자제를 훈련시켰다.

06 19세기 서구 열강의 이권 침탈 내용이 알맞게 연결되지 않은 것은?

① 러시아 – 종성의 광산 채굴권, 압록강 유역의 산림 벌채권
② 영국 – 경의선 철도 부설권
③ 일본 – 경부선 철도 부설권
④ 미국 – 서울 시내 전차 부설권, 전기·수도 시설권

07 독립협회가 만민공동회에서 의결한 '헌의 6조'의 내용과 관련이 없는 것은?

① 국가 재정은 탁지부에서 전관할 것.
② 장교를 교육하고 징병제를 실시할 것.
③ 외국인에게 의지하지 말 것.
④ 피고인에 인권을 존중할 것.

08 다음의 내용에 대하여 옳게 설명한 것은?

> • 최초로 설립된 조선은행에 이어 한성은행, 천일은행 등의 민간은행이 설립되었다.
> • 1880년대 초기부터 대동상회, 장통상회 등의 상회사가 나타나 갑오개혁 이전의 회사수가 전국 각지에 40여 개에 달했다.

① 토착상인은 외국상인의 침략으로 모두 몰락하였다.
② 민족자본은 외국자본의 유입으로 그 토대를 마련하였다.
③ 근대적 민족자본은 정부의 지원과 보조로만 형성될 수 있었다.
④ 외국자본에 대항하여 민족자본을 형성하려는 노력이 전개되었다.

★정답/문제풀이

5. ② 갑오개혁에 의해 근대적 교육 제도가 마련되었으며 이에 따라 소학교·중학교·사범학교·외국어학교 등의 각종 관립 학교가 세워졌다.
   ① 동문학은 1883년 세워진 영어 강습 기관이었다.
   ③ 오산학교(1907), 대성학교(1907)는 을사늑약 이후 애국 계몽 운동 계열의 민족 운동가들에 의해 세워진 사립학교였다.
   ④ 육영공원은 정부가 세운 최초의 관립 학교로 미국인 교사를 초빙하여 상류층 자제들에게 영어·수학·지리학·정치학 등의 근대 학문을 교육하였다.
6. ② 경의선 철도 부설권은 1896년 프랑스가 획득하였으나 1903년 일본으로 넘어가게 되었다.
7. ② 갑오개혁 때의 홍범14조의 내용 중에 일부이다.
8. ④ ④ 토착상인은 외국상인의 침략에 대해 다각적으로 대항하였으며, 근대적 민족자본 형성에는 국민의 자율적 노력이 크게 작용했다.

09 다음 중 1883년 덕원 주민들과 개화파 인물이 설립한 최초의 근대적 사립학교는?

① 육영공원

② 배재학당

③ 원산학사

④ 동문학

10 다음 중 신문에 대한 설명으로 옳지 <u>않은</u> 것은?

① 독립신문: 영문과 한글로 간행되었다.

② 황성신문: 장지연의 '시일야 방성대곡'을 게재하였다.

③ 대한매일신보: 베델과 양기탁에 의해 발행되었고 국채보상운동도 지원하였다.

④ 제국신문: 천주교에서 간행하였고 순 한글 주간지였다.

11 다음 중 외세의 직접적인 개입으로 실패한 운동에 대한 설명으로 옳은 것을 고르면?

① 반봉건적, 반침략적 근대민족운동의 성격을 띠었다.

② 자주권, 행정·재정·관리 임용, 민권 보장의 내용을 규정한 국정 개혁의 강령을 발표하였다.

③ 민중적 구국운동을 전개하며 외세의 이권 침탈을 배격하였다.

④ 일제의 황무지개간권 요구에 반대운동을 벌였다.

★정답/문제풀이

9. ③　원산학사: 덕원·원산 주민을 비롯하여 민간에 의해 세워진 최초의 근대적 사립학교로 배재학당보다 2년 앞서 설립되었으며 일종의 과도적 근대학교라 할 수 있다.
　　　① 한국 최초의 근대식 공립교육기관
　　　② 1885년 선교사에 의해 설립된 근대식 중등 교육기관
　　　④ 1883년 설립된 관립 외국어 교육기관

10. ④　④ 천주교에서 간행한 순 한글 주간지는 1906년에 간행된 경향신문이다.
　　　① 1896년 창간한 한국 최초의 민간 신문
　　　② 1898년 남궁억 등이 창간한 일간 신문
　　　③ 1904년부터 국권피탈 때까지 발간되었던 일간신문

11. ①　외세의 직접적인 개입으로 실패한 것은 동학농민운동이다.
　　　① 동학농민운동(1894): 반봉건적, 반침략적 성격의 동학농민운동은 폐정개혁안 12조를 주장하였으나 관군과 일본군과의 우금치전투에서 패하면서 실패하였다.
　　　② 갑오개혁(1894): 온건개화파들이 국왕의 명을 받아 교정청을 설치하여 자주적 개혁을 추진하였다. 이는 비록 일본의 강압에 의한 타율적 성격도 있으나 조선인의 개혁의지가 일부 반영된 근대적 개혁이었다.
　　　③ 독립협회(1896): 과거의 개혁이 민중의 지지를 얻지 못해 실패한 것을 깨닫고 민중계몽에 힘썼으나 입헌군주제를 반대하던 보수세력이 황국협회를 이용하여 탄압하였으며 결국 해산되었다.
　　　④ 보안회(1904): 일제가 황무지개간권을 요구하자 보안회는 이를 저지하기 위해 가두집회를 열고 반대운동을 하여 결국 일본의 요구를 철회시켰다.

12 다음 내용에 관한 역사적 사건 후의 영향으로 바른 것은?

> • 지조법을 개혁하여 관리의 부정을 막고 백성을 보호하며, 국가 재정을 넉넉히 한다.
> • 4영을 합하여 1영으로 하되, 영 중에 장정을 선발하여 근위대를 급히 설치한다.
> • 의정부, 6조 이외의 모든 불필요한 기관을 없앤다.

① 청나라 군대가 우리나라에 주둔하게 되었다.
② 개화운동의 흐름이 약화되었다.
③ 상민수륙무역장정이 체결되고 군국기무처가 설치되었다.
④ 비변사가 강화되어 왕권이 유명무실화되었다.

13 다음 사건들이 발생한 지역을 아래 지도에서 고르면?

> • 병인양요
> • 신미양요
> • 운요호 사건

① ㉠   ② ㉡
③ ㉢   ④ ㉣

14 1897년부터 대한제국이 설립되어 '구본신참'을 표방한 광무개혁이 추진되었다. 이 시기에 일어난 사실과 관계가 <u>없는</u> 것은?

① 식산흥업정책을 추진하여 교통·운수·화폐·금융 등의 분야를 장려하였다.
② 도시의 근대화를 위해 전차 등을 부설하였다.
③ 철도학교, 상공학교, 공업전습소 등 각종 기술교육기관을 설립하였다.
④ 황제권을 확립하는 한편 인권의 신장을 위하여 근대적인 의회를 설립하였다.

15 다음 중 민족기업에 관한 설명으로 옳지 <u>않</u>은 것은?

① 민족기업은 순수한 한국인만으로 운영되었다.
② 지주 출신 기업인이 지주와 거상의 자본을 모아 대규모 공장을 세웠다.
③ 대규모 공장은 평양의 메리야스 공장 및 양말 공장, 고무신 공장들이었다.
④ 3·1 운동 이후 민족 산업을 육성하여 경제적 자립을 도모하려는 움직임이 고조되어 갔다.

★정답/문제풀이

12. ②　　제시된 내용은 갑신정변 때의 14개조 정강의 일부이다. 갑신정변의 결과 조선은 일본의 강요로 배상금 지불과 공사관 신축비 부담 등을 내용으로 하는 한성조약을, 청·일 양국은 양국군의 철수와 조선에 파병할 경우에 상대방에 미리 알릴 것 등을 내용으로 하는 텐진조약을 체결하였다. 또한 청의 내정간섭이 더욱 강화되고 보수세력의 장기집권이 가능하게 되었으며, 개화세력이 도태되어 상당기간 동안 개화운동의 흐름이 단절되었다. 이런 점에서 갑신정변은 조선의 자주와 개화에 오히려 부정적인 영향을 끼치기도 하였다.
13. ③　　강화도는 한양으로 들어오는 길목에 위치하였기 때문에 개항을 전후하여 병인양요, 신미양요, 운요호 사건 등 외세와의 격전지가 되었다.
　　　　① ㉠은 신의주, ㉡은 평양, ㉣은 군산, ㉤은 부산이다.
14. ④　　광무개혁…대한제국이 근대화 시책으로 구본신참과 민국건설의 국가통치이념으로 교전소, 사례소 등을 설치하여 개혁작업을 실행하였으며 군주로의 권력집중을 통한 정책추진을 기본으로 국방력, 재정력, 상공업 육성 및 양전사업, 금본위 화폐금융제도의 개혁 등을 시도하였다.
　　　　㉠ 정치: 전제왕권의 강화, 군제개혁 및 군대확충
　　　　㉡ 경제: 지계발행의 양전사업, 산업진흥을 위한 식산흥업정책 추진
　　　　㉢ 사회: 상공업학교, 공장, 재판소, 전보사, 국립병원 등 설치
　　　　㉣ 교육: 실용교육과 관리양성교육에 중점을 둔 상공학교, 광무학교, 전무학교, 우무학교, 모범양잠소 등 설치
15. ③　　③ 메리야스 공장, 양말 공장 등은 서민 출신의 상인들이 1~2대에서 3~4대의 기계로 제품을 생산하는 정도에 불과하였다.

16 다음 중 일본의 경제적 침탈에 대항하기 위한 목적이 <u>아닌</u> 것은?

① 조선은행, 한일은행, 천일은행 등 금융기관 설립

② 일본에 신사유람단을 파견

③ 경강상인이 일본에서 증기선을 도입

④ 대한직조공장, 종로직조공장, 연초공장, 사기공장 등의 공장 설립

17 다음 중 종교와 그에 대한 설명을 바르게 연결한 것을 고르면?

> ㉠ 천지개벽으로 미래에는 이상세계가 도래한다는 예언사상이 큰 호응을 받았다.
> ㉡ 의료기관 및 학교를 설립하는 것을 포교의 수단으로 삼았다.
> ㉢ 초기의 양반보다 중인과 평민, 부녀자의 신도가 많았다.

① ㉠ - 개신교

② ㉡ - 불교

③ ㉢ - 천주교

④ ㉢ - 동학

18 갑오개혁, 을미개혁을 통해 이루어진 근대적 개혁내용 중 가장 소홀하였던 분야는?

① 과거제의 폐지와 새로운 관리임용제의 실시

② 훈련대 창설과 사관양성소를 통한 군사력 강화

③ 행정권과 사법권의 분리를 통한 행정업무의 개선

④ 신분제의 타파와 연좌법의 폐지 등 봉건적 폐습 타파

19 개항 이후 우리나라의 건축양식에 있어 서양의 영향을 받은 건축물을 골라 묶은 것은?

> ㉠ 독립문   ㉡ 광화문
> ㉢ 경복궁 근정전   ㉣ 독립관
> ㉤ 명동 성당   ㉥ 덕수궁 석조전

① ㉠㉢㉤

② ㉠㉤㉥

③ ㉡㉢㉤

④ ㉡㉢㉥

20 다음 중 근대문물의 수용이 <u>잘못</u> 연결된 것은?

① 에비슨 - 세브란스병원을 설립

② 알렌 - 근대 의료시설인 광혜원 설치

③ 모스 - 서울~인천간 전신선 가설

④ 콜브란 - 한성전기회사의 전차 부설

★ 정답/문제풀이

16. ②   신사유람단의 파견은 일본의 정부기관 및 산업시설 시찰이 목적이었다.
           ①. ④ 공장 설립, 금융기관 설립은 각각 산업자본과 금융자본을 육성시키기 위함이다.
           ③ 경강상인은 일본 상인에게 대항하기 위해 증기선을 도입하였다.

17. ③   ㉠ 동학: 인내천사상으로 평민층 이하의 지지를 받았으며 현세를 말세로 규정해 반드시 미래에는 이상세계가 도래할 것이라는 예언사상이 큰 호응을 얻었다
           ㉡ 개신교: 교육과 의료사업을 전개하였고 남녀평등사상을 보급하였으며 애국계몽운동에 이바지하였다.
           ㉢ 천주교: 19세기 중엽에 양반들이 초기 신도였으나 평등의식이 확산되자 중인과 평민층의 입교가 증가했다.

18. ②   ② 갑오·을미개혁은 봉건적 전통질서를 타파하려는 제도면에서의 근대적인 개혁이었으나 군사적인 개혁에는 소홀하였다.
           한때, 훈련대의 창설·확충과 사관 양성소의 설치 등이 시도되었으나 큰 성과는 없었다.

19. ②   독립문은 프랑스의 개선문을 본땄으며, 덕수궁의 석조전은 르네상스식으로, 명동성당은 고딕양식으로 지어졌다.

20. ③   ③ 미국인 모스는 경인선을 착공한 후 일본 회사에 이권을 전매하였다.

韓

國

史

제3장

임시정부 수립과 광복군 창설의 의의

제1절 대한민국 임시정부 수립과 활동

❶ 배경과 주요 활동

1) 배경

3·1 운동의 실패를 통해 효율적이고 체계적인 독립 운동 단체의 필요성 대두

2) 과정

(1) 연해주 블라디보스토크에 대한국민의회 수립(1919.3.): 대통령에 손병희를 추대

(2) 중국 상하이에 임시정부 수립(1919.4.): 국무총리로 이승만을 추대하는 민주 공화제 정부

(3) 서울에 한성정부 수립(1919.4.): 집정관 총재에 이승만, 국무총리에 이동휘 → 외교활동에 유리하고 일본의 접근이 어려운 상하이에 3개 임시정부를 통합하여 대한민국 임시정부 수립(1919.9.)

3) 성격

(1) 최초로 3권 분립에 기초. 임시 의정원(입법권), 법원(사법권), 국무원(행정권)

(2) 최초의 민주공화제 정부 수립(대통령 이승만, 국무총리 이동휘)

(3) 대한민국 임시 헌장 선포, 외교 활동에 중심

(4) 한성정부의 법통을 계승

4) 주요활동

연통제	비밀 행정 조직망 → 도·군·면에 독판·군감·면감 등의 책임자를 둠 정부 문서와 군자금 조달
교통국	통신 기관 → 정보의 수집·분석·교환·연락 업무 담당
군자금 조달	만주의 이륭 양행, 부산의 백산 상회, 애국 공채, 국민 의연금
군사 활동	• 무장독립전쟁 준비 • 군무부 직할 부대 → 광복군 사령부(영도기관)와 광복군 총영(군사), (육군 주만)참의부 • 한국광복군 결성(1940) • 북로군정서, 서로군정서 등도 임정 산하의 독립군 부대임
외교 활동	• 김규식을 파리 강화 회의에 파견 → 독립 청원서 제출 • 이승만의 구미 위원부(미국)
문화 활동	• 사료 편찬소에서 한·일 관계 사료집 간행, • 독립 신문 발행

❷ 임시정부의 위기와 재편

1) 정부 기능 약화

일제의 탄압으로 국내외의 연락망(=연통제) 붕괴, 자금난·인력난 직면

2) 내분의 심화

외교 독립론·독립 전쟁론 등 이념과 노선의 차이로 독립 노선에 대한 갈등 심화

노선	대표 인물	주장 및 활동
무장투쟁론	이동휘·신채호	만주, 연해주 지방을 중심으로 적극적인 무장 투쟁 주장
외교독립론	이승만	외교 활동을 통해 열강의 지원을 호소함
실력양성론	안창호	교육 진흥과 산업 육성을 통한 민족의 근대적 역량 배양 주장

3) 임시정부의 재편

(1) 국민대표회의(1923)

① 외교 노선에 비판적인 신채호, 박은식 등이 미국에 국제 연맹 위임 통치를 청원한 이승만에 대한 불신임과 함께 회의 요구

② 창조파와 개조파의 대립

⑦ 창조파: 새로운 정부를 수립하고 무장투쟁 전개 주장 → 신채호·박용만·문창범

⑭ 개조파: 임시정부의 개편 주장(임정 정통성 인정) → 여운형·안창호·박은식

⑭ 유지파: 김구·이시영

③ 최종적인 합의를 찾지 못한 채 결렬되면서 임시정부의 위상 크게 약화

(2) 지도체제 개편

① 이승만을 탄핵 의결하고 박은식을 2대 대통령으로 추대

→ 이승만은 구미위원부 유지하고 대통령을 사임

② 대통령 중심제(1919)에서 내각중심 국무령제(1925)로 개편

③ 이후 국무위원 중심의 집단 지도 체제(1927)로 개편

📖 **심화학습**

임시정부의 지도 체제 변천

- 제1차 개헌(1919): 이승만을 중심으로 한 대통령제
- 제2차 개헌(1925): 국무령 중심의 내각 책임제
- 제3차 개헌(1927): 국무위원 중심의 집단 지도 체제
- 제4차 개헌(1940): 김구 중심의 주석 단일 지도 체제
- 제5차 개헌(1944): 주석(김구)·부주석(김규식) 체제

(3) 충칭정부(1940)

① 윤봉길 의사 의거(1932) 이후 일제의 탄압을 피하기 위해 이동

② 중일전쟁(1937) 이후 장제스의 국민당 정부를 따라 충칭으로 이동

③ 1940년 충칭에 정착 후 주석제(주석: 김구)로 정치 지도 체계 변경

④ 1944년 주석(김구)·부주석(김규식) 중심제로 변경

제2절 국내 민족 운동의 전개

❶ 실력 양성 운동

→ 배경: 즉각 독립에 대한 회의(선 실력 양성, 후 독립 주장)

　　　　문화 정치에 대한 기대, 사회 진화론의 영향

1) 물산 장려 운동(내 살림 내 것으로! 조선 사람 조선 것!)

(1) 배경: 일본 자본의 한국 진출 확대로 민족 자본의 위기 심화, 민족 자립 경제 추구

(2) 과정: 평양에서 조만식 주도로 조선 물산장려회 발기(1920) → 전국으로 확산

(3) 내용: 국산품 애용, 근검저축, 생활 개선, 금주·단연 운동 등

(4) 한계: 민족기업의 생산력 부족, 일제의 방해 및 자본가들의 이기적인 이윤 추구, 사회주의 계
열과 민중들이 자본가들을 위한 것이라고 비난, 민중의 외면

2) 민립대학 설립 운동(조선 사람 1원씩 1,000만원 모금 활동)

(1) 배경: 교육열 증대에도 한국 내 고등 교육 기관 부재

　　　　총독부의 사립학교 설립 불허

(2) 과정: 조선 민립대학 기성회 조직(1923, 이상재), 모금 운동 전개

📖 심화학습

조선 물산 장려회 궐기문

내 살림 내 것으로!

보아라! 우리의 먹고 입고 쓰는 것이 다 우리의 손으로 만든 것이 아니었다.

이것이 세상에 제일 무섭고 위태한 일인 줄을 오늘에야 우리는 깨달았다.

피가 있고 눈물이 있는 형제 자매들아, 우리가 서로 붙잡고 서로 의지하여 살고서 볼 일이다.

입어라! 조선 사람이 짠 것을

먹어라! 조선 사람이 만든 것을

써라! 조선 사람이 지은 것을

조선 사람, 조선 것.

(3) 한계: 일제의 방해, 지방 부호 참여 저조, 가뭄과 수해 발생, 총독부 주도로 경성 제국 대학을 설립(1924)하여 교육열에 대한 열망 무마시킴

3) 문맹 퇴치 운동

(1) 내용: 1920년대 후반 언론기관 중심 농촌 계몽 운동 일환으로 진행. 야학 설립
(2) 문자보급 운동: 조선일보가 주도, 한글교재 보급, 전국 순회강연 개최
(3) 브나로드(=민중 속으로) 운동: 동아일보가 주도, 학생중심 농촌계몽운동 전개
(4) 조선어 학회: 전국에 한글 강습소 개최

❷ 민족 유일당 운동과 신간회의 결성

1) 배경

(1) 일부 민족주의 계열에서 일제와 타협적인 경향(자치론=개량주의) 증대
(2) 6·10 만세 운동을 계기로 민족주의 세력과 사회주의 세력의 연합 필요성 증대
(3) 중국의 제1차 국·공 합작(1924) 등으로 인한 민족 유일당 운동 활성화

2) 과정

비타협적 민족주의자들과 사회주의자 일부가 조선 민흥회 결성(1926) → 정우회 선언(1926) → 신간회 결성(1927. 기회주의자= 타협적 민족주의 배격)

3) 내용

민중 계몽활동, 각종 사회 운동 지도, 광주 학생 항일 운동 지원 등

4) 한계

일제의 탄압, 집행부 내부 노선 갈등 및 좌우 합작 운동에 대한 소극적 자세 등으로 해체됨(1931년 해소)

5) 의의

최대 규모의 반일 사회 운동 단체로서 민족주의 세력과 사회주의 세력의 연합을 통한 국내 민족운동세력 역량 결집

❸ 민족 문화 수호 운동

1) 한글의 연구와 보급

(1) 조선어연구회(1921. 국문연구소 계승)

① 한글 보급 운동과 대중화 노력

② '가갸날' 제정

③ 잡지 '한글' 발간

(2) 조선어학회(1931. 조선어연구회 개편하여 결성)

① '한글 맞춤법 통일안' 제정

② '조선어 표준어' 제정

③ '우리말 큰 사전 편찬'을 시도하였으나 일제의 방해로 실패

④ 조선어학회 사건(1942)으로 강제 해산

2) 한국사 연구의 발전

(1) 일제의 식민주의 사학

타율성론	한국의 역사는 중국이나 일본에 의해 타율적으로 발전하여 왔다.
반도성론	한국은 반도의 나라로 대륙이나 일본의 영향에 의해 좌우되었다.
정체성론	한국사회는 근대사회(자본주의)로의 이행에 필요한 봉건사회의 단계를 거치지 못한 고대 단계에 머물러 있었다.
당파성론	우리 민족은 본래 당파성이 강하여 단결을 잘 하지 못한다.
임나 일본부설	일본의 야마토 정권이 4세기 후반, 한반도 남부 지역에 진출하여 신라와 백제로부터 조공을 받았고 특히, 가야에는 일본부라는 기관을 두어 6세기 중엽까지 직접 지배하였다.

(2) 한국사 연구의 내용

① 민족주의 사학

한국사의 주체적 발전과 정신 사관 강조

📖 **심화학습**

역사를 지켜야 나라를 찾을 수 있다.

"옛 사람이 말하기를, 나라는 멸망할 수 있으나 그 역사는 결코 없어질 수 없다고 했으니, 이는 나라가 형체라면 역사는 정신이기 때문이다. 이제 우리나라의 형체는 없어져 버렸지만, 정신은 살아남아야 할 것이다. 이 때문에 나는 우리나라의 역사를 쓰는 것이다. 정신이 살아 있으면 형체도 부활할 때가 있을 것이다."

– 박은식의 '한국 통사' 서문 –

㉮ 박은식

 ⅰ 민족 정신을 '혼'으로 파악

 ⅱ 한국통사(1915): 일제의 침략 과정(1864~1911)

 ⅲ 한국독립운동지혈사(1920): 독립 운동의 과정 저술

 ⅳ 양명학 연구, 유교구신론, 대동사상

 ⅴ 대한민국 임시정부 2대 대통령

㉯ 신채호

 ⅰ 고대사 연구에 주력

 ⅱ 낭가사상 강조

  → 독사신론(1908)에서 한국의 고대 정신은 화랑도 사상이었으나, 묘청의 난 이후 한국사의 자주성이 상실되고 유교주의적 사대주의로 기울었다고 주장

 ⅲ 조선 상고사(1931): 단군~백제 멸망까지를 다룸

        역사를 '아'와 '비아'의 투쟁으로 파악

 ⅳ 조선사 연구초(1929): 묘청의 서경천도운동을 '조선 역사상 일천년래 대사건'으로 평가

② 사회경제 사학

㉮ 한국사의 보편적 발전성 강조(백남운)

㉯ '조선사회 경제사'

 → 한국사의 발전 과정을 변증법적 역사 발전 법칙에 맞추어 서술

 → 정체성과 타율성을 강조한 식민사관 비판

📖 **심화학습**

신채호

"역사란 무엇이뇨. 인류 사회의 아(我)와 비아(非我)의 투쟁의 시간부터 발전하며 공간부터 확대되는 심적활동의 상태 기록이니, 세계사라 하면 세계 인류의 그리 되어 온 상태의 기록이며, 조선사라 하면 조선 민족의 그리되어 온 상태의 기록이니라, 무엇을 아라 하며 무엇을 비아라 하는가? 깊게 팔 것 없이 간단히 말하면, 무릇 주체적 위치에 선 자를 아라 하고, 그 밖에는 비아라 하는데, 이를테면 조신 사람은 조선을 아라 하고, 영국, 미국, 프랑스 등은 각기 제 나라를 아라 하고 조선을 비아라 하며, 무산계급은 무산계급을 아라 하고 지주나 자본가 등을 비아라 하지만, 지주나 자본가 등은 각기 저의 무리를 아라 하고, 무산계급을 비아라 하며... 그리하여 이에 대한 비아의 접촉이 잦을수록 비아에 대한 아의 투쟁이 더욱 맹렬하여, 인류 사회의 활동이 그칠 사이가 없으며 역사의 앞길이 완성될 날이 없으니, 그러므로 역사는 아(我)와 비아(非我)의 투쟁의 기록인 것이다."

조선사 편수회가 편찬한 '조선사' 편찬 요지

조선인은 다른 식민지의 야만적이고 반개화적인 민족과 달라서 문자 문화에 있어서는 문명인에게 떨어지지 않는다. 따라서 예로부터 전해 오는 역사책도 많고, 또 새로운 저술도 적지 않다. …… 헛되이 독립국의 옛 꿈을 떠올리게 하는 폐단이 있다. …… '한국통사'라고 하는 재외 조선인의 저서는 진상을 깊이 밝히지 않고 함부로 망령된 주장을 펴고 있다. 이들 역사책이 인심을 어지럽히는 해독은 헤아릴 수 없다.

조선 형평사 발기 취지문

"공평은 사회의 근본이고 애정은 인류의 본령이다. 그러한 까닭으로 우리는 계급을 타파하고 모욕적 칭호를 폐지하여, 우리도 참다운 인간이 되는 것을 기하자는 것이 우리의 주장이다."

③ 실증주의 사학

㉮ 철저한 문헌 고증을 통한 객관적 역사서술 강조.

㉯ 진단학회(이병도, 손진태) 중심

❹ 사회적 민족 운동

1) 여성운동

(1) 민족유일당 운동의 일환

(2) 근우회 결성(신간회 자매단체, 1927)

(3) 기관지 '근우' 발간

(4) 여성의 의식 및 지위 향상 및 단결 도모

2) 소년운동

(1) 방정환(천도교) 중심으로 활동

(2) 어린이 날 제정

(3) 어린이 잡지 "어린이" 창간

(4) 조선 소년 연합회 설립(1927)

3) 형평운동(1923)

(1) 1차 갑오개혁(1894) 때 신분제도는 폐지되었으나 사회관습에 의한 백정에 대한 차별(호적에 신분

📖 **심화학습**

근우회 취지문

인류 사회는 많은 불합리를 생산하는 동시에 그 해결을 우리에게 요구하여 마지않는다. 여성 문제는 그 중의 하나이다. 세계는 이 요구에 응하여 분연하게 활동하고 있다. … 우리 사회에서도 여성운동이 개시된 것은 또한 오래이다. 그러나 회고하여 보면 조선운동은 거의 분산되어 있었다. 그것에는 통일된 조직이 없었고 통일된 목표와 지도정신도 없었다. 고로 그 운동은 효과를 충분히 내지 못하였다. 우리는 운동 상 실천으로부터 배운 것이 있으니 우리가 실지로 우리 자체를 위하여 우리 사회를 위하여 분투하려면 우선 조선 자매 전체의 역량을 공고히 단결하여 운동을 전반적으로 전개하지 아니하면 아니 된다. 일어나라! 오너라! 단결하자! 분투하자! 조선의 자매들아! 미래는 우리의 것이다.

근우회 행동 강령

1. 여성에 대한 사회적·법률적 일체의 차별 철폐
2. 일체의 봉건적 인습과 미신 타파
3. 조혼 폐지 및 결혼의 자유
4. 인신 매매 및 공창 폐지
5. 농촌 부인의 경제적 이익 옹호
6. 부인 노동의 임금 차별 및 산전 산후의 임금 지불
7. 부인 및 소년공의 위험 노동 및 야업 폐지

기록)은 지속

(2) 백정출신들에 의해 조직된 신분 해방 운동, 경남 진주에 조선 형평사 조직 → 전국으로 확대

4) 농민·노동운동(사회주의의 영향을 받음)

(1) 농민들의 권익 요구. 암태도 소작쟁의(1923)

시기	투쟁 방식	성격	쟁의 내용
1920년대	경제 투쟁	농민의 생존권 투쟁	토지 조사 사업으로 인해 농민들의 경작권이 박탈되고 소작농 증가 → 소작료 인하, 소작 조건 개선, 소작권 이전 반대
1930년대 전반	정치 투쟁 전투적	• 식민 지배를 부정하는 항일 민족 운동 • 계급투쟁	산미 증식 계획으로 인해 몰락한 농민 증가, 식민지 지주제 강화 → 혁명적 농민 조합(소작인 조합) 중심 → 일본 제국주의 타도, 농민의 토지 소유 요구

(2) 노동자들의 권익 요구. 원산 총파업(1929)

시기	투쟁 방식	성격
1920년대	합법 투쟁	생존권 투쟁 → 임금 인상, 노동 조건 개선 등 요구
1930년대	비합법 투쟁 → 노동조합의 지하 조직화	• 일본 제국주의 타도를 내세우는 항일 민족 운동 • 노동자·농민 해방을 내세우는 계급투쟁

📖 **심화학습**

암태도 소작 쟁의

1923년 8월부터 24년 8월까지 전라남도 신안군 암태도에서 소작인들이 벌인 소작농민 항쟁. 지주 문재철과 이를 비호한 일제에 대항하여 약 1년간 소작쟁의를 벌였다. 1920년대 일제의 저미가정책(低米價政策)으로 지주의 수익이 감소하자 지주측에서는 소작료를 인상함으로써 손실분을 보충하려 하였다. 따라서 지주측은 7할 내지 8할의 소작료를 징수하였다. 이에 암태도 소작인들은 23년 8월 서태석의 주도로 암태소작인회를 조직하고 소작료를 4할로 인하할 것을 요구하였으나 거절당하였다. 그 결과 양측이 무력시위를 벌이며 맞섰으나 문제가 해결되지 않자, 소작인회는 이 문제를 신문이나 노동단체에 직접 호소하였다. 각 신문에서는 연일 암태도 소작쟁의를 보도하였다. 이 쟁의가 사회문제로 대두되어 세인의 관심을 끌자, 일제는 더 이상의 쟁의확산을 방지하기 위하여 중재에 나섰다. 이 중재로 4개항을 약정함으로써 쟁의는 소작인측의 승리로 일단락되었다. 이 쟁의의 영향은 전국, 특히 서해안 도서지방 소작쟁의를 자극하였다. 한국농민운동사상 의미 깊은 것으로 평가된다.

원산 노동자 총파업(1929)

① 원산 총파업의 발단: 1928년 9월 8일 함경남도 덕원군 문평리에 있던 라이징 선(Rising Sun) 석유 회사의 일본인 감독이 한국인 유조공을 구타하자, 노동자 120명이 감독 파면과 처우 개선을 요구하며 파업한 데서 시작

② 결과: 파업이 장기화되면서 노동자들의 생계유지 곤란, 일제 경찰의 계속된 탄압 등으로 4개월 만에 파업 중단(실패)

③ 의의: 일제 강점기 노동 운동의 백미

　ⅰ) 노동자들의 단결력 과시 → 노동자들이 민족 운동의 주요 세력으로 등장

　ⅱ) 최고의 투쟁 강도와 최대 규모의 노동 쟁의

　ⅲ) 일제 및 일본인 자본가와 몇 개월 동안이나 맞선 항일 운동이었음

❺ 청년·학생 항일 운동

1) 6·10 만세 운동(1926)

(1) 배경

일제의 수탈 정책과 식민지 교육에 대한 반발, 순종의 죽음을 계기로 민족 감정이 고조

(2) 전개

학생층 및 사회주의 계열의 준비, 사전에 사회주의계가 일제에 의해 발각

(3) 의의

① 민족주의 계열과 사회주의 계열의 연대 가능성 제시
② 민족 유일당 운동과 신간회 설립에 영향
③ 학생 운동의 고양에 큰 영향을 미침
④ 학생이 국내 독립 운동 세력의 중심적 위치로 부상

2) 광주학생 항일운동(1929.11.3.)

(1) 배경

민족 차별과 식민지 교육에 대한 불만

(2) 전개

① 한일 학생 간의 충돌

📖 **심화학습**

6·10 만세 운동 당시의 격문

천도교와 조선공산당, 그리고 노동단체와 학생운동단체 등이 연대하며 만세시위를 추진해 갔다. 그러나 천도교와 조선공산당측이 6·10 만세운동에 사용하기 위해 작성, 인쇄했던 격문과 전단 등은 운동계획의 사전 발각으로 배포 직전 일제에 압수되고 말았다. 만세시위 당일에는 일제의 검거망을 피한 학생들에 의해 시위가 일어났으며, 이때 학생들이 작성한 짧은 격문만이 배포되었을 뿐이다.

…우리들의 국권과 자유를 회복하려 함에 있다. 우리는 결코 일본 전 민족에 대한 적대가 아니요, 다만 일본 제국주의의 야만적 통치로부터 탈퇴코자 함에 있다. ……
식민지에 있어서는 민족 해방이 곧 계급 해방이고 정치적 해방이 곧 경제적 해방이라는 것을 알지 않으면 안된다. 즉, 식민지 민족이 모두가 무산 계급이며 제국주의가 곧 자본주의이기 때문이다. ……
형제여! 자매여! 눈물을 그치고 절규하자!……
대한 독립 만세!!……
동양 척식 주식회사를 철폐하라! 일본 이민 제도를 철폐하라!
일체의 납세를 거부하자! 일본 물화를 배척하자!
일본인 공장의 직공은 총파업하라! 일본인 지주에게 소작료를 바치지 말자!
언론·집회·출판의 자유를!
조선인 교육은 조선인 본위로! 보통 학교 용어를 조선어로!

　　② 신간회의 지원(진상조사단 파견)으로 전국적 항일 운동으로 발전

(3) 의의

　　3·1 운동 이후 최대 규모의 민족 운동

제3절　국외의 독립 무장 투쟁 전개

▶ 의열단

❶ 의열 투쟁의 전개

1) 의열단의 활동

(1) 배경

　　3·1 운동 이후 보다 조직적이고 강력한 무장 투쟁 단체의 필요성 대두

(2) 조직

　　① 1919년 만주 지린성에서 김원봉이 주도 → 베이징·상하이로 이동

　　② 신채호의 조선 혁명 선언(=의열단 선언)

　　　→ 김원봉의 부탁으로 작성(1923), 무장 독립 투쟁의 필요성 지적

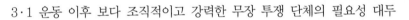

📖 **심화학습**

광주학생 항일운동의 발단을 제공한 박준채의 회고

"…… 나는 피가 머리로 거꾸로 치솟는 듯 한 분노를 느꼈다. 가뜩이나 그 놈들과는 한 차로 통학하면서도 민족 감정 때문에 서로를 멸시하고 혐오하며 지내 온 터인데, 그자들이 우리 여학생을 희롱하였으니 나로서는 당연히 감정적으로 대응할 수밖에 없었다. 나는 박기옥을 희롱한 후쿠다를 개찰구 밖 역전 광장에 불러 세우고 우선 점잖게 따졌다. "후쿠다, 너는 명색이 중학생인 녀석이 야비하게 여학생을 희롱해?" 그러자 후쿠다는 "뭐라고 센징 놈이 까불어!" 이 센징이란 말이 후쿠다의 입에서 떨어지기가 무섭게 내 주먹은 그자의 얼굴에 날아가 작렬하였다.

광주학생 항일운동 때의 격문

"학생, 대중이여 궐기하라!
검거된 학생은 우리 손으로 탈환하자. 언론·결사·집회·출판의 자유를 획득하라.
식민지 교육 제도를 철폐하라. 조선인 본위의 교육제도를 확립하라."
"용감한 학생, 대중이여! 최후까지 우리의 슬로건을 지지하라. 그리고 궐기하라. 전사여 힘차게 싸워라."

신채호의 조선 혁명 선언

"…… 강도 일본을 쫓아내려면 오직 혁명으로만 가능하며, 혁명이 아니고는 강도 일본을 쫓아 낼 방법이 없는 바이다. …… 우리의 민중을 깨우쳐 강도의 통치를 타도하고 우리 민족의 신생명을 개척하자면 양병(養兵) 10만이 폭탄을 한 번 던진 것만 못하며, 천억 장의 신문, 잡지가 한 번의 폭동만 못할지니라. ……
민중은 우리 혁명의 대본영(大本營)이다. 폭력은 우리 혁명의 유일한 무기이다. 우리는 민중 속으로 가서 민중과 손을 맞잡아 끊임없는 폭력—암살, 파괴, 폭동—으로써 강도 일본의 통치를 타도하고, 우리 생활에 불합리한 일체의 제도를 개조하여, 인류로써 인류를 압박하지 못하며, 사회로써 사회를 박탈하지 못하는 이상적 조선을 건설할지니라.
→ 준비론(실력 양성론)이나 외교론 등을 비판하고 민중의 직접적인 폭력 혁명을 주장

(3) 활동

일제 요인 암살 및 식민 지배 기구 파괴

박재혁(1920)	부산경찰서 폭탄 투척
김익상(1921)	조선총독부 폭탄 투척, 황포탄 의거(상하이 황포탄에서 일 육군 대장 다나카 저격)
김상옥(1923)	종로경찰서 폭탄 투척
김지섭(1924)	도쿄 궁성 폭탄 투척
나석주(1926)	동양척식 및 식산은행 폭탄 투척

(4) 성격 변화

조직적 투쟁의 필요성을 절감하고 개별적인 의열 활동의 한계를 인식

① 황푸 군관 학교에 입학

    ㉮ 체계적이고 조직적인 군사 훈련, 군사 간부 양성

    ㉯ 조선 정치군사 간부혁명학교 개교(1932)

② 민족 혁명당 설립(1935)

    ㉮ 난징에서 의열단·조선 혁명당·한국독립당·신한독립당·미주 대한독립당 5개 단체가 통합하여 결성

    ㉯ 당 조직을 결성하여 보다 대중적인 투쟁 시도

2) 한인 애국단의 결성(1931)

(1) 배경

임시 정부의 위기를 타개하고자 김구가 결성한 항일 무력 단체

(2) 활동

① 이봉창 의거(1932.1.)

    도쿄 일왕 폭살 기도 사건(실패), 상하이 사변의 계기가 됨

② 윤봉길 의거(1932.4.)

    ㉮ 상하이 홍커우 공원에서 일왕 탄생 축하 및 상하이 사변 기념식에 폭탄 투척 → 일본군

📖 **심화학습**

상하이 사변

1931년 9월 만주사변이 시작되자 중국대륙 전체에 항일운동이 확산되었다. 일본군은 항일운동의 진압, 만주독립 음모에 대한 열강의 주의를 돌리기 위해 상하이에서 매수한 중국인으로 하여금 니치렌종(日蓮宗)의 승려를 저격하게 하는 사건을 일으켰다. 그 결과 1932년 1월 28일 일본의 해군육전대와 중국군 사이에 전투가 발발했다. 일본은 2월 중순에 육군 약 3개 사단을 파견하여 3월 상순에 중국군을 상하이 부근에서 퇴각시키고 5월에 정전협정을 체결한 후 육군을 철수시켰다.

대장 시라카와 사망, 제3함대 사령관 노무라 등 10여 명 중상

㉺ 중국 국민당 정부가 대한민국 임시 정부를 지원해 주는 계기가 됨

❷ 1920년대 만주와 연해주 독립군 부대의 활약

→ 배경: 3·1 운동을 계기로 무장 독립 전쟁의 필요성 제고

　　　→ 만주에 다수의 무장 독립군 단체 설립

1) 독립군 부대의 조직

서간도	• **서로군정서군**: 신흥 무관학교 출신 중심(지청천) • **대한독립단**: 의병장 출신 중심
북간도	• **북로군정서군**: 대종교 계통, 김좌진 중심 • **대한독립군**: 의병장 출신의 홍범도 중심

2) 독립군의 변화

(1) 봉오동 전투(1920.6.)

① 경과: 홍범도의 대한 독립군이 일제의 군부대와 식민 통치 기구 공격

　　　→ 일제의 토벌군 파견 → 북간도 봉오동으로 유인

　　　→ 군무 도독부군(최진동), 국민회군(안무)과 연합

② 전과: 일본군 전사 157명, 중상 200여 명, 경상 100여 명.

　　　독립군 측의 피해는 전사 4명, 중상 2명

③ 의의: 독립군이 일본군을 대규모 전투에서 무찌른 최초의 전투

　　　독립군의 사기가 크게 높아짐

(2) 청산리 대첩(1920.10.)

① 배경: 봉오동 전투의 패배에 대한 설욕전, 만주의 한국 독립군 소탕 의도

② 일제의 훈춘 사건 조작

　㉮ 일본군의 만주 출병 구실을 조작

📖 **심화학습**

윤봉길의 상하이 훙커우 공원 의거(1932)

중국의 장제스는 윤봉길의 의거를 두고 "중국의 100만 대군도 해내지 못한 일을 한국 용사가 단행하였다."라고 높이 평가하였다. 그 후, 중국 국민당 정부는 중국 군관 학교에 한국인 특별반을 설치하여 군 간부를 양성할 수 있도록 허용하였다. 또, 중국 영토 내에서 우리 민족이 무장 독립 투쟁을 전개할 수 있도록 승인하였는데, 이는 나중에 임시 정부가 한국광복군을 조직하는 데 큰 도움을 주었다.

㉯ 마적으로 하여금 훈춘 지역을 습격토록 함 → 일본 영사관 및 경찰 공격

㉰ 조선·연해주·만주 지역에 파병된 일본군 2개 사단 동원(2만여 명)

③ 청산리 대첩: 북로군정서군(김좌진), 대한독립군(홍범도), 국민회군, 군무 도독부군, 대한 의민
단 등 독립군 연합부대(2,000여 명)가 6일간 10여 차례의 전투 승리

→ 일본군 1천여 명 사살(사상자 총수 3천여 명), 독립군 사상자는 300여 명

④ 의의: 독립군 전투 사상 최대의 승리

(3) 간도 참변(=경신참변. 1920)

① 배경: 봉오동·청산리 전투의 보복, 독립군의 기반을 무너뜨리기 위해 독립군을 지원하는 한
인 촌락사회 초토화

② 1920년 10월부터 1921년 4월까지 간도일대의 무차별적인 한국인 학살

→ 10월 9일에서 11월 5일까지 27일간만 3,469명 학살됨

(4) 자유시 참변(1921)

① 독립군의 이동: 일제의 동포 학살 방지, 독립군 부대의 재정비 목적

→ 소련·만주 국경인 밀산부에서 대한독립군단 결성(총재: 서일)

② 자유시 참변(1921)

㉮ 대한독립군단은 소련령 자유시(=스보보드니=알렉세예프스키)로 이동

㉯ 독립군 내부의 지휘권을 둘러싼 주도권 다툼으로 갈등

→ 적군에 의한 무장 해제 요구 과정에서 소련 적색군의 공격으로 다수의 사상자 발생

(5) 독립군의 재정비: 3부의 결성(참→정→신)

① 3부의 성립(1923~1925): 민정 기관(자치 행정)과 군
정 기관(독립군 훈련) 설치

㉮ (육군 주만) 참의부(1923): 임시정부 직할 부대,
압록강 연안

㉯ 정의부(1925): 길림과 봉천을 중심으로 한 남만
주 일대

㉰ 신민부(1925): 북만주지역, 소련에서 돌아온 독립군 중심(북로군정서군 계열)

(6) 미쓰야 협정(1925)

① 만주 군벌 장쭤린(張作霖)과 조선 총독부 경무국장 미쓰야 간에 체결

② 장쭤린이 만주에서 한국인 독립 운동가를 체포하여 일본 영사관에 넘길 것, 장쭤린은 그 상
금 중의 일부를 직접 체포한 자에게 주도록 할 것 등 규정

③ 영향: 독립군 활동 위축

(7) 3부의 통합 운동

① 배경

㉮ 1920년대 후반 국내에서 민족 유일당 운동 전개

㉯ 만주 지역의 민족 운동 단체의 통합 필요성 제기

㉰ 미쓰야 협정으로 독립 운동 위축

② 통합 노력: 3부의 완전 통합에는 실패

북만주 혁신의회(1928)	한국 독립당으로 개편, 한국 독립군(지청천) 결성+중국 호로군(=국민당 군대)과 연합
남만주 국민부(1929)	조선 혁명당으로 개편, 조선 혁명군(양세봉) 결성+중국 의용군(=자발적 의병)과 연합

3) 1920년대 독립군 활동 및 시련 정리

봉오동 전투 → 훈춘사건 조작 → 청산리 대첩 → 간도 참변 → 자유시로 이동 → 대한독립군단 창설 → 자유시 참변 → 만주로 이동 → 3부 형성(참정신) → 미쓰야 협정 → 3부 통합운동

❸ 1930년대 무장 독립 전쟁

1) 한·중 연합 작전의 전개

(1) 배경

① 만주사변(1931)으로 일제가 만주 장악(→ 괴뢰 정권인 만주국 수립, 1932)

② 중국 내 반일 감정 고조

(2) 조선혁명군과 한국독립군의 한중연합작전

조선혁명군(양세봉)	중국 의용군과 연합 → 남만주 지역의 영릉가, 흥경성 전투
한국독립군(지청천)	중국 호로군과 연합 → 북만주 지역의 쌍성보, 사도하자, 동경성, 대전자령 전투 등

(3) 한·중 연합 작전의 위축

① 일본군의 북만주 초토화 작전, 중국군의 사기 저하

② 중국 국민당과 공산당 사이의 항일전에 대한 의견 대립 발생

③ 조선혁명군은 양세봉이 일제에 의해 살해됨에 따라 세력이 급속히 위축(1934)

④ 한국독립군은 임시 정부의 요청에 따라 중국 본토로 이동

2) 동북 인민 혁명군(1933)

중국 공산당이 동북 인민 혁명군을 조직하자 한국인 사회주의자들이 참여하여 항일 유격전 전개
→ 동북 항일 연군으로 개편(1936)

★ 보천보 전투(1937): 동북 항일 연군이 조국 광복회와 협력하여 함남 갑산군 보천보의 경찰주재소·면
　　　　　　　　　　사무소 등 습격

3) 중국 관내에서의 조선 의용대의 활약

(1) 민족 혁명당(1935)

민족 독립 운동의 단일 정당을 목표로 의열단, 한국독립당, 조선혁명당 등 중국 본토의 항일 독
립운동 세력이 통합하여 결성

(2) 조선 의용대(1938)

① 민족 혁명당을 계승한 조선 민족 혁명당이 중국 국민당 정부의 협조로 무한에서 조선 의용
대 창설
② 대적 심리전, 일본군 포로의 심문·문서 번역 및 일본군 점령지역에 파견되어 첩보·요인 사
살·시설 파괴 등 중국군 작전을 보조하는 부대로 중국 여러 지역에서 항일 투쟁 전개
③ 1940년 이후 조선 의용대 화북 지대는 조선 의용군으로 흡수, 일부는 한국광복군으로 편성
됨(1942. 김원봉 합류)

제4절　대한민국 임시정부와 한국광복군의 활동

❶ 대한민국 임시정부의 조직 강화

1) 한국독립당의 결성(1940)

(1) 민족주의 계열의 3개 정당(한국국민당, 한국독립당, 조선혁명당)이 연합하여 결성
(2) 김구가 중심이 된 단체로서 대한민국 임시정부의 집권 정당의 성격을 띰
(3) 임시정부의 강화: 사회주의계열인 조선민족혁명당(김원봉) 인사들 합류(1942)

2) 조소앙의 삼균주의를 바탕으로 한 대한민국 건국 강령을 발표(1941)

② 한국광복군의 활동

1) 한국광복군의 창설(1940)

(1) 중국 충칭에서 지청천을 총사령관으로
    창설, 참모장 이범석
(2) 김원봉의 조선 의용대 흡수 통합
    (1942. 김원봉은 부사령관이 됨)

▶ 한국광복군

2) 한국광복군의 활동

(1) 일제에 의한 태평양 전쟁 발발(1941.12.) 후 대일 선전 포고
(2) 인도, 미얀마 전선에서 영국군과 연합 작전 전개(1943)
(3) 미국전략정보처(O.S.S)와 협약을 맺어 국내 진입작전 준비(일제 패망으로 무산)

📖 **심화학습**

삼균주의

쑨원의 삼민주의(민족, 민권, 민생)와 사회주의의 영향을 받아 제창. 개인 간, 민족 간, 국가간 균등을 말하고, 정치적 균등, 경제적 균등, 교육적 균등의 실현으로 삼균을 이루어 世界─家의 이상사회를 건설한다는 평등주의 사상 → "보통 선거 제도를 실시하여 정권을 균히 하고, 국유 제도를 채용하여 이권을 균히 하고, 공비 교육으로써 학권을 균히 하며"

한국광복군의 대일본 선전 포고(1941.12.)

우리는 3천만 한국 인민과 정부를 대표하여 삼가 중·영·미·소·캐나다 기타 제국의 대일 선전이 일본을 격패(擊敗)하게 하고 동아를 재건하는 가장 유효한 수단이 됨을 축하하여 이에 특히 다음과 같이 성명한다.
1. 한국 전 인민은 현재 이미 반침략 전선에 참가하였으니 한 개의 전투 단위로서 추축국에 선전한다.
2. 1910년의 합방 조약과 일체의 불평등 조약의 무효를 거듭 선포하여 아울러 반침략 국가인 한국에 있어서의 합리적 기득권을 존중한다.
3. 한국·중국 및 서태평양으로부터 왜구를 완전히 구축하기 위하여 최후 승리를 거둘 때까지 혈전한다.
                                              - 대한민국 23년 12월 9일, 대한민국 임시 정부 -

주제 01

1920년대 독립군의 봉오동 전투와 청산리 전투에 대해 발표하시오.

주제 02

대한민국 국군의 모체인 한국광복군 활동을 발표하시오.

기출문제 풀이

01 다음에 해당하는 시기로 맞는 것은?

제 1차 개헌 (1919) 대통령 중심제	제 2차 개헌 (1925) 국무령	제 3차 개헌 (1927) 의원 내각제	제 4차 개헌 (1940) 주석 중심체제	제 5차 개헌 (1944) 주석 부주석제

〈지문〉
2000만 동포가 윌슨 대통령께 알립니다....
　　　　　　　　　－윌슨 민족자결주의－

① 제1차 개헌(1919) – 대통령 중심제
② 제2차 개헌(1925) – 국무령
③ 제3차 개헌(1927) – 의원내각제
④ 제4차 개헌(1940) – 주석 중심체제

02 일제 강점기에 일어난 사건들을 일어난 순으로 나열한 것은?

㉠ 일제가 전국 각지에 신사를 세우고 참배할 것을 강요하였다.
㉡ 일제가 사회주의 운동과 독립운동을 탄압하기 위해 치안 유지법을 제정하였다.
㉢ 헌병 경찰이 정식 재판을 거치지 않고도 한국인에게 벌금, 태형 등의 처벌을 내렸다.

① ㉠-㉡-㉢　　　② ㉠-㉢-㉡
③ ㉡-㉠-㉢　　　④ ㉢-㉡-㉠

03 다음과 같이 활동한 독립군 부대는?

멀리 인도와 미얀마 전선에까지 나아가 영국군과 함께 대일 전투에 참여하였다. 특히, 이곳에서 적의 후방을 교란하는 등 여러 가지 특수전에 참여하여 큰 성과를 거두었다. 또한 국내에 진입하여 일제를 몰아내기 위한 작전도 계획하였다.

① 한국광복군
② 대한독립군
③ 독립의군부
④ 한국독립군

04 문화 통치 시기의 모습으로 옳은 것을 〈보기〉에서 모두 고르면?

〈보기〉
㉠ 보통 경찰 제도 실시
㉡ 문관 출신 조선 총독 임명
㉢ 경찰 관서와 경찰 수 대폭 감소
㉣ 조선일보, 동아일보 등의 민족 신문 발행

① ㉠, ㉡
② ㉠, ㉢
③ ㉠, ㉣
④ ㉡, ㉢

★정답/문제풀이
1. ①　윌슨의 민족자결주의는 1918년 1차 세계대전이 종결되는 시점에 나온 사상이다. 우리나라의 3·1 운동에 영향을 주는 내용이다.
2. ④　㉢ 1910년대 헌병 경찰 통치 시기 – ㉡ 1920년대 문화 통치 시기 – ㉠ 1930년대 이후 민족 말살 통치 시기 순이다.
3. ①　1940년에 창설된 한국광복군은 제2차 세계 대전 중 연합군과 함께 일본에 대항하여 전쟁을 벌였다.
4. ③　③1920년대 일제는 보통 경찰제 실시, 한국인의 언론·출판·집회·결사의 자유 일부 허용 등을 내용으로 하는 문화 통치를 실시하였다. ㉡ 문관 출신 총독이 임명된 적은 없었다. ㉢ 경찰 관서와 경찰 수가 오히려 늘어났다.

05 다음 사건에 대한 설명으로 옳은 것은?

> ㉠ 3·1운동
> ㉡ 6·10만세운동
> ㉢ 광주학생운동

① ㉠은 비폭력 시위에서 무력적인 저항운동으로 확대되었다.
② ㉡ 이후에 사회주의 사상이 본격적으로 유입되었다.
③ ㉡과 ㉢으로 인해 일제는 식민통치방식을 획기적으로 바꾸었다.
④ 시기적으로 ㉠㉢㉡의 순서로 진행되었다.

06 일제의 통치정책 중의 일부이다. 이와 같은 내용을 모두 포괄하는 일제의 식민통치방법은?

> • 일본식 성명의 강요
> • 신사참배의 강요
> • 징병·징용제도의 실시
> • 부녀자의 정신대 징발

① 문화통치
② 헌병경찰통치
③ 민족말살통치
④ 병참기지화정책

07 〈보기〉의 단체가 주장한 강령이나 구호로 옳은 것은?

〈보기〉	• 조선민흥회를 토대로 하여 정우회 선언을 계기로 창립되었다. • 광주학생운동을 지원하였다. • 노동쟁의, 소작쟁의, 동맹 휴학 등과 같은 운동을 지도하였다.

① 내 살림 내 것으로, 조선 사람 조선 것으로.
② 한민족 1천만이 한 사람이 1원씩
③ 배우자 가르치자 다함께
④ 우리는 기회주의를 일체 배격한다.

08 일제강점기에 관한 설명으로 옳은 것을 모두 고른 것은?

> ㉠ 총독부를 설치하고 총독을 군인으로 임명하여 무단지배를 추진하였다.
> ㉡ 헌병 경찰은 치안 경찰뿐 아니라, 일반 행정 및 사법 행정에도 관여하여 한국 통치의 주역을 담당하였다.
> ㉢ 영친왕을 강제로 일본으로 이주시키고, 친일적인 관료들에게는 작위를 내렸다.
> ㉣ 일본식 교육을 확대하기 위하여 사립학교를 크게 늘렸다.

① ㉠, ㉡
② ㉠, ㉣
③ ㉠, ㉡, ㉢
④ ㉢, ㉣

★ 정답/문제풀이

5. ① ① 비폭력주의를 원칙으로 하였으나 점차 무력적인 저항으로 변모되었다.
② 우리나라의 사회주의는 레닌의 약소민족 지원약속과 3·1 운동의 영향으로 대두되었다.
③ 일제는 3·1 운동을 계기로 1910년대의 무단정치에서 1920년대 문화정치로 그 통치방식을 변경하였다.
④ 시기적으로 3·1 운동(1919) - 6·10만세운동(1926) - 광주학생항일운동(1929) 순으로 전개되었다.

6. ③ 일제는 태평양전쟁 도발 후, 한국의 인적·물적 자원의 수탈뿐 아니라 민족문화와 전통을 완전히 말살시키려 하였다. 우민화정책과 병참기지화정책도 민족말살통치의 하나이다.

7. ④ 신간회에 대한 내용이다. 신간회는 자치운동을 제기하는 민족주의 우파를 기회주의자로 규정하여 배격하였다.
① 물산장려회(1920)의 물산장려운동 ② 민립대학설립운동 구호 ③ 동아일보의 브나로드 운동(1931)

8. ③ ㉣ 일제가 사립학교령(1908), 사립학교 규칙(1911)을 발표한 이후 사립학교의 수는 지속적으로 감소하였다.

09 다음에 내용과 관련 있는 민족주의 사학자와 그 업적이 바르게 연결된 것은?

> 나라는 형체이요, 역사는 정신이다. 지금 한국에 형은 허물어졌으나 신만이라도 홀로 전제할 수 없는 것인가? 이것이 통사를 저술하는 까닭이라, 신이 존속하여 멸하지 않으면 형은 부활할 때가 있을 것이다.

① 문일평: 조선심
② 박은식: 혼사상
③ 정인보: 얼사상
④ 신채호: 낭가사상

10 1915~1918년 사이에 일본의 경제는 수출이 7억 8천만엔에서 19억엔으로 비약적으로 증가하여 호황을 누렸다. 그러나 1920년부터는 심각한 경제공황을 겪어 많은 기업이 도산하였으며, 쌀값이 폭등하였다. 이 때 일본이 취한 대책을 다음에서 고른다면?

> ㉠ 조선에서 회사령을 실시하여 기업의 설립을 억제하였다.
> ㉡ 중국 대륙으로 진출을 서둘러 1931년에 만주를 점령하였다.
> ㉢ 토지조사사업을 실시하여 일본의 빈민을 조선에 이주시켰다.
> ㉣ 조선에서 산미증식계획을 실시하여 식량난을 해결하고자 하였다.
> ㉤ 일본 국내의 산업구조를 경공업에서 석유화학공업으로 변경시켰다.

① ㉠, ㉢
② ㉠, ㉣
③ ㉡, ㉣
④ ㉡, ㉤

★정답/문제풀이
9. ② 제시된 내용은 혼을 강조한 박은식의 한국통사 서문에 나오는 글이다.
10. ③ 1920년대 이후 일본의 식민지 경제정책은 병참기지화정책, 산미증식계획 등으로 추진되었다.

39. (가)에 대한 설명으로 옳은 것을 〈보기〉에서 고른 것은? [2점]

> 내가 맡게 된 임무는 자금 조달이었으며, 상해 출발에서부터 국내 잠입, 상해 귀환의 모든 경로 및 절차는 (가) 의 지시에 따르도록 되어 있었다. …… 나는 3월 초순에 상해를 출발했다. 국내 잠입 경로는 연통제를 따랐다. …… 상해에서 안동현까지는 이륭양행의 배편을 이용하였다. 이것은 아버님과 남편이 상해에 갔을 때도 이용했던 선편으로 (가) 와/과 국내를 잇는 주요 통로의 하나였다.
>
> ― 정정화, 『장강일기』 ―

〈보 기〉

ㄱ. 교통국을 운영하였다.
ㄴ. 원수부를 창설하였다.
ㄷ. 독립 공채를 발행하였다.
ㄹ. 105인 사건으로 해체되었다.

① ㄱ, ㄴ ② ㄱ, ㄷ ③ ㄴ, ㄷ
④ ㄴ, ㄹ ⑤ ㄷ, ㄹ

40. 밑줄 그은 '이 신문'으로 옳은 것은? [1점]

> 우리가 이 신문을 출판하는 것은 이익을 보려 하는 것이 아니므로 가격을 저렴하게 했고, 모두 한글로 써서 남녀 상하 귀천이 모두 보게 했으며, 또 구절을 떼어 써서 알아보기 쉽게 하였다. …… 또 한쪽에 영문으로 기록하는 것은 외국의 인민이 조선 사정을 자세히 모르므로 혹 편파적인 말만 듣고 조선을 잘못 생각할까 봐 실제 사정을 알게 하고자 영문으로 조금 기록한 것이다.

① 독립신문 ② 매일신문 ③ 제국신문

④ 해조신문 ⑤ 협성회회보

41. (가)~(마)에 들어갈 내용으로 옳지 <u>않은</u> 것은? [3점]

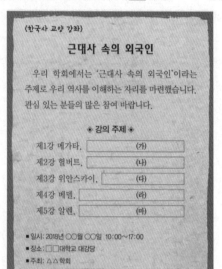

〈한국사 교양 강좌〉

근대사 속의 외국인

우리 학회에서는 '근대사 속의 외국인'이라는 주제로 우리 역사를 이해하는 자리를 마련했습니다. 관심 있는 분들의 많은 참여 바랍니다.

◈ 강의 주제 ◈

제1강 메가타, (가)
제2강 헐버트, (나)
제3강 위안스카이, (다)
제4강 베델, (라)
제5강 알렌, (마)

- 일시: 2018년 ○○월 ○○일 10:00~17:00
- 장소: □□대학교 대강당
- 주최: △△학회

① (가) ― 화폐 정리 사업을 주도하다
② (나) ― 육영 공원에서 학생을 가르치다
③ (다) ― 여성 교육 기관인 이화 학당을 설립하다
④ (라) ― 양기탁과 함께 대한매일신보를 창간하다
⑤ (마) ― 최초의 서양식 병원인 광혜원 설립을 제안하다

42. 밑줄 그은 '이 운동'에 대한 설명으로 옳은 것은? [2점]

> 배우자! 가르치자! 다함께 우리 조선의 문맹을 퇴치하자. 그리하여 문화의 조선을 건설하자! 이러한 깃발 아래 본사가 주최한 이 운동은 전조선 사십여 학교 이천여 명의 학생들이 장곡천정(長谷川町) 공회당에서 발대식을 거행함으로써 마침내 시작하게 되었다.

① 통감부의 방해와 탄압으로 실패하였다.
② 대중 집회인 만민 공동회를 개최하였다.
③ 평양에서 시작되어 전국으로 확대되었다.
④ 야학과 강습소를 세워 계몽 활동을 전개하였다.
⑤ 소작료 인상에 항의하여 소작 쟁의를 일으켰다.

★정답/문제풀이

39. ② 40. ① 41. ③ 42. ④

35. 다음 상황 이후에 전개된 사실로 옳은 것을 〈보기〉에서 고른 것은? [2점]

(환구단에서) 천지에 고하는 제사를 지냈다. 왕태자가 배참(陪參)하였다. 예를 마치고 의정부 의정(議政) 심순택이 백관을 거느리고 무릎을 꿇고 아뢰기를, "제례를 마치었으므로 황제의 자리에 오르소서."라고 하였다. 왕이 부축을 받으며 단에 올라 금으로 장식한 의자에 앉았다. 심순택이 나아가 12장문(章文)의 곤면(袞冕)을 입혀 드리고 옥새를 올렸다. 왕이 두 번 세 번 사양하다가 친히 옥새를 받고 황제의 자리에 올랐다.

ㅡ 『고종실록』 ㅡ

〈보 기〉
ㄱ. 관립 실업 학교인 상공학교가 개교되었다.
ㄴ. 군 통수권 장악을 위한 원수부가 설치되었다.
ㄷ. 근대식 무기 제조 공장인 기기창이 설립되었다.
ㄹ. 서양식 근대 교육 기관인 육영 공원이 세워졌다.

① ㄱ, ㄴ   ② ㄱ, ㄷ   ③ ㄴ, ㄷ   ④ ㄴ, ㄹ   ⑤ ㄷ, ㄹ

36. 다음 사건이 일어난 시기를 연표에서 옳게 고른 것은? [3점]

역사신문

제△△호　　　　　　　　　○○○○년 ○○월 ○○일

대한민국 임시 정부, 내각 책임제와 국무령제 채택

대한민국 임시 정부는 제2차 개헌을 통하여 내각 책임제를 채택하였다. 국무령과 국무원으로 조직된 국무회의가 임시 정부를 운영하며 임시 의정원에 대해 책임을 지고, 임시 의정원이 국무령과 국무원을 선임하게 만들었다. 기존의 대통령제를 유지하는 동안 독재적인 상황이 나타났던 경험을 고려한 것으로 보인다.

1919	1923	1931	1935	1941	1945
(가)	(나)	(다)	(라)	(마)	
대한민국 임시 정부 수립	국민 대표 회의 개최	한인 애국단 조직	한국 국민당 창당	대한민국 건국 강령 발표	8·15 광복

① (가)　② (나)　③ (다)　④ (라)　⑤ (마)

37. (가) 단체에 대한 설명으로 옳은 것은? [1점]

조선일보사 귀중

본인은 우리 2천만 민족의 생존권을 찾아 자유와 행복을 천추만대에 누리기 위하여 의열 남아가 희생적으로 단결한 [(가)]의 일원으로 왜적의 관·사설 기관을 물론하고 파괴하려고 금차 회국도경(回國渡境)한 바, 최후 힘을 진력하여 휴대 물품을 동척 회사, 식산 은행에 선사하고 …… 불행히 왜경에게 생포되면 …… 소위 심문이니 무엇이니 하면서 세계에 없는 야만적 악형을 줄 것이 명백하기로 불복하는 뜻으로 현장에서 자살하기로 결심하였습니다. ……

희생자 나석주 올림

① 김구에 의해 상하이에서 결성되었다.
② 일제의 황무지 개간권 요구를 저지하였다.
③ 고종의 강제 퇴위에 반대하는 시위를 주도하였다.
④ 신채호의 조선 혁명 선언을 활동 지침으로 삼았다.
⑤ 일제가 조작한 105인 사건으로 조직이 해체되었다.

38. (가) 지역의 독립운동에 대한 설명으로 옳은 것은? [2점]

이 사진은 박용만이 주도하여 [(가)]에서 창설한 대조선 국민 군단의 훈련 모습입니다. 이 부대의 대원들은 병영에 기숙하면서 군사 훈련과 파인애플·사탕수수 농사를 병행하였습니다.

① 권업신문을 발간하여 민족 의식을 고취하였다.
② 대한인 국민회를 중심으로 독립운동을 전개하였다.
③ 대한 광복군 정부를 세워 무장 독립 투쟁을 준비하였다.
④ 신한청년당을 결성하여 파리 강화 회의에 대표를 파견하였다.
⑤ 조선 청년 독립단을 중심으로 2·8 독립 선언서를 발표하였다.

★정답/문제풀이

35. ①　36. ②　37. ④　38. ②

01 한말 국학연구에 대한 설명 중 옳지 않은 것은?

① 박은식은 「독사신론」에서 구국항쟁사를 다루었다.

② 최남선은 광문회를 조직하여 민족의 고전을 정리하였다.

③ 정인보는 「조선사연구」에서 민족의 주체성을 강조하였다.

④ 유길준의 「서유견문」은 새로운 국한문체를 발전시키는 데 공헌하였다.

02 다음을 통해 알 수 있는 우리나라 근대문화의 성격은?

• 미술에서는 유화도 그려지기 시작하였다.

• 문학에서는 신소설과 신체시가 나왔다.

• 음악에서는 독립가, 권학가 등의 창가가 유행하였다.

• 연극에서는 원각사가 세워져 은세계, 치악산 등의 작품이 공연되었다.
---

① 민족문화의 전통을 계승하려 하였다.

② 서양문화의 침투에 경계심을 보였다.

③ 전통문화와 외래문화와의 갈등과 대립이 심화되었다.

④ 서양의 근대문화가 도입되어 문학과 예술의 각 분야에 변화가 일어났다.

03 다음 중 성격이 다른 한 단체를 고르면?

① 조선어연구회

② 조선사편수회

③ 조선어학회

④ 진단학회

04 다음 내용을 뒷받침하기에 적절한 역사적 사실로 옳지 않은 것은?

일제는 식민지 지배체제의 영속화를 위해 우민화 교육을 통한 한국인의 황국신민화를 꾀하는 한편, 우리말과 우리 역사교육을 금지시키고 우리 민족사를 왜곡하기까지 했다. 이에 맞서 애국지사들은 민족문화수호운동과 민족교육운동을 전개하였다.
---

① 민립대학설립운동

② 조선어학회의 결성

③ 조선어연구회의 결성

④ 청구학회의 한국학 연구 활동

★정답/문제풀이

1. ① ① 박은식은 「한국통사」, 「한국독립운동지혈사」를 저술하였고, 「독사신론」은 「조선상고사」, 「조선사연구초」, 「을지문덕전」, 「이태리 건국 3걸전」, 「최도통」 등과 함께 신채호가 저술했다.

2. ④ 신문학은 언문일치의 문장과 계몽문학적 성격을 특징으로 하고, 창가는 서양식 악곡으로 지어졌으며, 원각사는 우리나라 최초의 서양식 극장이다.

3. ② ② 다른 단체들은 모두 일제강점기에 민족문화의 수호를 위해 활동한 단체들이다.
   ※ 조선사편수회…일제가 조선 역사를 왜곡하고 일제 식민통치를 합리화하기 위해 1922년에 만든 조선사편찬위원회가 확대·개편된 기관이다.

4. ④ ④ 청구학회는 일본 어용학자들의 단체로서, 극동문화 연구를 위해 조직되었다.

05 다음은 어떤 단체의 활동에 대한 판결문이다. 어느 단체를 말하는 것인가?

이 단체는 1919년 만세소요사건(3·1운동)의 실패에 비추어 조선의 독립을 장래에 기하기 위하여 문화 운동에 의한 민족정신의 환기와 실력양성을 급무로 삼아서 대두된 실력양성운동이 출발점이었고, 그 뒤 1931년 이후에는 피고인 이극로를 중심으로 하는 어문운동을 벌여 조선의 독립을 목적한 실력양성단체를 조직하였다.

① 신간회   ② 조선청년총동맹
③ 조선어학회   ④ 조선물산장려회

06 다음 자료와 관련된 시기에 일제가 실시한 정책으로 옳은 것은?

• 귀족, 양반, 유생, 부호, 실업가, 교육가, 종교가에 침투하여 계급과 사상을 참작하여 각종 친일 단체를 조직하게 할 것.
• 친일적 민간 유지들에게 편의와 원조를 주고 수재 교육의 이름 아래 우수한 조선 청년들을 친일 분자로 양성할 것.

① 동양 척식 주식회사를 설립하였다.
② 일본식 성과 이름을 사용하도록 하였다.
③ 언론·출판·집회·결사의 자유를 박탈하였다.
④ 문관 출신도 총독으로 임명할 수 있도록 제도를 바꾸었다.

07 1920년대에 일어났던 국외 무장투쟁과 관련된 사건들을 순서대로 나열하시오.

ㄱ 자유시 참변   ㄴ 간도참변
ㄷ 청산리 대첩   ㄹ 봉오동 전투
ㅁ 3부 형성
ㅂ 조선혁명군·한국독립군

① ㄱ-ㄴ-ㄷ-ㄹ-ㅁ-ㅂ
② ㄹ-ㅁ-ㅂ-ㄱ-ㄴ-ㄷ
③ ㄷ-ㄹ-ㄱ-ㅂ-ㄴ-ㅁ
④ ㄹ-ㄷ-ㄴ-ㄱ-ㅁ-ㅂ

08 다음에 설명하는 단체의 이름을 고르시오.

1926년 6·10만세운동 이후 1927년 국내에서 최초로 형성된 민족유일당 운동 단체로서 이 단체는 1929년 광주학생운동에도 영향을 준 단체이다. 자매단체로는 근우회가 있다.

① 신민회
② 대한자강회
③ 신간회
④ 국채보상 기성회

★정답/문제풀이

5. ③   조선어학회는 조선어연구회를 개편하여 조직한 한글연구단체로서 한글을 보급하여 민족문화의 향상, 민족의식의 고취에 노력하였다.
6. ④   20년대 민족분열통치(문화통치)에 대한 설명이다.
        문관 총독도 임명될 수 있도록 바꾸었지만 광복 전까지 문관 총독은 임명되지 않는다.
7. ④   봉오동 전투(1920.6.) → 청산리 대첩(1920.10.) → 간도참변(1920.10.~1921.1.) → 자유시 참변(1921) →3부 형성(1923~25) → 조선혁명군(1929), 한국독립군(1930)
8. ③   보기에서 설명하는 단체는 1927년에 형성된 신간회이다.

09 다음에 해당하는 가장 가까운 시기는?

미국 대통령 각하, 대한인 국민회위원회는 본 청원서에 서명한 대표자로 하여금 다음과 같은 공식 청원서를 각하에게 제출합니다. 우리는 자유를 사랑하는 2천만의 이름으로 각하에게 청원하니 각하도 평화 회의에서 우리의 자유를 주창하여 참석한 열강이 먼저 한국을 일본의 학정으로부터 벗어나게 하여 장래 완전한 독립을 보증하고 당분간은 한국을 국제 연맹 통치 밑에 두게 할 것을 빌며, 이렇게 될 경우 대한 반도는 만국 통상지가 될 것입니다. 그리하여 한국을 극동의 완충국 혹은 1개 국가로 인정하게 하면 동아 대륙에서의 침략 정책이 없게 될 것이며, 그렇게 되면 동양 평화는 영원히 보전될 것입니다.

제1차 개헌 (1919) 대통령 중심제	제2차 개헌 (1925) 국무령제	제3차 개헌 (1927) 의원 내각제	제4차 개헌 (1940) 주석 중심체제	제5차 개헌 (1944) 주석 부주석제

① 제1차 개헌(1919) – 대통령 중심제
② 제2차 개헌(1925) – 국무령제
③ 제3차 개헌(1927) – 의원내각제
④ 제4차 개헌(1940) – 주석 중심체제
⑤ 제5차 개헌(1944) – 주석 부주석제

10 다음 법령이 발표된 시기와 관련된 내용을 〈보기〉에서 모두 고르면?

제11조 태형은 감옥 또는 즉결 관서에서 비밀리에 행한다.
제13조 본령은 조선인에 한하여 적용한다.

〈 보기 〉
㉠ 일제의 산미 증식 계획 실시
㉡ 을사늑약 체결로 일본이 외교권 강탈
㉢ 군대의 경찰인 헌병들의 강압적인 한국인 지배
㉣ 회사 설립 시 조선 총독부의 허가를 받는 회사령 실시

① ㉠, ㉡   ② ㉠, ㉢
③ ㉡, ㉢   ④ ㉢, ㉣

11 다음 (가), (나)에 해당하는 단체를 옳게 연결한 것은?

(가) 김원봉이 조직한 비밀 결사 조직으로, 김익상, 김상옥, 나석주 등이 일제 주요 기관 폭파, 친일파 처단 등의 활동을 하였다.
(나) 대한민국 임시 정부의 침체된 상황을 극복하기 위해 김구가 조직한 비밀 결사 단체로, 이봉창, 윤봉길 등이 의열 투쟁을 전개하였다.

　　　(가)　　　　　　(나)
① 의열단　　　　한인애국단
② 의열단　　　　북로군정서군
③ 한인애국단　　의열단
④ 한인애국단　　서로군정서군

★정답/문제풀이
9. ① 이승만의 위임통치 선언서는 1919.2.25.에 작성이 되어 미국 대통령에게 제출되었다. 그러므로 제일 가까운 시기는 1번이다. 일제 대신 미국이 조선을 통치해 달라는 내용으로 이후 이것을 계기로 이승만은 탄핵을 당하게 되고 임시 정부의 대통령에서 물러나게 되었다.
10. ④ 제시문은 1912년 일제가 발표한 조선 태형령이다. 일제는 한국인의 저항을 누르기 위해 한국인에 한하여 태형을 실시하였다. ㉠ 1920년대. ㉡ 1905년의 일이다.
11. ① (가)는 의열단, (나)는 한인 애국단에 대한 설명이다. 3·1 운동 이후 일부 민족 지도자들은 비밀 조직을 만들어 식민 통치 기관 파괴, 일제 요인 암살 등의 의거 활동을 전개하였다.

12 일제의 정책을 실시된 순서대로 바르게 나열한 것은?

> ㉮ 회사령을 공포하였다.
> ㉯ 국가 총동원법을 제정하였다.
> ㉰ 산미 증식 계획을 추진하였다.

① ㉮-㉯-㉰
② ㉮-㉰-㉯
③ ㉯-㉰-㉮
④ ㉰-㉮-㉯

13 다음과 같은 정책이 실시된 시기를 연표에서 고르면?

> • 한글로 간행되던 신문을 폐간시키고, 우리말과 역사에 대한 연구도 금지시켰다.
> • 일본식 성과 이름을 강요하고, 황국 신민 서사를 외우도록 강요하였다.

	㉮	㉯	㉰	㉱
을사늑약		국권 침탈	3·1 운동	만주 사변

① ㉮   ② ㉯   ③ ㉰   ④ ㉱

14 다음과 같이 활동한 독립군 부대는?

> 멀리 인도와 미얀마 전선에까지 나아가 영국군과 함께 대일 전투에 참여하였다. 특히, 이곳에서 적의 후방을 교란하는 등 여러 가지 특수전에 참여하여 큰 성과를 거두었다. 또한 국내에 진입하여 일제를 몰아내기 위한 작전도 계획하였다.

① 한국광복군
② 대한독립군
③ 독립의군부
④ 한국독립군

15 다음에 해당하는 단체는?

> 민중은 우리 혁명의 대본영(大本營)이다. 폭력은 우리 혁명의 유일 무기이다. 우리는 민중 속에 가서 민중과 손을 잡고 끊임없는 폭력·암살·파괴·폭동으로써, 강도 일본의 통치를 타도하고, 우리 생활에 불합리한 일체 제도를 개조하여, 인류로서 인류를 압박치 못하며, 사회로써 사회를 수탈하지 못하는 이상적 조선을 건설할지니라."
>
> – 조선혁명선언 –

① 의열단
② 한인애국단
③ 조선의용대
④ 신간회

★ 정답/문제풀이

12. ②   회사령은 1910년대, 산미 증식 계획은 1920년대, 국가 총동원령 제정은 1938년에 해당한다.
13. ④   제시문은 1930년대 이후 실시된 민족 말살 정책에 대한 내용이다.
14. ①   1940년에 창설된 한국광복군은 제2차 세계 대전 중 연합군과 함께 일본에 대항하여 전쟁을 벌였다.
15. ①   조선혁명 선언서를 다르게 의열단 선언이라고 부른다. 신채호가 김원봉의 요청에 의해 작성해 줌.

16 〈보기〉에서 옳은 것 두 가지 고르시오.

임시정부가 나아갈 방향에 대한 회의내용
　　　　　　　　　　　　　1923년 국민대표회의
㉮ 임시정부를 해체해야 한다.(창조파)
㉯ 임시정부를 개조해야 한다.(개조파)

① ㉮ – 이승만
② ㉮ – 신채호
③ ㉯ – 안창호
④ ㉯ – 좌·우 합작 운동 전개

17 〈보기〉의 내용은 1920년대에 활동하였던 '형평사'의 창립 취지문의 일부이다. 이 단체를 주도한 신분의 시기별 특성에 대한 설명으로 틀린 것은?

〈보기〉	공평은 사회의 근본이고, 애정은 인류의 본량이다. 따라서 우리는 계급을 타파하고, 모욕적 칭호를 폐지하며, 교육을 권장하여, 우리도 참다운 인간이 되고자 함이 본회의 취지이다.

① 고려시대에는 일반백성을 칭하였다.
② 조선시대에는 도살업을 전문으로 하는 천민집단이었다.
③ 동학농민군의 폐정개혁안에 이들에 대한 신분 개선조항이 있다.
④ 일제의 문화통치로 이들의 교육기회, 사회적 지위 향상이 두드러졌다.

18 다음 글과 관련이 있는 것은?

우리 민족은 맨 손으로 일어섰고 붉은 피로 독립을 구하여 세계 혁명의 역사에 있어서 하나의 새로운 세계를 열었다. 기미(1919)·경신(1920) 이후로는 이러한 움직임이 더욱 치열하고 그 진행이 계속되었다. 오히려 죽음의 세계에 도달하는 것은 반드시 이루어야 할 목적으로 삼았다. 그러므로 나의 역사 서술은 마땅히 '통사(通史)'에 이어 독립을 완성하는 날로 획린(獲麟)의 시기를 삼아야 할 것이며, 광복의 역사에 이르러서는 나의 능력 있는 벗에게 부탁함이 옳을 것이다.

－한국 독립 운동지혈사－

① 사회경제 사학
② 실용과학 사학
③ 민족주의 사학
④ 실증주의 사학

★정답/문제풀이

16. ②, ③　　신채호는 창조파. 안창호, 이승만은 개조파임. 좌우합작운동은 중국에서는 26년, 국내에서는 27년 실시됨.

17. ④　　천민계급이었던 자들의 사회적 지위 향상을 강조하면서 일으킨 형평사(衡平社)운동은 1920년대를 분수령으로 하였다. 대표적인 인물로는 백정 출신이었던 이학찬이 1923년 진주에서 조선형평사를 창립한 후 전국적인 조직으로 확대시킨 경우를 꼽을 수 있다. 1936년에 해체가 된 것은 일제의 탄압으로 내부의 대립이 가져온 결과였다.

18. ③　　③ 한말의 역사학은 민족의 정통성을 찾고 외국의 침략으로부터 국권을 수호하려는 강렬한 민족주의 사학이 발달하였다.

19 다음에 나타난 공통적인 의의와 목표는?

> • 신채호는 「독사신론」을 지어 민족주의 사학
> 의 방향을 제시하였다.
> • 역사상 외국의 침략에 대항하여 승리한 전쟁
> 영웅들의 이야기나, 외국의 건국 또는 망국
> 의 역사를 번역하여 소개하였다.
> • 최남선과 박은식은 조선광문회를 조직하였다.
> • 지석영과 주시경 등은 국문연구소를 설립하
> 였다.

① 성리학적 정통성을 계승하고자 하였다.
② 민족의식을 고취하여 국권을 회복하고자 하였다.
③ 서양의 선진문물을 수용하여 근대화를 앞당기
고자 하였다.
④ 서양의 민권의식을 바탕으로 민주운동을 전개
하고자 하였다.

20 일제하에 다음과 같은 민족운동을 전개하게
된 배경이 <u>아닌</u> 것은?

> • 조선교육회의 민립대학설립운동
> • 조선일보의 문자보급운동
> • 동아일보의 브나로드운동
> • 발명협회의 과학대중화운동

① 일제는 각급 학교에서의 국어교육과 국사교육
을 폐지하였다.
② 일제는 사립학교, 서당, 야학 등 민족교육기관
을 억압하였다.
③ 일제는 식민지 통치에 유용한 하급 기술인력의
양성에 힘썼다.
④ 일제는 정규학교에서의 한국인을 위한 민족교
육을 금지시켰다.

★정답/문제풀이

19. ②   계몽사학, 민족주의 사학, 민족 고전의 정리 및 발간, 한글연구의 공통적 목표는 일본 침략에 대항한 국권회복이었다.
20. ①   제시된 글은 문화통치시기(1919~1931)의 사건들인데, ①은 민족말살통치시기(1937~1945)에 일어난 일이므로 배경이 될 수 없다.

제4장

대한민국의 역사적 정통성

韓 國 史

제1절 광복과 대한민국 정부수립

❶ 광복과 분단

1) 광복(1945.8.15.)

(1) 내적 요인

① 우리 민족의 독립 투쟁(우리나라의 독립에 대한 국제적 여론 고조)
② 지속적인 독립운동의 결과

(2) 외적 요인

연합군의 제2차 세계대전 승리, 일본의 항복

회 담	참가국	주 요 내 용
카이로회담 (1943.11.)	미국·영국·중국	한국의 독립을 최초로 약속, "적당한 시기"에 한국을 자유 독립 국가로 해방
얄타회담 (1945.2.)	미국·영국·소련	소련의 대일전 참전 합의
포츠담선언 (1945.7.)	미국·영국·중국·소련	카이로 회담의 '한국의 독립' 재확인

2) 38선 분할과 건국준비

(1) 38선 분할

① 미국과 소련의 진주, 38도선 분할과 주둔
② 38도선의 설정: 소련의 한반도 단독 점령을 막고 일본군의 무장해제를 목적으로 미국이 제안

📖 **심화학습**

카이로 선언

"3대 동맹국(미·영·중)은 일본국의 침략을 제지하고 다만 이를 벌하기 위하여 현재의 전쟁을 수행하고 있는 바이다. … 일본국은 또한 폭력 및 탐욕에 의하여 일본국이 약탈한 다른 모든 지역으로부터도 쫓겨날 것이다."
앞에서 말한 3대국은 조선 민중의 노예 상태에 유의하여 적당한 절차를 밟아(in due course) 조선을 자유 독립시키기로 결의하였다.

얄타회담

1945년 2월 루스벨트, 처칠, 스탈린이 크림 반도의 얄타에서 전쟁 수행과 전후 처리 문제를 논의한 회담. 이 회담에서 소련이 연합국의 일원으로 일본과의 전쟁에 참가하기로 결정하였다.

포츠담 선언

이탈리아와 독일이 항복한 이후 1945년 7월 미·영·소의 수뇌가 독일의 포츠담에서 회담을 개최. 카이로 선언의 내용을 다시 확인하고 일본의 무조건 항복을 권고

(2) 다양한 정치세력 활동

① 조선건국준비위원회

㉮ 국내에서 여운형 등이 조직한 조선건국동맹을 중심으로 조직

㉯ 좌·우 합작, 조선인민공화국(주석: 이승만, 부주석: 여운형 선포)

→ 조선인민공화국에 좌익세력(박헌영)의 강세로 우익세력의 이탈

→ 미국의 불인정으로 정부 수립 실패

② 한국민주당(=한민당 1945.9.)

송진우·김성수 중심, 민족주의 우파 세력 중심, 임시정부지지(→ 후에 이승만 지지), 조선인민

공화국 반대, 미군정에 적극 협력

③ 독립촉성중앙협의회(=독촉. 이승만이 조직)

㉮ 한국민주당 등 보수 세력의 지지

㉯ 무조건 단결론: 친일파·민족 반역자들에게 기회 제공

④ 한국독립당(=한독당. 김구 중심)

김구는 개인 자격으로 귀국하여 통일정부 수립을 위한 활동 전개

해방 직후의 주요 정치 지도자					
	우익			좌익	
	김성수	이승만	김구	여운형	박헌영
경력	동아일보 사장 자치론 주장	- 임시정부 초대 대통령(탄핵) - 외교활동(미국)	- 동학·의병 활동 - 대한민국 임시 정부 주도. 주석	- 상하이 임정 참여 - 조선건국동맹 - 조선건국준비 위원회 주도	- 조선공산당 - 고려공산당 청년회 책임비서
정당	한국 민주당 (한민당)	대한 독립 촉성 국민회(독촉)	한국 독립당 (한독당)	조선 인민당 (근로 인민당)	조선공산당
목표 특징	- 건국준비위원회, 조선인민공화국 반대 - 미군정에 적극 협조	- 반공 - 국내 기반취약 - 무조건 단결론	임시정부를 계승한 정부수립	중도 좌파 좌·우 합작	공산주의
토지 개혁	유상 몰수 유상 분배	유상 몰수 유상 분배	무상 몰수 국유화	무상 몰수 무상 분배	무상 몰수 무상 분배
친일파	처단 반대	처단 반대	즉시 처단	즉시 처단	즉시 처단

3) 군정의 실시(1945.9.)

(1) 남한의 미군정

① 직접 통치: 건국준비위원회의 활동과 조선인민공화국 수립을 부정, 대한민국 임시정부 불인
정 일제의 총독부 체제를 이용하여 군정 실시

② 우익 세력 지원: 한국민주당을 중심으로 하는 국내 우익 세력 지원 → 친미적 정부 수립
목적

(2) 북한의 소련 군정

① 인민위원회 설치: 행정권과 치안권 행사, 친일파 배제

② 공산 정권의 수립 기반 마련: 조만식 등 민족주의 계열 인사 숙청

(3) 군정의 영향: 남북한에 각각 미국과 소련에 우호적인 정권 수립

→ 남북 분단에 결정적인 영향

4) 모스크바 3국 외상 회의(1945.12.)

(1) 목적

미국, 영국, 소련 3국 외무장관의 한반도 문제 논의

(2) 내용

임시 민주정부 수립, 미소 공동위원회 설치, 최고 5년간 신탁통치 실시

(3) 좌우의 반응과 대립

구 분	주요 인물	모스크바 3상 회의에 대한 반응
우익	이승만 김 구	신탁통치 반대(대다수 남한 민중 호응) 반탁 운동 전개 → 신탁통치 반대운동을 반소·반공으로 몰아감
좌익	박헌영	반탁(초기) → 찬탁 모스크바 협정의 본질이 임시정부 수립에 있다고 인식하여 모스크바 3국 외상 회의 결정 지지 운동 전개

5) 국내·외의 독립문제 논의

(1) 제1차 미·소 공동위원회 결렬(1946.3.)

임시정부 수립에 참여할 단체에 대한 협의 대상 범위를 놓고 대립

① 미국: 모든 단체 포함 주장

② 소련: 모스크바 3상 외상 회의에 반대하는 정당이나 단체 제외 주장

(2) 이승만의 정읍 발언(1946.6.)

1차 미·소공동위원회 결렬 이후 남한의 단독 정부수립 필요성 언급 → 한민당을 비롯한 극우파 세력의 지지

★ 발언 배경: 북한은 이미 실질적인 단독 정부수립을 준비하였음

(1946.2. 북조선임시인민위원회)

(3) 좌우합작 위원회 → 좌우 합작 7원칙 발표(1946.10.)

① 김규식, 여운형 등이 미군정의 지원 하에 좌우 합작 연대 추진 노력
② 좌우 대립으로 실패: 김구 및 이승만 세력과 조선공산당 불참
　　　　　극우 세력에 의한 여운형 암살(1947.7.)

(4) 제2차 미·소 공동위원회 결렬(1947.5.~7.)

📖 심화학습

이승만 정읍 발언

"무기한 휴회된 미·소 공동 위원회가 다시 열릴 기색도 보이지 않으며, 통일 정부를 고대하였으나 여의치 않게 되었다. 우리 남한만이라도 임시 정부 또는 위원회 같은 것을 조직하여 38도선 이북에서 소련이 물러가도록 세계 여론에 호소하여야 될 것이니, 여러분도 결심해야 할 것이다."

1946년 6월 3일

좌·우 합작 7원칙

1. 모스크바 3국 외상 회의 결정에 의해 좌우 합작으로 임시 정부를 수립할 것.
2. 미·소 공동 위원회 속개를 요청하는 공동 성명 발표
3. 몰수·유(有)조건 몰수 등으로 농민에게 토지 무상 분여 및 중요 산업 국유화
4. 친일파, 민족 반역자 처리 문제는 장차 구성될 입법 기구에서 처리할 것.
5. 남북 좌우의 테러적 행동을 일체 제지하도록 노력할 것.
6. 입법 기구의 구성 방법 및 운영 등은 본 합작 위원회에서 작성, 적극 실행할 것.
7. 전국적으로 언론, 집회, 결사, 출판 등의 자유를 절대 보장할 것.

－ 1946년 10월 －

- **7원칙에 대해**
  - 김구계 한독당은 찬성. 이승만은 조건부 찬성(사실상 반대)
  - 한국 민주당은 토지개혁에서 유상매상, 유상분배를 주장하면서 좌우합작운동 자체를 외면.
  - 좌익의 박헌영은 반대: 모스크바 3상회의 결정을 총체적으로 지지하는 것이 아니라는 점, 토지개혁에서 유상 매상은 지주의 이익을 위해 인민경제를 희생시키는 일이라는 점, 정권을 인민위원회에 넘긴다는 조항이 없다는 점, 입법기구의 결정이 미군정 당국의 거부권을 넘어설 수 없다는 점 등을 들어 반대
- **좌우 합작 운동과 미군정**
  - 미군정은 좌우 합작 운동을 지원: 중도세력으로 하여금 정부를 수립케 하여 3상회의 결정을 지키면서 한반도의 공산화를 막으려는 의도.
  - 중도세력의 집권기반을 굳히고 미군정에 대한 지지를 넓히기 위해 김규식을 의장으로 하는 남조선 과도입법의원을 구성하고(46.12), 안재홍을 민정 장관으로 하는 '남조선 과도 정부'를 발족시킴(47. 2)
- **좌우합작운동의 좌절**
  - 1947년 이후 미국에 간 이승만이 단독정부 수립을 주장하고, 미 국무성이 단독정부 수립을 시사한 후 제2차 미소공동위원회가 결렬되고(1947.7.) 좌우 합작위원회의 좌익 쪽 주석이던 여운형이 암살됨(47. 7).

❷ 통일정부 수립 노력과 대한민국 수립

1) 한국 문제의 유엔 이관

(1) 유엔총회(1947.11.)

① 배경

제2차 미·소 공동위원회 결렬 → 미국이 한반도 문제를 유엔에 상정(1947.9.)

② 유엔 총회 결의안(1947.11.)

㉮ 유엔 감시 하에 인구 비례에 의한 남북한 총선거 실시

㉯ 통일 정부 수립 결의

㉰ 총선거 감시를 위한 유엔 한국 임시 위원단 설치

→ 소련이 유엔 한국 임시 위원단의 입북 거부

(2) 유엔 소총회(1948.2.)

① 북한의 유엔 한국 임시위원단 입북 거부로 인해 실시

② 선거 가능 지역에서만 총선거 결의(남한지역 총선거 결의)

2) 총선거와 대한민국 정부 수립

(1) 남북 협상

① 배경

남한만의 총선거 결정, 이승만과 한국민주당 등 우익의 단독 정부수립 운동

② 남북 협상(1948.4.): 김구·김규식·김일성·김두봉

→ 남한의 단독 선거 반대와 미·소 양군 철수에 관한 결의문 채택

→ 실제적 방안은 없음 → 실패

📖 **심화학습**

김구·김규식의 남북 협상 추진

"마음 속의 38도선이 무너지고야 땅 위의 38도선도 철폐될 수 있다. 내가 어리석고 못났으나 일생을 독립 운동에 희생하였다. …… 이에 새삼스럽게 재화를 탐내며 명예를 탐낼 것이냐, 더구나 외국 군정하에 있는 정권을 탐낼 것이냐. 내가 대한민국 임시 정부를 주재하는 것도 한국독립당을 주재하는 것도, 모두가 다 조국의 독립과 민족의 해방을 위해서일 뿐이다. …… 나는 통일된 조국을 세우려다가 38도선을 베고 쓰러질지언정 일신의 구차한 안일을 취하여 단독 정부를 세우는 데는 협력하지 않겠다."

— 김구의 '삼천만 동포에게 울면서 간절히 고함'(1948.2.)

(2) 제주도 4·3 사건과 여수·순천 10·19 사건(1948)

　① 제주도 4·3 사건

　　㉮ 배경

　　　단독 정부 수립을 반대하는 좌익의 활동, 군정 경찰과 서북청년단(극우 단체)에 대한 반감

　　㉯ 발단: 1947년 3·1절 기념 시위 때 경찰의 발포로 6명의 희생자 발생

　　　　　→ 제주 도민과 경찰 및 서북 청년단 사이의 대립과 갈등 증폭

　　㉰ 전개: 4월 3일 좌익 계열을 중심으로 하는 도민들의 무장 폭동 발발

　　　　(미군 철수, 단독 선거 반대 등 주장) → 미군정의 진압

　　　　　　　→ 인민 유격대 조직, 한라산을 근거지로 무장 투쟁

　　　　　　　→ 약 28만 명 도민들 중 약 3만여 명의 사상자를 낸 것으로 추정

　② 여수·순천 10·19 사건

　　　국방경비대 내의 좌익 세력의 선동으로 4·3사건 진압 명령을 거부한 여수·순천 주둔 군대
　　　의 반란 → 10여일 만에 진압 → 반란군 일부는 지리산 쪽으로 도주하여 빨치산 활동

(3) 5·10 총선거(1948) → 김구·김규식 등 중도 세력과 공산주의자들 불참

　① 국회의원 선출: 임기 2년, 198/200명(제주도 일부 지역 투표 무산)

　② 제헌국회 구성과 헌법 공포(1948.7.17.): 삼권 분립의 대통령 중심제

　③ 제헌국회에서 대통령 이승만, 부통령 이시영 선출: 간선제

(4) 대한민국 정부 수립(1948.8.15.)

　① 대한민국은 1948년 12월 유엔총회에서 민주적인 절차에 의해 수립된 유일한 합법 정부로
　　승인받음으로써 대외적 정통성 확보

　② 조선민주주의인민공화국(=북한)은 1948.9.9.에 정부 수립

❸ 친일파 청산과 농지개혁

1) 친일파 청산

(1) 국회 내에 반민족 행위 특별 조사위원회 설치

　반민족 행위 처벌법 제정(1948.9.), 특별 소급법 적용(공소시효 2년)

(2) 반민특위 활동: 반민족 행위자 명부 작성

　친일파 체포 시작(1949.1.8. 박흥식 체포)

(3) 이승만 담화문(반공우선) → 이승만 정권의 반민특위 활동 견제 및 억압 → 국회 프락치 사건,
　반민특위 습격 사건 등

(4) 반민족 행위 처벌법 공소시효 단축 및 반민특위 해체(1949.8.)

　　실제로 처벌받은 민족 반역자는 거의 없음. 친일파 청산 실패

📖 **심화학습**

반민족 행위자 처벌법

제1조 일본정부와 통모하여 한일합병에 적극협력한 자, 한국의 주권을 침해하는 조약 또는 문서에 조인한 자와 모의한 자는 사형 또는 무기징역에 처하고 그 재산과 유산의 전부 혹은 2분지 1 이상을 몰수한다.

제3조 일본 치하 독립 운동자나 그 가족을 악의로 살상 박해한 자 또는 이를 지휘한 자는 사형, 무기 또는 5년 이상의 징역에 처하고 그 재산의 전부 혹은 일부를 몰수한다.

제4조 다음 각 호에 해당하는 자는 10년 이하의 징역에 처하거나 15년 이하의 공민권을 정지하고 그 재산의 전부 혹은 일부를 몰수할 수 있다.

4. 밀정행위로 독립운동을 방해한 자

6. 군, 경찰의 관리로서 악질적인 행위로 민족에게 해를 가한 자

11. 종교, 사회, 문화, 경제 기타 각 부문에 있어서 민족적인 정신과 신념을 배반하고 일본침략주의와 그 시책을 수행하는데 협력하기 위하여 악질적인 반민족적 언론, 저작과 기타 방법으로써 지도한 자

반민특위 습격사건

서울시경 사찰과장 최운하와 종로서 사찰주임 조응선은 직접 반민특위를 위협하는 대중시위를 조직하다가 그 혐의가 드러나서 반민특위에 체포되었다. 그러자 49년 6월 6일 밤 내무차관 장경근의 지지와 윗사람의 '양해' 아래 중부경찰서장 윤기병이 지휘하는 40명의 무장경찰들이 반민특위 본부를 습격하여 특위위원 및 산하 특경대원들을 무장 해제시키는 사건이 발생했다. 그러나 이승만은 자신이 직접 명령한 것이라고 밝혀 반민특위 습격자들을 비호하였다.

국회 프락치 사건

1949년 제헌국회 내의 일부 소장파 국회의원들(김약수·노일환·이문원 등)이 외국군 철수와 평화통일을 주장하다 정부에 의해 남조선 노동당의 국회 내 프락치 역할 혐의로 국회의원들이 대거 구속되었던 사건.

수사당국이 밝힌 증거는 38선을 넘으려다 붙잡힌 정재한이라는 여인이 가지고 있던 박헌영에게 보내는 암호문서였다. 그러나 정재한이라는 여인은 법정에 증인으로 나오지 않고 취조형사가 대신 나와 재판을 진행하는 등 조작의 가능성이 매우 짙었다. 그리고 재판 도중 6·25가 일어나 피고인들의 부재로 그 죄가 자동 인정된 사건이다.

반민족 행위 처벌법 관련내용

일제강점기 동안 각 독립운동단체는 일제에 협력한 자의 처벌을 주요 정책으로 삼았으며, 광복 후 각 정치단체는 미군정 당국에 이들의 제재를 요구하였으나 미군정 당국은 이들의 상당수를 군정청에서 이용하였으므로 처벌에 반대하였으며, 1947년 7월 과도정부입법의원은 〈민족반역자·부일협력자·모리간상배에 관한 특별법〉을 제정했으나 미군정청의 반대로 공포되지 못하였다.

그러나 1948년 3월 군정법령 제175호 〈국회의원선거법〉에서 친일분자의 국회의원선거권 및 피선거권을 제한하였으며, 제헌헌법 제100조에서는 이들을 소급입법에 의하여 처벌할 수 있도록 하였으므로 이 헌법조항을 근거로 제정된 법률이 바로 이 법률이다. 친일행위를 한 자를 그 가담의 정도에 따라 최고 사형까지의 처벌을 할 수 있도록 하고, 그 밖에 재산 몰수, 공민권 정지의 조처를 할 수 있게 하였다. 그리고 반민족행위를 조사하기 위하여 국회의원 10인으로 구성되는 반민족행위특별조사위원회를 두어 조사보고서를 특별검찰부에 제출하도록 하고, 대법원에 특별재판부를 두어 재판을 담당하게 하며, 특별재판부에 특별검찰부를 설치하여 공소를 제기하도록 하였다. 재판은 단심제로 하고 공소시효를 법률의 공포일로부터 2년이 되는 1950년 9월 22일까지로 하였다. 그러나 이 법률은 제정당시부터 친일분자의 견제를 받았으며, 특히 일제강점기에 관직에 있던 자를 중용하였던 이승만(李承晚) 대통령이 이를 탐탁하게 생각하지 않았다.

1949년 6월에는 특별조사위원회가 일제강점기에 헌병 또는 경찰로 친일행위를 한 경력이 있는 경찰간부를 조사하자 경찰이 특별조사위원회 사무실에 난입하여 직원을 연행하고 서류를 압류한 사건이 일어났으며, 친일분자의 처벌을 강력히 주장하던 일부 의원이 이른바 국회프락치사건으로 구속되었다. 그러자 같은 해 7월 법률이 개정되어 공소시효가 1949년 8월로 앞당겨지고, 1949년 9월 다시 법률이 개정되어 특별조사위원회·특별재판부·특별검찰부를 해체하고 그 기능은 대법원과 대검찰청에 이관되었으며, 이 업무는 1950년 3월까지 대법원·대검찰청에 의하여 수행되었다. 이 기간 동안 680여 명이 조사를 받았으나 결국 집행유예 5인, 실형 7인, 공민권정지 18인 등 30인만이 제재를 받았고, 실형의 선고를 받은 7인도 이듬해 봄까지 재심청구 등의 방법으로 모두 풀려나 친일파의 숙청작업은 용두사미로 끝나고 말았다.

2) 농지개혁법(1949)

(1) 농지개혁법 제정(1949.6.): 50년 3월부터 시행

6·25 전쟁으로 중단

53년 6·25 전쟁 휴전 직후 재개하여 57년 완수

(2) 3정보(=9천평) 이상을 소유한 지주의 농지를 국가가 유상 매입하여 소작농에게 유상 분배(수확량의 150%, 5년 분할 상환)

(3) 지주의 농지를 유상매입하여, 소작농에게 유상분배함

(4) 경자 유전(=농사짓는 사람은 땅이 있어야 한다)의 원칙 실현

(5) 지배 계급으로서 지주제 소멸(지주는 경제적 계급으로 인식 변화)

(6) 공산화 방지에 기여(북한은 국유화, 남한은 사유재산제)

3) 귀속재산 처리법(1949)

(1) 신한공사(=前 동양척식 주식회사)가 일본이 놔두고 간 귀속재산 접수 → 처리 미비

(2) 이승만정부 수립 후 귀속재산 처리법 제정

(3) 결과 → 이권을 배분하는 과정에서 각종 비리 다수 발생. 1950년대 독점 자본 형성

제2절   민주주의 정착과 발전: 헌법 개헌

❶ 헌법제정(1948.7.17. 공포): 제1공화국

1) 대통령 중심제(이승만), 부통령(이시영)

2) 임기 4년 중임제, 간선제(국회에서 선출)

3) 국무총리(이범석), 단원제 국회

❷ 제1차 개정(1952.7.7. 발췌 개헌)

1) 원인: 이승만정부의 친일파 청산과 농지 개혁에 소극적 태도

→ 1950년 국회의원 선거에서 이승만정부에 비판적인 무소속 의원이 많이 당선

→ 국회에서 대통령을 뽑는 간선제로는 재선이 어려워짐

2) 정부가 대통령 직선제와 국회 양원제를 골자로 하는 개헌안을 국회에 상정 → 부결(1952.1.8.)

3) 야당과 무소속 의원들이 국회에 내각제 개헌안 제출(4월)

4) 정·부통령 직선제 + 양원제 + 내각 책임제 개헌안 가미한 발췌 개헌안 제출

(국회에 국무위원 불신임권 부여)

→ 부산 일대에 계엄령 선포, 내각제 찬성 의원들 헌병대 연행, 폭력단을 동원하여 공포 분위기 조성 → 국회 기립 표결로 통과

5) 내용: 대통령 중심제, 임기 4년 중임제, 직선제

❸ 제2차 개정(1954.11.29. 사사오입 개헌)

1) 원인: 이승만의 장기 집권을 위해 초대 대통령의 3선 금지 조항 폐지 개헌

2) 국회의원 재적수 203명 중 개헌에 필요한 136표(2/3)에 못 미치는 135표 찬성 → 부결 선언

3) 사사오입(반올림)의 논리를 내세워 가결 선언 → 반발로 민주당 창당(55년)

4) 내용: 초대 대통령의 중임 제한 철폐, 부통령의 대통령 승계, 직선제

❹ 제3차 개정(1960.6.15. 내각 책임제 개헌): **제2공화국**

1) 배경: 4·19 혁명 이후 허정의 과도정부 수립

2) 내용: 내각 책임제, 양원제, 사법권의 민주화, 경찰 중립화, 지방자치의 민주화

❺ 제4차 개정(1960.11.29. 부정선거 처벌 개헌)

1) 배경: 3차 개정 이후 장면 내각 성립

국무총리에 장면, 상징적 대통령에 윤보선 당선

2) 부정축재자 처벌 등 소급법 근거 마련

3) 상기 형사사건 처리를 위한 특별재판서와 특별 검찰부 설치

❻ 제5차 개정(1962.12.26. 대통령중심제 개헌): **제3공화국**

1) 배경: 일부 군인들이 사회의 혼란, 급진적인 통일 운동, 장면 내각의 무능력 등을 구실로 정변을 일으킴 → 5·16 군사 정변(1961) → 전국에 계엄령 선포

2) 내용: 대통령 중심제, 임기 4년 중임제, 직선제, 단원제

❼ 제6차 개정(1969.10.21. 3선 개헌)

1) 명분: 조국 근대화와 민족중흥의 과업을 달성하기 위해서는 강력한 리더십이 필요하다고 주장
2) 3선 개헌 반대 투쟁: 야당과 재야 세력 및 대학생 합세
3) 변칙통과: 야당 의원들이 농성 중이던 국회 본회의장을 피해 별관에서 변칙 통과
         → 국민투표 실시
4) 내용: 대통령의 3선 연임 허용, 직선제, 국회의원의 국무위원 겸직 허용, 대통령 탄핵소추
   요건 강화

❽ 제7차 개정(1972.12.27. 유신 헌법): **제4공화국**

1) 개정 명분
   확고한 국가 안보와 지속적인 경제 성장을 위해서는 강력한 지도력과 정치적 안정이 필요
2) 개정의 성격
   대통령의 중임 제한을 철폐하고 권한을 비정상적으로 강화하면서 한국적 민주주의 제창
   → 민주주의를 가장한 권위주의 체제
3) 개정의 성립
   (1) 10월 유신 선포(1972.10.17.)
       전국에 비상계엄령 선포, 국회 해산, 정치 활동 금지
       언론·출판·보도·방송의 사전 검열, 대학의 휴교 등 조치
   (2) 비상 국무회의에서 유신 헌법 제정 → 국민 투표로 확정
4) 유신 헌법의 주요 내용
   (1) 대통령 권한 극대화: 국회의원 1/3 지명(유신 정우회 ← 통일주체국민회의에서 선출)
       초법적인 긴급조치권, 국회 해산권
   (2) 대통령 간선제: 통일주체국민회의에서 대통령 선출
   (3) 대통령의 중임 제한 철폐: 영구 집권 가능
   (4) 대통령 중심제, 대통령의 권한 강화, 임기 6년 중임제한 철폐
   (5) 간선제(통일주체국민회의 신설), 국회권한 조정, 헌법개정절차 일원화

⑨ **제8차 개정**(1980.10.27. 7년 단임제 개헌): **제5공화국**

 1) 배경: 5·18 광주 민주화 운동 진압 후 실시
 2) 내용: 대통령 중심제, 임기 7년 단임제, 간선제(통일주체국민회의에서 선출)
　　　　 연좌제 금지, 구속적부심 부활, 헌법개정 절차 일원화

⑩ **제9차 개정**(1987.10.29. 직선제 개헌): **현행 헌법**

 1) 원인
　　 4.13호헌 조치(=88 올림픽 이전에는 헌법 개정에 대해 논의하지 말 것을 지시)
　　 → 6월 민주항쟁 → 이후 노태우가 6·29 선언을 발표 → 직선제로 개헌
 2) 내용
　 (1) 대통령 중심제, 임기 5년 단임제, 직선제
　 (2) 비상 조치권 및 국회해산권 폐지로 대통령 권한 조정(대통령 권한 약화)

⑪ **개헌 이후의 정부**(대통령 직선제, 임기 5년 단임)

 1) **노태우 정부**(1988~1993): **제6공화국**

　 (1) 직선제 개헌: 대통령 직선제, 임기 5년의 단임 헌법으로 당선
　 (2) 여소야대의 국회: 총선에서 야당이 의석의 과반수 확보, 3당 합당(민주정의당, 통일민주당, 신 민주
　　　공화당)으로 민주 자유당 창당
　 (3) 활동: 지방 자치체의 제한적 실시, 서울 올림픽 개최, 북방 외교정책 추진(사회주의 국가와 적극
　　　교류), 남북한 유엔 동시 가입

 2) **김영삼 정부**(1993~1998): **문민정부, 제14대 대통령**

　 (1) 5·16 군사정부 이후 최초의 민간 정부
　 (2) 전두환, 노태우를 반란 및 내란 혐의로 구속
　 (3) 지방 자치제 전면 실시, 고위 공직자 재산 공개, 금융 실명제 실시
　 (4) 경제 협력 개발 기구(OECD) 가입, 시장 개방 정책
　 (5) 외환위기 발생(IMF, 1997)

 3) **김대중 정부**(1998~2003): **국민의 정부, 제15대 대통령**

　 (1) 정부 수립 이후 최초의 선거를 통한 여야 정권 교체

(2) 외환위기 극복 노력 → IMF 지원금 앞당겨 상환

(3) 여성부 신설 → 성차별 극복 노력

(4) 국민 기초 생활 보장법 제정

(5) 제주 4·3사건 진상 조사

(6) 대북 화해 협력 정책(햇볕 정책) → 남북 정상 회담 개최 → 6·15남북 공동 선언(2000)

(7) 김대중 대통령 노벨평화상 수상

4) 노무현 정부(2003~2008): 참여정부, 제16대 대통령

(1) 행정수도 건설 특별법 제정

(2) 한·미 FTA(자유 무역 협정) 체결

(3) 제2차 남북 정상 회담 개최(2007.10.)

5) 이명박 정부(2008~2013): 제17대 대통령

(1) 4대강 살리기

(2) 친환경 녹색성장

(3) G20 정상회의 개최(2010), 핵안보 정상회의 개최(2012)

6) 박근혜 정부(2013.~2017.3.10.): 제18대 대통령

(1) 세월호 사고(2014.4.16.)

(2) 국회의 대통령 탄핵 소추 및 헌법재판소 대통령 파면(2017.3.10.)

7) 문재인 정부(2017.5.9.~): 제19대 대통령

(1) 2018 평창 동계올림픽 대회 개최 및 남북단일팀 출전(2018.2.9.~25.)

(2) 2018 남북 정상회담(판문점 평화의 집 2018.4.27.) (판문점 통일각 2018.5.26.) (평양 2018.9.18.~20.)

제3절 경제 발전과 세계 속의 한국

❶ 경제 발전과 국가 위상 제고

1) 광복 직후의 경제 혼란

 (1) 일제 강점기 주요 산업과 기술을 일제가 독점

 (2) 광복 직후

  ① 남북한 경제 불균형
   ㉮ 남한: 농업과 경공업 중심
   ㉯ 북한: 전력과 중화학 공업 중심
  ② 경제 혼란
   ㉮ 미군정: 미곡 자유 거래 허용으로 곡가 폭등 → 미곡 수집령
   ㉯ 부족한 재정 보충을 위한 화폐 남발: 통화량 급증 → 인플레이션
   ㉰ 북한의 전력 공급 중단
   ㉱ 해외 동포 귀환과 북한 동포의 월남으로 인구 증가 → 실업자 증대, 식량부족

2) 이승만 정부의 경제정책과 전후복구

 (1) **농지개혁법: 공포**(1949.6.), **시행**(1950.3.)

  ① 목적: 농민 안정, 일제하 일본인 및 지주의 토지 재분배
  ② 방식: 유상매입, 유상분배
  ③ 성과와 한계: 지주 축소, 농민의 경제적 빈곤 유지, 이농 현상

 (2) 전후복구의 노력과 미국의 경제원조

  ① 전후 국가재정 악화와 물가 폭등
  ② 미국의 잉여 농산물 제공과 삼백 산업(소비재 산업) 발달: 제분, 면방직, 제당

3) 산업화와 경제성장

 (1) 박정희 정부의 경제정책

  ① 1960년대 경제개발 5개년 계획 수립(1962년 시작)
  ② 외국자본 유치: 한일 국교 정상화(1965년), 베트남 전쟁(1964~1973)
  ③ 수출 중심의 경제 정책 수립: 급격한 경제 성장, 경제의 대외의존도 심화
  ④ 1970년대 중공업 육성: 고도성장과 석유파동(1차 1973, 2차 1979)

(2) 1980년대 중·후반 경제호황과 시장개방

　① 3저 호황: 저금리, 저유가, 저달러

　② 우루과이 라운드(UR, 1994)와 세계무역기구(WTO, 1995) 가입

　★ 김영삼정부의 금융 실명제 실시

(3) 외환위기(1997)와 국제통화기금(IMF)의 구제금융 신청

　① 기업 구조조정과 실업 문제 발생

　② 김대중정부의 경제 위기 극복

(4) 한국 경제의 과제

　① 시장 개방 가속화: 자유 무역 협정(FTA) 실행·협상 중 → 전자·자동차 등 공산품 시장의 확
　　대, 농축수산물의 시장 개방 가속화

　② 국제 경기의 악화: 그리스 재정 위기, 유럽 연합의 경제 침체, 미국 금융 위기 등

　③ 경제 민주화 대두: 소득 격차 심화, 서민 경제 침체, 국내 소비 위축, 대기업의 영역 확대

　④ 복지정책: 국민 연금 제도, 국민 의료 보험 제도, 고용 보험 제도, 기초 생활 보장 제도 시행

❷ 세계 속의 한국

1) 도움을 주는 나라로 성장: 경제협력개발기구
　(OECD) 가입(1996)과 세계 10위권 경제 대국

2) 국제사회의 역할 증대: 국제 연합(UN), 주요 20
　개국(G20) 정상회의 등 국제기구에 가입, 세계
　7위의 군사 대국, 한국 국제 협력단(KOICA) 설립
　(1991), 국제연합 총회에서 2년 임기의 안전보장
　이사회 비상임 이사국에 선출, 국제연합 사무총장
　반기문 역임, 세계은행 김용 총재 연임(2017~2022),
　PKO(평화 유지 활동, Peace Keeping Operation) 등

　★ 대한민국 국군은 유엔의 일원으로 분쟁지역에
　　파견하여 평화유지군 활동에 적극 참여함

3) 한류: 유네스코 세계 문화유산 등재(불국사, 종묘,
　훈민정음, 조선왕조실록, 5·18 민주화 운동 기록물 등 우리
　문화 30여 개 등재), 각종 드라마, 영화, K-POP
　등의 한류 열풍

6·25 전쟁 제68주년 행사 당시 독일 국기 게양(2018.6.)

유엔군 참전의 날 행사 당시 독일 국기 포함(2018.7.)
▶ 도움 받는 나라에서 도움 주는 나라

주제 01 —————————————————————————————

한국의 정부수립과 헌법개헌을 조사하여 발표하시오.

주제 02 —————————————————————————————

한국의 대통령 중심제와 내각책임제의 차이점을 발표하시오.

01 다음은 우리나라의 민주주의 발전 과정에서 있었던 사건들이다. 이를 일어난 순서대로 바르게 나열한 것은?

㉮ 4·19 혁명	㉯ 12·12 사태
㉰ 10·26 사태	㉱ 6월 민주항쟁
㉲ 5·16 군사정변	㉳ 5·18 민주화운동

① ㉮-㉯-㉰-㉱-㉲-㉳
② ㉮-㉰-㉯-㉱-㉲-㉳
③ ㉮-㉰-㉯-㉲-㉳-㉱
④ ㉮-㉲-㉰-㉯-㉳-㉱

02 다음은 광복 직후부터 대한민국 정부가 수립되기까지 일어난 일들이다. 이를 일어난 순서대로 바르게 나열한 것은?

㉮ 5·10 총선거
㉯ 신탁통치반대운동
㉰ 한국 문제의 유엔 상정
㉱ 모스크바 3국 외상회의
㉲ 조선건국준비위원회 결성

① ㉮-㉯-㉰-㉱-㉲
② ㉯-㉲-㉮-㉱-㉰
③ ㉰-㉮-㉱-㉲-㉯
④ ㉲-㉱-㉯-㉰-㉮

03 해방 이후 정치적 상황에 대한 설명이다. 이를 시대순으로 배열하면?

㉮ 6·25 전쟁
㉯ 미군정 통치
㉰ 건국준비위원회 설치
㉱ 남북 연석 회의
㉲ 남한 단독정부 수립

① ㉯-㉰-㉮-㉱-㉲
② ㉰-㉯-㉱-㉲-㉮
③ ㉰-㉮-㉱-㉲-㉯
④ ㉱-㉰-㉯-㉲-㉮

04 다음의 사건들을 시대 순으로 바르게 나열한 것은?

㉮ 5·18 광주민주화운동
㉯ 5·16 군사정변
㉰ 6·15 남북공동선언
㉱ 4·19 혁명
㉲ 6·29 민주화 선언

① ㉰-㉮-㉯-㉲-㉱
② ㉱-㉯-㉮-㉲-㉰
③ ㉮-㉱-㉯-㉰-㉲
④ ㉯-㉱-㉮-㉰-㉲

★정답/문제풀이

1. ① 1공화국에 대한 내용임(60년)
② 61년 ③ 72년 ④ 79년
2. ④ 광복 → 조선 건국 준비 위원회 결성 → 모스크바 3국 외상 회의 → 신탁 통치 반대 운동 → 한국 문제의 유엔 상정 → 5·10 총선거의 순서로 전개되었다.
3. ② ㉰ 건국 준비 위원회 설치(1945.8.) → ㉯ 미군정 통치(1945.9.) → ㉱ 남북 연석 회의(=남북협상 1948.4.) → ㉲ 남한 단독 정부 수립 (1948.8.) → ㉮ 6·25 전쟁(1950.6.)
4. ② ㉮ 광주민주화 운동 1980년 / ㉯ 5.16 군사쿠데타 1961년 / ㉰ 6.15 남북공동선언 2000년 / ㉱ 4.19혁명 1960년 / ㉲ 6.29선언은 1987년

05 다음과 가장 관련이 깊은 것은?

> 첫째, 조선의 즉각 독립을 위한 임시 민주정부를 수립한다.
> 둘째, 미국이 요구한 신탁통치 문제를 협의하도록 한다.
> 셋째, 위와 같은 조선의 제반 문제를 협의하기 위해 조선에서 미·소 공동위원회를 개최한다.

① 카이로회담
② 모스크바 3상회의
③ 포츠담회담
④ 얄타회담

06 다음 성명서가 발표된 직접적 배경을 이해하기 위한 사료로 적절한 것은?

> … 한국이 있어야 한국 사람이 있고, 한국 사람이 있고야 민주주의도 공산주의도 또 무슨 단체도 있을 수 있는 것이다. … 내가 불초하나 일생을 독립 운동에 희생하였다. 내 나이가 이제 73세인바 이제 새삼스럽게 재물을 탐내며 명예를 탐낼 것이냐? 더구나 외국 군정 하에 있는 정권을 탐낼 것이냐? 내가 대한민국 임시정부를 지켜온 것도 다 조국의 독립과 민족의 해방을 위하는 것뿐이다. 나의 단일한 염원은 3천만 동포와 손을 잡고 통일된 조국의 달성을 위하여 공동 분투하는 것뿐이다. 이 육신을 조국이 수요(需要)로 한다면 당장에라도 제단에 바치겠다. …
> 〈삼천만 동포에게 읍고함〉

① 북위 38도선 이남의 조선 영토와 조선 인민에 대한 통치의 모든 권한은 당분간 본관 권한 하에 시행한다.
② 우리는 남방만이라도 임시 정부 혹은 위원회 같은 것을 조직하여 38 이북에서 소련이 철퇴하도록 세계 공론에 호소하여야 할 것이다.
③ 공동 위원회는 최고 5년 기간의 4개국 통치 협약을 작성하는데 공동으로 참작할 수 있는 제안을 조선 임시 정부와 협의하여 제출하여야 한다.
④ 지난 2월 결의에서 유엔 소총회가 표명한 견해에 따라 위원단이 접근 가능한 한국 지역에서 선거 실시를 감시하며 동 선거는 5월 10일 이전에 실시한다.

★정답/문제풀이

5. ② 제시된 내용은 1945년 12월 모스크바에서 소련·영국·미국 3국의 외무장관들이 모여 한반도 관련문제에 대한 대책을 논의한 모스크바 3상회의로 한국의 신탁통치에 대한 협의가 이루어졌다.
6. ④ 〈삼천만 동포에게 읍고함〉의 배경은 분단의 고착화이다. ④ UN 소총회 결의(1948.2.26.)는 남한만의 단독선거가 결정된 자리로 이를 계기로 분단이 기정사실화 된 것으로 이해할 수 있다.

07 다음 주장이 발표된 직후의 상황으로 옳은 것은?

- 반공을 국시의 제일의로 삼고 지금까지 형식적이고 구호에만 그친 반공체제를 재정비하고 강화한다.
- 유엔헌장을 준수하고 국제협약을 충실히 이행할 것이며 미국을 위시한 자유 우방과의 유대를 더욱 공고히 한다.
- 절망과 기아선상에서 허덕이는 민생고를 시급히 해결하고 국가 자주경제 재건에 총력을 경주한다.

① 7·4 남북공동성명을 발표함으로써 남북간의 대화가 본격화되었다.

② 전국에 비상계엄령을 선포하고 김대중 등 정치인들을 체포하였다.

③ 내각제와 양원제를 핵심으로 하는 헌법 개정이 이루어졌다.

④ 정치활동정화법·부정축재처리법 등을 제정하여 구악의 일소에 나섰다.

08 〈보기〉에서 시대순으로 바르게 나열한 것은?

〈 보기 〉

㉠ 모스크바 3상 회의
㉡ 제주도 4·3 사건
㉢ UN 한국 임시 위원단 파견
㉣ 미·소 공동 위원회
㉤ 대한민국 정부 수립

① ㉠-㉣-㉢-㉡-㉤
② ㉠-㉣-㉡-㉢-㉤
③ ㉠-㉢-㉣-㉡-㉤
④ ㉠-㉡-㉢-㉣-㉤

★정답/문제풀이

7. ④   제시된 주장은 5.16 군사 쿠데타 세력의 〈혁명공약〉이다.
    ① 7.4 남북공동성명은 1972년
    ② 1980년 5월 전두환 군사 독재 정권기
    ③ 허정과도 정부 때의 제3차 개헌 내용
8. ①   ㉠ 모스크바 3상 회의(1945.12.) – ㉣ 미·소 공동 위원회(1946~1947) – ㉢ UN 한국 임시 위원단 파견(1948.1.) – ㉡ 제주도 4·3 사건(1948.4.) – ㉤ 대한민국 정부 수립(1948.8.)

09 다음 선언이 발표된 배경이 되는 사건으로 옳은 것을 〈보기〉에서 고른 것은?

> 여야 합의하에 조속히 대통령 직선제 개헌을 하고, 새 헌법에 의한 대통령 선거를 통해 88년 2월 평화적 정부 이양을 실현토록 해야 하겠습니다. ~~오늘의 이 시점에서 저는 사회적 혼란을 극복하고, 국민적 화해를 이룩하기 위하여 대통령 직선제를 택하지 않을 수 없다는 결론에 이르게 되었습니다.

〈보기〉

㉠ 부·마 항쟁	㉡ 4·13 호헌 조치
㉢ 5·16 군사정변	㉣ 6월 민주항쟁

① ㉠, ㉣
② ㉠, ㉢
③ ㉡, ㉣
④ ㉡, ㉢

10 (가)~(라) 시기의 경제 상황으로 옳은 것을 〈보기〉에서 고른 것은?

(가)	(나)	(다)	(라)
박정희정부	전두환정부	김영삼정부	김대중정부
제1차~제4차 경제개발 5개년계획 추진	3저 호황으로 무역흑자 기록	경제협력 개발 기구 (OECD) 가입	기업·금융·공공·노동의 4대 부문 개혁추진

〈보기〉

㉠ (가)-농지 개혁을 처음 실시하였다.
㉡ (나)-베트남 파병으로 경기가 활성화되었다.
㉢ (다)-금융 실명제를 실시하였다.
㉣ (라)-국제통화기금(IMF) 관리 체제를 극복하였다.

① ㉠, ㉡
② ㉢, ㉣
③ ㉡, ㉢
④ ㉡, ㉣

★ 정답/문제풀이

9. ③ 제시된 자료는 민정당 대표인 노태우가 발표한 6·29 선언으로, 이 선언으로 5년 단임제의 대통령 직선제 개헌이 이루어졌다. 이 선언이 발표된 배경이 4·13 호헌 조치와 6월 민주항쟁이다.
   ㉡ 재야 민주화 세력과 국회의원 선거에서 제1야당이 된 신한 민주당이 대통령 직선제 개헌 운동을 전개하자, 1987년 4월 13일 제5공화국 대통령 전두환은 국민들의 민주화 요구를 거부하고 기존 헌법을 그대로 유지한 채 선거를 치르겠다는 발표(4·13 호헌 조치)를 하였다.
   ㉣ 1987년 6월 8일 박종철 고문 치사 사건 은폐 규탄 및 헌법 개정을 위한 시위 도중 이한열이 사망하자, 시위의 불길은 더욱 거세졌고, 독재타도, 호헌 철폐, 민주 헌법 쟁취 등을 요구하는 6월 민주항쟁이 전개 되었다. 이로 인해 6·29선언이 발표되었다.
10. ② ㉢ 김영삼 정부(1993~1998)는 1993년에 금융 실명제를 법제화하였다.
   ㉣ 김대중 정부(1998~2003)는 김영삼 정부 말년에 발생한 외환 위기사태를 극복해야 하는 숙제를 떠안게 되었다.

43. (가)에 해당하는 단체로 옳은 것은? [1점]

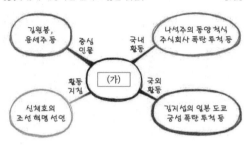

① 경학사
② 보안회
③ 의열단
④ 조선 형평사
⑤ 한인 애국단

44. 밑줄 그은 '이 전쟁' 시기에 있었던 일제의 정책으로 옳은 것은? [2점]

이것은 이 전쟁 당시 일본 홋카이도청에서 조선인에게 발부한 징용고지서입니다.

① 농지 개혁법을 시행하였다.
② 조선 태형령을 발표하였다.
③ 치안 유지법이 제정되었다.
④ 헌병 경찰 제도를 실시하였다.
⑤ 여자 정신 근로령을 공포하였다.

45. (가) 단체에 대한 설명으로 옳은 것은? [2점]

역사 속 오늘

서울역 창고에서 조선말 큰사전 원고 발견

1945년 9월 8일, 서울역 화물 창고에서 조선말 큰사전 원고가 발견되었다. 이것은 (가) 에서 사전 편찬을 위해 작성한 원고로, 1942년 (가) 사건의 증거물로 일본 경찰에게 압수되었던 것이다. 이 원고의 발견으로 사전 편찬 작업이 본격적으로 재개되었으며, 1947년 한글날에 『조선말 큰사전』 1권이 발간되었다.

① 잡지 개벽을 발행하였다.
② 고종의 밀지를 받아 결성되었다.
③ 서재필, 이상재 등이 주도하였다.
④ 한글 맞춤법 통일안을 발표하였다.
⑤ 백정에 대한 차별 철폐를 주장하였다.

46. 밑줄 그은 '이 단체'에 대한 탐구 활동으로 가장 적절한 것은? [3점]

이 단체는 1927년 비타협적 민족주의 세력과 사회주의 세력이 연합하여 창립한 민족 운동 조직이다. 정치적·경제적 각성을 촉진함, 단결을 공고히 함, 기회주의를 일제 부인함을 강령으로 삼았으며, 140여 개의 지회와 4만여 명에 이르는 회원을 둔 전국적인 조직으로 발전하였다. 전국을 순회하며 강연회와 연설회를 통해 민족의식을 고취하는 등의 활동을 펼쳤으나, 일제의 탄압과 활동 방향을 둘러싼 갈등으로 1931년 해소되었다.

① 간도 협약의 내용을 분석한다.
② 정우회 선언의 영향을 살펴본다.
③ 신흥 무관 학교의 설립 배경을 파악한다.
④ 러시아의 절영도 조차 요구 저지 과정을 조사한다.
⑤ 파리 강화 회의에 파견된 김규식의 활동을 알아본다.

★정답/문제풀이

43. ③　44. ⑤　45. ④　46. ②

39. (가) 인물에 대한 설명으로 옳은 것은? [2점]

이것은 한국광복군 총사령관을 역임한 (가) 의 흉상입니다. 이 흉상은 3·1절과 대한민국 임시 정부 수립 99주년을 기념하기 위해 대한민국 육군 사관 학교에 건립되었습니다. 그는 일본 육군 사관 학교를 졸업 하였으나 만주 지역으로 망명하여 신흥 무관 학교로 독립군 양성에 힘썼습니다. 또한 한국 독립군의 총사령관 으로 대전자령 전투를 지휘하여 승리로 이끌었습니다.

① 숭무 학교를 설립하여 독립군을 양성하였다.
② 쌍성보 전투에서 한·중 연합 작전을 전개하였다.
③ 독립군 비행사 육성을 위해 한인 비행 학교를 세웠다.
④ 독립군 연합 부대를 이끌고 청산리 전투에서 승리하였다.
⑤ 일제 패망과 광복에 대비하여 조선 건국 동맹을 결성하였다.

40. 다음 글을 쓴 인물의 활동으로 옳은 것은? [2점]

대륙의 원기는 동으로는 바다로 뻗어 백두산으로 솟았고, 북으로는 요동 평야를 열었으며, 남으로는 한반도를 이루었다. …… 저들이 일찍이 우리를 스승으로 섬겨 왔는 데, 이제는 우리를 노예로 삼았구나. …… 옛사람이 이르기를 나라는 멸할 수 있으나 역사는 멸할 수 없다고 하였다. 나라는 형체이고 역사는 정신이다. 이제 한국의 형체는 허물어졌으나 정신만을 홀로 보존하는 것이 어찌 불가능하겠는가.

태백광노(太白狂奴) 지음

① 진단 학회를 창립하고 진단 학보를 발행하였다.
② 여유당전서를 간행하고 조선학 운동을 주도하였다.
③ 한국독립운동지혈사에서 독립 투쟁 과정을 정리하였다.
④ 독사신론을 저술하여 민족주의 사관의 기초를 마련하였다.
⑤ 조선사회경제사에서 식민 사학의 정체성 이론을 반박하였다.

41. 다음 성명서가 발표된 이후의 사실로 옳은 것은? [3점]

금반 우리의 노동 정지는 다만 국제 통상 주식회사 원산 지점이 계약을 무시하고 부두 노동 조합 제1구에 대하여 노동을 정지시킨 것으로 인하여 각 세포 단체가 동정을 표한 것뿐이다. 그러므로 결코 동맹 파업을 행한 것은 아니다. 그럼에도 불구하고 재향 군인회, 소방대가 출동한다 하여 온 도시를 경동케 함은 실로 이해할 수 없는 현상이니 …… 또한 원산 상업 회의소가 우리 연합회 회원과 그 가족 만여 명을 비(非) 시민과 같이 보는 행동을 감행하고 있는 것이 사실임으로 …… 상업 회의소에 대하여 입회 연설회를 개최할 것을 요구하였다.

— 동아일보 —

① 조선 노동 총동맹과 조선 농민 총동맹이 성립되었다.
② 경성 고무 여자 직공 조합이 아사 동맹을 결성하였다.
③ 노동자 강주룡이 을밀대 지붕에서 고공 농성을 전개하였다.
④ 전국 단위의 노동 운동 단체인 조선 노동 공제회가 조직되었다.
⑤ 백정에 대한 차별 철폐를 요구하는 조선 형평사가 창립되었다.

42. (가) 부대에 대한 설명으로 옳은 것은? [2점]

중국 광시성[廣西省] 구이린[桂林]에 위치한 이 건물 터는 김원봉이 조직한 (가) 이/가 주둔했던 곳입니다. 이 부대는 중·일 전쟁 발발 직후 중국 국민당 정부의 지원을 받아 후베이성[湖北省] 우한[武漢]에서 창설되었고, 주로 일본군에 대한 심리전이나 후방 공작 활동을 전개하였습니다.

① 간도 참변 이후 조직을 정비하고 자유시로 이동하였다.
② 북만주 지역에서 활동한 한국 독립당의 산하 부대였다.
③ 남만주에서 중국군과 연합 작전으로 항일 전쟁을 벌였다.
④ 중국 관내(關內)에서 결성된 최초의 한인 군사 조직이었다.
⑤ 대한 국민회군과 연합하여 봉오동에서 일본군을 격파하였다.

★정답/문제풀이

39. ②   40. ③   41. ③   42. ④

01 다음 한국 근·현대사의 내용 중 옳은 것으로만 묶은 것은?

> ㉠ 일제의 한국 지배권이 더욱 강화됨에 따라 대한협회의 활동이 약화되자, 국권회복운동의 큰 흐름은 신민회로 이어졌다.
> ㉡ 대한민국임시정부는 우리나라 최초의 민주공화제 정부로서 민주주의에 입각한 근대적 헌법을 갖추었다.
> ㉢ 이승만 정권 말기에는 좌우익의 대립이 격화되었으며, 일제잔재를 청산하기 위하여 '반민족행위처벌법'을 제정하였다.
> ㉣ 갑오개혁(1894)에는 정치면에서 내각의 권한을 강화하고 왕권을 제한하는 내용이 포함되어 있다.
> ㉤ 독립협회는 만민공동회와 관민공동회를 개최하여 헌의 6조를 결의함으로써 국무원을 개편하여 의회를 만들려고 하였다.

① ㉠, ㉡, ㉣
② ㉠, ㉢, ㉣
③ ㉡, ㉢, ㉤
④ ㉡, ㉣, ㉤

02 다음을 바탕으로 정부가 추진한 시책을 바르게 추론한 것은?

> • 국민교육헌장을 선포하여 새로운 정신지표를 제시하였다.
> • 근면, 자조, 협동을 기본이념으로 새마을운동을 전개하였다.

① 복지사회의 건설
② 정의사회의 구현
③ 국민의식의 개혁
④ 소득격차의 완화

03 다음의 사회교육활동을 시대 순으로 바르게 나열한 것은?

> ㉠ 멸공필승의 신념과 집단안보의식의 고취
> ㉡ 국민교육헌장 선포
> ㉢ 홍익인간의 교육이념 수립
> ㉣ 재건국민운동의 추진

① ㉠-㉢-㉣-㉡
② ㉠-㉣-㉡-㉢
③ ㉢-㉠-㉣-㉡
④ ㉢-㉣-㉡-㉠

★정답/문제풀이

1. ① ㉢ 이승만 집권초기 제헌의회에서 반민족행위자처벌을 위한 특별법을 제정하여 활동하자, 이승만은 남북분단의 현실 등의 이유를 내세우면서 자신의 권력기반이었던 친일파 처단을 방해하였다.
   ㉤ 독립협회는 대한제국의 고종과 헌의 6조에서 중추원을 의회로 개편하는 데 합의를 보았다.
2. ③ 국민교육헌장의 선포와 새마을운동은 국민들의 의식개혁과 민족의식을 높이려는 목적에서 전개되었다.
3. ③ ㉢ 홍익인간의 교육이념 수립(정부 수립 후) → ㉠ 멸공 필승의 신념과 집단안보의식의 고취(6·25 중) → ㉣ 재건국민운동의 추진(5·16 후) → ㉡ 국민교육헌장 선포(1968)

04 대한민국의 정통성에 대한 설명으로 옳지 않은 것은?

① 국제사회의 민주적 절차에 따라 대표를 선출하고 헌법을 제정하여 정부를 수립하였다.

② 1948년 12월 파리에서 개최된 UN총회에서 한반도 유일의 합법정부로 공인받았다.

③ 대한민국 제헌 헌법을 통해 대한민국임시정부의 정신을 국가적 정통성의 근간으로 삼고 있음을 알 수 있다.

④ 5·10 선거로 198명의 국회의원들이 선출, 대통령에는 이승만, 부통령에는 이시영이 선출되어 정부를 수립하였다.

05 밑줄 친 시대 흐름으로 틀린 것은?

> 그 날이 오면, 그 날이 오면은
> 삼각산이 일어나 더덩실 춤이라도 추고,
> 한강 물이 뒤집혀 용솟음 칠 그날이
> 이 목숨이 끊기기 전에 와 주기만 할 양 이면...
> (중략)
>
> [심훈 – 그날이 오면]

① 국내 진입 작전 성공

② 카이로회담에서 최초 논의

③ 연합군의 제 2차 세계 대전 승리

④ 미국과 소련의 진주

06 다음 중 옳지 않은 것을 고르시오.

① 카이로회담 – 적당한 시기에 한국을 자유 독립국가로 해방

② 얄타회담 – 소련의 대일전 참전

③ 포츠담선언 – 카이로 회담(한국의 독립) 재확인

④ 38선 분할 – 38선 이북지역은 중국군이 진주함

07 모스크바 3국 외상회의에 대한 설명으로 옳지 않은 것은?

① 미국, 영국, 소련 3국 외무장관의 한반도 문제 논의

② 최고 5년간 신탁통치 실시 논의

③ 우익의 김구, 이승만은 신탁통치 반대 운동 전개

④ 좌익의 박헌영은 신탁통치 찬성에서 반대로 선회

08 다음 중 이승만의 정읍발언의 발언 배경은 무엇이었을까?

① 조선독립동맹 수립

② 조선건국준비위원회 수립

③ 조선인민공화국 수립

④ 북조선임시인민위원회 수립

★정답/문제풀이

4. ④ 　5.10 선거는 제헌의회 국회의원을 뽑은 시기이다. 48년 7월 20일 대통령, 부통령을 제헌의회가 간접선거에 의하여 선출하였다.
5. ① 　한국광복군은 1945년 9월 이후 국내 진입 작전을 계획하였으나 8.15 광복으로 인해 이뤄지지 못했다.
6. ④ 　38선 분할은 이북은 소련, 이남은 미국이 주둔함.
7. ④ 　좌익의 박헌영은 신탁통치 반대에서 찬성으로 선회
8. ④ 　이승만의 정읍발언은 46년 2월 북한은 북조선임시인민위원회를 만들어 실질적인 단독 정부수립을 준비하였기 때문이다.

09 5·10 총선거에 대한 설명으로 옳지 <u>않은</u> 것을 고르시오.

① 국회의원은 임기 4년, 198/200명 선출
② 삼권분립의 대통령 중심제로 시작
③ 간선제로 대통령 이승만, 부통령 이시영 선출
④ 1948년 12월 유엔총회에서 유일한 합법정부로 승인 받음

10 친일파 청산과 관련된 내용으로 옳지 <u>않은</u> 것은?

① 반민족 행위 처벌법을 제정하여 공소시효 2년의 특별 소급법을 적용함
② 반공우선을 내세우는 이승만 담화문과 국회 프락치 사건으로 실패
③ 반민법 공소시효의 연장으로 인한 친일파 청산 완수
④ 지금까지도 친일파 후손들이 영유권 분쟁을 일삼고 있다.

11 농지개혁법과 관련된 내용으로 옳은 것은?

① 북한보다 먼저 제정되었다.
② 6·25 전쟁으로 인해 67년 완수
③ 지주의 농지 무상매입, 소작농에게 무상분배 원칙
④ 경자유전의 원칙을 실현하기 위해 노력

12 개헌에 대한 내용 중 틀린 것을 고르시오.

① 1차 개헌은 임기 4년 중임제를 유지한 직선제 변경된 부산에서 이뤄진 발췌개헌이다.
② 2차 개헌은 초대 대통령의 중임제한 철폐와 부통령의 대통령 승계 내용이 들어가 있는 사사오입 개헌이다.
③ 7차 개헌은 간선제에서 직선제로 개헌한 대통령의 권한 강화가 들어간 개헌이다.
④ 9차 개헌은 6월 민주항쟁의 결과로 6.29 선언 이후에 이뤄진 임기 5년 단임제, 직선제로 개헌하게 된다.

13 다음 연설문이 나온 시기의 다음 사건으로 적절한 곳은?

> 나는 통일된 조국을 건설하려다가 38선을 베고 쓰러질지언정 일신의 구차한 안일을 취하여 단독정부를 세우는 데는 협력하지 아니하겠다 …….
> − 김구의 삼천만 동포에게 울면서 간절히 고함(1948.2.) −

㉮ 모스크바 3상회의
㉯ 미·소 공동위원회
㉰ 5·10 총선거
㉱ 대한민국 정부수립

① ㉮   ② ㉯
③ ㉰   ④ ㉱

14 광복 후의 우리나라 농지개혁에 대한 설명으로 옳은 것은?

① 농지개혁으로 모든 농민들이 영세농에서 벗어나게 되었다.
② 지주의 농지를 유상으로 매수하여 소작인에게 무상으로 분배하였다.
③ 미 군정기에 실시되었다.
④ 국가가 매수한 토지는 영세농민에게 유상으로 분배하였다.

15 다음 중 광복 후 농지개혁에 대한 설명으로 옳은 것은?

① 모든 토지를 국유화하여 무상으로 분배하였다.
② 철저하게 농민의 입장에서 추진된 개혁이었다.
③ 실시 결과 소작농이 줄고 어느 정도 자작농이 늘어났다.
④ 미군정 하에서 입법이 추진되어 정부 수립 이전에 끝마쳤다.

16 각 정부에 대한 설명으로 옳지 <u>않은</u> 것은?

① 이승만 정부 – 사사오입 개헌을 실시하였다.
② 장면 내각 – 경제 개발 5개년 계획을 추진하였다.
③ 박정희 정부 – 한·일 국교 정상화를 추진하였다.
④ 김영삼 정부 – 금융 실명제를 실시하여 정경 유착을 해소하려 하였다.

17 다음 중 90년대에 발생한 사건으로 옳은 것을 고르시오.

① 2차례에 걸친 석유 파동
② 우루과이 라운드
③ 삼백산업
④ 3저 호황의 시작

18 70년대 석유파동으로 경제가 어려워지자 시행한 정책으로 옳은 것은?

① 중동국가로 건설노동자 파견
② 삼백산업 실시
③ 농업과 경공업 중심으로 집중
④ 우루과이 라운드 가입

★ 정답/문제풀이

14. ④   농지개혁법은 1949년에 제정되어 1950년에 실시되었고, 유상매수·유상분배의 원칙을 적용하였다. 하지만 지주 중심의 개혁과 한국전쟁으로 인하여 철저한 개혁이 이루어지지 못하였다.
15. ③   ① 부재지주(不在地主)의 농지를 국가에서 유상매입하고 영세농민에게 3정보를 한도로 유상분배하여 5년간 수확량의 30%씩 상환하도록 하였다.
        ② 지주 중심의 개혁이었다.
        ④ 농지개혁은 1949년에 입법되어 1950년에 실시되었다.
16. ②   경제 개발 5개년 계획은 윤보선, 장면 정부 때 틀이 만들어졌으나 박정희 정부 때 추진되었다.
        ① 사사오입 개헌은 2차 개헌으로 54년에 일어났다.
        ③ 한일국교 정상화는 1965년에 실시된다.
        ④ 금융실명제는 93년 김영삼 정부 때 실시된다.
17. ②   우루과이 라운드가 93년 실시되면서 농산물 수입개방이 전세계적으로 일어나게 되었다. 그 이후 95년 세계무역기구(WTO)가 출범하게 된다.
        ① 석유파동(1972~3, 79) ③ 6·25 직후 ④ 80년대 중·후반
18. ①   ① 중동국가로 건설노동자 파견(70년대)
        ② 삼백산업 실시는 6·25 직후(53년)
        ③ 농업과 경공업 중심으로 집중(60년대)
        ④ 우루과이 라운드 가입(90년대)

19 광복 이후의 사건들을 일어난 순으로 나열한 것은?

> ㉠ 남북 협상 추진
> ㉡ 미·소 공동 위원회 결렬
> ㉢ 모스크바 3국 외상 회의 개최
> ㉣ 미국의 한국 문제 국제 연합 상정
> ㉤ 유엔 소총회, 남한만의 단독 선거 결정

① ㉠-㉡-㉢-㉣-㉤
② ㉡-㉢-㉤-㉣-㉠
③ ㉢-㉡-㉣-㉤-㉠
④ ㉣-㉠-㉡-㉤-㉢

20 이승만 정부의 친일파 청산 노력에 대한 설명으로 옳지 않은 것은?

① 제헌 국회에서 반민족 행위 처벌법을 제정하였다.
② 반민특위가 설치되어 친일파 청산 작업을 하였다.
③ 친일파였던 최린, 이광수 등을 소환하여 조사하였다.
④ 이승만 정부의 적극적인 지원으로 친일파 청산작업이 제대로 이루어졌다.

★ 정답/문제풀이

19. ③　모스크바 3국 외상 회의(45. 12)에서 신탁 통치가 결정됨에 따라, 미·소 공동 위원회(1차: 46. 3, 2차: 47. 5)가 열렸으나 결렬되었고, 이후 미국은 한국 문제를 국제 연합에 상정(47. 11)하였다. 하지만 북한이 UN조사단의 입북을 거부하자 유엔 소총회(48. 2)가 열리게 된다. 유엔 소총회에서는 일단 선거가 가능한 남한에서 총선거를 실시하기로 결정하였고, 이에 김구·김규식 등이 남북 협상(48. 4)을 추진하였지만 실패한다.

20. ④　친일파 청산 작업은 좌우 대립과 이승만 정부의 소극적 태도로 친일파의 처벌이 제대로 이루어지지 않았다.(국회 프락치 사건, 반민특위 습격 사건)

韓

國

제5장

6 · 2 5

전 쟁 의

원 인 과

책 임

史

제1절 6·25 전쟁의 배경

❶ 광복 이후 한반도 내부의 불안정

1) 미·소의 38도선 설정과 미·소 군정 실시
2) 좌익(=사회주의계)과 우익(=민족주의계)의 대립과 남북 분단
3) 대한민국(1948.8.15.)과 조선민주주의인민공화국(1948.9.9.) 수립

❷ 북한의 전쟁 준비: 민주기지론

1) 위장 평화 공세와 대남 적화 전략
   (1) 겉으로는 평화통일을 주장, 통일정부 수립을 제안함
   (2) 유격대 남파 등을 통해 남한 사회의 혼란을 유도함
      정부 수립 직후부터 38도선에서 군사적 충돌을 유도함
   ★ 38도선 상에서 무력충돌은 1949년에 가장 빈번하게 발생함
      1950년 6·25 전쟁 발발 이전까지 지속됨
2) 소련으로부터 항공기, 전차 등 많은 양의 현대식 최신 무기를 도입함
3) 중국 본토 내에서 일어났던 국·공 내전(=국민당과 공산당의 전쟁)에서 활약한 조선 의용군 수만 명이 북한 인민군으로 편입됨
   ★ 소련(=무기 및 장비 지원)과 중국(=군대 지원)의 북한군 지원 강화

1948.2.	인민군 창설(★ 정부의 수립보다 우선 창설) 소련이 탱크, 전차, 전투기 등의 무기를 원조
1949	북한은 소련 및 중국과의 군사 협정 체결
1949.3.	김일성, 박헌영 모스크바 방문 → 스탈린과 회담
1949.7.~1950.4.	중국 국·공내전(=국민당과 공산당의 전쟁)에 참전하였던 의용군이 귀국하여 북한 인민군에 편입
1950.3.~4.	김일성은 소련을 비밀리에 방문하여 스탈린과 회담(아래 대화 참조) 북한의 전쟁에 스탈린은 동의함
1950.5.	중국을 통일한 마오쩌둥은 미국 참전 시 중국군 파병 언급

📖 심화학습

민주기지론(=혁명기지론)

1945년 10월 10일에 개최한 '조선공산당 북조선분국 5도 책임자 및 열성자 대회'에서 제기된 한반도 공산주의 혁명 이행 전략. **민주기지란 "한 지역에서 이룬 혁명을 공고히 하여 혁명의 전국적 승리를 담보하는 책원지"라고 한다. 이는 8·15해방 직후 소련군이 점령한 북한을 한반도 공산주의 혁명 성취를 위한 전진기지로 삼으려는 기본전략이었다.**

★ 6·25 전쟁 발발 직전 북한은 지상군 20여 만 명 보유

→ 남한 군사력의 약 2배에 해당

소련과 중국의 지원으로 남한보다 우세한 장비 및 무기체계 보유

❸ 국제정세 변화

1) 소련의 핵무기 개발 성공(1949) → 미국과의 냉전 강화
2) 중국 대륙의 공산화(1949.10.) → 장제스는 타이완에 자유중국을 만듦
3) 애치슨 선언(1950.1.): 미국의 태평양 방어선에서 한반도, 타이완 제외

★ 주한 미군 철수(1949.6.)와 더불어 한국에 대한 군사적 무관심 반영

제2절 6·25 전쟁의 전개

❶ 북한군의 전면적 기습 남침(1950.6.25.)

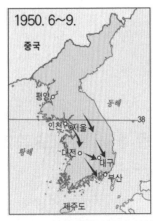

→ 유엔군 참전(1950.6.27.) → 서울 함락(1950.6.28.)
→ 미 지상군 참전(1950.7.1.) → 국군 작전 지휘권 이양
(1950.7.14.)
→ 낙동강 방어선 구축(1950. 8월~9월)

★ 6·25 전쟁은 북한이 대한민국을 적화 통일시키려는 의도에서 침략한 전쟁임.

★ 6·25 전쟁에 참여한 유엔 회원국 현황

▶ 북한군의 기습 남침
출처: 홍범준, 「한국사 바로가기(하)
근현대편」, 좋은책 신사고, 2014, p.192.

📖 심화학습

스탈린과 김일성의 대화 기록(1950.3.30.~4.25.)

김일성: … 마오쩌둥 동지는 중국 혁명만 완성되면 우리를 돕고, 필요한 경우 병력도 지원하겠다는 말을 여러 차례 했습니다.
스탈린: 완벽한 전쟁 준비가 필수입니다. … 이동 전투 수단을 기계화해야 합니다. 이와 관련된 귀하의 요청을 모두 들어주겠습니다.
– 출처: 소련 공산당 중앙 위원회 국제국 –

애치슨 선언

"일본의 패배와 무장 해제에 의해 미국은 미국과 전 태평양 지역의 안전 보장을 위해 필요한 기간 동안 일본의 군사적 방위를 담당하게 되었다. …. 이 방위선은 알류산 열도로부터 일본의 오키나와를 거쳐 필리핀을 통과한다. 이 방위선 밖의 국가가 제3국의 침략을 받는다면, 침략을 받은 국가는 그 국가 자체의 방위력과 국제 연합 헌장의 발동으로 침략에 대항해야 한다."

병력 지원국 (16개국)	• 미국, 캐나다, 콜롬비아(아메리카 3개국)
	• 오스트레일리아, 뉴질랜드(오세아니아 2개국)
	• 영국, 벨기에, 네덜란드, 룩셈부르크, 프랑스, 그리스, 터키(유럽 7개국)
	• 남아프리카공화국, 에티오피아(아프리카 2개국)
	• 필리핀, 태국(아시아 2개국)
의료 지원국 (5개국)	• 인도, 이탈리아, 덴마크, 스웨덴, 노르웨이
물자 및 재정 지원국	• 39개국
지원의사 표명국	• 3개국

❷ 인천상륙작전(1950.9.15.)과 서울 수복(1950.9.28.) → 이후 북진 전개

→ 평양 탈환(1950.10.19. 이 때 중국군 참전 시작)

→ 압록강 진격(1950.11.25. 압록강 물을 수통에 받아 이승만 대통령에게 보고)

▶ 국군과 유엔군의 반격

❸ 중국군 인해전술로 인한 1·4 후퇴: 중국군의 서울 점령

▶ 중국군의 개입

❹ 재반격과 전선 교착(1951~1953)

정전 회담 개최(1951.7.10., 개성)

1) 군사분계선 설정, 포로 송환 문제 등의 사안을 둘러싸고 2년간 지속

　→ 군사분계선은 현 접촉선 인정

　　포로 송환은 개인의 자유 의사 존중 등 합의

2) 회담 기간 중 유리한 지역을 차지하기 위한 격전(예: 백마고지 전투 등)에서 다수의 인명 피해 발생

▶ 전선의 교착과 정전

❺ 이승만 대통령의 휴전 반대운동(북진통일 주장)

→ 미국의 승인없이 개인의 자유 의사 존중하는 반공포로 석방(1953.6.18.)

(반공포로를 다룬 대표작: 최인훈의 『광장』)

❻ 정전 협정 조인(1953.7.27., 판문점): 유엔군, 중국군, 북한군 대표만 서명

★ 한국의 대표는 정전 협정에 참석하지 않았음

📖 **심화학습**

굳세어라 금순아(1953년 발표) 가사

눈보라가 휘날리는 바람 찬 흥남부두에 / 목을 놓아 불러봤다 찾아를 봤다
금순아 어디로 가고 길을 잃고 헤매었더냐 / 피눈물을 흘리면서 일사(1. 4) 이후
나 홀로 왔다

정전 협정서 내용 (일부)

쌍방의 사령관들은 그들의 통제 아래에 있는 모든 군사력이 일체 적대 행위를 완전히 정지하도록 명령한다. … 본 정전 협정의 효력을 발생하는 당시의 쌍방에서 수용하고 있는 모든 전쟁 포로의 석방과 송환은 본 정전 협정 조인 전에 쌍방이 합의한 바에 따라 집행한다.

제3절 6·25 전쟁의 결과와 영향

❶ 정치적 결과

1) 분단의 고착화 → 남북 간의 적대 감정 심화, 남북 무력 대결 상태 지속
   → 남한의 이승만 정부는 반공주의를 내세워 야당 탄압
   북한의 김일성 정권은 남로당, 소련파, 연안파를 제거하여 독재체제 강화
2) 자유진영과 공산진영의 냉전 격화: 미·소의 핵무기 경쟁으로 발전

❷ 경제적 결과

1) 도로, 주택, 철도, 항만 등 사회 간접시설의 대부분 파괴
   → 한반도의 약 80%가 전쟁터가 되는 참혹하고 엄청난 피해 발생
2) 일본은 6·25 전쟁 특수로 인해 장차 경제 대국으로 성장할 수 있는 계기 마련

❸ 사회적 결과

1) 6·25 전쟁으로 인해 수많은 사상자와 이산가족, 전쟁고아 발생
   ★ 6·25 전쟁으로 인한 인명 피해(출처: 국방부 군사편찬연구소)

구 분	한국군	유엔군	북한군	중국인민 지원군
사망	13만여 명	3만여 명	52만여 명	11만여 명
부상	45만여 명	11만여 명	22만여 명	22만여 명
실종	2만여 명	6천여 명	9만여 명	3만여 명
계	60만여 명	14만 6천여 명	83만여 명	36만여 명

2) 격심한 인구 이동(월남민 증가, 농촌 인구의 도시 이동)
3) 전통적 촌락 공동체 의식 약화
4) 가족 제도 변화(핵가족화, 개인주의 확산)

❹ 문화적 결과

1) 서구 문화의 무분별한 수입(→ 전통 문화 경시 풍조)
2) 전통적 가치 규범 크게 동요

❺ 한미상호방위조약(1953.10.) 체결

→ 한국과 미국의 군사 동맹 강화의 계기

1) 한미 간의 연합방위체제의 법적 중심이 됨

2) 주한미군 지휘협정과 정부 간 또는 당국자 간 각종 안보 및 군사관련 후속 협정의 기초를 제공해 줌

- 사진으로 보는 6·25 전쟁

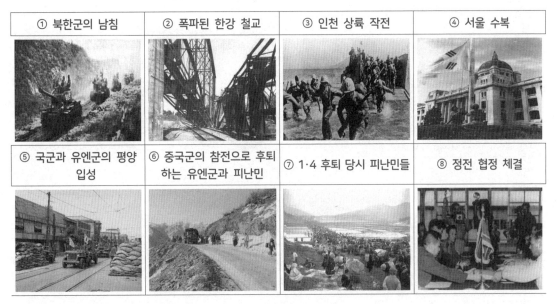

① 북한군의 남침	② 폭파된 한강 철교	③ 인천 상륙 작전	④ 서울 수복
⑤ 국군과 유엔군의 평양 입성	⑥ 중국군의 참전으로 후퇴하는 유엔군과 피난민	⑦ 1·4 후퇴 당시 피난민들	⑧ 정전 협정 체결

출처: 홍범준, 「한국사 바로가기(하) 근현대편」, 좋은책 신사고, 2014, p.193.

남·북한 군사력 비교

<6·25 전쟁 당시>

한국군		북한군
	육군	
9만6140명	병력	19만1680명
8개사단	보병	10개사단
1개 부대	해병	-
91문	곡사포	552문
140문	대전차포	550문
960문	박격포	1728문
27대	장갑차	54대
-	전차	242대
지원부대	기타	전차 1개 여단, 기계화부대, 경비대, 특수부대 등
	해군	
7715명	병력	4700명
28척	경비함	30척
43척	보조함	80척

한국군		북한군
	공군	
1897명	병력	2000명
연습/연락기 22대		전투기, 전폭기, 기타 등 211대
10만5752명	계(병력)	19만8380명

M1칼빈(국군)

M1891모신나간트소총(북한군)

<자료: 2018 국방백서>

<2018년 현재>

한국군	계	북한군
59.9만여 명	**계**	**128만여 명**
46.4만여 명	육군	110만여 명
13개(해병대 포함)	군단	17개
40개(해병대 포함)	사단	81개
31개(해병대 포함)	기동여단	131개 (교도여단 미포함)
2,300여 대 (해병대 포함)	전차	4,300여 대
2,800여 대 (해병대 포함)	장갑차	2,500여 대
5,800여 문 (해병대 포함)	야포	8,600여 대
200여 문	다련장/방사포	5,500여 대
발사대 60여 기	지대지 유도무기	발사대 100여 기 (전략군)
	해군	
7만여 명(해병대 2만9천여 명 포함)	병력	6만여 명
100여 척	전투함정	430여 척

한국군		북한군
10여 척	상륙함정	250여 척
10여 척	기뢰전함정 (소해정)	20여 척
20여 척	지원함정	40여 척
10여 척	잠수함정	70여 척
	공군	
6만5천여 명	병력	11만여 명
410여 대	전투임무기	810여 대
70여 대 (해군항공기 포함)	감시통제기	30여 대
50여 대	공중기동기 (AN-2 포함)	330여 대
180여 대	훈련기	170여 대
680여 대	헬기 (육·해·공군)	290여 대
310만여 명(사관후보생, 전시근로소집, 전환/대체 복무인원 등 포함)	예비병력	762만여 명(교도대, 노동 적위군, 붉은청년근위대 포함)

<자료: 2018 국방백서>

<한반도 주변 4국의 군사력>

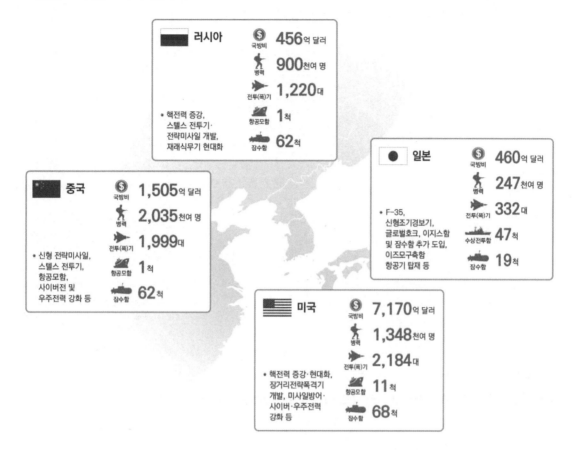

출처 : 「The Military Balance 2018」(국제전략문제연구소, 2018년 2월), 미국 2019 회계연도 국방수권법(NDAA)

주제 01 ─────────────────────────────────────

북한군의 기습남침으로 발생한 6·25 전쟁 전개과정을 발표하시오.

주제 02 ─────────────────────────────────────

북한군의 기습남침으로 발생한 6·25 전쟁의 결과와 영향에 대해 발표하시오.

01 다음에서 설명하는 내용을 고르시오.

"일본의 패배와 무장 해제에 의해 미국은 미국과 전 태평양 지역의 안전 보장을 위해 필요한 기간 동안 일본의 군사적 방위를 담당하게 되었다. .... 이 방위선은 알류산 열도로부터 일본의 오키나와를 거쳐 필리핀을 통과한다. 이 방위선 밖의 국가가 제3국의 침략을 받는다면, 침략을 받은 국가는 그 국가 자체의 방위력과 국제 연합 헌장의 발동으로 침략에 대항해야 한다."

① 닉슨 독트린

② 애치슨 선언

③ 한미상호방위조약

④ 브라운 각서

02 다음은 6·25 전쟁의 과정을 보여 준다. 이를 일어난 순서대로 바르게 나열한 것은?

| ㉮ 1·4 후퇴 | ㉯ 중국군 개입 |
| ㉰ 인천상륙작전 | ㉱ 애치슨선언 발표 |

① ㉮-㉱-㉰-㉯

② ㉯-㉮-㉰-㉱

③ ㉰-㉯-㉮-㉱

④ ㉱-㉰-㉯-㉮

03 6·25 전쟁의 결과 및 영향에 대한 설명으로 옳지 않은 것은?

① 수많은 전쟁고아와 이산가족이 발생하였다.

② 공장, 도로 등 각종 산업 시설이 파괴되었다.

③ 북쪽에서 넘어온 피난민으로 남한의 인구가 크게 증가하였다.

④ 민족 간 불신과 적대감이 깊어지고 분단이 고착화되었다.

04 다음 중 해방 이후 한반도의 상황이 아닌 것을 고르시오.

① 38도선의 설정과 미국, 소련군이 진주하였다.

② 좌·우의 대립과 남북 분단이 일어났다.

③ 남쪽에는 대한민국, 북쪽에는 조선 인민공화국이 수립되었다.

④ 38도선에서 군사적 충돌이 자주 일어났다.

★정답/문제풀이

1. ②   애치슨 선언(50. 1)에 대한 설명이다. 주한 미군 철수(49. 6)와 더불어 한국에 대한 군사적 무관심을 반영한다.
2. ④   애치슨 선언 → 북한의 남침 → 유엔군 파병 → 인천 상륙 작전 → 서울 수복 → 국군의 압록강 진격 → 중국군의 개입 → 1·4 후퇴 → 38도선 사이의 공방전 → 휴전 협정 체결
3. ③   6·25 전쟁으로 남북 모두 인명 피해가 상당하였으며, 산업 시설, 농업 시설, 등이 황폐화되었다. 또한 남북의 대립이 심화되고 분단이 고착화되었다.
4. ③   북한의 정식 명칭은 조선 민주주의 인민공화국이다. 조선 인민공화국은 여운형이 중심이 되어 광복 직후 만든 기구이다.

05 다음 국가 중 6·25 전쟁 때 UN 병력지원국이 <u>아닌</u> 국가를 고르시오.

① 룩셈부르크
② 이탈리아
③ 에티오피아
④ 뉴질랜드

06 다음 결의문이 발표된 당시의 모습으로 가장 적절한 것은?

> 유엔 안전 보장 이사회는 …… 지금 상황이 대한민국 국민의 안전을 위협하고, 공공연한 군사 분쟁으로 이어질 수 있음을 우려하며 다음과 같이 결의한다.
> • 북한에게 전쟁 행위를 멈추고, 그 군대를 38도선까지 철수할 것을 요구한다.
> • 유엔 한국 위원단에 북한단의 38도선으로의 철수를 감시할 것을 요청한다.

① 휴전 협정 반대 시위를 벌이는 학생들
② 흥남에서 배를 타고 남하하는 피난민들
③ 북한군의 남침 소식에 놀라는 서울 시민들
④ 한·미 상호 방위 조약을 체결하는 당국자들

07 6·25 전쟁의 전세가 (가)에서 (나)로 바뀌게 된 계기로 가장 적절한 것은?

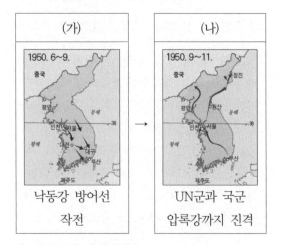

① 중국군이 개입하였다.
② 유엔군과 국군이 인천 상륙 작전을 성공시켰다.
③ 미국이 애치슨 선언을 발표하였다.
④ 이승만 정부가 반공 포로를 석방하였다.

★정답/문제풀이

5. ② 이탈리아는 의료 지원국이다.
병력을 지원한 국가는 16개국으로 미국, 호주, 영국, 캐나다, 뉴질랜드, 터키, 네덜란드, 벨기에, 룩셈부르크, 콜롬비아, 에티오피아, 프랑스, 그리스, 태국, 남아프리카공화국, 필리핀이 있다.

6. ② 제시된 자료는 북한군의 남침으로 6·25 전쟁이 발발하자, 유엔의 안전 보장 이사회가 북한의 행위를 침략으로 규정하고 유엔군의 참전을 결의하는 내용이다. 이에 미국을 비롯한 16개국으로 구성된 유엔군이 참전하게 되었다.

7. ② 지도의 (가)는 1950년 9월의 상황으로 국군과 유엔군의 최후 방어선을 나타낸 것이다. (나)는 인천 상륙 작전의 성공 이후 국군과 유엔군이 압록강까지 진출한 상황을 나타낸 것이다.

08 6·25 전쟁을 주제로 UCC를 제작하려고 한다. (가)에 들어갈 장면으로 적절한 것을 〈보기〉에서 고른 것은?

인천상륙작전(1950. 9. 15.)

→ (가)

중국군 참전(1950. 10. 19.)

〈보기〉
㉠ 국군이 서울을 수복하는 모습
㉡ 북한군이 대전으로 들어가는 장면
㉢ 국군이 압록강에서 물을 마시는 장면
㉣ 북한군이 낙동강 일대에서 전쟁을 하는 모습

① ㉠, ㉡
② ㉠, ㉢
③ ㉡, ㉢
④ ㉡, ㉣

09 다음은 6·25 전쟁 시기 한 지식인의 일기이다. (가), (나) 두 시기 사이에 있었던 일을 〈보기〉에서 고른 것은?

(가) 인천 상륙설이 한낱 지나가는 풍설에 그치는 것이 아니고, 대포 소리의 들려오는 품으로 보아 적어도 김포 방면까지는 들어온 것 같고 소문에는 이미 영등포에 미군이 들어왔다고 한다.
(나) 유엔군의 평양 철수가 소문 만에 그치지 아니한 어제 오늘 원자탄을 쏘느냐 않느냐 하는 문제가 항간의 이야기 거리로 되어있다.

〈보기〉
㉠ 중국군이 전면적으로 전쟁이 개입하였다.
㉡ 소련의 제의로 개성에서 휴전 회담이 시작되었다
㉢ 국군과 유엔군이 서울 수복 후 38도선을 넘어 북진하였다.
㉣ 미국이 태평양 방위선에서 한국을 제외하는 에치슨 선언을 발표하였다.

① ㉠, ㉡
② ㉠, ㉢
③ ㉡, ㉢
④ ㉡, ㉣

★정답/문제풀이

8. ②　인천상륙작전 이후 국군과 유엔군은 서울을 수복하고 압록강까지 진출하였다. 하지만 중국군이 전쟁에 개입하자 전세가 역전되어 1·4 후퇴를 전개하였다.

9. ②　자료의 (가)는 인천상륙작전이 진행된 시기이고, (나)는 유엔군의 평양 철수라는 내용을 통해 국군과 유엔군이 중국군의 개입으로 철수하는 시기임을 알 수 있다. 국군과 유엔군은 인천 상륙 작전 이후 서울을 탈환하고 38도선을 넘어 압록강 유역까지 진격하였다. 그러나 중국군의 개입으로 후퇴하였다.(1·4 후퇴)

10 정전 협정에 대한 설명으로 옳은 것을 〈보기〉
에서 고른 것은?

〈 보기 〉

㉠ 미국의 제안으로 회담이 시작되었다.

㉡ 남한과 북한이 휴전의 당사국으로 참여하였다.

㉢ 군사분계선과 포로 송환 문제 등으로 오랫
동안 지연되었다.

㉣ 이승만 정부의 반공 포로 석방으로 회담이
지연되기도 하였다.

① ㉠, ㉡   ② ㉠, ㉢

③ ㉡, ㉢   ④ ㉢, ㉣

★정답/문제풀이

10. ④   1951년 시작된 정전 회담은 군사분계선의 설정과 포로 교환 방식 등의 문제를 놓고 오랫동안 협상으로 전개하였다. 이승만 대통령은
휴전을 반대하면서 반공 포로를 일방적으로 석방하였다. 결국 군사분계선을 설정하고 중립국 감독 위원회와 군사 정전 위원회를 설치하
며, 포로 교환은 포로의 자유의사를 존중하기로 합의하고, 1953년 정전협정을 체결하였다.

47. 다음 상황이 일어난 배경으로 가장 적절한 것은? [2점]

지금 사람들이 무엇을 하고 있는 것이오?

신탁 통치 결정에 반대하는 집회를 열고 있는 중입니다.

① 평양에서 남북 협상이 열렸다.
② 반민족 행위 처벌법이 제정되었다.
③ 유엔의 감시 아래 총선거가 실시되었다.
④ 모스크바에서 3국 외상 회의가 개최되었다.
⑤ 장면을 국무총리로 하는 내각이 수립되었다.

48. (가) 전쟁 중에 볼 수 있는 모습으로 적절하지 <u>않은</u> 것은? [2점]

이곳은 부산의 유엔 기념 공원입니다. (가) 으로 전사하거나 실종된 4만여 명의 유엔군 전몰장병을 기리는 묘지입니다.

① 압록강을 건너 참전하는 중국군
② 일본군의 무장을 해제하는 미군
③ 인천 상륙 작전을 준비하는 국군
④ 낙동강 전선으로 배치되는 학도병
⑤ 흥남에서 구출을 기다리는 피난민

49. 다음 인물 카드의 (가)에 들어갈 인물로 옳은 것은? [3점]

(가)

(앞면)

〈연보〉
• 1899년 인천 강화군 출생
• 1919년 3·1 운동 참가로 서대문 감옥 수감
• 1925년 조선 공산당 결성 주도
• 1948년 초대 농림부 장관 역임
• 1956년 대통령 선거에 입후보, 2위로 낙선
• 1959년 진보당 사건으로 사형당함

(뒷면)

① 김구 ② 여운형 ③ 안창호
④ 한용운 ⑤ 조봉암

50. (가) 정부 시기에 있었던 사실로 옳은 것은? [2점]

〈 (가) 의 국민 회유책〉
✓ 컬러텔레비전 방송 시작
✓ 두발 및 교복 자율화 조치
✓ 야간 통행금지 해제
✓ 프로야구 출범

① 최초로 남북 정상 회담이 개최되었다.
② 대통령 특별 선언으로 10월 유신이 선포되었다.
③ 개헌 당시의 대통령에 한해 중임 제한이 철폐되었다.
④ 민의원과 참의원으로 이루어진 양원제 국회가 구성되었다.
⑤ 대통령 직선제 요구를 거부하는 4·13 호헌 조치가 발표되었다.

★ 정답/문제풀이

47. ④   48. ②   49. ⑤   50. ⑤

43. (가) 종교의 활동으로 옳은 것은? [1점]

> __(가)__ 은/는 지금으로부터 20년 전 나철이 조직한 것으로 ……
> (그들은) 대한 독립 군정서를 조직하여 본부를 밀산에 두고 북간도
> 일원에 걸쳐 활동을 개시하였다. 총지휘관 서일은 약 1만 명의 신도를
> 거느리고 폭위를 떨쳤다가 …… 자연히 해산된 상태이다. ……
> 김교헌 최근 __(가)__ 부활을 목적으로 …… 일반 신도에게
> 정식으로 발표하고 사무를 개시함에 따라 각지에 산재한 군정서
> 간부원은 본부를 출입하며 무언가 획책하고 있다.
> ― 「불령단관계잡건」 ―

① 개벽, 신여성 등의 잡지를 발행하였다.
② 항일 무장 단체인 중광단을 결성하였다.
③ 배재 학당을 세워 신학문 보급에 기여하였다.
④ 만주에서 의민단을 조직하여 무장 투쟁을 전개하였다.
⑤ 어린이 등의 잡지를 발간하여 소년 운동을 주도하였다.

44. 다음 법령이 제정된 이후에 일어난 사실로 옳은 것은? [2점]

> 제1조 ① 치안 유지법의 죄를 범하여 형에 처하여진 자가 집행을
> 종료하여 석방되는 경우에 석방 후 다시 동법의 죄를
> 범할 우려가 현저한 때에는 재판소는 검사의 청구에
> 의하여 본인을 예방 구금에 부친다는 취지를 명할 수
> 있다.
> ② …… 조선 사상범 보호 관찰령에 의하여 보호 관찰에
> 부쳐져 있는 경우에 보호 관찰을 하여도 동법의 죄를
> 범할 위험을 방지하기 곤란하고 재범의 우려가 현저하게
> 있는 때에도 전항과 같다.

① 민족 유일당 운동의 일환으로 신간회가 창립되었다.
② 조선어 학회 사건으로 최현배, 이극로 등이 투옥되었다.
③ 순종의 인산일을 기회로 삼아 6·10 만세 운동이 일어났다.
④ 사회주의 세력의 활동 방향을 밝힌 정우회 선언이 발표되었다.
⑤ 윤봉길이 홍커우 공원에서 폭탄을 던져 일제 요인을 살상하였다.

45. (가)에 들어갈 내용으로 가장 적절한 것은? [2점]

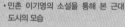
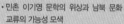

> **🔅 학술 대회 안내 🔅**
>
> 우리 학회는 일제 강점기 프로 문학의 대표적 작가인 민촌
> 이기영 선생의 문학 세계를 조명하는 학술 대회를 개최합니다.
>
> ◆ **발표 주제** ◆
> • 카프의 결성과 민촌 이기영의 문학 세계
> • _____(가)_____
> • 민촌 이기영의 소설을 통해 본 근대
>   도시의 모습
> • 민촌 이기영 문학의 위상과 남북 문화
>   교류의 가능성 모색
>
> ■일시: 2018년 ○○월 ○○일 13:00~17:00
> ■장소: □□ 대학교 소강당
> ■주최: △△ 학회

① 황성신문에 연재된 소설의 주제와 문체
② 해에게서 소년에게에 나타난 신체시의 형식
③ 소설 고향을 통해 본 일제 강점기 농촌 현실
④ 금수회의록을 통해 본 신소설의 소재와 내용
⑤ 시 광야에 드러난 항일 정신과 작가의 독립운동

46. 다음 법령이 제정된 정부 시기의 사실로 옳은 것은? [2점]

> 제1조 본령은 육군 군대가 영구히 일지구에 주둔하여 당해 지구의
> 경비, 육군의 질서 및 군기의 감시와 육군에 속하는 건축물
> 기타 시설의 보호에 임함을 목적으로 한다.
> ⋮
> 제12조 위수 사령관은 재해 또는 비상사태에 제하여 지방 장관으로
> 부터 병력의 청구를 받았을 때에는 육군 총참모장에게
> 상신하여 그 승인을 얻어 이에 응할 수 있다. 전항의 경우에
> 있어서 사태 긴급하여 육군 총참모장의 승인을 기다릴 수
> 없을 때에는 즉시 그 요구에 응할 수 있다.
> 단, 위수 사령관은 지체 없이 이를 육군 총참모장에게
> 보고하여야 한다.

① 5년 단임의 대통령 직선제 개헌이 이루어졌다.
② 부정 선거에 항거하는 4·19 혁명이 전국 각지에서 일어났다.
③ 호헌 철폐와 독재 타도 등의 구호를 내세운 시위가 전개되었다.
④ 치안본부 대공 분실에서 박종철 고문 치사 사건이 발생하였다.
⑤ 신군부의 계엄 확대와 무력 진압에 저항하는 시위가 벌어졌다.

★ 정답/문제풀이

43. ②　　44. ②　　45. ③　　46. ②

01 다음 자료는 6·25 전쟁 정전협정문의 내용이다. 이에 관한 설명으로 옳지 <u>않은</u> 것은?

> 국제연합군 총사령관을 일방으로 하고 북한인민군 최고사령관 및 중국인민지원군사령관 및 중국 인민지원군 사령원을 다른 일방으로 하는 하기의 서명자들은 쌍방에 막대한 고통과 유혈을 초래한 한국충돌을 정지시키기 위하여 서로 최후적인 평화적 해결이 달성될 때까지……또 그 제약과 통제를 받는데 개별적으로나 공동으로나 또는 상호간에 동의한다.

① 이 협정서에 대한민국 대표는 서명하지 않았다.
② 협정 체결 후 미군이 전면적으로 철수하였다.
③ 이 협정이 지속되는 과정에서 양측은 마지막까지 치열한 전투를 계속하였다.
④ 비무장지대(DMZ)설치 규정이 포함되었다.

02 다음의 대화가 일어나게 된 계기가 되는 사건을 고르시오.

> 김일성: … 마오쩌둥 동지는 중국 혁명만 완성되면 우리를 돕고, 필요한 경우 병력도 지원하겠다는 말을 여러 차례 했습니다.
> 스탈린: 완벽한 전쟁 준비가 필수입니다. …이동 전투 수단을 기계화해야 합니다. 이와 관련된 귀하의 요청을 모두 들어주겠습니다.
> – 출처: 소련 공산당 중앙 위원회 국제국 –

① 애치슨 선언
② 브라운 각서
③ 한미상호방위조약
④ 한미연합사령부(CFC) 편성

★ 정답/문제풀이

1. ② 휴전협정 체결 후 한미상호방위조약이 10월 1일 실시됨. 주한미군 2개 사단을 한국에 주둔시키게 된다.
2. ① 1950년 1월에 미국의 태평양 방어선에서 한반도를 제외한다는 애치슨 선언이 발표되고 난 이후 북한의 김일성이 마오쩌둥과 스탈린을 만나 전쟁에 대한 동의를 받게 된다.

03 다음은 대한민국 정부 수립 후 실시된 농지 개혁법의 내용이다. 이 개혁의 기본 방향은?

> 농가나 부재지주가 소유한 3정보 이상의 농지는 국가가 매수하고, 농지의 평균 수확량의 150%를 5년간 보상토록 하였으며, 국가에서 매수한 농지는 영세농민에게 3정보를 한도로 분배하고 그 대가를 5년간에 걸쳐 수확량의 30% 씩을 상환곡으로 반납토록 하였다.

① 부재지주의 농지를 무상 몰수함으로써 국가의 토지 소유권을 강화시키려는 노력이다.

② 유상 매수, 유상 분배를 통하여 지나친 토지소유의 불평등을 해소하려는 노력이다.

③ 정작 농민에 대한 정작권의 보장을 통하여 자본주의적 경쟁을 완화시키려는 노력이다.

④ 대지주 및 부재지주에 대한 토지 소유를 제한하여 국가 수입을 증대시키려는 노력이다.

04 다음 〈보기〉 내용과 비슷한 시기의 내용이 아닌 것을 고르시오.

> 1950년 6월 25일 새벽 4시 북한은 38선을 넘어 전면적 기습 남침을 감행하였다. 6·25 전쟁은 북한이 대한민국을 공산화 통일시키려는 의도에서 침략한 전쟁이다.

① 국군의 작전 지휘권을 유엔에 이양

② 낙동강 방어선 구축

③ 인천상륙작전과 서울 수복

④ 김일성과 박헌영이 모스크바를 방문하여 스탈린과 회담

05 다음 중 6·25 전쟁 당시 일어난 사건으로 옳지 않은 것은?

① 보도연맹 사건

② 국회프락치 사건

③ 거창 양민 학살 사건

④ 국민방위군 사건

★정답/문제풀이

3. ② 경자유전 법칙에 입각하여 유상매수, 유상분배를 통하여 지나친 토지소유의 불평등을 해소하기 위한 정부의 개혁이다. 제헌의회의 70% 이상이 지주 출신임에도 불구하고 북한의 무상몰수, 무상분배가 이루어져 여론이 농지개혁을 촉구하자 이루어진 농지개혁이다. 결론적으로 토지를 매개로 한 계급제가 소멸되었다고 볼 수 있다.

4. ④ ④ 49년 3월
① 50년 7월 14일
② 50년 8월 ~ 9월
③ 인천상륙작전 50년 9월 15일, 서울 수복 50년 9월 28일

5. ② 국회프락치 사건은 6·25가 일어나기 전인 49년에 있었던 사건이다. 나머지는 6·25 중에 일어난 사건들이다.

06 다음 중 옳지 않은 것은?

① 1950년 6월 25일 북한의 기습북침이 개시되었다.

② 영국과 프랑스의 발의로 유엔군 사령부가 설치되었다.(1950.7.7.)

③ 미국, 호주, 프랑스, 터키 등 16개국이 참여하였다.

④ 이승만 대통령은 한국군의 지휘권을 유엔군 사령관에게 위임하였다.(1950.7.18.)

07 6·25 개전부터 〈보기〉 사이에 일어났던 사건으로 맞는 것은?

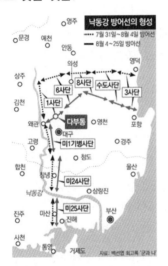

① 인천 상륙 작전   ② 서울 함락
③ 중공군의 개입   ④ 정전 협정

08 6·25 전쟁 직후 시대 상황으로 틀린 것은?

> "동무는 어느 쪽으로 가겠소?"
> "중립국."
>
> – 최인훈의 광장 중에서 –

① 이승만이 반공포로들의 건강을 염려하여 석방

② 한국은 미국과의 협의 없이 반공포로 석방을 단독으로 진행하였다.

③ 1953년 10월 1일 한미상호방위조약이 체결되었다.

④ 미국과 소련간의 냉전체제는 여전히 유지되었다.

09 다음 내용은 1953년에 발표된 대중가요인 「굳세어라 금순아」이다. 이 노래에 나오는 사건 발발 전의 내용인 것을 고르시오.

> 눈보라가 휘날리는 바람 찬 흥남부두에 / 목을 놓아 불러봤다 찾아를 봤다
> 금순아 어디로 가고 길을 잃고 헤매었더냐 / 피눈물을 흘리면서 일사(1. 4) 이후 나 홀로 왔다

① 정전회담 개최
② 반공포로 석방
③ 한미상호방위조약 체결
④ 인천상륙작전

★정답/문제풀이

6. ①   6·25는 북한의 기습 남침이다.

7. ②   6·25 전쟁이 1950년에 일어나고 난 다음 서울이 3일 만에 함락이 되었다.(6.28) 그리고 낙동강 방어선을 7월말부터 9월 15일 인천상륙작전이 시행되기 전까지 형성되었다. 인천상륙작전(9.15)이 성공을 거두고 서울 재탈환 및 평양 탈환(10월)을 하게 되는데 그 때 중공군이 개입을 하게 된다. 그리고 51년 1.4 후퇴로 인해 다시 내려오게 된다. 51년부터 정전 협정이 체결되게 되고 결국 1953년 7월 27일에 6·25 전쟁이 끝나게 된다.

8. ①   1번 이외에는 모두 맞는 말임. 이승만은 북진통일을 강조하였으나 미국의 주도로 휴전이 체결될 것 같아 단독적으로 포로를 석방시킴

9. ④   인천상륙작전은 1950년 9월 15일에 있었던, 전세를 변화시킨 작전이었다.
　　① 정전 회담 개최는 1951년 7월 10일 개성에서 있었다.
　　② 반공포로 석방은 1953년 6월 18일에 있었다.
　　③ 한미상호방위조약 체결은 1953년 10월 1일에 있었다.

10 다음 중 병력 지원군이 <u>아닌</u> 국가를 고르시오.

① 벨기에

② 덴마크

③ 태국

④ 콜롬비아

11 다음의 내용과 유사한 성격의 사례를 고르면?

> "일본의 패배와 무장 해제에 의해 미국은 미국과 전 태평양 지역의 안전 보장을 위해 필요한 기간 동안 일본의 군사적 방위를 담당하게 되었다. .... 이 방위선은 알류산 열도로부터 일본의 오키나와를 거쳐 필리핀을 통과한다. 이 방위선 밖의 국가가 제3국의 침략을 받는다면, 침략을 받은 국가는 그 국가 자체의 방위력과 국제 연합 헌장의 발동으로 침략에 대항해야 한다."

① 베트남 전 파병

② 주한 미군 철수

③ UN군의 참전

④ 북진통일론

12 6·25 전쟁에 대한 설명으로 옳지 <u>않은</u> 것은?

① 미국의 애치슨 선언은 북의 남침을 묵인했다는 비판을 받았다.

② 대규모 인구이동과 서양문화의 유입으로 인해, 가족제도나 공동체 의식, 전통문화 의식 등이 약화되었다.

③ 한·미 상호방위조약을 체결하는 계기가 되었다.

④ 휴전협정 시 회담은 순조롭게 진행되었다.

13 다음을 통해 유추할 수 있는 6·25 전쟁의 영향으로 가장 적절한 것은?

> 현철 군이 그저께 아리랑 고개에서 불심 검문을 만나 "어디 갔다 오느냐?"하기에 "동무 집에 놀러 갔다 온다."하였더니 "동무란 말을 쓰는 걸로 보니 너 빨갱이 아니냐?" 하더라고, 우리 연배면 '친구'라는 좋은 말도 있지만 현철이 나이 또래에는 '동무'라야 격에 맞을 터인데 무슨 알맞은 대용어라도 찾아내야겠다.

① 수많은 이산가족이 발생하였다.

② 남과 북에서 독재 정권이 들어섰다.

③ 국군에 의한 민간인 학살로 고통을 받았다.

④ 서로 상대방에 대한 적개심을 갖게 되었다.

★정답/문제풀이

10. ② 덴마크는 의료 지원국이다.
　　병력을 지원한 국가는 16개국으로 미국, 호주, 영국, 캐나다, 뉴질랜드, 터키, 네덜란드, 벨기에, 룩셈부르크, 콜롬비아, 에티오피아, 프랑스, 그리스, 태국, 남아프리카공화국, 필리핀이 있다.
11. ② 문제의 지문은 1950년 1월에 발표된 애치슨 선언이다. 주요 내용은 미국이 태평양 방어선에서 한반도를 제외한다는 내용인데, 1949년 6월에 실시한 주한미군철수와 더불어 한국에 대한 군사적 무관심을 반영하는 것이다.
12. ④ ④ 주로 포로협상과 관련된 내용으로 여러 차례 회담이 결렬되었다.
13. ④ 제시된 자료에서 북한군이 자주 사용하는 용어인 '동무'라는 말을 썼다고 하여 빨갱이라고 이야기하는 것을 통해 북한에 대한 감정이 매우 좋지 않음을 알 수 있다. 6·25 전쟁 이후 피해를 주고받은 남과 북의 적대감은 매우 깊어졌다.

14 다음의 6·25 전쟁 순서에 따라 괄호 안에 들어갈 사건으로 옳은 것은?

> 북한군의 기습 남침 → 서울 함락 → 유엔군 참전 → 인천 상륙 작전 → (   ) → 정전 회담 개최 → 정전 협정 조인

① 낙동강방어선 구축
② 중공군 개입
③ 반공포로 석방
④ 국군작전지휘권 이양

15 6·25전쟁 발발 당시 국제사회(유엔)의 초기 대응과 유엔군 참전에 관한 설명으로 틀린 것은?

① 유엔 안보리는 즉각 북한의 전쟁도발 중지 및 철수 요구
② 미국 주도의 통합사령부인 유엔군 창설 승인
③ 미국과 프랑스의 발의로 유엔군사령부 설치
④ 한국군의 지휘권을 유엔군 사령관에게 위임 (1950.7.18.)

16 6·25 전쟁의 결과로 옳지 <u>않은</u> 것은?

① 수많은 사상자와 이산가족, 전쟁고아 발생
② 도로, 철도, 항만 등 사회 간접자본의 파괴
③ 가족 제도와 촌락 공동체 의식의 강화
④ 서구 문화의 무분별한 유입

17 6·25전쟁에 대하여 잘못 설명하고 있는 것은?

① 중국의 국공내전에서 싸웠던 조선 의용군 약 5만 명이 북한군에 편입되었다.
② 1950년 9월 28일 서울을 수복한 국군과 유엔군은 곧이어 10월 1일 38선을 돌파했다.
③ 대한민국 정부와 국민은 통일 없이 휴전할 수 없다는 의사를 분명히 피력했다.
④ 전쟁의 영향으로 경제 발전의 의지가 불타올랐으며 이산의 아픔으로 가족제도와 촌락공동체가 강화되는 계기가 마련되었다.

18 다음 중 6·25전쟁 당시 전투병으로 참전한 국가가 <u>잘못</u> 연결된 것은?

① 오스트레일리아/뉴질랜드/캐나다
② 콜롬비아/영국/대만
③ 필리핀/태국/터키
④ 남아프리카공화국/에디오피

★정답/문제풀이

14. ②   1950년 9월 15일에 전개된 인천 상륙 작전과 1951년 7월 10일 개성에서 개최된 정전 회담의 사이에는 중공군 개입(1950.10.19.)이 들어가야 한다.
       ① 낙동강 방어선 구축(1950.8.~9.), ③ 반공포로 석방(1953.6.18.), ④ 국군작전지휘권 이양(1950.7.14.)
15. ③   유엔군사령부 설치에 관한 결의안을 7월 7일 영국과 프랑스가 공동으로 제안했다.
16. ③   서구 사상과 제도의 급격한 유입으로 가족 제도와 촌락 공동체가 파괴되는 계기가 되었다.
17. ④   사회적으로 격심한 인구 이동으로 가족제도와 촌락 공동체 의식이 해체되었다.
18. ②   대만은 파병의 뜻을 비쳤으나 중국과의 대결로 인해 참전하지 못했다.

19 다음 중 6·25 전쟁의 결과에 대하여 <u>잘못</u> 설명하고 있는 것은?

① 남북 간 적대 감정이 지속되어 현재까지 이르고 있다.

② 제2차 세계대전이래 지속되던 냉전이 6·25 전쟁을 계기로 완화되었다.

③ 전쟁고아와 이산가족이 발생하여 삶을 살아가는데 힘들어졌다.

④ 국토의 황폐화와 경제 시설의 파괴로 생산량이 급격하게 축소되었다.

20 다음 중 6·25 전쟁의 배경에 대하여 <u>잘못</u> 설명하고 있는 것은?

① 소련의 군사적 지원이 있었다.

② 북한은 소련 중국과 상호 우호 동맹 조약을 체결하였다.

③ 전쟁이전까지 중국은 북한에 대한 장비 및 인력 지원에 관심을 보이지 않았다.

④ 북한의 군사력이 남한에 비해 월등하게 우세했다.

★정답/문제풀이

19. ② 제 2차 세계대전이래 지속되던 냉전이 폭발하면서 월남전 까지 냉전이 지속되었다.
20. ③ 중국은 6·25 전쟁 직전 북한에 조선 의용군을 넘겨주어 북한 전력이 크게 증감하였다.

韓   國

제6장

대한민국의
건국과 국가
발전과정에서
군의 역할

史

제1절 대한민국의 건국과 군의 역할

❶ 국군의 명맥, 건군, 그리고 건국

1) 국군의 명맥과 전통

(1) 의병항쟁에서 국군의 수립까지

① 구한말 항일 의병운동

㉮ 을미의병(1895 → 을미사변, 단발령 시행에 반발)

㉯ 을사의병(1905 → 을사늑약에 대한 반발)

㉰ 정미의병(1907 → 고종 강제 퇴위, 한일신협약, 군대 해산에 대한 반발)

② 일제 강점기 독립군

㉮ 1910년대 독립군 활동을 위한 서간도, 북간도, 만주, 연해주 지역 거점 형성

㉯ 1920년대 봉오동 전투(대한독립군 중심), 청산리 대첩(북로군정서군 중심)을 시작으로 많은 활동 일어남

㉰ 1930년대 조선혁명군, 한국독립군, 조선의용대 등 활동

③ 1940년대 한국광복군 활동

④ 조선경비대(=남조선 국방경비대. 1946.1. 지금의 육군사관학교 터에서 창설)

㉮ 미군정 하에서 창설

㉯ 국내치안 유지에 부족한 경찰력을 지원한다는 명목으로, 2만 5천 명 규모의 병력을 책정하여 남한의 8개 도청소재지에 각각 1개 중대(장교 6명, 사병 225명)씩의 경비부대를 편성

㉰ 1948년 제주도 4·3 사건 진압에 투입

㉱ 1948년 9월 1일 대한민국 국군으로 편입 → 대한민국 육군으로 편성

⑤ 대한민국 국군(1948.8.)

→ 미 군정청이 설립한 '군사영어학교'와 '조선 경비대'가 모체가 되어 '국군'으로 확대 개편

(2) 대한민국 정부 수립(1948.8.) 직후 국군 출범

북한은 정부 수립(1948.9.)에 앞서 정규군(인민군, 1948.2.)이 먼저 창설됨

★ 국군 출범 시 소련의 적극적인 지원을 받은 북한군이 규모, 장비 면에서 국군보다 우세

(3) 대한민국 국군은 한말 의병, 독립군, 광복군의 정신 및 역사적 전통 계승

2) 국군 조직의 법적 근거

(1) 국방부 훈령 제1호(초대 국방부장관 이범석, 국무총리와 겸직)

"우리 육·해군 각급 장병은 대한민국 국방군으로 편성되는 영예를 획득하게 되었다."

(2) 국군조직법(법률 제9호, 1948.11.30.)

(3) 국방부직제(대통령령 제37호, 1948.12.17.)

3) 정부 수립 직후 무장 게릴라 소탕 작전

남한 내에서 활동하던 좌익 세력 진압 노력

– 지리산지구 전투사령부(1949.3.), 태백산지구 전투사령부(1949.9.)

★ 후방 지역 안정화작전 수행(후방지역 4개 사단 배치) 때문에 38도선에는 8개 사단 중 4개 사단만 배치

❷ 국가 발전 과정에서 군의 역할

1) 1950년대

(1) 한·미 상호방위조약(1953.10.1.)으로 인해 군사력 강화

(2) 6·25 전후 복구와 미국의 원조(삼백산업 → 제분, 제당, 면방직)

2) 1960년대

(1) 베트남 파병(1964. 비전투 부대 파병, 1965~1973. 전투 부대 파병)

① 명분

㉮ 6·25전쟁을 도와 준 우방국에 보답, 자유민주주의 수호

㉯ 미국의 요청을 대한민국 정부가 수용하여 추진

㉰ 야당과 일부 지식인의 파병 반대

② 비전투병(이동 외과 병원, 태권도 교관단 등)은 1964년부터 파견

전투병 파병은 1965년부터 본격화, 1973년에 철수 완료

★ 브라운 각서(1966.3.)에 의해 미국이 국군 현대화, 산업화에 필요한 기술, 차관 제공

③ 성과

㉮ 국군의 전력 증강과 경제 개발을 위한 차관 확보

㉯ 파병 군인들의 송금

📖 **심화학습**

한국군 현대화 계획

'한국군 현대화 계획'의 토대 위에서 '제1차 전력증강계획'(일명 율곡사업)을 1974년 수립하여 1980년까지 7개년 계획으로 추진하다가 1년을 연장하여 1981년에 완료했다. 그 후 제2차 율곡사업(82~86), 제3차 율곡사업(87~92)을 추진했는데, 제3차 율곡사업은 다시 3년 연장되어 전력정비사업(87~95)으로, 그리고 방위력개선사업(96~99)으로 발전되었다. 2000년부터는 전력투자사업으로 추진하고 있고 2006년도 부터는 다시 방위력개선사업으로 추진되고 있다.

→ **93년 율곡비리 같은 부조리 발생**

ⓓ 군수품 수출

ⓔ 건설업체의 베트남 진출로 외화 획득

ⓕ 미국과 정치·군사적 동맹관계 강화

(2) 향토 예비군 창설(1968)

→ 1968.1.21. 청와대 기습 사건으로 인해 향토 예비군 창설

3) 1970년대

(1) 국군 현대화 사업 추진: 율곡 사업(1974~)

(2) 새마을 운동(1972)에 국군의 적극적인 참여

📖 **심화학습**

브라운 각서(1966.3.)

▶ **군사 원조**

제1조. 한국에 있는 국군의 장비 현대화 계획을 위하여 수년 동안 상당량의 장비를 제공한다.

제3조. 베트남 공화국에 파견되는 추가 병력을 완전 대치하는 보충 병력을 무장하고 훈련하며, 소요 재정을 부담한다.

▶ **경제 원조**

제4조. 수출 진흥의 전 부문에 있어서 대한민국에 대한 기술 원조를 강화한다.

제5조. 1965년 5월에 대한민국에 대하여 이미 약속한 바 있는 1억 5천억 달러 AID 차관(=개발도상국의 경제 개발을 위해 미국이 제공하는 장기융자)에 추가하여 ... (중략) ... 대한민국의 경제 발전을 지원하기 위하여 AID 차관을 제공한다.

4) 우리군이 수호해야할 영역

연평부대 해안경계

독도 기동경비 작전

마라도 초계활동

제2절 평화유지활동

❶ 평화유지활동의 개념

1) 유엔 평화유지활동은 국가 간의 분쟁을 평화적으로 해결하기 위해 1948년 시작
   • 1948년 팔레스타인 지역에 일어난 분쟁을 해결하기 위해 정전감시단 설치
2) 평화유지활동의 임무
   (1) 분쟁지역에서 정전감시
   (2) 평화 조성 및 재건
   (3) 치안활동
   (4) 난민 및 이재민 구호 활동

❷ 한국의 UN 평화유지활동 사례

1) 소말리아 상록수 부대(1993.7.~1994.3.): 최초의 UN 평화유지활동 파병

   (1) 임무
   ① 내전으로 황폐화된 도로(80km) 보수
   ② 관개수로(18km) 개통
   ③ 사랑의 학교와 기술학교를 운영
   (2) 국제사회로부터 한국군의 참여를 지속적으로 요청하는 계기
   (3) '상록수'의 의미: "소말리아 땅을 푸른 옥토로 바꾸겠다"는 의미

2) 서부사하라 국군의료지원단(1994.8.~2006.5.)

   (1) 임무
   ① 현지 유엔요원에 대한 의료지원
   ② 지역주민에 대한 방역
   ③ 전염병 예방활동 수행
   (2) 국내에서 1만여 km 떨어진 서부사하라 국군의료부대까지의 보급과 지원 실시
   (3) 우리 군의 군수지원체계를 발전시키는데 기여

3) 앙골라 공병부대(1995.10.~1996.12.)

   (1) 임무(평화지원 임무 수행)
   ① 내전으로 파괴된 교량 건설

② 비행장 복구

(2) 파급 → 1996년 우리나라가 유엔안전보장이사회 비상임이사국으로 진출하는데 기여

4) 동티모르 상록수부대(1999.10.~2003.10.): 최초의 보병부대 UN 평화유지활동 파병

(1) 우리 군 최초의 보병부대 파견

(2) 지역 재건과 치안 회복을 지원하여 동티모르 평화정착에 기여

5) 레바논 동명부대(2007.7.~현재)

(1) 동티모르에 이은 두 번째 보병부대 파견

(2) 임무(다양한 민사작전 활동 수행)

　① 정전 감시가 주 임무

　② 지역주민 진료 및 방역 활동

　③ 도로 포장(도로 신설 및 개선)

　④ 노후화된 학교 및 관공서 시설물 개선 활동 실시

(3) 동명부대 전 장병은 UN 평화유지군에게 주어지는 최고의 영예인 유엔 메달 수여

(4) Peace Wave → 동명부대의 민사작전 명칭

6) 아이티 단비부대(2010.2.~2012.12.22.)

(1) 2010년 1월 12일 아이티에서 발생한 사상 최대 규모의 지진피해 복구를 지원하기 위해 같은 해 2월 17일 공병부대를 모체로 창설(공병·의무·수송·통신·경비 기능을 갖춤)

(2) 지진 잔해 제거, 도로·제방 복구, 부지 정리, 심정 개발 등 485건의 임무 수행

(3) 콜레라가 창궐한 이후에는 응급환자 진료, 난민촌 방역활동 등 수행

　→ 하루 평균 200명에 달하는 현지인을 진료

　3년이 안 되는 기간에 현지인 6만명 진료라는 대기록을 달성했다.

7) 필리핀 아라우부대(2013.12.~2014.12.23.)

(1) 2013년 11월 8일 슈퍼 태풍 하이옌으로 국토가 초토화된 필리핀 타클로반에 재건지원을 위해 파견부대

(2) 유엔 평화유지군이나 다국적군이 아닌 재해당사국의 요청에 의해 파병된 최초의 파병부대

(3) 최초로 육·해·공·해병대가 모두 포함된 파병부대

(4) 타클로반 일대에서 피해지역 정리, 공공시설 복구, 의료 지원 및 방역활동 등 임무 수행

(5) 아라우(Araw)는 필리핀어로 태양, 희망, 날을 뜻함(=어둠 뒤에 태양이 온다)

(6) 병력은 이라크로 파병된 자이툰부대 다음로 두 번째로 많았음

제3절 다국적군 평화활동

❶ 다국적군 평화활동의 개념

1) 유엔 안전보장이사회의 결의 또는 국제사회의 지지와 결의에 근거하여 지역 안보기구 또는 특정 국가 주도로 다국적군을 구성하여 분쟁해결, 평화정착, 재건 지원 등의 활동 수행
2) 유엔 평화유지활동과 더불어 분쟁지역의 안정화와 재건에 중요한 역할 담당

구 분	UN 평화유지활동	다국적군 평화활동
주 체	UN 직접 주도	지역안보기구 또는 특정 국가
지휘통제	UN 사무총장이 임명한 평화유지군 사령관	다국적군 사령관
소요경비	UN에서 경비 보전	참여국가 부담

❷ 한국군의 다국적군 평화활동 사례

1) 아프가니스탄 파병

최초의 다국적군 평화활동 재건지원팀 및 방호부대(오쉬노부대) 파견
(1) 2001년 9·11테러 이후 유엔 회원국으로서 다국적군에 본격적으로 참여하기 시작
  ① '항구적 자유작전'으로 알려진 아프가니스탄 '테러와의 전쟁'에 동참
  ② 해군 수송지원단 해성부대   공군 수송지원단 청마부대

📖 **심화학습**

해성부대

15회의 5300여 톤의 군수, 재난 및 구호 물자를 수송, 추락한 미국 공군의 B-1 랜서의 기체 탐색과 미국 해군 사격 훈련장을 위해 괌 해상 조사 등으로 총 17회의 임무로 항구적 자유 작전-아프가니스탄 지원 임무를 성공적으로 수행했을 뿐만 아니라 평화 애호국으로서 국가 위상 제고와 대한민국과 미국의 군사 동맹 강화에 크게 기여했다. 그 외에도 해성 부대는 해상 사고에 구조작전을 펼쳐 조난자를 구했다.

청마부대

공군 수송지원단로 잘 알려진 제57항공수송단은 테러 예방을 위한 국제적 연대에 동참하고 미국의 동맹국으로서 대테러 작전에 필요한 지원 및 협력을 제공하기 위해 제5전술공수비행단에서 파견된 대한민국 공군의 항공수송 부대이다.
2001년 12월 18일, 경남 김해기지에서 전개했고 주임무는 미국 태평양 사령부 작전지역에서 병력, 물자, 화자, 물자공수 및 자국민 보호이다. 또한, 2003년 4월, 이라크로 파병된 서희 부대와 제마 부대에게 보급 공수작전도 펼쳤다.

오쉬노부대

오쉬노부대는 4개 부대로 이루어져 있다. 지상호송, 경호작전, 기지 방호 및 경계작전을 담당하는 경호경비대, 공중호송 및 정찰임무를 수행하는 항공지원대, 주아프가니스탄 한국대사관 경계임무를 수행하는 경비중대와 오쉬노부대 전체의 전투임무를 지원하는 작전지원대가 있다. 부대원들은 대부분 특전사, 해병대, 항공, 통신, 정비, 보급, 의무 주특기병 및 부사관, 장교들로 구성되어 있다. 오쉬노 부대는 민간전문가 주도로 보건 및 의료, 교육이나 농촌개발 등 다양한 분야에서 재건 사업을 추진하는 한국 PRT(Provincial Reconstruction Team(지방재건팀))을 지원, 주둔지 방어, PRT 요원의 활동시 호송과 경호 및 정찰임무 등을 수행하고 있다.

　국군의료지원단 동의부대　　　　　　건설공병지원단 다산부대

(2) 2010년 지방재건팀 방호를 위해 오쉬노 부대 파견

　　→ 오쉬노(Ashena)는 아프가니스탄어로 동료, 친구를 뜻함

(3) 2014년 6월 재건지원팀과 함께 전원 철수

2) 이라크 파병

최초의 다국적군 평화활동 민사지원부대 파병(자이툰 사단)

(1) 2003년 미·영 연합군의 '이라크 자유작전'을 지원하기 위해 공병·의료지원단 서희·제마부대
　　파견

　① 다국적군 지원과 인도적 차원의 전후복구 지원, 현지주민에 대한 의료지원

　② 2004년 4월 추가 파병된 자이툰 부대에 통합되어 임무 수행

(2) 2004년 이라크 평화지원단인 자이툰 사단을 파견

　① 자이툰 사단은 한국군 최초로 파병된 민사지원부대

　② 자이툰 병원 운영, 학교 및 도로 개통 등 주민 숙원사업을 지원

　★ 자이툰은 '올리브'를 뜻하며, 평화를 상징

▶ 자이툰 사단

3) 소말리아 해역 파병

최초의 다국적군 평화활동을 위한 함정 파견(청해부대)

(1) 1990년대 소말리아의 오랜 내전으로 정치·경제 상황 악화로 해적활동이 급증

(2) 2008년 유엔은 우리에게 해적 퇴치 활동에 적극적인 동참 요청

(3) 2009년 소말리아 해역의 해상안보 확보와 우리 선박과 국민 보호하기 위해 창군 이래 최초로
　　함정(청해부대)을 파견하기로 결정

　★ 2011년 1월에 소말리아 해적에 피랍된 삼호 주얼리호와 우리 선원을 구출하기 위하여 '아덴만
　　여명작전'을 실시하여 우리 국민 전원을 구출(석해균 선장)

제4절 한국군 해외파병 현황

• 총 12개국 1,102명   (2018.12.31. 현재)

구 분			현재 인원	지 역	최초 파병	교대 주기
UN PKO	부대 단위	레바논 동명부대	330	티르	'07. 7월	8개월
		남수단 한빛부대	288	보르	'13. 3월	
	개인 단위	인·파 정전감시단(UNMOGIP)	7	스리나가	'94. 11월	1년
		남수단 임무단(UNMISS)	7	주바	'11. 7월	
		수단 다푸르 임무단(UNAMID)	2	다푸르	'09. 6월	
		레바논 평화유지군(UNIFIL)	4	나쿠라	'07. 1월	
		서부사하라 선거감시단(MINURSO)	4	라윤	'09. 7월	
	소 계		642			
다국적군 평화활동	부대 단위	소말리아해역 청해부대	303	소말리아해역	'09. 3월	6개월
	개인 단위	바레인 연합해군사령부 / 참모장교	3	마나마	'08. 1월	1년
		지부티 연합합동기동부대 (CJTF-HOA) / 협조장교	2	지부티	'09. 3월	
		미국 중부사령부 / 협조단	2	플로리다	'01. 11월	1년
		미국 아프리카사령부 / 협조장교	1	슈트트가르트	'16. 3월	1년
	소 계		311			
국방협력	부대 단위	UAE 아크부대	149	아부다비	'11. 1월	8개월
	소 계		149			
총 계			1,102			

※ 개인단위(32명): UN PKO(24), 다국적군(8)

※ 부대단위(1,070명): UN PKO(618), 다국적군(303), 국방협력(149)

• 파병 지역

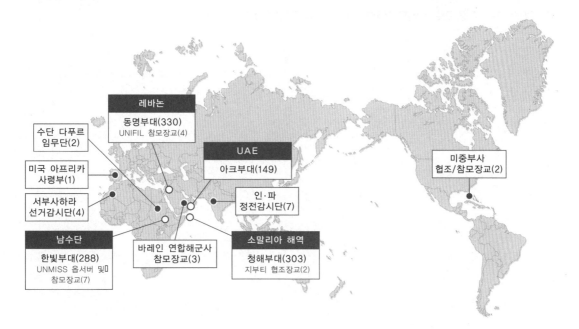

• 용어

구 분	명 칭
연합합동기동부대-아프리카 뿔 (CJTF-HOA)	Combined Joint Task Force-Horn of Africa
레바논 평화유지군 (UNIFIL)	United Nations Interim Forces In Lebanon
인·파 정전감시단 (UNMOGIP)	United Nations Military Observer Group In India·Pakistan
남수단 임무단(UNMISS)	United Nations Mission In South Sudan
수단 다푸르 임무단(UNAMID)	African Union-United Nations Hybrid Operation in Darfur
서부사하라 선거감시단 (MINURSO)	United Nations Misson for the Referendum in Western Sahara(영) Mission des Nations Unies pour l'organisation d'un Referedum au Sahra Occidental(불)

주제 01 ————————————————————————————————————

국군의 명맥과 전통으로 의병항쟁에서 국군 수립까지를 발표하시오.

주제 02 ————————————————————————————————————

한국군의 해외파병에 대해 발표하시오.

01 다음 중 국군의 역사에 대한 내용으로 **틀린**
것을 고르시오.

① 구한말 항일 의병운동은 일제강점기 독립군으
로 계승되었다.

② 독립군은 광복군으로 계승되었다.

③ 대한민국정부가 설립한 군사영어학교와 조선경
비대가 모체가 되어 국군으로 확대 개편되었다.

④ 국군조직의 법적 근거로는 국군조직법과 국방
부직제가 있다.

02 〈보기〉에서 설명하는 부대는?

```
─────────── 〈 보기 〉 ───────────
• Peace Wave
• UN 평화유지군에게 주어지는 최고의 영예인
  유엔메달 수여
• 노후화된 학교의 건물 개·보수
```

① 소말리아 상록수부대

② 동티모르 상록수부대

③ 아이티 단비부대

④ 레바논 동명부대

03 다음 중 시기별 국가 발전과정에서 군의 역
할과 그 시작이 **잘못** 연결된 것을 고르시오.

① 50년대 – 한미 상호방위조약

② 60년대 – 월남전 파병

③ 70년대 – 새마을 운동

④ 80년대 – 율곡 사업

04 다음에서 설명하는 지역을 고르시오.

```
• 최초의 다국적군 평화활동 민사지원부대 파병
  (자이툰부대)
• 공병·의료지원단 서희·제마부대 파견
```

① 소말리아

② 아프가니스탄

③ 이라크

④ 아이티

★정답/문제풀이

1. ③   ③ 미군정청이 설립한 군사영어학교와 조선경비대가 모체가 되어 국군으로 확대 개편되었다.
2. ④   레바논 동명부대에 관한 설명이다.
3. ④   율곡 사업은 1974년, 월남전이 끝나고 난 다음 시작된다.
4. ③   이라크에 파병된 다국적군에 대한 설명이다.
   • 소말리아: 1993년 6월 29일 ~ 1994년 1월 15일 상록수 부대(252)
   • 서부사하라: 선거 감시단(4)
   • 라윤(본부), 모로코 지역(4개소), 폴리사리오 지역(5개소)
   • 앙골라: 1995년 10월 ~ 1997년 2월 한국건설공병대대 198명[3]
   • 동티모르: 1999년 10월 ~ 2003년 10월 상록수 부대(419)
   • 레바논: 2007년 7월 19일 동명 부대(348), UNIIL 참모장교(14)
   • 이라크: 2003년 4월 30일 서희 부대(575), 제마 부대(100), 2004년 2월 23일 자이툰 부대(8,000), 8월 31일 다이만 부대(전원 2008년 12월에 철수)
   • 아이티: 2010년 2월 17일 ~ 2012년 12월 24일 단비 부대(240) , MINUSTAH 참모장교 (2) ,현재 철수함.
   • 소말리아 해역: 2009년 3월 13일 청해 부대(306), 지부티 참모/협조장교 (3)

〈뒷면 계속〉

05 국군과 국가발전의 근대화에 관한 내용 중 다른 것은?

① 육·해·공군의 운송과 선박 및 항공 기술은 민간부문의 발전에 기여하였다.

② 충·효·예 등 시민의식 교육과 국가관 형성으로 국민교육을 담당하였다.

③ 현대적인 기술과 장비로 국토건설과 사회간접 자본 형성에 기여하였다.

④ 한국전쟁으로 인해 사회적 자본이 파괴되어 성장할 수 없었다.

06 다음에서 설명하는 부대를 고르시오.

- 두 번째로 보낸 보병부대
- 정전 감시가 주 임무
- 지역주민 진료 및 방역 활동, 도로 포장, 학교 및 관공서 시설물 개선 활동 실시
- 전 장병이 UN 평화유지군에게 주어지는 최고의 영예인 유엔 메달 수여
- 작전명 PEACE WAVE

① 아이티 단비부대

② 레바논 동명부대

③ 동티모르 상록수부대

④ 서부 사하라 국군의료지원단

07 다음에서 설명하는 이 부대의 이름은 무엇인지 고르시오.

〈 보기 〉
- 2010년 지방재건팀 방호를 위해 파견되었다.
- 아프가니스탄어로 동료, 친구를 뜻한다.
- 2014년 6월 재건지원팀과 함께 전원 철수하였다.

① 자이툰부대　　② 오쉬노부대

③ 청마부대　　　④ 청해부대

08 다음에서 설명하는 부대의 이름을 고르시오.

- 내전으로 황폐화된 도로(80km) 보수
- 관개수로(18km) 개통
- 사랑의 학교와 기술학교를 운영
- 국제사회로부터 한국군의 참여를 지속적으로 요청하는 계기

① 필리핀 아라우부대

② 레바논 동명부대

③ 동티모르 상록수부대

④ 소말리아 상록수부대

★정답/문제풀이

- 아랍에미리트: 아크 부대(149)
- 아프가니스탄: 2001년 해성 부대, 청마 부대, 2002년 동의 부대(100), 2003년 다산 부대(1,360), 2010년 오쉬노 부대(61) , 참모장교 (2)
- 남수단: 2013년 3월 1일 한빛 부대(280), 임무단 (8)　　• 바레인 연합해군사령부: 참모/협조장교 (4)
- 라이베리아: 임무단 (2)　　• 인도 + 파키스탄: 정전감시단 (7)
- 코트디부아르: 임무단 (2)　　• 미국 중부 사령부: 협조/참모장교 (3)
- 수단 다푸르: 임무단 (2)　　• 필리핀: 2013년 파병 확정(500)

5. ④　육·해·공군의 운송과 선박 및 항공 기술은 민간부문의 발전에 기여하였고, 군의 정신이 확대되어 충·효·예 등 시민의식 교육과 국가관 형성으로 국민교육을 담당하기도 하였다. 또한 현대적인 기술과 장비로 국토건설과 사회간접자본 형성에 기여하였다.

6. ②　이 설명은 레바논 동명부대에 대한 것이다.

7. ②　오쉬노 부대에 대한 설명이다.
　　자이툰은 '올리브'를 뜻하며, 평화를 상징하는 이름이다. 청마는 아프가니스탄에 파견된 공군 수송지원단. 청해부대는 아프리카 소말리아에 파견된 함정부대를 말한다.

8. ④　보기에서 설명하는 부대는 UN 평화유지군 활동으로 최초로 파병된 소말리아 상록수 부대이다.

09 다음에서 설명하는 부대의 이름을 고르시오.

- 현지 유엔요원에 대한 의료지원과 지역주민에 대한 방역
- 전염병 예방활동 수행
- 국내에서 1만여 km 떨어진 부대까지의 보급과 지원 실시
- 우리 군의 군수지원체계를 발전시키는데 기여

① 서부 사하라 국군의료지원단
② 레바논 동명부대
③ 동티모르 상록수부대
④ 필리핀 아라우부대

10 다음에서 설명하는 부대의 이름을 고르시오.

- 내전으로 파괴된 교량 건설, 비행장 복구 등과 같은 평화지원 임무를 수행하였다.
- 1996년 우리나라가 유엔안전보장이사회 비상임이사국으로 진출하는데 기여

① 서부 사하라 국군의료지원단
② 동티모르 상록수부대
③ 앙골라 공병부대
④ 레바논 동명부대

★정답/문제풀이

9. ① 　보기에서 설명하는 부대는 우리 군의 군수지원체계를 발전시키는데 기여한 서부 사하라 국군의료지원단이다.
10. ③ 　보기에서 설명하는 부대는 안보리에 비상임 이사국으로 진출하는데 큰 기여를 한 앙골라 공병부대이다.

47. (가)~(다) 학생이 발표한 내용을 일어난 순서대로 옳게 나열한 것은? [3점]

① (가) – (나) – (다)
② (가) – (다) – (나)
③ (나) – (가) – (다)
④ (나) – (다) – (가)
⑤ (다) – (나) – (가)

48. 다음 뉴스가 보도된 정부 시기의 사실로 옳은 것은? [2점]

① 금융 실명제가 실시되었다.
② 서울 올림픽 대회가 개최되었다.
③ 박종철 고문 치사 사건이 발생하였다.
④ 반민족 행위 특별 조사 위원회가 구성되었다.
⑤ 전태일이 근로 기준법의 준수를 요구하며 분신하였다.

49. 다음 퀴즈의 정답으로 옳은 것은? [1점]

① 4·19 혁명
② 6월 민주 항쟁
③ 부·마 민주 항쟁
④ 5·18 민주화 운동
⑤ 한·일 협정 반대 운동

50. 다음 사건이 있었던 정부 시기의 통일 노력으로 옳은 것은? [2점]

□□신문

제△△호   ○○○○년 ○○월 ○○일

남북한, 냉전 청산의 큰 걸음을 내딛다

제46차 유엔 총회에서는 159개 회원국 중 105개국이 공동 제안한 남북한 유엔 가입 결의안을 만장일치로 채택하였다. 이로써 남북한은 광복 이후 46년 만에 유엔의 정회원국이 되었다. 정부는 "유엔 세계 평화의 날이기도 한 오늘, 남북한의 유엔 가입은 한반도에서의 냉전 청산을 위한 큰 걸음을 내딛었다는 점에서 의미가 있다."고 밝혔다.

① 남북 조절 위원회를 구성하였다.
② 남북 기본 합의서를 채택하였다.
③ 7·4 남북 공동 성명을 발표하였다.
④ 개성 공단 건설 사업을 실현하였다.
⑤ 최초로 남북 정상 회담을 개최하였다.

★정답/문제풀이

47. ①   48. ⑤   49. ④   50. ②

47. 다음 기사 내용이 보도된 정부 시기의 사실로 옳은 것을 〈보기〉에서 고른 것은? [2점]

□□신문

제△△호   ○○○○년 ○○월 ○○일

야간 통행 금지 해제

오는 1월 5일 24시를 기하여, 지난 37년간 지속되어 온 야간 통행 금지가 전국적으로 해제될 예정이다. 다만 국방상 중요한 전방 지역과 후방 해안 도서 지역은 대상에서 제외되었다.

이번 야간 통행 금지의 해제로 국민 생활의 편익이 증진되고 관광과 경제 활동이 활성화될 전망이다.

〈보 기〉

ㄱ. 한국 프로 야구가 6개 구단으로 출범하였다.
ㄴ. 언론의 통폐합이 강제로 단행되고 언론 기본법이 제정되었다.
ㄷ. 허례허식을 없애기 위해 법령으로 가정 의례 준칙이 제정되었다.
ㄹ. 재건 국민 운동 본부를 중심으로 혼·분식 장려 운동이 전개되었다.

① ㄱ, ㄴ   ② ㄱ, ㄷ   ③ ㄴ, ㄷ   ④ ㄴ, ㄹ   ⑤ ㄷ, ㄹ

48. (가)~(다)를 발표된 순서대로 옳게 나열한 것은? [3점]

(가)
1. 조선의 민주 독립을 보장한 삼상 회의 결정에 의하여 남북을 통한 좌우 합작으로 민주주의 임시 정부를 수립할 것
4. 친일파 민족 반역자를 처리할 조례를 본 합작위원회에서 입법 기구에 제안하여 입법 기구로 하여금 심리 결정하여 실시케 할 것

(나)
3. …… 공동 위원회의 제안은 최고 5년 기한의 4개국 신탁 통치 협약을 작성하기 위해 미·영·소·중 4국 정부가 공동 참작할 수 있도록 조선 임시 정부와 협의한 후 제출되어야 한다.

(다)
3. 외국 군대가 철퇴한 이후 하기(下記) 제 정당·단체들은 공동 명의로써 전 조선 정치 회의를 소집하여 조선 인민의 각층 각계를 대표하는 민주주의 임시 정부가 즉시 수립될 것이며 ……
4. 상기 사실에 의거하여 본 성명서에 서명한 제 정당·사회 단체들은 남조선 단독 선거의 결과를 결코 인정하지 않으며 지지하지 않을 것이다.

---

① (가) - (나) - (다)
② (가) - (다) - (나)
③ (나) - (가) - (다)
④ (나) - (다) - (가)
⑤ (다) - (나) - (가)

49. 다음 문서를 접수한 정부 시기의 외교 정책으로 옳은 것은? [2점]

---

1. 군사 원조
   • 한국에 있는 한국군의 현대화 계획을 위해 앞으로 수년 동안에 걸쳐 상당량의 장비를 제공한다.
   • 월남에 파견되는 추가 증파 병력에 필요한 장비를 제공하는 한편 증파에 따른 모든 추가적 원화 경비를 부담한다.

2. 경제 원조
   • 주월 한국군에 소요되는 보급 물자, 용역 설치 장비를 실시할 수 있는 한도까지 한국에서 구매하며 주월 미군과 월남군을 위한 물자 가운데 선정된 구매 품목을 한국에 발주할 것이며 그 경우는 다음과 같다. ……

---

① 남북한이 유엔에 동시 가입하였다.
② 중화 인민 공화국과 국교를 수립하였다.
③ 경제 협력 개발 기구(OECD)에 가입하였다.
④ 칠레와 자유 무역 협정(FTA)을 체결하였다.
⑤ 한·일 협정을 체결하여 국교 정상화를 추진하였다.

50. 다음 뉴스가 보도된 정부 시기의 통일 노력으로 옳은 것은? [1점]

대통령은 신년사에서 작년에 제정한 국민 기초 생활 보장법을 통해 IMF 외환 위기로 어려워진 중산층과 서민들의 삶의 질 향상을 위해 노력하겠다고 강조하였습니다. 또한 새천년에는 남북 경제 공동체 구성을 위한 협의와 남북 이산가족 상봉을 추진하겠다고 발표하였습니다.

대통령 신년사, 복지와 통일 정책 방향 제시

① 남북한이 한반도 비핵화 공동 선언을 채택하였다.
② 최초의 이산가족 고향 방문과 예술 공연단 교환이 이루어졌다.
③ 남북한의 교류 협력을 위한 개성 공업 지구 조성에 합의하였다.
④ 남북한 간 최초의 공식 합의서인 남북 기본 합의서를 교환하였다.
⑤ 7·4 남북 공동 성명을 실천하기 위한 남북 조절 위원회를 구성하였다.

★정답/문제풀이

47. ①   48. ③   49. ⑤   50. ③

01 다음에서 설명하는 부대의 이름을 고르시오.

- 동티모르에 이은 두 번째 보병부대 파견
- 이 부대의 전 장병은 UN 평화유지군에게 주어지는 최고의 영예인 유엔 메달을 받았다.
- 이 부대의 민사작전 명칭은 Peace Wave 이다.

① 서부 사하라 국군의료지원단
② 소말리아 청해부대
③ 앙골라 공병부대
④ 레바논 동명부대

02 다음에서 설명하는 부대의 이름을 고르시오.

- 유엔평화유지군 사상 우리 군 최초로 파견된 보병부대이다.
- 지역 재건과 치안 회복을 지원하여 평화정착에 기여하였다.

① 필리핀 아라우부대
② 동티모르 상록수부대
③ 아프가니스탄 오쉬노부대
④ 소말리아 상록수부대

03 소말리아 해역에 파견된 청해부대의 설명으로 틀린 것을 고르시오.

① 2011년 1월에 소말리아 해적에 피랍된 삼호주얼리호와 우리 선원을 구출하기 위하여 '아덴만 여명작전'을 실시하였다.
② 석해균 선장의 현명한 상황 대처로 우리 국민 전원을 구출하였다.
③ '아덴만의 여명작전'은 다른 국가들과 함께 실시하여 쾌거를 이룬 작전이다.
④ 청해부대는 최초의 다국적군 평화활동을 위한 함정 파견 부대이다.

04 한국군의 다국적군 평화활동 사례에 대한 설명으로 틀린 것을 고르시오.

① 아프가니스탄 파병은 2001년 9.11 테러 이후 참여하기 시작하였다.
② '항구적 자유작전'으로 알려진 '테러와의 전쟁'에 동참한 것이다.
③ 제일 먼저 파견된 부대는 오쉬노부대이다.
④ 2014년 6월 재건지원팀과 함께 전원 철수 하였다.

★정답/문제풀이

1. ④ 보기에서 설명하는 부대는 서남아시아 레바논에 파견된 동명부대이다.
2. ② 보기에서 설명하는 부대는 유엔평화유지군 사상 우리 군 최초로 파견된 보병부대인 동티모르 상록수 부대이다.
   지역 재건과 치안 회복을 지원하여 동티모르 평화정착에 기여하였다.
3. ③ '아덴만의 여명작전'은 우리 청해부대가 단독으로 실시하여 성공한 작전이다.
4. ③ 해성, 청마, 동의, 다산 부대가 먼저 들어가고 오쉬노 부대는 2010년에 들어간 방호부대이다.

05 다음 중 한미상호방위조약 이후에 대한 내용으로 틀린 것은?

① 1차 율곡사업(1974~1981)을 미국이 계획해서 주도했다.
② FMS를 통해 무기체계 공급으로 한국군 전력을 증강
③ 차관의 제공
④ 주한미군이 보유하고 있던 일부 장비들에 대한 무상 이양

06 국군 창설 초기에 있었던 내용이 <u>아닌</u> 것은?

① 제주 4·3 사건과 10·19 여수 순천 사건으로 숙군을 감행하였다.
② 창설 초기부터 미군의 지원으로 강한 국방력을 유지하였다.
③ 6·25 전쟁 당시 전력으로 열세를 감당해야 했다.
④ 국방경비대를 모태로 국군의 창설을 가능하게 하였다.

07 다음 중 유엔 평화유지활동에 대한 설명으로 틀린 것을 고르시오.

① 1948년 팔레스타인 지역에 일어난 분쟁을 해결하기 위해 정전 감시단을 설치하였다.
② 우리나라는 1948년 팔레스타인 지역에 파견하여 분쟁 해결에 기여하였다.
③ 유엔 평화유지활동은 국가 간의 분쟁을 평화적으로 해결하기 위해 1948년에 시작하였다.
④ 유엔은 그 이후에도 많은 지역에서 분쟁 해결을 위해 힘쓰고 있다.

08 다음 중 다국적군 평화활동에 대한 설명으로 틀린 것을 고르시오.

① 유엔 안전보장이사회의 결의 또는 국제사회의 지지와 결의에 근거하여 지역 안보기구 또는 특정 국가 주도로 다국적군을 구성하여 분쟁해결, 평화정착, 재건 지원 등의 활동을 수행한다.
② 유엔 평화유지활동과 더불어 분쟁지역의 안정화와 재건에 중요한 역할을 담당한다.
③ 소요경비는 UN에서 경비를 보전해 준다.
④ 지휘통제는 다국적군 사령관이 실시한다.

★정답/문제풀이

5. ① 율곡사업이란 한마디로 한국군의 전력증강사업이다. 육·해·공군의 전력증강 작업중에서도 각종 무기 및 장비의 현대화가 핵심이다. 율곡사업이 시작된 것은 북한이 우월한 군사력을 바탕으로 우리측에 자주 군사적 도발을 감행하면서부터이다. 북한은 50,60년대 우리보다 우위에 선 경제력을 바탕으로 68년 이후 70년대 초까지 청와대 습격사건, 푸에블로호 납치사건 등 각종 도발을 감행해왔다. 게다가 북한측은 미그 21 등 최신예 전투기를 도입, 일선에 배치하고 서해함대사령부를 새로 창설하는 등 한반도의 긴장을 고조시키고 있었다. 설상가상으로 71년에는 남한에 주둔하던 미 7사단 마저 철수하자 박정희 대통령은 위기의식을 느끼지 않을 수 없었던 것이었다.
6. ② 국군이 창설되는 초기에는 북한의 군사력이 더욱 강했다.
7. ② 우리나라의 최초 UN 평화유지군 활동은 1993년에 파견한 소말리아 상록수 부대이다.
8. ③ 다국적군의 평화활동의 소용경비는 참여국가가 부담하는 것이 원칙이다.
    유엔 안전보장이사회의 결의 또는 국제사회의 지지와 결의에 근거하여 지역 안보기구 또는 특정 국가 주도로 다국적군을 구성하여 분쟁해결, 평화정착, 재건 지원 등의 활동을 수행한다. 유엔 안전보장이사회의 결의 또는 국제사회의 지지와 결의에 근거하여 지역 안보기구 또는 특정 국가 주도로 다국적군을 구성하여 분쟁해결, 평화정착, 재건 지원 등의 활동을 수행한다. UN 평화유지활동과 더불어 분쟁지역의 안정화와 재건에 중요한 역할을 담당한다. 또한 지휘통제는 다국적군 사령관이 실시한다.

09 베트남 전쟁 파병 배경으로 **틀린** 것은?

① WMD (대량살상무기) 억제
② 주한미군 감축을 막기 위해서
③ 6·25 전쟁을 도와준 보답으로
④ 한국군의 실제 전투 경험을 통해 전력증강을 위해서

10 소말리아 해역에 파견된 다국적군 평화활동에 대한 설명으로 **틀린** 것을 고르시오.

① 2009년 소말리아 해역의 해상안보 확보와 우리 선박과 국민을 보호하기 위해서이다.
② 2009년 당시 파견된 전함은 국내로 들어오지 않고 계속적으로 소말리아 해역에서 감시활동을 벌이고 있다.
③ 2008년 유엔은 우리에게 해적 퇴치 활동에 적극적인 동참을 요청하였다.
④ 1990년대 소말리아의 오랜 내전으로 정치·경제 상황 악화로 해적활동이 급증하였다.

11 국군과 관련된 다음의 설명 중 **틀린** 것을 고르시오.

① 미 군정청이 설립한 '군사영어학교'와 '조선경비대'가 모체가 되어 '국군'으로 확대 개편됨
② 대한민국 국군은 한말 의병, 독립군, 광복군의 정신 및 역사적 전통을 계승하였다.
③ 대한민국 정부 수립 직후 국군이 출범하였다.
④ 북한은 정부 수립이 되고 인민군이 창설되었다.

12 다음에서 설명하는 내용에 대한 것을 고르시오.

> ▶ 군사 원조
> 제1조. 한국에 있는 국군의 장비 현대화 계획을 위하여 수년 동안 상당량의 장비를 제공한다.
> 제3조. 베트남 공화국에 파견되는 추가 병력을 완전 대치하는 보충 병력을 무장하고 훈련하며, 소요 재정을 부담한다.
> ▶ 경제 원조
> 제4조. 수출 진흥의 전 부문에 있어서 대한민국에 대한 기술 원조를 강화한다.
> 제5조. 1965년 5월에 대한민국에 대하여 이미 약속한 바 있는 1억 5천억 달러 AID 차관(=개발도상국의 경제 개발을 위해 미국이 제공하는 장기융자)에 추가하여 … (중략) … 대한민국의 경제 발전을 지원하기 위하여 AID 차관을 제공한다.

① 모스크바 3국 외상회의
② 브라운 각서
③ 2차 미·소공동위원회
④ 한일협정

★정답/문제풀이

9. ①　WMD(대량살상무기) 억제와 관련된 내용은 베트남 파병과 관련이 없다. 그에 대한 예는 이라크 전쟁 등이 있겠다.
10. ②　청해부대는 하나의 전함만 활동한 것이 아닌 여러 전함들이 주기를 정해 돌아가면서 주둔하고 있는 소말리아 해역의 부대이다.
11. ④　북한은 인민군이 48년 2월에 먼저 창설되고 48년 9월 9일에 조선 민주주의 인민공화국 정부가 수립되었다.
12. ②　보기에서 설명하는 내용은 브라운 각서이다. 브라운 각서는 1966년 3월에 작성되어 미국이 한국에 군사원조와 경제원조를 약속하였다.

13 우리 국군의 명맥과 전통을 이어주는 계보로 옳은 것을 고르시오.

> 구한말 항일의병운동 → 일제강점기독립군 → 광복군 →   ?   → 대한민국 국군

① 한국독립군
② 북조선임시인민위원회
③ 조선경비대
④ 조선건국준비위원회

14 레바논 동명부대와 관련된 것으로 <u>틀린</u> 것을 고르시오.

① 참가국이 모든 경비를 부담하는 활동이다.
② 동티모르에 이은 두 번째 보병부대로 정전 감시가 주 임무이다.
③ 동명부대 전 장병은 UN 평화유지군에게 주어지는 최고의 영예인 유엔 메달을 수여 받았다.
④ 민사작전 명칭은 Peace Wave로 노후화된 학교의 건물 개·보수, 도로 신설 및 개선, 전민들을 대상으로 한 의료지원 활동 등 다양한 활동을 하였다.

15 다음에서 설명하는 부대의 이름을 고르시오.

> • 2010년 1월12일 발생한 사상 최대 규모의 지진피해 복구를 지원하기 위해 같은 해 2월 17일 공병부대를 모체로 창설(공병·의무·수송·통신·경비 기능을 갖춤)
> • 지진 잔해 제거, 도로·제방 복구, 부지 정리, 심정 개발 등 485건의 임무 수행
> • 콜레라가 창궐한 이후에는 응급환자 진료, 난민촌 방역활동 등 수행
> • 하루 평균 200명에 달하는 현지인을 진료하였고, 3년이 안 되는 기간에 현지인 6만명 진료라는 대기록을 달성했다.

① 서부 사하라 국군의료지원단
② 아이티 단비부대
③ 앙골라 공병부대
④ 레바논 동명부대

16 우리나라 국군이 국제연합 평화유지활동(UN PKO)을 위해 파병한 나라와 부대로 옳지 않은 것은?

① 동티모르 상록수부대
② 이라크 제마부대
③ 소말리아 청해부대
④ 레바논 동명부대

★정답/문제풀이

13. ③   광복군 다음으로 조선 경비대(46.1)이고 다음으로 국군이다.
14. ①   참가국이 모든 경비를 부담하는 활동은 다국적군 활동이다. 국제평화유지군 활동은 UN에서 경비를 부담한다.
15. ②   아이티 단비부대에 대한 설명이다.
16. ②   우리나라는 유엔에 가입한 이후에 국제사회의 일원으로서 1993년부터 2002년까지 국제 연합 평화유지활동(UN PKO)의 목적으로 소말리아, 서부사하라, 앙골라, 동티모르, 레바논, 아이티 등의 나라에 파병을 보내었다.
     ② 이라크 제마부대는 2001년 이라크 전쟁으로 인한 미군 등 동맹군 치료와 이라크 국민들의 의료지원을 위해 다국적 평화활동의 일환으로 파병되었다.

17 다음 중 피스웨이브(Peace Wave) 작전 수행을 통해 다양한 민사적인 활동의 공을 인정받아 전 장병이 UN 메달을 수여받은 부대는?

① 아이티 단비부대
② 아프가니스탄 오쉬노부대
③ 이라크 자이툰부대
④ 레바논 동명부대

18 다음 중 우리나라가 국제연합 평화유지활동(UN PKO)으로 파병하지 않은 나라는?

① 레바논　　　　② 베트남
③ 인도·파키스탄　④ 아이티

19 한국의 베트남 파병에 대한 설명으로 옳지 않은 것은?

① 1964년을 시작으로 1973년 철수 전까지 파병이 계속되었다.
② UN의 요청에 따라 행해진 대한민국 최초의 국군 해외 파병이다.
③ 국군의 전력증강과 경제발전에 소요되는 차관을 제공받았으며, 군수품 수출, 미국과의 동맹

국 위상 강화 등의 성과를 거두었다.
④ 우리나라는 1956년 베트남과 정식 수교를 맺은 뒤, 베트남전에 참전하면서 단교되었다가 1992년 재수교를 맺었다.

20 유엔의 일원으로 분쟁지역에서 활동하고 있는 평화유지군활동(PKO)과 다국적군에 대하여 잘못 설명하고 있는 것은?

① 유엔 평화유지활동은 국가 간 분쟁의 평화적 해결을 위해 제2차 세계대전이 종전이 되면서 시작되었다.
② 우리 국군의 최초의 유엔 평화유지활동 파병 부대는 소말리아의 상록수부대이다.
③ 유엔 사무총장의 직접적 지휘를 받는 다국적군의 임무는 분쟁해결, 평화정착, 재건 등의 임무를 수행한다.
④ 최초의 다국적군 민사지원임무 평화유지활동 파견부대는 이라크의 자이툰사단이다.

★정답/문제풀이

17. ③　동명부대는 2007년 7월 19일 레바논에 처음 파병되어 현재까지 임무를 수행 중인 PKO 역사상 최장기 전투 파병부대이다. 이들은 레바논과 이스라엘 간 정전감시 임무와 더불어 학교 및 시설물의 개·보수작업, 도로포장, 의료지원 활동 등 인도적 지원 활동 등 인도적 지원 활동을 수행하고 있으며, 이러한 공을 인정받아 2009년 11월 전 장병이 UN 메달을 수여하였다.

18. ②　국제연합 평화유지활동(UN PKO)이란 국제연합이 분쟁지역에 평화유지군이나 감시단 등을 파견하여 치안유지, 지역 재건, 의료지원 등의 임무를 수행하는 것으로, 우리나라는 소말리아, 앙골라, 인도·파키스탄, 동티모르, 서부사하라, 부룬디, 레바논, 아이티 등에서 활동하였다. ② 월남전에는 1965년부터 1973년까지 32만 명이 넘는 국군이 파병되었다. 이는 국제연합 평화유지활동이 아닌 미국의 요청에 의해 이루어진 것으로, 보상 조치로서 국군의 현대화를 위한 기술과 차관을 제공하겠다는 브라운 각서(1966.3.7.)가 체결되었다.

19. ②　베트남 파병은 UN이 아닌 미국의 요청에 따라 이루어진 것으로, 우리나라 정부가 한·미 동맹 차원에서 미국의 6·25 전쟁 지원에 대한 보답과 파병에 따른 기술과 차관 제공 등을 이유로 받아들여 추진되었다. 우리나라가 처음으로 UN의 요청에 따라 파병된 곳은 소말리아(상록수부대)이다.

20. ③　유엔의 평화유지활동(Peace Keeping Operation)은 사무총장의 직접 지휘를 받으나 다국적군은 해당 국가에서 통제한다.

제7장

6·25 전쟁
이후 북한의
대 남 도 발
사   례

제1절 북한의 대남행태 개관

❶ 전쟁 이후 북한은 의도적으로 한국과의 군사적 긴장관계 조성

1) 대내적으로 김일성 일가의 독재체제 정당성 확보
2) 한국을 정치·사회적으로 불안하게 하여 한국 정부의 정통성 약화
   소요사태가 일어나면 북한은 그러한 환경을 지원 및 활용
3) 주한미군을 조기에 철수하도록 하여 한반도의 공산화를 이룩할 있는 기회 조성

❷ 대남공작

1) 목적
   한국 내에서 공산주의 혁명에 유리한 여건 조성
2) 내용
   무장간첩 남파 → 한국 사회 혼란 조성
   • 한국 내 '혁명기지' 구축

❸ 남북한의 군사적 갈등 구조

북한의 군사적 도발형태와 이에 대한 한국의 대응조치의 상호작용 결과로 만들어짐

제2절 시기별 도발행태

❶ 1950년대

1) 배경

표면적으로 평화공세에 의한 선전전에 두고 각종 협상을 제안
(1) 북한 측이 제안한 평화협상
   ① 외국군 철수 요구
   ② 회의 소집 요구
   ③ 평화통일에 관한 선언
   ④ 군축 제의

⑤ 1958.2.5. '4개항 통일방안' 제의를 발표

㉮ 남북에 와 있는 외국군대의 동시 철수

㉯ 중립국 감시하의 총선거

㉰ 남북 교류

㉱ 남북군대의 감축

(2) 남로당계를 숙청함과 동시에 대남공작기구와 게릴라 부대를 해체하는 변혁을 단행

2) 내용

(1) 주로 북로당계 간첩요원 남파(개별적인 밀봉교육 형식)

(2) 1950년대 후반에 학원, 군대, 정부기관 등에 소규모 간첩단을 은밀히 침투시켜 대남공작의 근거지 확보

(3) 민간항공기 납치사건(1958년) 발생

→ 부산에서 서울로 향하던 항공기가 6명의 무장괴한에 의해 납치된 사건

3) 1950년대 대남도발의 특징

1950년대의 전반적인 평화공세에도 불구하고 항공기 납치와 같은 도발 사례를 통해 볼 때 북한의 대남정책은 기본적으로 화전양면성을 나타냄

❷ 1960년대

1) 배경 및 목표

(1) 한국 내의 정치적 혼란(4·19 혁명 등)

→ 국민의 안보의식 저하

(2) 1961년 조선노동당 제 4차 대회에서 강경노선의 통일전략을 채택하고, 대남 공작 기구를 통합·승격시킴

📖 **심화학습**

민간항공기 납치사건(1958.2.16.)

창랑호 납북사건은 대한민국 건국 후 최초로 벌어진 항공기 납치 사건이다.

1958.2.16. 대한민국항공사 소속 여객기인 "창랑호"가 34명의 탑승객을 태우고 부산을 이륙, 서울 여의도 비행장으로 가던 중 평택 상공에서 납치되어 평양 순안공항에 강제 착륙한 사건이다.

그러나, 전 세계의 비난 여론이 일자 북한은 납치범과 그 가족 2명을 제외한 26명을 대한민국에 송환 하였으나 승객 중 미군 군사고문단 소속 1명은 살해한 채 귀환시키는 잔인함을 보였다.

(3) 중·소 분쟁 지속 → 국방력 강화문제를 토의, 국방에서의 자위원칙 채택

    ① 4대 군사노선(1962.12.) 추구

       ㉮ 전인민의 무장화   ㉯ 전군대의 간부화

       ㉰ 전국토의 요새화   ㉱ 전장비의 현대화

    ② 강경한 대남공작 전개 준비

    ③ 주체사상 형성

(4) 전면전을 제외한 다양한 수단을 동원하여 대남적화공세를 강화

(5) 목표

    남한에서의 혁명기지 구축(게릴라 침투와 군사도발 병행)

2) 내용

(1) 북한의 주요 지상도발 유형

    ① 군사분계선 근방에 위치한 한국군 습격

    ② 무장간첩 남파

    ③ 해안선을 연하여 무장간첩단 남파

    ④ 어선을 포함한 강제 납치사건

(2) 정면 군사도발

    ① 1967.1.19. 북한 쾌속정이 남한 해군함정(당포함)을 피격하여 탑승원 79명 중 39명 사망, 40명 생존

    ② 1968.1.23. 미국의 전자정찰함 푸에블로(Pueblo)호가 공해상에서 북한의 쾌속정 4척과 2대의 미그기에 의해 강제 납치되어 원산항으로 이동

    사건 발생 후 11개월 만인 1968년 12월 23일 28차례에 걸친 비밀협상 끝에 합의문서에 서명함으로써 82명의 생존 승무원과 시체 1구가 판문점을 통해 돌아 오게 되었다. 선체와 장비는 북한에 몰수되었으며, 보상금 지불에 관한 내역은 알려지지 않은 채 떳떳하지 못한 타결을 보았다는 후문을 남겨 놓았다.

📖 **심화학습**

당포함 침몰사건(1967.1.19.)

당포함은 북 공격에 침몰한 최초의 한국 해군 함정이다.

당포함은 휴전선 인근 해역에서 명태잡이를 하던 우리 어선들의 어로보호 임무를 맡은 우리 군함으로 1967.1.19. 북한 함정이 접근하자, 어선들을 남쪽으로 돌려 보내기 위해 해안에 접근하는 순간, 북한의 동굴 해안포부대가 쏜 총 236발의 포탄을 맞고 침몰된 사건으로, 우리해군에게는 충격적인 사건이다.

당시 당포함은 우리 어선의 귀환작업을 도왔을 뿐, 무력행위를 하지 않았는데 북한은 같은 민족에게 살상 무기로 공격을 감행했다.

1월 20일 오전까지 51명이 구조되었으나, 그중 11명은 사망하고, 11명은 중화상을 입었다. 실종자는 더 이상 발견하지 못했으며, 28명 모두 전사한 것으로 추정하였다. 그래서 총 39명이 사망하였다.

(3) 게릴라의 직접침투

① 청와대 기습사건(1·21사태)

  ㉮ 전개

    1968년 1월 21일 북한군 무장공비 31명이 휴전선을 넘어 청와대를 습격하려다가 경찰 검문에 걸림. 북한 무장공비는 기관단총을 난사하고 4대의 시내버스에 수류탄을 던져 승객들을 살상. 7명의 군경과 민간인이 북한 무장공비에 의해 살해. 군경 수색대는 31명의 공비 중 1명을 생포하였고, 도주한 1명을 제외한 29명 사살.

  ㉯ 목적

    ⅰ) 대통령관저 폭파와 요인 암살

    ⅱ) 주한 미 대사관 폭파

    ⅲ) 대사관원 살해와 육군본부 폭파

    ⅳ) 고급지휘관 살해

    ⅴ) 서빙고 간첩수용소 폭파 후 북한간첩 대동월북

    ⅵ) 서울교도소 폭파

  ㉰ 결과

    ⅰ) 국방력 강화

    ⅱ) 250만 명의 향토예비군 창설

    ⅲ) 방위산업공장의 설립 추진

    ⅳ) 군내 공비전담 특수부대 편성(실미도 684 북파부대)

    ⅴ) 휴전선 철책 구축

② 울진·삼척지구 무장공비 침투사건(1968년)

  ㉮ 전개

    무장공비들은 15명씩 8개 조로 편성되어 10월 30일, 11월 1일, 11월 2일의 3일간 야음을 타고 경상북도 울진군 고포해안에 상륙, 울진·삼척·봉화·명주·정선 등으로 침투하였다. 이들은 주민들을 모아놓고 남자는 남로당, 여자는 여성동맹에 가입하라고 위협. 주민들은 죽음을 무릅쓰고 릴레이식으로 신고하여 많은 희생을 치른 끝에 군경의 출동을 가능케 함. 약 2개월간 계속된 작전에서 공비 113명 사살, 7명 생포. 아군도 군경과 일반인 등 18여 명이 사망하였다.

    생포된 공비의 증언에 따르면, 일당은 1968년 7월부터 3개월간 유격훈련을 받고 10월 30일 오후 원산에서 배로 출발하여 그 날로 울진 해안에 도착하였으며, 복귀 때에는 무전지시를 받기로 하였으나 실패하여 독자적인 육상복귀를 기도하였다는 것이다.

    평창군 산간마을에서는 10세의 이승복(李承福) 어린이가 "나는 공산당이 싫어요."라는 절규와 함께 처참한 죽음을 당하기도 했다.

㉺ 목적

　　　　① 한국의 산악지대와 농촌에서의 게릴라활동 가능성을 탐색.

　　　　② 한국에서 베트남전과 같은 전쟁을 할 수 있는지 시험.

　　③ 대한항공기 납치(1969.12.11.)

　　1969년 12월 11일 승객 47명과 승무원 4명 등 51명을 태우고 강릉을 출발하여 대한항공 소속 YS-11기가 이륙한지 14분만에 고정간첩이던 조창희가 승객으로 위장 하여 탑승, 조종실을 장악하여 대관령 상공에서 납치돼 북한 원산 선덕비행장에 강제 착륙 됐던 사건이다. 북한은 납치 승객 한사람을 격리 수용하고 하루 4시간씩 세뇌교육을 시켰으며 항의하는 사람들에게는 전기고문, 약물고문 등 악행을 저질렀다.

　　한편, 북한은 납치 66일 만인 1970.2.14. 승객 39명만 판문점을 통해 송환 했을 뿐, 다른 11명은 현재까지 북한에 억류 중인데, 지금도 생사 여부조차 확인해 주지 않고 있다.

3) 1960년대 대남도발의 특징

(1) 위기의 유형

　　무장간첩 또는 게릴라의 직접침투와 군사도발 병행

(2) 위기사건의 빈도

　　① 1950년대보다 증가

　　② 1960년대 후반기에 집중적으로 발생

❸ 1970년대

1) 배경

　　(1) 한국의 경제성장으로 남북한 국력격차가 현저히 좁혀짐

　　(2) 냉전 완화, 국제적 평화 공존 분위기 조성

　　　① 1971년, 이산가족 재회를 위한 남북 적십자 회담 개최

　　　② 1972년, 7·4 남북 공동 성명 발표

　　(3) 김정일이 김일성의 유일한 후계자로 추대(1974년)된 이후 대남공작 강화

2) 내용

　　(1) 특징적인 도발사건: 남침용 땅굴 굴착과 해외를 통한 우회 간첩침투

　　(2) 위기 사건으로 지목될 만한 사례

① 정부요인 암살 시도: 1970년 6월 22일, 북한에서 남파된 무장공비 3명이 국립묘지에 시한 폭탄 설치 → 폭탄 설치 중 실책으로 목적 달성 실패

② 대통령 암살 시도: 1974년 8월 15일, 문세광이 8.15 해방 29주년 기념식장에 잠입하여 연설 중인 박대통령을 저격했으나 미수에 그치고 영부인인 육영수 여사가 시해 당하였다.

③ 북한의 남침용 땅굴

㉮ 배경

1971년 김일성은 "남조선을 조속히 해방시키기 위해서는 속전속결 전법을 도입, 기습남침을 감행할 수 있어야 하며 특수공사를 해서라도 남침땅굴의 굴착작업을 완료하라"고 지시

㉯ 전개

북한은 '특수공사'로 위장하면서 1972년 5월부터 땅굴을 파기 시작.

현재까지 4개가 발견 되었고, 발견된 순서에 따라 순번이 부여됨

- 제1땅굴: 1974년 고랑포 동북방(서부전선)에서 발견. 무장병력이 통과할 수 있고, 궤도차를 이용하면 중화기와 포신도 운반 가능
- 제2땅굴: 1975년 강원도 철원 북방(중부전선)에서 발견. 병력과 중화기 통과 가능
- 제3땅굴: 1978년 판문점 남방(서부전선)에서 발견. 서울에서 불과 44km 거리에 있기 때문에 더욱 위협적인 것으로 평가
- 제4땅굴: 1990년 강원도 양구 동북방(동부전선)에서 발견 → 북한이 중·서부전선 뿐 만 아니라 전선전역에 걸쳐 남침용 땅굴을 굴착해 놓았음

④ 판문점 도끼만행사건(1976.8.18.)

㉮ 전개

북한군은 판문점 공동경비구역에서 나뭇가지 치기 작업을 하던 UN군 소속 미군장교 2명을 도끼로 살해. 사건발생 후 미국은 모든 책임을 북한이 져야한다는 성명 발표. 전폭기 대대 및 해병대를 한국에 급파하고 항공모함 레인저호와 미드웨이호를 한국해역으로 이동시키는 등 긴박한 상황 전개

㉯ 결과

한·미 양국의 강경한 태세에 김일성은 인민군 총사령관 자격으로 21일 오후 스틸웰 UN군 사령관에게 사과의 메시지를 보냄

3) 1970년대 대남도발 특징

(1) 남침용 땅굴 발견으로 말미암아 북한의 평화적 제스처는 단지 위장에 불과하다는 주장이 사실로 입증 (북한은 한국과 대화하는 동안 땅굴을 파고 있었음)

(2) 판문점 도끼만행사건은 북한이 야기한 위기에 대해 미국과 한국의 단호한 응징 조치가 이루어지면 북한은 저자세를 취할 수밖에 없다는 사실을 확인

❹ 1980년대

1) 배경

(1) 한국이 북한의 국력을 압도하는 시기

　　북한은 권력 이양 등 정치적으로 민감한 시기

(2) 총리회담 실무접촉 등 남북대화의 무드를 이용하여 고도의 화전양면전술 구사

　　→ 대한민국 국민의 정신적 해이 조장

(3) 대남모략 비방선전에 적극 이용해 온 통일혁명당을 한국민족민주전선으로 개칭(1985년 7월 중앙

위원회 전원회의)

2) 내용

(1) 위기로 지목될 만한 도발

　① 미얀마 아웅산 테러사건(1983.10.9.)

　　㉮ 전개

　　　북한은 미얀마를 친선 방문중이던 전두환 대통령 및 수행원들을 암살하기 위해 아웅산 묘
소건물에 설치한 원격조종폭탄을 폭발시켜 한국의 부총리 등 17명을 순국케 하고 14명을
부상시키는 테러 감행

　　㉯ 결과

　　　미얀마 정부는 북한과의 외교관계를 단절하는 한편, 북한대사관 직원들의 국외추방 단행.
그 뒤 테러범에 대해 사형선고를 내렸음.

　　　이 사건으로 코스타리카, 코모로, 서사모아 3개국이 북한과의 외교관계를 단절하였으며,
미국·일본 등 69개국이 대북한 규탄성명 발표

　② 대한항공기 폭파사건(1987년)

　　㉮ 전개

　　　1987년 11월 28일 이라크를 출발한 대한항공기가 아랍에미리트에 도착한 뒤 방콕으로 향
발. 미얀마 상공에서 방콕공항과 교신 후 소식이 끊어짐

　　㉯ 여객기 잔해가 태국 해안에서 발견.

　　　30일 오후 해당 항공기 추락 공식 발표

　　㉰ 범인은 북한의 지령(88서울올림픽 개최방해를 위해 KAL기를 폭파하라)을 받은 공작원으로 밝혀짐

3) 1980년대 대남도발의 특징

(1) 위기발생의 배경이 한반도에 국한되지 않고 국제무대로 확장

(2) 사건 자체가 고도의 테크닉을 요하는 국제 테러 수단에 의해 야기

(3) 국제적 테러 사건에서 철저히 범행을 위장하려 노력

★ 북한은 대남전략에 있어 끊임없이 새로운 위협수단 개발에 열중하고 있음을 입증

❺ 1990년대

1) 배경

(1) 대외적: 냉전 해체, 한·중 국교 정상화 → 북한 고립 심화

(2) 대내적: 홍수 및 기근으로 심각한 식량난에 봉착

(3) 화해 분위기 조성: 1991년 남북한 동시 유엔 가입, 남북 기본 합의서 채택

(4) 1990년대 중반부터 '우리 민족끼리'라는 민족주의 명분을 내세워 통일전선 공작강화: 종북세력의 확산과 반정부 투쟁에 주력

(5) 김정일의 '선군정치': 군을 강화하고 군을 중심으로 북한의 대내외적 위기 극복 주장

(6) 경제적 어려움과 국제 정세의 급격한 변화 속에 체제 위기를 핵 개발을 통해 극복하려 노력 → 북·미 갈등 및 한반도 위기 초래

2) 내용

(1) 1994년 핵위기

① 전개

북한의 핵무기 개발 의혹이 국제사회에 증폭되면서 발생

북한은 핵무기 비확산 조약(NPT)과 국제원자력기구(IAEA)를 탈퇴함(1993년)

→ 미국의 대 북한 경제제재 결의안 유엔 상정

→ 지미 카터 전 미국대통령 평양 방문으로 위기상황 극복

② 결과

북·미 제네바 기본 합의서(1994. 한반도 핵문제 해결을 위한 북·미간 합의서) 체결로 위기 무마 → 북핵 문제 해결을 위한 6자 회담(2003년 8월부터 실시 중)

(2) 강릉 앞바다 잠수함 침투(1996.9.18.)

① 전개

1996년 9월 18일 강릉시 고속도로 상에서 택시기사가 거동수상자 2명과 해안가에 좌초된 선박 1척을 경찰에 신고. 좌초된 선박이 북한의 잠수함으로 확인됨에 따라 군경은 무장공비 소탕작전에 돌입

② 결과

㉮ 대전차 로켓, 소총, 정찰용 지도 노획

④ 조타수 이광수 생포 및 승조원 11명의 사체를 발견

㉡ 북한군 13명 사살, 아군 11명 전사

③ 목적

㉮ 전쟁 대비 한국 군사시설 자료 수집

㉯ 전국체전 참석 주요 인사 암살

(3) 북한 잠수함 한국 어선그물에 나포

① 전개

1998년 6월 22일 강원도 속초시 근방 우리 영해에서 북한의 유고급 잠수정 1척이 그물에 걸려 표류하다 해군 함정에 의해 예인

② 결과

자폭한 9명의 북한군 공작조 및 승조원 시신 발견

(4) 1차 연평해전

① 전개

1999년 6월 15일, 북한 경비정 6척이 꽃게잡이 어선 단속을 빌미로 연평도 서방에서 북방한계선(NLL)을 침범했다. 이에 우리 해군 고속정이 남하하는 북한 경비정에 대하여 경고 방송 및 차단기동을 하였으나, 북한 경비정이 우리의 경고를 무시하고 먼저 기습공격을 하였고, 우리 해군 함정들이 대응사격을 함으로써 14분 동안 전투가 발생했다. 그 결과 우리 해군은 큰 피해 없이 북한 경비정 1척을 격침, 5척을 대파하는 압도적인 승리를 거두었다.

② 특징

6·25 전쟁 이후 남북의 정규군 간에 벌어진 첫 해상 전투

3) 1990년대 대남도발의 특징

(1) 위협의 강도는 그리 높지 않았으나 변함없는 대남 적화전략 입증

(2) 북한이 대외적으로는 대화 제스처를 보이지만 내부적으로는 전쟁준비에 몰두한다는 사실을 일깨워 줌

★ 1996년 강릉 무장공비 침투사건 때에도 대북 경수로건설사업 등 남북 간의 경제협력은 계속되고 있었음.

⑥ 2000년대 이후

1) 배경

(1) 국제사회와 대한민국에 대해 공격·협박을 가하고 위협함으로써, 당면한 남북문제와 국제협상

에서 이득을 취하고 보상 또는 태도변화 등을 획책하기 위한 목적

(2) 화해 분위기 조성: 6·15 남북 공동선언(2000년), 남북 협력 및 교류 사업 활성화
　　　　　　　　10·4 남북 공동선언(2007년)

(3) 최근 발생한 북한의 도발은 3대 세습체제 강화를 위한 정치적 목적이 강함

2) 내용: 주요 도발사례

(1) 제2차 연평해전(2002.6.29.)

① 전개

한·일 월드컵이 한창이던 2002년 6월 29일, 1차 연평해전에서 크게 패한 북한이 또 다시 NLL을 침범했다. 이를 저지하기 위해 우리 고속정이 경고방송 및 차단기동을 하던 중, 북한 경비정이 아무런 경고 없이 기습공격을 해왔다. 이에 우리 해군 함정들은 물러나지 않고 대응하여 북한 경비정 1척을 대파하고, 북한군 30여 명이 죽거나 다치는 피해를 입었다.

② 결과

이 과정에서 우리 해군 6명 전사, 19명 부상. 고속정 1척(참수리-357호정) 침몰.

③ 의의

제2차 연평해전은 북한의 의도적이고 사전 준비된 기습공격으로 우리 해군이 많은 피해를 입었지만, 살신성인의 호국의지로 서해 북방한계선(NLL)을 지켜냄

(2) 대청해전(2009.11.10.)

① 전개

2009년 11월 10일, 우리 해군은 NLL에 접근하는 북한 경비정 1척을 포착하고 수차례에 걸친 경고통신을 실시했으나 북한 경비정은 계속해서 NLL 이남 해역을 침범해왔다. 이에 우리 해군이 경고사격을 시작하자 북한 경비정은 즉각 포탄 50여 발을 우리 측에 조준사격을 가해왔고 우리 고속정과 초계함이 대응사격을 명중시켜 북한 경비정은 화염에 휩싸인 채 NLL 이북으로 도주했다.

② 결과

우리 해군은 인명피해가 없었으나, 북한 해군은 경비정 1척이 손상되고 다수의 사상자가 발생한 것으로 추정

(3) 천안함 폭침 사건

2010년 3월 26일, 서해에서 경비임무를 수행중이던 PCC-772 천안함이 백령도 서남방 해역에서 침몰되었다. 북한은 북방한계선(NLL) 이남 우리 해역에 잠수함을 침투시켜, 백령도 인근 해상에서 경계작전 임무를 수행하던 천안함을 어뢰로 공격하였던 것이다. 아군 승조원 104명 중 46명이 전사함.

신중하고 객관적인 원인규명을 위해 미국, 영국, 호주, 스웨덴 4개국이 참가한 합동조사단이 활동했고, 조사 결과 북한 어뢰 추진모터와 조종장치를 발견하는 등 북한의 어뢰 공격이 원인임을 밝혀냈다. 구조작업 중 한주호 준위가 순직했다.

(4) 연평도 포격도발 사건

2010년 11월 23일, 북한은 연평도의 민가와 대한민국의 군사시설에 포격을 감행. 군인 2명 전사, 민간인 2명 사망, 18명 중경상.
한국의 연평도 해병부대도 북한 지역에 대한 대응사격 실시

<천안함 폭침 사건과 연평도 포격도발 사건 비교>

구분	천안함 폭침 사건	연평도 포격도발 사건
공격 형태	• 잠수함정을 이용한 어뢰 공격	• 방사포·해안포 사격
피해 현황	• 승조원 104명 중 46명 전사	• 해병 2명 전사, 18명 중경상 • 민간인 2명 사망 다수의 부상자 발생 • 건물 파손, 산불 발생
북한 입장	• 자신의 소행이 아니라고 부인, 한국 측 날조라고 주장	• 한국 측 도발에 대한 정당한 자위적 조치라고 주장
대북 조치	• 남북 간 교역과 교류의 전면 중단과 북한 선박의 우리 영해 항해 금지 등을 내용으로 하는 '5.24 조치' 발표 • 유럽의회, 북한 규탄 결의안 채택 • G8 정상회의, 북한 규탄 공동성명 발표 • 유엔 안전보장이사회 의장성명으로 천안함 폭침 사건 규탄	• 북한의 책임 있는 조치 강력 요구 • 미국, 영국, 일본, 독일 등 세계 각국은 북한의 비인간적 도발 행위에 대해 분노하고 규탄

(5) 경기도 파주지역 비무장지대(DMZ) 목함지뢰 도발

2015년 8월 4일 경기도 파주지역 비무장지대(DMZ)에서 북한군이 매설한 목함지뢰 폭발로 한국군 부사관 2명이 중상을 입음.

3) 2000년대 도발행위의 특징

(1) 대량살상무기(WMD) 개발: 핵실험 실시 등
(2) 특수부대와 수중전 등 비대칭 전력을 이용한 대남 침투도발 지속
(3) 북방한계선(NLL) 무력화 시도
북한 선박 월선 행위 증가 / 서해해상 도발 사례 증가
(4) 이명박 정부 출범 이후에는 '천안함 폭침 사건'과 '연평도 포격도발 사건'과 같은 군민(軍民)을 가리지 않는 무차별한 대남도발 자행

제3절　대남도발의 유형 및 특징

❶ 다양한 대남도발 유형

→ 군사적 습격, 무장간첩 침투, 요인암살, 잠수함 침투, 땅굴 굴착 등

1) 1960년대 전반: 군사분계선을 연하는 지역에서 군사적 습격과 납치 강행

2) 1960년대 후반: 무장간첩을 침투시켜 게릴라전 시도

　★ 북한의 군사도발이 강화된 이유: 월남전 형태의 게릴라전을 통해 무력에 의한 적화통일 달성 희망

3) 1970년대: 소규모 무장간첩 침투 → 한국 정치사회적 불안 조성 / 반미감정 고조

4) 1980년대: 국제적 테러 감행

　★ 목적: 상대적 열세에 대한 불안감 만회, 한국의 발전 제동

5) 1990년대 이후: 잠수함 침투, 핵 위기, 해군 교전, 북방한계선(NLL) 무력화 시도 등 새로운 유형의 도발 시도

6) 연대별·유형별 침투 및 국지도발 세부 현황

구　분		계	1950년대	1960년대	1970년대	1980년대	1990년대	2000년대	2010~2015년	2016년	2017년	2018년
계		3,119	398	1,336	403	227	250	241	251	8	5	0
침투	직접침투	1,749	975	988	298	38	50	0	0	0	0	0
	간접침투	214	0	0	0	127	44	16	24	1	2	0
	월북·납북자 간첩 남파	39	4	21	12	2	0	0	0	0	0	0
	소　계	2,002	379	1,009	310	167	94	16	24	1	2	0
국지도발	지상도발	502	7	298	51	44	48	42	11	0	1	0
	해상도발	559	2	22	27	12	107	180	203	5	1	0
	공중도발	51	10	7	15	4	1	3	9	1	1	0
	전자전·사이버공격	5	0	0	0	0	0	0	4	1	0	0
	소　계	1,117	19	327	93	60	156	225	227	7	3	0

출처: 2018년 국방백서

❷ 대남도발의 특징

1) 정치-군사적 목적

  (1) 군사적 목적에 의한 도발이 가장 많음

  (2) 시민을 대상으로 한 테러행위 → 한국의 정치 사회적 혼란 조성 의도

2) 화전양면전략

  (1) 북한의 위기도발은 남북대화와 무관하게 자행됨

  (2) 대화는 필요에 의해서 추진되지만 도발행위는 일관적으로 시행됨

3) 도발행위 은폐

  (1) 북한은 자신의 의도를 숨기고 한국에 의한 조작행위로 비난하는 행태를 보임

  (2) 도발행위 은폐가 어려운 경우 한반도의 군사적 긴장 구조로 원인을 돌림

     → 미군 철수 등의 정치 선전 기회로 활용

주제 01

북한의 2000년대 대남 군사도발 사례 3개 이상을 발표하시오.

주제 02

북한의 대남도발의 특징을 발표하시오.

01 남북한의 군사적 갈등구조의 원인은 무엇인가?

① 북한의 군사적 도발형태와 이에 대한 한국의 대응조치의 상호작용 결과

② 북한의 화해 분위기를 잘 읽어내지 못하는 남한의 상황

③ 남한 내 '혁명기지'의 완성을 통한 북한과의 갈등

④ 남한과 북한과의 경제적 격차로 인한 북한과의 대화 단절

02 다음에서 설명하는 내용은 어떤 사건의 결과인지 고르시오.

- 국방력 강화
- 250만 명의 향토예비군 창설
- 방위산업공장의 설립 추진
- 군내 공비전담 특수부대 편성
  (실미도 684 북파부대)
- 휴전선 철책 구축

① 판문점 도끼만행사건

② 아웅산 테러사건

③ KAL기 납치사건

④ 1·21 청와대 기습사건

03 다음 중 1976년 8월에 일어났던 판문점 도끼 만행사건에 대한 설명으로 틀린 것을 고르시오.

① 북한군은 판문점 공동경비구역에서 나뭇가지 치기 작업을 하던 UN군 소속 미군장교 2명을 도끼로 살해하였다.

② 사건발생 후 미국은 모든 책임을 북한이 져야 한다는 성명을 발표하였다.

③ 전폭기 대대 및 해병대를 한국에 급파하고 항공모함 미드웨이호와 아이젠하워호를 한국해역으로 이동시키는 등 긴박한 상황 전개하였다.

④ 한·미 양국의 강경한 태세에 김일성은 인민군 총사령관 자격으로 21일 오후 스틸웰 UN군사령관에게 사과의 메시지를 보냈다.

★정답/문제풀이

1. ①　남북한의 군사적 갈등구조가 나타나는 이유는 북한의 군사적 도발형태와 이에 대한 한국의 대응조치의 상호작용 결과 때문이다.
2. ④　위의 보기는 게릴라 직접 침투적 내용인 1968년 1.21 청와대 기습사건에 대한 결과이다.
3. ③　1976년 8월 18일에 있었던 판문점 도끼 만행사건으로 항공모함 레인저호와 미드웨이호를 한국해역으로 이동시키고 전폭기 대대 및 해병대를 한국에 급파하는 등 긴박한 상황 전개하였다.
　　북한군은 판문점 공동경비구역에서 나뭇가지 치기 작업을 하던 UN군 소속 미군장교 2명을 도끼로 살해. 사건발생 후 미국은 모든 책임을 북한이 져야한다는 성명 발표. 한·미 양국의 강경한 태세에 김일성은 인민군 총사령관 자격으로 21일 오후 스틸웰 UN군사령관에게 사과의 메시지를 보냄

04 다음 중 미얀마 아웅산 테러 사건에 대한 설명으로 틀린 것을 고르시오.

① 북한은 미얀마를 친선 방문중이던 전두환 대통령 및 수행원들을 암살하기 위해 아웅산 묘소건물에 설치하였다.

② 원격조종폭탄을 폭발시켜 한국의 부총리 등 17명을 순국케 하고 14명을 부상시키는 테러를 감행하였다.

③ 미얀마 정부는 이 사건을 일으킨 북한을 두둔하며, 수사는 안개 속으로 빠져들었다.

④ 이 사건으로 코스타리카, 코모로, 서사모아 3개국이 북한과의 외교관계를 단절하였으며, 미국·일본 등 69개국이 대북한 규탄성명 발표

05 아래의 〈보기〉 내용은 90년대에 북한과 관련된 내용이다. 다음을 바탕으로 유추한 내용 중 옳지 않은 것을 고르시오.

- 대외적으로 냉전 해체와 한·중 국교 정상화를 통해 북한 고립 심화
- 대내적으로 홍수 및 기근으로 심각한 식량난에 봉착
- 1991년 남북한 동시 유엔 가입, 남북 기본합의서 채택으로 인해 화해 분위기 조성

---

① 참된 통일을 위한 종북세력의 확산과 한국정부의 통일업무에 협력을 하는데 만전을 기했다.

② 군을 강화하고 군을 중심으로 북한의 대내외적 위기를 극복하려는 김정일의 '선군정치'를 강화하였다.

③ 경제적 어려움과 국제 정세의 급격한 변화 속에 체제 위기를 핵 개발을 통해 극복하려 노력하여 북·미 갈등 및 한반도 위기를 초래하기도 하였다.

④ 1990년대 중반부터 '우리 민족끼리'라는 민족주의 명분을 내세워 통일전선 공작을 강화하였다.

★정답/문제풀이

4. ③   미얀마 정부는 북한과의 외교관계를 단절하는 한편, 북한대사관 직원들의 국외추방 단행. 그 뒤 테러범에 대해 사형선고를 내렸음.
북한은 미얀마를 친선 방문중이던 전두환 대통령 및 수행원들을 암살하기 위해 아웅산 묘소건물에 설치한 원격조종폭탄을 폭발시켜 한국의 부총리 등 17명을 순국케 하고 14명을 부상시키는 테러 감행하였다. 이 사건으로 코스타리카, 코모로, 서사모아 3개국이 북한과의 외교관계를 단절하였으며, 미국·일본 등 69개국이 대북한 규탄성명을 발표하였다.

5. ①   북한은 종북세력의 확산과 반정부 투쟁에 주력하면서 여전히 한국정부의 혼란을 야기 시키려 하고 있다.

06 다음 〈보기〉에서 설명하는 내용과 관련된 사건이 무엇인지 고르시오.

1999년 6월 15일, 북한 경비정 6척이 꽃게잡이 어선 단속을 빌미로 연평도 서방에서 북방한계선(NLL)을 침범했다. 이에 우리 해군 고속정이 남하하는 북한 경비정에 대하여 경고방송 및 차단기동을 하였으나, 북한 경비정이 우리의 경고를 무시하고 먼저 기습공격을 하였고, 우리 해군 함정들이 대응사격을 함으로써 14분 동안 전투가 발생했다. 그 결과 우리 해군은 큰 피해 없이 북한 경비정 1척을 격침, 5척을 대파하는 압도적인 승리를 거두었다.

① 대청해전
② 천안함 폭침 사건
③ 1차 연평해전
④ 2차 연평해전

07 다음 중 북한의 대남도발의 특징을 분석한 내용으로 옳지 않은 것을 고르시오.

① 시민을 대상으로 한 테러행위를 통해 한국의 정치 사회적 혼란을 조성하는 것이 목적이었다.
② 화전양면전략을 꾸준히 구사하면서 북한의 위기도발은 남북대화와 무관하게 자행됨.
③ 대화는 필요에 의해서 추진되지만 도발행위는 일관적으로 시행됨.
④ 경제적 목적에 의한 도발이 가장 많았다.

08 다음에 설명하는 대남도발의 내용으로 옳은 것을 고르시오.

한·일 월드컵이 한창이던 2002년 6월 29일, 1999년에 크게 패한 북한이 또 다시 NLL을 침범했다. 이를 저지하기 위해 우리 고속정이 경고방송 및 차단기동을 하던 중, 북한 경비정이 아무런 경고 없이 기습공격을 해왔다. 이에 우리 해군 함정들은 물러나지 않고 대응하여 북한 경비정 1척을 대파하고, 북한군 30여 명이 죽거나 다치는 피해를 입었다.
이 과정에서 우리 해군 6명 전사, 19명 부상. 고속정 1척(참수리-357호정) 침몰하였다.
북한의 의도적이고 사전 준비된 기습공격으로 우리 해군이 많은 피해를 입었지만, 살신성인의 호국의지로 서해 북방한계선(NLL)을 지켜냈다.

① 1차 연평해전
② 2차 연평해전
③ 천안함 폭침 사건
④ 대청해전

★정답/문제풀이

6. ③   6·25 전쟁 이후 남북의 정규군 간에 벌어진 첫 해상 전투인 1차 연평해전에 대한 설명이다.
7. ④   가장 많은 대남도발의 침투 목적은 정치-군사적인 것이었다.
8. ②   보기의 내용은 2002년에 일어났던 2차 연평해전에 대한 설명이다.

09 〈보기〉의 대남도발에 대한 우리 군의 격퇴 이후 북한이 일으킨 사건에 대해 고르시오.

> 2009년 11월 10일, 우리 해군은 NLL에 접근하는 북한 경비정 1척을 포착하고 수차례에 걸친 경고통신을 실시했으나 북한 경비정은 계속해서 NLL 이남 해역을 침범해왔다. 이에 우리 해군이 경고사격을 시작하자 북한 경비정은 즉각 포탄 50여 발을 우리 측에 조준사격을 가해왔고 우리 고속정과 초계함이 대응사격을 명중시켜 북한 경비정은 화염에 휩싸인 채 NLL 이북으로 도주했다.
> 우리 해군은 인명피해가 없었으나, 북한 해군은 경비정 1척이 손상되고 다수의 사상자가 발생한 것으로 추정된다.

① 1차 연평해전
② 2차 연평해전
③ 대청해전
④ 천안함 폭침 사건

10 아래에 설명하는 사건에 대해 고르시오.

> • 유럽의회, 북한 규탄 결의안 채택
> • 유엔 안전보장이사회 의장성명으로 사건 규탄
> • 북한은 자신의 소행이 아니라고 부인하고 한국 측의 날조라고 주장
> • 5·24 조치를 정부에서 발표

① 천안함 폭침 사건
② 1차 연평해전
③ 2차 연평해전
④ 대청해전

★정답/문제풀이

9. ③   보기의 내용은 대청해전에 대한 것이다. 이 사건 이후 보복으로 북한은 천안함 폭침사건을 2010년 일으키게 된다.

10. ①   이 설명은 천안함 폭침사건에 대한 것이다.

47. 다음 답사 지역에서 있었던 사실로 옳은 것은?　　[2점]

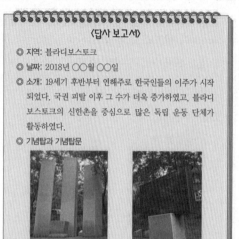

〈답사 보고서〉

◎ 지역: 블라디보스토크

◎ 날짜: 2018년 ○○월 ○○일

◎ 소개: 19세기 후반부터 연해주로 한국인들의 이주가 시작 되었다. 국권 피탈 이후 그 수가 더욱 증가하였고, 블라디 보스토크의 신한촌을 중심으로 많은 독립 운동 단체가 활동하였다.

◎ 기념탑과 기념탑문

신한촌 기념탑　　신한촌 기념탑문

① 의열단이 창설되었다.

② 조선 독립 동맹이 조직되었다.

③ 대한 광복군 정부가 설립되었다.

④ 대조선 국민 군단이 결성되었다.

⑤ 자치 기관인 경학사가 운영되었다.

48. 다음 대회를 개최한 정부의 통일 노력으로 옳은 것은?　[2점]

오늘 정부는 제14회 부산 아시아 경기 대회의 개막식에서 남북한 선수단이 동시에 입장한다고 발표했습니다.

2002 부산 아시아 경기 대회, 남북 화합의 계기 만들어

① 남북 기본 합의서를 채택하였다.

② 남북 조절 위원회를 구성하였다.

③ 남북한이 유엔에 동시 가입하였다.

④ 6·15 남북 공동 선언을 발표하였다.

⑤ 남북 간 이산가족 상봉이 처음으로 이루어졌다.

49. 다음 대화가 이루어진 시기를 연표에서 옳게 고른 것은? [2점]

어제 김영삼 정부가 발표한 금융 실명제 전격 실시에 대해 어떻게 생각하십니까?

모든 금융 거래를 당사자 실명으로 하게 한 이번 조치는 경제의 투명성을 높이는 계기가 될 것으로 기대합니다.

1953	1962	1973	1988	1997	2010
	(가)	(나)	(다)	(라)	(마)
정전 협정 체결	제1차 경제 개발 5개년 계획 실시	제1차 석유 파동	서울 올림픽 개최	IMF 구제 금융 요청	서울 G20 정상 회의 개최

① (가)　② (나)　③ (다)　④ (라)　⑤ (마)

50. 다음 대화에 나타난 민주화 운동에 대한 설명으로 옳은 것은?
　　[1점]

이것은 1987년 시위 당시 이한열 열사가 신었던 운동화를 복원한 거야.

그가 최루탄에 맞아 희생된 사건은 호헌 철폐, 독재 타도를 외치던 민주화 운동이 전 국민적 항쟁으로 확산되는 기폭제가 되었어.

① 3·15 부정 선거가 원인이 되었다.

② 대통령이 하야하는 결과를 가져왔다.

③ 유신 체제가 붕괴되는 계기가 되었다.

④ 5년 단임의 대통령 직선제 개헌을 이끌어 냈다.

⑤ 신군부가 계엄령을 전국으로 확대한 것에 반대하였다.

★정답/문제풀이

47. ③　48. ④　49. ④　50. ④

47. 다음 자료를 발표한 정부의 통일 정책으로 옳은 것을 〈보기〉에서 고른 것은? [2점]

> 국민 여러분! 나는 오늘 다시 이 자리를 빌어 북괴에 대해 지금이라도 늦지 않았으니 우리의 평화 통일 제의를 하루 속히 수락하고, 무력과 폭력을 포기할 것을 거듭 촉구하면서 평화 통일만이 우리가 추구하는 통일의 길임을 다시 한 번 천명하는 바입니다. …… 특히 이번에 우리 대한 적십자사가 제의한 인도적 남북 회담은 1천만 흩어진 가족을 위해서 뿐만 아니라, 5천만 동포들의 오랜 갈등을 풀어 주는 복음의 제의로서 나는 이를 여러분과 함께 환영하며 그 성공을 빌어 마지 않습니다.
>
> － 제26주년 광복절 경축사 중에서 －

─〈보 기〉─
ㄱ. 남북 조절 위원회를 구성하였다.
ㄴ. 남북 기본 합의서를 채택하였다.
ㄷ. 7·4 남북 공동 성명을 발표하였다.
ㄹ. 한반도 비핵화 공동 선언에 합의하였다.

① ㄱ, ㄴ ② ㄱ, ㄷ ③ ㄴ, ㄷ ④ ㄴ, ㄹ ⑤ ㄷ, ㄹ

48. 밑줄 그은 '이 사건'의 계기로 가장 적절한 것은? [2점]

① 3·15 부정 선거가 실시되었다.
② 베트남 파병에 관한 브라운 각서가 체결되었다.
③ 대통령의 3선이 가능하도록 헌법이 개정되었다.
④ 신군부 세력이 쿠데타를 일으켜 권력을 장악하였다.
⑤ 국민의 직선제 요구를 거부한 4·13 호헌 조치를 발표하였다.

49. 밑줄 그은 '이 작전'이 실행된 시기를 연표에서 옳게 고른 것은? [3점]

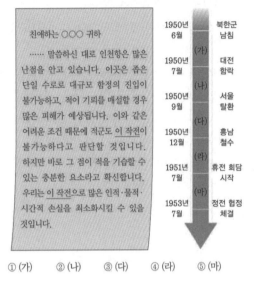

① (가) ② (나) ③ (다) ④ (라) ⑤ (마)

50. 다음 뉴스의 사건이 일어난 정부 시기의 사실로 옳은 것은? [1점]

① 제1차 경제 개발 5개년 계획이 추진되었다.
② 경제 협력 개발 기구(OECD)에 가입하였다.
③ 한·미 자유 무역 협정(FTA)이 체결되었다.
④ 제2차 석유 파동으로 경제 불황이 심화되었다.
⑤ 유상 매수, 유상 분배의 농지 개혁법이 제정되었다.

★정답/문제풀이

47. ② 48. ④ 49. ② 50. ②

01 1960년대 이후부터 1980년대까지의 대남 군사도발이 <u>아닌</u> 것은?

① 남조선 혁명론에 근거한 국지적 군사도발로 김신조 사건이 있다.

② 남북 대화를 추진하며 동시에 군사도발로 판문점 도끼 만행사건이 있다.

③ 정치적 혼란을 틈타 대남 도발로 폭탄테러라는 새로운 형태의 KAL기 사건이 있다.

④ 대량 살상 무기 및 핵 개발 시도와 생화학 무기를 보유하여 위협전략을 택했다.

02 90년대 이후 해상전투에 대한 설명으로 옳은 것을 고르시오.

① 대청해전은 6·25 이후 최초의 해상전투이다.

② 1차 연평해전은 2002 한일월드컵의 성공적 개최를 방해하기 위한 사전계획적, 의도적인 기습공격으로 일어났다.

③ 천안함 폭침사건은 북한의 어뢰 공격으로 인해 46명이 전사한 사건이다.

④ 연평도 포격사건으로 인해 한국정부는 5·24조치를 발표하였다.

03 다음 중 대남도발의 특징이 <u>아닌</u> 것을 고르시오.

① 도발행위에 대한 은폐

② 화전양면 전략을 일관적으로 추진

③ 정치−군사적 목적에 의한 도발이 가장 많음

④ 북방한계선(NLL) 무력화 시도를 위해 동해 해상 도발 사례가 증가

04 〈보기〉의 시기에 북한의 도발행태는?

> 1차 연평해전: 북한 경비정 6척이 연평도 서방에서 북방한계선(NLL)을 넘어 우리 해군의 경고를 무시하고 우리 측 함정에 선제사격을 가하여 남북 함정간 포격전 발생.

① 테러를 국제무대로 확장

② 잠수함 침투

③ 판문점 도끼만행 사건

④ 남침용 땅굴

★정답/문제풀이

1. ④　90년대에 핵위기와 함께 나타났던 내용들이다.
2. ③　① 1차 연평해전은 6·25 이후 최초의 해상전투이다.
　　　② 2차 연평해전은 2002 한일월드컵의 성공적 개최를 방해하기 위한 사전계획적, 의도적인 기습공격으로 일어났다.
　　　④ 천안함 폭침사건으로 인해 한국정부는 5.24조치를 발표하였다.
3. ④　북방한계선(NLL) 무력화 시도를 위해 서해 해상 도발 사례가 증가하였다.
4. ②　99년 1차 연평해전에 대한 설명으로 비슷한 시기인 96년에 강릉 잠수함 침투 사건이 있었다.

05 2002년 발생한 2차 연평해전과 관련이 있는 것은?

① 연평도 서방 10km 지점에서 영해 침범하여 경고 무시로 남·북간 포격전 발생
② 연평도 근해 NLL을 침범하여 우리 해군 의도적 공격
③ NLL 이남의 우리 해역에 침범 기습적인 어뢰 공격
④ 연평도의 민가와 군사시설 포격

06 판문점 도끼사건 직후 일어난 내용으로 옳은 것은?

① 김일성이 스틸웰 UN 군사령관에게 사과의 메시지를 전달
② 대한항공기 납치
③ 청와대 기습 사건
④ 강릉 앞바다 잠수함 침투

07 다음 중 1983년에 북한이 일으킨 사건은?

① 판문점 도끼 만행 사건
② 미얀마 아웅산 사건
③ 비무장지대 땅굴 사건
④ 푸에블로호 피랍 사건

08 다음 〈보기〉에 들어 갈 사건들로 알맞은 것을 고르시오.

> Ⓐ 한국의 부총리 등 17명을 순국케 하고 14명을 부상시키는 테러 감행
> Ⓑ 11월 28일 이라크를 출발한 대한항공기가 미얀마의 상공에서 방콕공항에 무선으로 교신 후 소식이 끊어짐

> ㉠ 미얀마 아웅산 테러 사건
> ㉡ 1·21 청와대 기습 사건
> ㉢ 민간 항공기 납치 사건
> ㉣ KAL기 폭파 사건

① Ⓐ-㉠ Ⓑ-㉣   ② Ⓐ-㉣ Ⓑ-㉢
③ Ⓐ-㉡ Ⓑ-㉠   ④ Ⓐ-㉠ Ⓑ-㉡

09 이 시대 북한 대남도발 사례로 맞는 것은? (2가지 고르시오)

> 7·4 공동성명과 남북회담의 성공리 개최

① 남침용 땅굴 굴착
② 미얀마 아웅산 테러 사건
③ 판문점 도끼만행 사건
④ 북한 잠수함 한국 어선그물에 나포

★정답/문제풀이

5. ② 2차 연평해전은 의도적이고 사전 계획된 북한의 침투이다.
   ①은 1차 연평해전, ③은 천안함 폭침 사건, ④는 연평도 포격 사건에 대한 내용이다.
6. ① 판문점 도끼 만행사건은 1976년 여름에 있었던 사건인데 김일성이 스틸웰 UN 군사령관에게 인민군 총사령관 자격으로 사과의 메시지를 전달하였다. 대한항공기 납치사건은 1969년, 청와대 기습사건은 1968년, 강릉 앞바다 잠수함 침투는 1996년이다.
7. ② 1983년 미얀마 아웅산 사건
   1976년 판문점 도끼 만행 사건, 1972년 땅굴 파기 시작, 1968년 1월 23일 푸에블로호 납치 사건
8. ① A는 1983년에 미얀마에서 벌어진 미얀마 아웅산 사건에 대한 설명이다. B는 1987년에 있었던 KAL기 폭파 사건에 대한 설명이다.
9. ①, ③ ① 남침용 땅굴 굴착(72년 5월부터 실시)
   ② 미얀마 아웅산 테러사건(83년)
   ③ 판문점 도끼만행사건(76년)
   ④ 북한 잠수함 한국 어선그물에 나포(98년)

10 다음 〈보기〉 내용에 대해 옳지 <u>않은</u> 것은?

〈 보기 〉

미얀마 아웅산 테러 사건

KAL기 폭파 사건

① 기존 전략 그대로 유지

② 배경이 해외로 이동

③ 테크닉을 요하는 해외 테러

④ 발뺌

11 다음의 사례에 나타난 북한의 대남도발 사례를 시대순으로 바르게 연결한 것은?

㉠ 미얀마 아웅산 테러

㉡ 미국 전자정찰함 푸에블로호 납치

㉢ 천안함 포격 사건

㉣ 청와대 기습사건(김신조)

㉤ 강릉 앞바다 잠수함 침투

① ㉠-㉡-㉢-㉣-㉤

② ㉡-㉢-㉤-㉣-㉠

③ ㉢-㉡-㉣-㉤-㉠

④ ㉣-㉡-㉠-㉤-㉢

12 시기별 북한의 도발행태가 <u>아닌</u> 것을 고르시오.

① 50년대 – 민간항공기 납치 사건

② 60년대 – 울진·삼척지구 무장공비 침투 사건

③ 70년대 – 미얀마 아웅산 테러 사건

④ 80년대 – 대한항공기(KAL기) 폭파 사건

13 북한의 도발 사례를 순서대로 나열한 것은?

㉠ 강릉 무장공비 침투 사건

㉡ KAL기 폭파 사건

㉢ 연평도 포격 사건

㉣ 판문점 도끼 만행 사건

① ㉠-㉡-㉣-㉢

② ㉠-㉢-㉡-㉣

③ ㉣-㉠-㉡-㉢

④ ㉣-㉡-㉠-㉢

★정답/문제풀이

10. ① 기존에 실시하고 있는 형태에서의 변화가 있었다. 하지만 화전양면 정책적인 모습은 꾸준히 이어져 오고 있다.
11. ④ • 청와대 기습 사건 (김신조) 1968.1.21.
    • 미국 전자정찰함 푸에블로호 납치 1968.1.23.
    • 미얀마 아웅산 테러 1983.10.9.
    • 강릉 앞바다 잠수함 침투 1996.9.18.
    • 천안함 포격 사건 2010.3.26.
12. ③ 미얀마 아웅산 테러 사건은 83년도에 일어났다.
13. ④ ㉣판문점 도끼 만행 사건(1976.8.18.) – ㉡KAL기 폭파 사건(1987.11.29.) – ㉠강릉 무장공비 침투 사건(1996.9.18.) – ㉢연평도 포격 사건(2010.11.23.)

14 북한의 다양한 대남도발의 유형은 군사적 습격, 무장간첩 침투, 요인암살, 잠수함 침투, 땅굴 굴착 등이 있다. 다음 중 시대별 대남도발의 내용을 옳은 것을 고르시오.

① 1960년대 후반: 무장간첩을 침투시켜 게릴라전 시도
② 1970년대: 상대적 열세에 대한 불안감 만회, 한국의 발전 제동을 걸기 위한 국제적 테러를 감행
③ 1980년대: 잠수함 침투, 핵 위기, 해군 교전, 북방한계선(NLL) 무력화 시도 등 새로운 유형의 도발 시도
④ 1990년대 이후: 소규모 무장간첩 침투 → 한국 정치사회적 불안 조성 / 반미감정 고조

15 1960년대 대남도발의 특징과 사례가 <u>아닌</u> 것은?

① 무장간첩의 침투와 군사도발을 병행하였다.
② 특수공사로 위장하여 땅굴을 파기 시작하였다.
③ 울진과 삼척에 무장공비가 침투하여 게릴라전을 벌였다.
④ 강릉에서 출발한 대한항공기를 납치하여 원산에 강제 착륙시켰다.

16 북방한계선(NLL)과 관련된 사건이 <u>아닌</u> 것은?

① 천안함 폭침 사건
② 2차 연평해전
③ 대청해전
④ 강릉 잠수함 침투 사건

17 북한의 대남도발 사례를 순서대로 바르게 나열한 것은?

┌─────────────────────────────┐
│ ㉠ 판문점 도끼만행 사건   │
│ ㉡ 울진·삼척지구 무장공비 침투 사건 │
│ ㉢ 강릉 잠수함 침투 사건   │
│ ㉣ KAL 858기 폭파 사건   │
│ ㉤ 천안함 폭침, 연평도 포격   │
│ ㉥ 미얀마 아웅산 묘소 폭파 사건   │
└─────────────────────────────┘

① ㉠-㉡-㉣-㉥-㉢-㉤
② ㉡-㉠-㉥-㉣-㉢-㉤
③ ㉢-㉠-㉣-㉣-㉥-㉤
④ ㉣-㉡-㉥-㉠-㉢-㉤

★정답/문제풀이

14. ① • 1960년대 후반: 무장간첩을 침투시켜 게릴라전 시도
    • 1970년대: 소규모 무장간첩 침투 → 한국 정치사회적 불안 조성 / 반미감정 고조
    • 1980년대: 국제적 테러 감행 ★ 목적: 상대적 열세에 대한 불안감 만회, 한국의 발전 제동
    • 1990년대 이후: 잠수함 침투, 핵 위기, 해군 교전, 북방한계선(NLL) 무력화 시도 등 새로운 유형의 도발 시도
15. ② 북한이 특수공사로 위장하여 땅굴을 파기 시작한 시기는 1972년 5월부터이다.
16. ④ ④ 강릉 잠수함 침투사건은 1996년 9월 18일 좌초된 선박이 북한 잠수함으로 확인되어 군경과 예비군이 무장공비 소탕작전에 돌입한 사건이다.
    ①·②·③은 북한이 북방한계선(NLL)의 무력화를 시도한 사건이다.
17. ② ㉡ 1968년 – ㉠ 1976년 – ㉥ 1983년 – ㉣ 1987년 – ㉢ 1996년 – ㉤ 2010년

18 〈보기〉와 같은 특징을 나타내는 시기를 연표에서 고르면?

> 〈 보기 〉
> • 이전의 게릴라 침투와는 달리 폭탄 테러라는 새로운 형태의 도발을 감행하였다.
> • 위기발생 지역이 한반도에만 국한되지 않고 국제무대로 확장되었다.
> • 미얀마에 친선방문 중인 대통령 테러를 계획하였다
> • 남북대화를 이용하여 고도의 화전양면전술을 구사하였다.

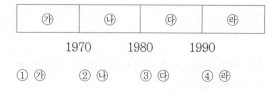

| ㉮ | ㉯ | ㉰ | ㉱ |

　　　1970　　1980　　1990

① ㉮　　② ㉯　　③ ㉰　　④ ㉱

19 1990년대 이후 대남도발의 특징을 〈보기〉에서 고른 것은?

> 〈 보기 〉
> ㉠ 핵실험 및 대량살상무기 개발
> ㉡ 무장간첩을 침투시켜 게릴라전 시도
> ㉢ 해외에서의 우회침투를 강화하기 위해 통일혁명당 창설
> ㉣ 도발 행위 은폐, 한국 측의 조작이라는 비난

① ㉠, ㉡　　　② ㉠, ㉣
③ ㉡, ㉢　　　④ ㉢, ㉣

20 다음의 북한 도발 사례 발생 순서대로 바르게 나열한 것은?

> ㉠ 대청해전
> ㉡ 연평도 포격 사건
> ㉢ 천안함 폭침 사건
> ㉣ 제1차 연평해전

① ㉠-㉣-㉡-㉢
② ㉢-㉠-㉣-㉡
③ ㉣-㉠-㉢-㉡
④ ㉣-㉡-㉢-㉠

★정답/문제풀이

18. ③ 〈보기〉는 1980년대의 대남도발의 특징 및 사례이다. 남북대화를 이용한 화전양면전술은 땅굴을 파기 시작하던 1970년대부터 시작되었으나 나머지 특징들을 종합하여 살펴야 하므로 ㉰시기가 적절하다.
19. ② ㉡ 1960년대 후반, 1970년대의 특징이다.
　　㉢ 통일혁명당의 창설은 1970년이다.
20. ③ ㉣ 제1차 연평해전(1999.6.15.) - ㉠ 대청해전(2009.11.10.) - ㉢ 천안함 폭침사건(2010.3.26.) - ㉡ 연평도 포격사건(2010.11.23.)

韓國 史

제8장

북한 정치체제의 허구성

제1절 북한 정치체제의 형성

① 해방 이후의 북한 정세

1) 다양한 정파들이 각축하는 구도 형성
   (1) 국내파: ① 조만식을 중심으로 한 우익 민족주의 진영
              ② 박헌영을 중심으로 한 좌익 공산주의 진영
   (2) 해외파: ① 허가이 등의 소련파
              ② 김두봉, 무정 등의 친 중국 연안파
   (3) 김일성파(=갑산파): 김일성 등의 이른바 빨치산 유격대 세력이 경쟁에 가담
2) 소련의 후원을 받은 김일성 세력이 북한권력의 주도적 세력으로 부상
3) 북한 정권의 형성
   (1) 1945년 10월 북조선 5도 인민위원회 설립, 조선공산당 북조선분국 결성
   (2) 1946년 2월 중앙행정기관의 모태가 되는 북조선 임시인민위원회 조직

   ① 토지개혁(무상 몰수, 무상 분배)
   ② 주요 산업국유화, 8시간 노동제, 남녀 평등법
   ③ 친일파, 지주, 자본가, 종교인, 지식인 상당수가 남쪽으로 이동
      → 북조선 임시인민위원회로 인해 이승만의 "정읍 발언"이 나오게 됨
   (3) 1947년 2월 입법기관인 북조선인민회의는 정권수립을 위한 제반 준비 작업 진행
   ① 인민군 창설
   ② 헌법 제정
   (4) 1948년 9월 9일 헌법을 최종 채택하고 조선민주주의인민공화국 발족
      → 김일성이 내각 수상에 취임

② 1950년대 중·후반의 북한 정세

1) 김일성 독재체제 제도화 과정
   6·25 전쟁 중 소련파 허가이 숙청(1953)
   → 전쟁 직후 미국의 간첩 혐의로 박헌영(1955)과 남로당계 숙청
   → 8월종파사건으로 소련파와 연안파 숙청(1956)
      ★ 김일성의 대외적 자주성에 대한 강조는 주체사상 성립에 중대한 계기로 작용
   → 갑산파에서 경제건설을 우선시하는 온건파(박금철, 이효순) 숙청(1967)
   → 마르크스–레닌주의와 함께 주체사상을 북한 통치이념으로 삼음(1970)

　→ 1972년 개정한 사회주의 헌법을 통해 김일성 독재권력 체제 제도화

　(1) 북한이 사회주의 단계로 접어들었음을 공식 선언

　(2) 주체사상을 규범화　　　　(3) 국가 주석제 도입

2) 북한 정권의 사회주의 체제 구축작업 진행

　(1) 전후 복구 사업: 3개년 계획(1954~1956) 추진

　　→ 경제를 전쟁 이전 수준으로 회복

　(2) 5개년 경제 계획(1957~1961): 사회주의 경제 체제 확립(국영화·집단화 추진)

　　① 모든 농지의 협동 농장화(1958) 및 사유제 불인정

　　② 개인 상공업 및 수공업 분야의 협동화를 동시에 진행

　(3) 1950년대 말까지 생산수단을 완전히 국유화

　(4) 중공업 우선 정책: 농업과 공업 간의 불균형 심화

3) 군중동원의 정치노선을 활성화

　(1) 6·25 전쟁 이후의 노동력 부족현상을 극복하며 전후 경제를 건설하기 위한 방안

　(2) 인민대중이 사회주의의 주인이라는 논리로 군중의 자발적 참여를 독려

　(3) 군중동원 노선의 대표적인 사례

　　→ 천리마운동(1958), 청산리정신 및 청산리방법 등

❸ 1960년대의 북한 정세

1) 중화학공업 위주의 산업기반이 정착되어 가는 시기
2) 김일성은 권력 독점적 단일지도체제 구축 모색

📖 심화학습

북한의 주요 정치세력

• **소련파**: 해방직후 소련군과 함께 북한에 들어와서 뒤에 세력화한 소련계 한인들을 일컫는 말. 이들은 대부분 소련 국적을 가지고 소련에 거주하다가 8·15해방을 계기로 소련군의 민정사업을 돕기 위해서 입북했다. 대표적인 인물들로는 허가이·김열·박창옥 등이 있다.

• **연안파**: 해방 전 중국에서 항일투쟁을 전개했던 정치세력. 주요 인물로는 김두봉·최창익·무정 등이 있다. 이들은 조선 독립 동맹과 조선 의용군에서 활동하던 인물들이다.

• **갑산파**: '갑산파'라는 명칭은 김일성의 유명한 항일 무장투쟁인 보천보 전투가 일어났던 갑산지역의 명칭을 따서 붙여진 이름이다. 주요 인물로는 김일성을 비롯해서 최용건, 김책, 김일 등이 있다.

8월종파사건

1956년 8월 연안파 윤공흠 등이 주동이 되어 당 중앙위원회 개최를 계기로 일인독재자 김일성을 당에서 축출하고자 하였으나, 사전에 누설되어 주도자들이 체포된 사건을 말한다. 김일성은 이 사건을 계기로 연안파와 소련파를 대대적으로 숙청하고, 당권을 완전히 장악하여 독재 권력의 기반을 공고히 하였다.

천리마 운동

하루에 천리를 달리는 천리마처럼 빠른 속도로 사회주의 경제를 건설하기 위해 주민들의 증산의욕을 고취하려는 노동 경쟁운동이자 사상 개조운동이다.

→ 지속적인 숙청작업을 통한 일인권력의 공고화 및 주체사상의 강화

3) 과도한 유일체제화는 폐쇄성과 경직성을 초래함으로써 체제의 대응력 약화 초래

❹ 1970년대의 북한 정세

1) 3대 혁명운동(1970년대)

→ 새로운 사상·기술·문화를 창조하자는 운동

2) 1972년 사회주의 헌법을 제정하고 주석에게 권력이 집중되는 권력구조 채택

(1) 독재권력 강화

(2) 중앙집권적 계획경제

(3) 감시체제 보유한 사회주의 독재체제 구축

3) 1974년부터 20년에 걸친 권력승계 작업으로 1994년 김정일 체제로 이행

❺ 김정일 체제의 형성

1) 김정일 통치체제의 특징

(1) 일인지배체제

① 당 총비서·국방위원장으로서 사회주의 국가권력의 양대 축인 당과 군 장악

② 일인지배 정당화하기 위한 이념체계로 주체사상 활용

(2) 선군정치

→ 군사(軍事)를 제일 국사(國事)로 내세우고 군력 강화에 나라의 총력을 기울이는 정치

(3) 강성대국론

① 1990년대 중반 고난의 행군으로 불리는 위기시대를 극복하기 위한 목적

② 사상과 정치·군사·경제 강국을 실현: 2012년 강성대국 완성 선전

📖 **심화학습**

사회주의 헌법

1972년 12월 북한은 1948년 9월에 제정된 '조선민주주의인민공화국헌법'을 폐기하고, '조선민주주의인민공화국 사회주의헌법'을 공포하였다. 새 헌법은 김일성의 절대권력을 헌법적으로 보장하는 국가 주석제를 신설하였다. 이는 이미 수령으로서 절대 권력을 확보한 김일성의 지위와 역할을 헌법에 명문화한 것이었다.

국방위원회

• 국가주권의 최고 국방지도기관
• 국방위원회 제1위원장은 북한의 영도자로 국가의 무력 일체를 지휘통솔
• 대내외 사업을 비롯한 국가사업 전반을 지도, 외국과의 중요한 조약의 비준 및 폐기

2) 김정일의 권력 승계 과정

(1) 1980년 권력의 핵심 요직에 진출하면서 후계체계를 공식화(조선노동당 대회)

　　→ 실질적인 후계자 역할 수행

(2) 1991년 인민군 최고사령관에 취임

(3) 1993년 위상이 격상된 국방위원장에 취임

(4) 1994년 8월 김일성 사망 후 유훈통치(=생전의 김일성의 교시에 따라 통치) 전개

(5) 1997년 노동당 총비서로 추대

(6) 1998년 헌법 개정을 통해 국가 주석직은 김일성 1인으로 한정

　　① 국방위원회 중심으로 권력을 개편

　　② 사실상 국가수반인 국방위원장에 다시 취임, 2011년 12월 17일 사망(17년간 집권)

❻ 김정은 체제의 형성

1) 김정은의 체제의 특징

(1) 2012년 당 제1비서, 당 중앙군사위원회 위원장, 국방위원회 제1위원장 등 김정일의 직책을 모두 승계

(2) 2012년 이후 당의 유일지도사상으로 주체사상 대신 김일성-김정일주의 표방

2) 김정은의 권력 승계 과정

(1) 2010년 김정은의 후계체제 구축과 우상화 작업 시작

(2) 당 중앙 군사위 부위원장 임명, 군부 세력의 충성 유도

(3) 2011년 김정일 사망 후 2012년에 국방위원회 제1위원장으로 북한 통치

(4) 2016년 6월 29일 이후 국무위원회 위원장, 인민군 최고사령관, 당 중앙군사위원회 위원장을 겸직하면서 북한 통치

(5) 2018년 남북정상회담(2018.4.27.): 문재인 대통령과 한반도의 평화와 번영, 통일을 위한 판문점 선언 공동 발표

(6) 5·26 남북정상회담(2018.5.26.):북한지역 통일각에서 문재인 대통령과 정상회담

(7) 2018 남북정상회담 평양(2018.9.18.~20.): 문재인 대통령과 9월 평양 공동선언 합의문 발표

(8) 북미 정상회담(2018.6.12. 싱가포르): 1953년 정전협정 이후 65년 만에 도널드 트럼프 미국대통령과 김정은 북한 국무위원장이 싱가포르에서 정상회담

　　① 완전한 비핵화, ② 평화체제보장, ③ 북미관계 정상화 추진

　　④ 6·25 전쟁 전사자 유해송환 등 4개항 합의

제2절 북한의 통치 이데올로기

❶ 주체사상

1) 형성 배경

    (1) 정치적으로 일인독재지배체제에 대한 비판의 유입을 대내적으로 차단

    (2) 북한의 독재지배체제를 옹호하는 데 주력

    (3) 대외적으로 중·소 이념분쟁이 가열되는 상황에서 북한의 중립적 위치 고수

2) 특징

    (1) 1950년대 이론적 체계화 시도

      ① 1955년 '사상에서의 주체'

      ② 1956년 '경제에서의 자립'

      ③ 1957년 '정치(내정)에서의 자주'

      ④ 1962년 '국방에서의 자위'

      ⑤ 1966년 '정치(외교)에서의 자주'

    (2) 1970년 주체사상을 마르크스–레닌주의와 같이 노동당의 공식 이념으로 채택

    (3) 1980년 마르크스–레닌주의를 제외, 주체사상이 독자적 통치이념으로 정착

3) 한계 및 문제점

    (1) 사실상 개인의 권력독점 및 우상화를 위한 정략적 도구로 활용

    (2) 일인지배체제 강화와 우상화의 용도로 이용

    (3) 인민대중은 수령의 지도에 절대적으로 의존하고 복종해야 하는 수동적 객체로 전락

📖 **심화학습**

주체사상

북한의 지도사상은 주체사상이다. 북한은 주체사상을 정치, 경제, 사회, 문화, 군사, 외교 등 사회 모든 부문에서 유일한 지도이념으로 삼고 있다. 1980년 10월에 개정된 조선노동당 규약 전문에는 "조선로동당은 오직 위대한 수령 김일성동지의 주체사상, 혁명사상에 의해 지도된다."고 규정하고 있다. 그리고 1998년 9월에 수정·보충한 북한 사회주의헌법 제3조에서는 "조선민주주의인민공화국은 사람 중심의 세계관이며 인민대중의 자주성을 실현하기 위한 혁명사상인 주체사상을 자기 활동의 지도적 지침으로 삼는다."고 밝히고 있다. 김정일의 설명에 의하면, "주체사상은 사람중심의 철학사상"이다. 주체사상의 철학적 원리는 "사람이 모든 것의 주인이며 모든 것을 결정한다."는 것이다. 그러나 사회주의권에서 개혁·개방이 시작될 무렵인 1986년 7월 김정일은 사회정치적 생명체론을 통해서 '수령·당·대중의 통일체가 혁명의 주체'라고 하면서 인민대중은 수령과 당의 옳은 지도를 받을 때만 역사의 자주적인 주체로 될 수 있다고 주장하여 주체사상을 '수령중심의 철학'으로 변질시켰다.

주체사상은 '김일성–김정일 혁명사상'으로서, 완성된 사상이론체계가 아닌 계속 만들어지고 있는 북한의 통치이데올로기이다. 따라서 주체사상은 일관된 사상체계를 갖춘 사회주의·공산주의 혁명과 건설에 관한 이론이라기보다는 국내외적 상황변화에 따라 새롭게 전개되는 북한식 사회주의·공산주의 혁명과 건설이론이며 체제유지이데올로기라 할 수 있다.

② 우리식 사회주의 / 조선민족제일주의

1) 형성 배경

→ 1980년대 후반 동구 사회주의권과 소련이 연속적으로 붕괴함에 따라 체제 위협 증가

2) 특징

(1) 주체사상의 논리적 보강을 통해 북한식 사회주의의 우월성을 강조

(2) 북한식 사회주의를 이미 붕괴한 동구권 사회주의와 차별화

(3) 북한 사회주의의 붕괴 가능성에 대한 우려 불식에 주력

③ 선군정치

1) 형성 배경

(1) 김일성 사후 지속되는 경제난 속에서 당
보다는 군에 의존하게 된 대내적 환경

① 정권에 대한 지지 및 정통성을 부여
해 왔던 사회주의적 후원주의 체제를
와해

② 군의 자원과 역량을 활용하여 인민
경제 회복, 당의 사회통제 기능 보완
시도

▶ 선군정치

(2) 군의 위상과 역할의 재정립을 통해 체제적 위기를 극복하고 정권의 정통성 만회

(3) 외교적 고립으로부터 초래되는 북한의 불안

① 동구 사회주의권과 소련의 붕괴 이후 북한의 외교적 고립은 가속화

② 부시 행정부 이래 첨예화된 미국과 북한 간의 대결적 구도

(4) 남한과의 체제 경쟁에서 경쟁력을 보존하는 군사 부문에 대한 자부심과 집착

📖 **심화학습**

우리식 사회주의와 조선민족제일주의

1980년대 후반 소련의 개혁·개방으로 시작된 동유럽 사회주의 국가 몰락, 독일 통일, 소련과 유고슬라비아 해체 등 정세변화는 독자적
노선을 고집한 북한 사회주의 체제의 존속을 위협하였다. 이에 북한은 주체사상에 토대를 둔 우리식 사회주의를 강조하고, 이를 뒷받침
하는 조선민족제일주의를 내세웠다.

2) 특징

(1) 2010년에는 개정 노동당 규약에서 선군정치를 사회주의 기본정치 양식으로 규정

　① 1995년 초 내부적으로 논의되기 시작, 1998년 북한의 핵심적 통치 기치로 정착
　② 2009년 개정 헌법에 북한의 지도이념으로 명시

(2) 군사력 강화를 최우선 목표로 군이 국가 제반 부문의 중심이 되는 정치방식

　① 사회주의 혁명을 주도하며 북한의 발전적 추동력을 제공하는 군의 역할 강조
　② 군의 영향력을 정치, 경제뿐만 아니라 교육, 문화, 예술 등 전 영역에 투영

(3) 선군정치 하에서 군은 지도자와 사회주의 체제의 옹호를 위한 중심기구로 부상

3) 선군정치의 한계

(1) 경제적 위기, 외교적 고립 속에서 정권유지를 위한 선택

　→ 김정일 정권이 체제 안정화를 도모하기 위한 마지막 수단

(2) 김일성과 그 후계자들의 지배를 정당화하는 수단

제3절　북한의 경제정책

❶ 사회주의적 소유제도

1) 생산수단과 생산물이 전사회적 또는 집단적으로 소유되는 제도
2) 북한 내의 모든 부의 형태와 생산된 재화들이 국가의 소유
3) 북한의 사유 범위는 근로소득과 일용 소비품으로 한정

📖 심화학습

선군정치
인민군대 강화에 최대의 힘을 넣고 인민군대의 위력에 의거하여 혁명과 건설의 전반 사업을 힘 있게 밀고 나가는 특유의 정치

❷ 북한의 경제정책 기조

1) 자립적 민족경제발전 노선

(1) 대외경제 관계를 최소한의 필요 원자재, 자본재 수입하는 보완적 차원으로 인식

(2) 국제 분업 질서로부터 유리된 폐쇄경제 형성

(3) 1990년대 사회주의권 붕괴로 자기완결적 자력갱생정책 수정

　　정책 수정의 이유 ① 경제 위기: 마이너스 경제 성장

　　　　　　　　　　② 생산력 저하: 생산 수단의 사회적 소유와 계획 경제의 영향

　　　　　　　　　　③ 교역 상대국의 상실: 동유럽 사회주의 국가의 몰락

　　　　　　　　　　④ 공장 가동률 저하: 에너지와 원자재 부족

(4) 2000년대 들어오면서부터 국제분업 질서를 인정하는 개방형 자력갱생정책 추진

2) 중공업 우선 발전정책

(1) 사회주의 경제체제 수립 이후 중공업 우선 발전에 기초한 불균형 성장전략 추진

(2) 김정일 시대에 중공업 우선 발전 정책이 국방공업 우선 발전 정책으로 변화

(3) 국방공업 부문을 경제회복의 토대로 삼아야 단번에 도약 가능하다고 주장

(4) 북한 경제구조를 왜곡시키고 민생경제 부문의 어려움을 악화시키는 결과 초래

3) 군사 경제 병진정책 추구

(1) 1960년대 중반 국방 자위를 강조

(2) 경제발전을 지연하더라도 군사력 강화 우선 추진

(3) 북한의 군사비가 급증하여 총예산의 30% 이상 차지, 경제발전에 장애 초래

📖 **심화학습**

자립적 민족경제

생산의 인적, 물적 요소들을 자체로 보장할 뿐만 아니라 민족국가 내부에서 생산, 소비적 연계가 완결되어 독자적 재생산을 실현해나가는 체계

③ 북한의 개혁·개방정책

1) 1980년대 합영법을 제정해 외국인 투자 유치 시도

2) 2002년 7·1 경제관리 개선·개조 조치

    (1) 시장 기능의 부분 활용을 의도하는 7.1 경제관리 개선·개조 조치 시행

    (2) 군수산업은 계획경제 시스템 통해 국가 관리, 민수생산은 분권화·시장기능 도입

    (3) 계획경제 부문조차 시장에 의존하는 시장화 현상의 확대 초래

    (4) 2009년 화폐개혁으로 경제의 양극화가 심해지고, 민생경제 악화

    (5) 2010년 중앙집권적 계획 시스템을 강화하는 방향으로 인민경제계획법 개정

3) 2011년 나진·선봉 자유무역지대와 신의주 황금평을 경제특구로 지정하여 개발

    (1) 1984년 합영법(=합작 회사 경영법) 제정

    (2) 1991년 나진·선봉 자유 무역지대 설치 공포(1993년~2010년 동안)

    (3) 1992년 외국인 투자법 제정

    (4) 1994년 합영법 개정

    (5) 2002년 신의주 경제특구 설치(2004년 8월 정치적인 이유로 중단)

    (6) 2011년 나진·선봉 자유무역지대와 신의주 황금평을 경제특구로 지정하여 개발

        → 중국의 경제적 수요와 북한의 강성국가 건설 수요가 일치하여 공동개발 추진

          ① 중국은 동북 3성 지역 개발 위해 몽골, 러시아, 북한 접경지역 개발 필요

          ② 중국은 북한 나진항을 이용한 동해로의 출로 확보 필요

📖 **심화학습**

합영법(1984 제정 → 1994년 개정)

1984년 북한은 합영법을 제정하는 등 부분적인 경제 개방을 통해 경제 성장에 필요한 자본주의 국가들의 협력을 이끌어내려 하였다. 그러나 냉전체제 속에서 미국과의 대치, 외국 자본의 투자 기피 등으로 인해 이 구상은 큰 효과를 거두지 못했으며, 심각한 외채 문제를 안게 되었다.

제 1조. 조선민주주의 인민 공화국 합영법은 우리나라와 세계 여러 나라들 사이의 경제·기술 협력과 교류를 확대 발전시키는데 이바지 한다.

제 2조. 우리나라의 기관, 기업소, 단체는 다른 나라의 법인 또는 개인과 공화국 령역 안에 합영 기업을 창설하고 운영할 수 있다.

제 5조. 합영 기업은 당사자들이 출자한 재산에 대한 소유권을 가지며 독자적으로 경영활동을 한다.

제 7조. 국가는 장려하는 대상과 공화국 령역 밖에 거주하고 있는 조선동포들과 하는 합영 기업, 일정한 지역에 창설된 합영 기업에 대하여 세금의 감면, 유리한 토지리용 조건의 제공 같은 우대를 한다.

7.1 경제관리 개선·개조 조치 이후의 변화

7.1 경제관리 개선·개조 조치 이후 물가와 임금 인상에 따라 북한 주민은 기존 화폐로 모은 예금 등의 재산가치가 하락하는 어려움을 겪게 되었다. 하지만 사적 경제활동이 확대되면서 기업소에서 임금에 인센티브를 도입함으로써 노력 여하에 따라 차등적인 보상을 받게 되었다. 그러나 이 조치 이후 물가 상승과 사재기 등의 문제가 나타나고 빈부 격차는 더 심해진 것으로 평가되고 있다. 사적 경제활동이 늘어나면서 물질주의가 팽배해져 부패와 일탈행위도 늘어난 것으로 보인다. 또한 중국과의 교역이 늘어나면서 대중국 경제의존도 역시 크게 심화되었다.

제4절   북한의 인권

❶ 시민, 정치적 권리 침해

1) 공개처형

  (1) 1990년대 이후 식량난이 심해지고 이념적 동조가 약해지면서 증가

  (2) 공개처형은 그 자체로 비인도적이며, 국제사회의 비난을 초래

2) 정치범 수용소

  (1) 1956년부터 정치범을 반혁명분자로 몰아 투옥, 처형, 산간오지로 추방

  (2) 1966년부터 적대계층을 특정지역에 집단 수용

  (3) 6개 지역 수용소에 약 15만 4천명의 정치범을 수용

3) 기타 시민, 정치적 권리 침해

  (1) 거주이전 및 여행의 자유 제한

  (2) 종교를 아편으로 규정하고 종교 활동 탄압

  (3) 사회주의 체제를 형성, 유지, 강화 목적으로 계층구조 형성

    ① 전 주민을 핵심계층, 동요계층, 적대계층으로 구분

    ② 출신성분과 당성에 의해 인위적으로 구조화

    ③ 귀속지위에 근거한 폐쇄체제이기 때문에 개인적 노력에 의한 사회 이동 불가

  (4) 노동당이 지명하는 단일후보에 대한 찬반투표

  (5) 당국과 다른 정치적 의사표시를 하지 못하도록 철저히 통제

❷ 경제, 사회, 문화적 권리 침해

1) 생존권 침해

  (1) 1980년대부터 시작된 식량난은 2000년대에도 지속

  (2) 당 간부, 국가안전보위부, 군대, 군수산업 등 특정 집단에 식량 우선적 공급

📖 **심화학습**

대표적 북한의 인권 침해 사례

대표적인 북한의 인권침해 사례는 공개처형, 정치범 수용소, 언론의 자유와 정치 참여에 대한 억압, 거주와 여행의 자유에 대한 제한, 성분 분류에 따른 인민들의 차별 대우 등이다. 이에 대해 북한은 '우리식 인권'을 내세우며 개인의 자유보다 전체조직을 위한 공민의 의무를 강조하고, 물질적 보장이 인권의 가치로서 더 중요하다고 주장한다.

(3) 2002년 7·1 조치로 배급제도 사실상 폐기, 국영상점에서 식품 구매

2) 직업선택의 권리 제한

(1) 직업 선택은 당사자의 의사보다는 당의 인력수급 계획에 따라 진행
(2) 직장배치 시 선발 기준은 개인의 적성, 능력보다 출신 성분과 당성이 우선
(3) 무리배치: 당의 지시에 따라 공장, 탄광, 각종 건설현장에 집단적으로 배치

3) 기타 경제, 사회, 문화적 권리 침해

(1) 노동당이 모든 출판물을 직접 검열, 통제
(2) 사회보장제도는 일부 선택 받은 계층에게만 적용

❸ 국제사회의 대응

1) 유엔

(1) 2014년 3월 유엔인권이사회 전체회의에서 대북인권결의안 채택
 ① 북한이 인권탄압을 즉각 중단할 것을 촉구
 ② 모든 회원국이 탈북자 강제송환 금지 원칙을 준수할 것을 명시
(2) 북한, 중국, 러시아는 결의안 통과에 반대

2) 미국

(1) 2004년 북한 인권법 발표
(2) 북한 주민의 인권 신장, 북한 주민의 인도적 지원, 탈북자 보호 등 포함

3) 일본

(1) 2006년 북한 인권법 공포
(2) 북한 주민의 인권 침해 상황 개선을 목표로 필요한 제재 조치를 취하도록 규정

4) 한국

(1) 2005년 북한 인권 법안을 발의하였으나 17대 국회의 임기 만료로 폐기
(2) 2008년 18대 국회에서 재발의, 법사위 전체 회의에 계류되었다가 자동 폐기
(3) 2016년 3월 북한인권법 제정, 시행(2016.9.4.)

제5절   북한의 연방제 통일방안

❶ 고려민주연방공화국 창립방안

1) 1973년 제시한 고려연방제통일방안을 수정하여 1980년 '고려민주연방공화국 창립방안' 제시
2) 자주적 평화통일을 위한 선결조건
   (1) 국가보안법의 폐지 등 공산주의 활동의 장애물 제거
   (2) 주한미군의 조속한 철수
   (3) 미국의 한반도 문제에 대한 간섭 배제
3) 문제점
   (1) 한국에 대해 주한미군 철수 등의 선결조건을 제시
   (2) 남·북 두 제도에 의한 연방제는 현실적으로 실현되기가 어려움
   (3) 국호·국가형태·대외정책 노선 등을 남·북의 합의 없이 북한이 일방적으로 결정

❷ '1민족 1국가 2제도 2정부'에 기초한 연방제(1991년)

1) 형성배경
   (1) 소련의 해체와 동구 사회주의권의 붕괴로 외교적 고립과 경제난 봉착
   (2) 체제유지에 불안을 느끼고 남북공존 모색 필요
2) 통일과정의 특징
   (1) 자주, 평화, 비동맹의 독립국가 지향
   (2) 연방제 실현의 선결조건을 계속 주장
   (3) 주체사상과 공산주의를 통일이념으로 제시
   (4) 지역자치정부가 외교권, 군사권, 내치권 등 보유
3) 문제점
   (1) 통일보다 체제 보전에 더 역점을 두고 있어 수세적·방어적 성격이 강함
   (2) 국가보안법 폐지, 공산주의 활동 합법화, 주한미군 철수 등 연방제 실현의 선결조건을 계속
     주장
   (3) 7·4 공동성명의 '통일 3원칙'을 자의적으로 해석
   (4) 통일이념에 있어서 주체사상과 공산주의를 주장

〈남북한 통일방안 비교〉

구 분	민족공동체 통일방안	고려민주연방공화국 창립방안
통일철학	자유민주주의	주체 사상
통일원칙	자주·평화·민주	자주, 평화, 민족 대단결 (남조선 혁명·연공 합작·통일 후 교류협력)
통일주체	민족 구성원 모두	프롤레타리아 계급
전제조건	-	국가보안법 폐지, 공산주의 활동 합법화, 주한미군 철수
통일과정	화해·협력 → 남북연합 → 통일국가 완성(3단계) ★ 민족 사회 건설 우선(민족통일 → 국가통일)	연방 국가의 점차적 완성(제도통일은 후대) ★ 국가체제 존립 우선(국가통일 → 민족통일)
과도통일 체제	남북연합 - 정상회담에서『남북연합 헌장』을 채택, 남북 연합 기구 구성 ·운영 ★ 남북 합의로 통일 헌법초안 → 국민투표로 확정	-
통일국가 실현절차	통일헌법에 의한 민주적 남북한 총선거	연석회의 방식에 의한 정치협상
통일국가의 형태	1민족 1국가 1체제 1정부의 통일 국가	1민족 1국가 2제도 2정부의 연방국가
통일국가의 기구	통일 정부, 통일국회(양원제)	최고민족연방회의, 연방상설위원회
통일국가의 미래상	자유·복지·인간존엄성이 보장되는 선진 민주국가	-

📖 심화학습

ㄱ·ㄴ 남북공동성명(ㄱ2)

첫째, 통일은 외세에 의존하거나 외세의 간섭을 받음이 없이 자주적으로 해결

둘째, 통일은 서로 상대방을 적대하는 무력행사에 의거하지 않고 평화적으로 해결

셋째, 사상·이념·제도의 차이를 초월하여 우선 하나의 민족으로서 민족적 대단결 도모

남북사이의 화해와 불가침 및 교류·협력에 관한 합의서(제5차 남북 고위급 회담 합의서)

– 91년, 남북 간의 관계를 "나라와 나라 사이의 관계가 아닌 통일을 지향하는 과정에서 잠정적으로 형성되는 특수관계"로 규정

제1장 남북화해

제1조 남과 북은 서로 상대방의 체제를 인정하고 존중한다.

제2조 남과 북은 상대방의 내부문제에 간섭하지 아니한다.

제3조 남과 북은 상대방에 대한 비방·중상을 하지 아니한다.

제4조 남과 북은 상대방을 파괴·전복하려는 일체행위를 하지 아니한다.

제2장 남북불가침

제9조 남과 북은 상대방에 대하여 무력을 사용하지 않으며 상대방을 무력으로 침략하지 아니한다.

제3장 남북교류·협력

제15조 남과 북은 민족경제의 통일적이며 균형적인 발전과 민족전체의 복리 향상을 도모하기 위하여 자원의 공동개발, 민족내부교류로서의 물자교류, 합작투자 등 경제교류와 협력을 실시한다.

제17조 남과 북은 민족구성원들의 자유로운 왕래와 접촉을 실현한다.

제19조 남과 북은 끊어진 철도와 도로를 연결하고 해로, 항로를 개설한다.

📖 심화학습

2000년 6 · 15 남북 공동선언(김대중대통령 = 김정일국방위원장)

1. 통일문제의 자주적 해결
2. 남측의 연합제 안과 북측의 낮은 단계의 연방제 안이 서로 공통성이 있다고 인정하고 앞으로 이 방향에서 통일을 지향시켜 나가기로 함
3. 흩어진 가족·친척 방문단 교환, 비전향 장기수 문제 등 인도적 문제 해결
4. 경제협력을 통하여 민족경제를 균형적으로 발전시키고, 사회, 문화, 체육, 보건, 환경 등 제반분야의 협력과 교류를 활성화하여 서로의 신뢰를 다져 나가기로 함
5. 합의사항 실천을 위한 당국 사이의 대화 개최

남한이 제시한 남북 연합과 북한이 주장하는 연방제 통일 방안의 차이

① **대한민국의 연합제 통일 방안**: 통일을 준비하는 과도적 단계로서 남북 연합 단계 설정
   • 통일의 원칙: 자주, 평화, 민주
   • 통일 과정: 화해와 협력(남북 간의 불신 해소)
     → 남북 연합(통일의 제도화와 통일에 따르는 법 절차 등 준비 등)
     → 1민족 1국가의 통일 국가 완성(남북 자유 총선거)
② **북한의 고려민주연방공화국 창립 방안(1980)**
     → 외교와 군사권을 갖는 통일 연방 정부를 수립하고 그 아래 남북에 각각 지역 자치 정부를 수립하자는 통일 방안
   • 선결 조건: 국가 보안법 폐지, 주한 미군 철수 등
   • 연방제의 구성 원칙과 운영
     – 사상과 제도를 유지한 채 하나의 연방 국가 구성
     – 최고 민족 연방 회의와 연방 상설 위원회 조직
     – 통일 국가는 중립국이 되어야 함
   • 낮은 단계의 연방제 안: 1991년 신년사에서 김일성이 발표
     → 남북한 정부가 당분간 각기 정치, 군사, 외교권 등 기존의 기능과 권한을 보유하고 그 위에 민족 통일 기구를 구성

2007년 10 · 4 남북 정상 회담 주요 내용(노무현대통령=김정일국방위원장)

1. 내부 문제에 불간섭
2. 서해에서의 우발적 충돌 방지를 위해 공동 어로 수역 지정
3. 정전 체제를 종식시키고 항구적인 평화 체제를 구축해 나가기 위해 노력
4. '서해 평화협력 특별지대'를 설치하고 공동어로구역과 평화수역 설정, 경제 특구 건설과 해주항 활용, 민간선박의 해주 직항로 통과, 한강 하구 공동 이용 등 추진
5. 백두산관광을 실시하며 이를 위해 백두산–서울 직항로 개설
6. 이산가족의 영상 편지 교환사업 추진, 금강산 면회소에서 이산가족과 친척의 상봉을 상시적으로 진행
7. 국제 무대에서의 협력 강화

2018년 남북정상회담 3회 개최(문재인 대통령=김정은 국무위원장)

첫 번째: 판문점 남측 평화의 집(2018.4.27.), 두 번째: 판문점 북측 통일각(2018.5.26.), 세 번째: 평양(2018.9.18.~20.)

"한반도의 평화와 번영, 통일을 위한 판문점 선언" 주요 내용

1. 정상회담의 3대 핵심의제는 한반도 비핵화, 항구적 평화체제구축, 남북관계 획기적 개선
2. 남과 북은 정권협정체결 65년이 되는 2018년 종전을 선언하고 정권협정을 평화협정으로 전환
3. 완전한 비핵화를 통해 핵 없는 한반도를 실현
4. 항구적이고 공고한 평화체제 구축을 위해 남·북·미 3자 또는 남·북·미·중 4자 회담 개최를 적극 추진
5. 남북은 지상과 해상, 공중을 비롯한 모든 공간에서 군사적 긴장과 충돌의 근원이 되는 상대방에 대한 일체의 적대행위를 전면 중지하기로 합의
6. 2018년 5월 1일부터 군사분계선 일대에서 확성기 방송과 전단살포를 비롯한 모든 적대적 행위를 중단
7. 서해 북방한계선 일대를 평화수역으로 만들어 우발적인 군사적 충돌을 반지하고 안전한 어로 활동을 보장하기 위한 실제적인 대책 수립
8. 개성지역에 남북공동연락사무소 설치 및 당국자 상주 근무
9. 2018년 8월 15일 남북적십자 회담 개최, 이산가족 및 친척상봉행사 진행
10. 동해선 및 경의선 철도와 도로를 연결하고 현대화해 활용하기 위한 실천적 대책 추진
11. 남북정상회담 정례화 합의, 정상간 핫라인(직통전화) 설치로 상호소통

주제 01 ──

북한의 주체사상과 선군정치에 대해 발표하시오.

주제 02 ──

남·북한 통일방안을 비교하여 발표하시오.

8장

기출문제 풀이

01 다음은 북한의 3대 권력세습을 나타낸 것이다. ㉠~㉢에 대한 설명으로 옳은 것은?

① ㉠ – 북한 최고 권력자가 되어 국방 위원장에 취임하였다.
② ㉠ – 6·25 전쟁 이후 반대 세력을 제거하고 독재 체제를 강화하였다.
③ ㉡ – 주체사상을 체계화하였다.
④ ㉡ – 사회주의 헌법을 제정하고 국가 주석제를 도입하였다.

02 남·북한 통일외교와 관련하여 옳은 것은?

① 북한의 고려 민주 연방 공화국 통일 방안은 2국가 2체제를 목표로 하고 있다.
② 1972년 7·4 남북 공동 성명에서 남과 북은 자주적, 평화적, 민족 대단결의 통일 원칙에 합의했다.
③ 2007년 남과 북은 '남북 사이의 화해와 불가침 및 교류·협력에 관한 합의서'를 체결하였다.
④ 2000년 6·15 남북공동 선언에서 남과 북은 유엔 감시 하의 통일 방안에 합의하였다.

03 북한의 역사와 관련된 설명 중 옳은 것은?

① 조선 노동당은 창당 때부터 주체사상을 당의 유일사상으로 선포하였다.
② 1956년 '8월종파사건'으로 소련파, 연안파 인물들이 숙청되었다.
③ 김정일은 김일성 사망 직전인 1990년대 초부터 후계자로 부각되었다.
④ 1948년 9월 북한 정권 수립과 함께 곧바로 농업 협동화가 착수되었다.

04 북한이 다음과 같은 경제 침체를 극복하기 위해 80년대부터 실시한 정책을 〈보기〉에서 고른 것은?

> 북한 경제는 국방비 과다 지출, 기술과 자본 부족, 노동력 동원 중심의 경제 개발, 과도한 중앙 집권, 폐쇄적인 경제 체제로 인해 경제가 침체되었다.

〈 보기 〉
㉠ 합영법 제정
㉡ 천리마 운동 실시
㉢ 8월 종파사건을 일으킴
㉣ 나진·선봉 자유 무역 지대 개설

① ㉠, ㉡   ② ㉠, ㉢
③ ㉠, ㉣   ④ ㉡, ㉢

★정답/문제풀이

1. ② ①은 김정일 ③,④는 김일성에 대한 설명이다.
2. ② ① 1민족 1국가 2제도 2정부가 북한이 원하는 방향. ③ 1991년, ④ 유엔 감시 하가 아님
3. ② ① 창당 때부터 아님(60~70년대 거치면서 완성)
   ③ 1974~1994년 동안 김정일은 후계자 수업 받음
   ④ 정부 수립 이후 60년대 완성
4. ③ 북한은 합영법을 제정(1984)하고, 나진·선봉 자유 무역 지대(1993년부터 본격화)를 설치하여 제한적이나마 개방 정책을 실시하였다. 이를 통해 외국 자본과 기술을 유치하여 침체된 경제 위기를 극복하고자 하였다.

05 6·15 남북 공동 선언이 발표된 후에 일어난 사건이 <u>아닌</u> 것은?

① 개성 공단 건설
② 경의선 복구 사업
③ 금강산 육로 관광 시작
④ 한반도 비핵화 공동 선언 채택

06 남측의 연합제안과 북측의 낮은 단계 연방제안이 공통점이 있다고 서로 인정하여 합의하게 된 회담은?

① 민족화합 민주통일방안
② 한민족공동체 통일방안
③ 2000년 6·15 남북정상회담
④ 7·4남북공동성명

07 남북한의 통일 외교 정책 추진과 관련된 다음 내용 중 옳은 것은?

① 1972년 7·4 남북공동성명에서 자주적, 평화적, 민족대단결의 통일 원칙에 합의하였다.
② 1990년대에 급격한 국제 정세의 변화에 따라 남한은 북방 외교 정책을 포기하였다.
③ 평화통일 3대 원칙에 따라 남북 간 화해와 불가침 협정 등이 채택된 것은 1988년에 7·7선언이다.
④ 1961년 5·16 직후 중립화 통일론이나 남북협상론, 남북 교류론 등의 통일 논의가 재개되었다.

★정답/문제풀이

5. ④   한반도 비핵화 공동 선언은 1991년에 채택되었다. 나머지는 2000년 6.15 남북공동선언 이후 나온 내용이다.
6. ③   2000년 6·15정상회담의 5개항 내용
　　① 남과 북은 나라의 통일문제를 그 주인인 우리 민족끼리 서로 힘을 합쳐 자주적으로 해결해 나가기로 하였다.
　　② 남과 북은 나라의 통일을 위한 남측의 연합제안과 북측의 낮은 단계의 연방제안이 서로 공통성이 있다고 인정하고 앞으로 이 방향에서 통일을 지향시켜 나가기로 하였다.
　　③ 남과 북은 올해 8·15에 즈음하여 흩어진 이산가족, 친척 방문단을 교환하며 비전향 장기수 문제를 해결하는 등 인도적 문제를 조속히 풀어 나가기로 하였다.
　　④ 남과 북은 경제협력을 통하여 민족경제를 균형적으로 발전시키고, 사회, 문화, 체육, 보건, 환경 등 제반분야의 협력과 교류를 활성화하여 서로의 신뢰를 다져 나가기로 하였다.
　　⑤ 남과 북은 이상과 같은 합의사항을 조속히 실천에 옮기기 위하여 빠른 시일 안에 당국 사이의 대화를 개최하기로 하였다.
7. ①   7·4 남북공동성명(1972)에서는 자주, 평화, 민족대단결 통일의 3원칙이 천명되었다.
　　② 노태우 정부는 90년대에 북방외교를 성실히 수행했고, ③ 남북간 화해와 불가침 협정을 채택한 것은 91년 12월이고, ④ 장면 내각 때 학생과 혁신세력이 주장한 내용이다.

08 다음과 같은 남북한의 공동 성명 직후 나타난 상황은?

> 첫째, 통일은 외세에 의존하거나 외세의 간섭을 받음이 없이 자주적으로 해결하여야 한다.
> 둘째, 통일은 상대방을 반대하는 무력 행사에 의거하지 않고 평화적 방법으로 실현하여야 한다.
> 셋째, 사상과 이념, 제도의 차이를 초월하여 우선 하나의 민족으로서 민족적 대단결을 도모하여야 한다.

① 남한과 북한이 유엔에 동시 가입하고 대화 및 교류를 늘렸다.
② 북한에서는 국가 주석에게 절대적 지위를 부여하는 사회주의 헌법을 만들었다.
③ 김일성의 갑작스러운 죽음과 뒤이은 조문 파동으로 남북관계가 다시 차가워졌다.
④ 북한에서는 서방 사회에 대한 개방과 교역 확대 등의 새로운 변화를 모색하였다.

09 다음은 남·북한 간 합의문 중 하나이다. 이 합의문의 특징으로 알맞은 것은?

> • 통일은 외세에 의존하거나 외세의 간섭을 받음이 없이 자주적으로 해결해야 한다.
> • 통일은 서로 상대방을 반대하는 무력행사에 의거하지 않고 평화적 방법으로 실현하여야 한다.
> • 사상과 이념, 제도의 차이를 초월하여 우선 하나의 민족으로서 민족적 대단결을 도모하여야 한다.

① 분단 이후 최초로 통일의 3대 기본 원칙에 합의하였다.
② 냉전 체제 붕괴라는 시대적 변화를 반영하였다.
③ 남북한 통일 방안의 공통성을 인정하였다.
④ 교류·협력에 있어서 상호주의 원칙을 채택하였다.

10 다음 중 통일을 위한 남·북의 노력으로 볼 수 없는 것은?

① 7·4 남북공동성명
② 이산가족 상봉
③ 남북정상회담
④ 6·29 선언

42. (가)에 들어갈 민족 운동에 대한 설명으로 옳은 것은? [2점]

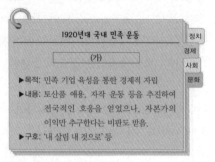

1920년대 국내 민족 운동

정치
경제
사회
문화

(가)

▶목적: 민족 기업 육성을 통한 경제적 자립
▶내용: 토산품 애용, 자작 운동 등을 추진하여 전국적인 호응을 얻었으나, 자본가의 이익만 추구한다는 비판도 받음.
▶구호: '내 살림 내 것으로' 등

① 의열단 결성에 영향을 끼쳤다.
② 조선 물산 장려회가 주도하였다.
③ 김광제, 서상돈 등이 제창하였다.
④ 무오 독립 선언의 배경이 되었다.
⑤ 기회주의 배격을 강령으로 삼았다.

43. 다음 인물 카드의 주인공으로 옳은 것은? [1점]

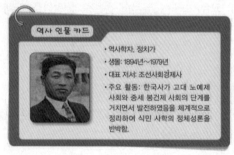

역사 인물 카드

• 역사학자, 정치가
• 생몰: 1894년~1979년
• 대표 저서: 조선사회경제사
• 주요 활동: 한국사가 고대 노예제 사회와 중세 봉건제 사회의 단계를 거치면서 발전하였음을 체계적으로 정리하여 식민 사학의 정체성론을 반박함.

① 나운규 ② 박은식 ③ 백남운 ④ 신채호 ⑤ 주시경

44. 다음 글에 나타난 시기에 있었던 일제의 정책으로 옳은 것은? [2점]

이 날은 광활한 대지에 나의 운명을 맡긴 날이다. 중경(충칭)을 찾아가는 대륙 횡단을 위해 …… 6천 리를 헤매기 시작한 날이다. …… 사실은 이 날이 바로 지나 사변 제7주년 기념일이었다. 그때 일본은 중·일 전쟁을 지나 사변이라고 말했다.

– 장준하, 「돌베개」 –

① 회사령을 제정하였다.
② 조선 태형령을 시행하였다.
③ 학도 지원병을 강제 동원하였다.
④ 제1차 조선 교육령을 발표하였다.
⑤ 산미 증식 계획을 처음 추진하였다.

45. (가), (나) 독립군에 대한 설명으로 옳은 것은? [3점]

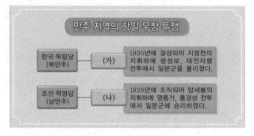

만주 지역의 항일 무장 투쟁

한국 독립당 (북만주) — (가) — 1930년에 결성되어 지청천의 지휘하에 쌍성보, 대전자령 전투에서 일본군을 물리쳤다.

조선 혁명당 (남만주) — (나) — 1929년에 조직되어 양세봉의 지휘하에 영릉가, 흥경성 전투에서 일본군에 승리하였다.

① (가) – 자유시 참변으로 큰 타격을 입었다.
② (가) – 조선 혁명 선언을 활동 지침으로 삼았다.
③ (나) – 우금치 전투에서 패배한 후 와해되었다.
④ (나) – 삼원보에 신흥 무관 학교를 설립하였다.
⑤ (가), (나) – 한·중 연합 작전을 전개하였다.

46. (가), (나) 사이의 시기에 있었던 사실로 옳은 것을 〈보기〉에서 고른 것은? [2점]

사진으로 보는 광복 이후 현대사

(가) 대한민국 정부 수립

(나) 인천 상륙 작전

〈보 기〉

ㄱ. 농지 개혁법 제정
ㄴ. 금융 실명제 실시
ㄷ. 반민족 행위 처벌법 제정
ㄹ. 제1차 미·소 공동 위원회 개최

① ㄱ, ㄴ   ② ㄱ, ㄷ   ③ ㄴ, ㄷ
④ ㄴ, ㄹ   ⑤ ㄷ, ㄹ

★정답/문제풀이

42. ②   43. ③   44. ③   45. ⑤   46. ②

8장 제38회 한국사능력검정시험(고급)

43. 다음 두 의거를 일으킨 단체에 대한 설명으로 옳은 것은? [2점]

> ○ 오늘 아침 신년 관병식을 마치고 궁성으로 돌아가던 일왕의 행렬이 궁성 부근 앵전문(櫻田門) 앞에 이르렀을 때 군중 가운데서 돌연 한인(韓人) 한 명이 뛰쳐나와 행렬을 향해 수류탄을 투척하였다.
> — 시보(時報) —
>
> ○ 일왕의 생일인 천장절 기념식장에 폭탄을 투척하여 다수의 일본 군부 및 정계 요인에게 부상을 입혔던 한인(韓人) 윤(尹) 지사는 현장에서 체포된 뒤 일본군 헌병대 사령부로 압송되었다.
> — 상해보(上海報) —

① 중·일 전쟁 발발 이후에 창설되었다.
② 김구의 주도로 상하이에서 조직되었다.
③ 조선 혁명 선언을 활동 지침으로 하였다.
④ 김익상, 김상옥 등이 단원으로 활동하였다.
⑤ 일제가 꾸며낸 105인 사건으로 해체되었다.

44. 밑줄 그은 '시기'에 있었던 사실로 옳은 것은? [2점]

> 이것은 태평양 전쟁이 전개되던 시기에 만들어진 포스터로, 애국반에 호적 미등재자가 없도록 하자는 수칙이 쓰여 있습니다. 특히 징병제의 대상자는 빠짐없이 호적에 등재할 것을 강조하고 있습니다.

① 회사령이 철폐되었다.
② 조선 태형령이 시행되었다.
③ 토지 조사 사업이 실시되었다.
④ 여자 정신 근로령이 공포되었다.
⑤ 제1차 조선 교육령이 발표되었다.

45. 다음 가상 인터뷰의 주인공에 대한 설명으로 옳은 것은? [3점]

① 좌우 합작 위원회의 주축이 되었다.
② 김규식과 함께 남북 협상에 참여하였다.
③ 재미 한인을 중심으로 흥사단을 설립하였다.
④ 정읍에서 남한만의 단독 정부 수립을 주장하였다.
⑤ 중국 국민당과 협력하여 조선 의용대를 창설하였다.

46. (가), (나) 사이의 시기에 있었던 사실로 옳은 것은? [2점]

> (가) 반민족 행위 특별 조사 위원회(반민 특위)가 본격적으로 친일 청산에 나서자, 친일 경력이 있던 일부 경찰과 친일파들은 '공산당과 싸우는 애국지사를 잡아 간 반민 특위 위원은 공산당' 이라며 시위를 벌였다. 대통령은 특별 담화를 발표하고, 공산당과 내통했다는 구실로 반민 특위 소속 국회의원들을 구속하였다.
>
> (나) 자유당은 당시 대통령에 한하여 중임 제한을 적용하지 않는다는 내용을 골자로 하는 개헌을 추진하였다. 그해 11월, 개헌안은 의결 정족수에 1명이 부족하여 부결되었는데, 사사오입의 논리를 내세워 개헌안이 다시 통과된 것으로 번복하였다.

① 정부 형태가 내각 책임제로 바뀌었다.
② 장기 독재를 가능하게 한 유신 헌법이 공포되었다.
③ 평화 통일론을 주장한 진보당의 조봉암이 구속되었다.
④ 임시 수도 부산에서 대통령 직선제 개헌안이 통과되었다.
⑤ 여당 부통령 후보 당선을 위한 3·15 부정 선거가 자행되었다.

★ 정답/문제풀이

43. ②   44. ④   45. ①   46. ④

8장

적중예상문제 풀이

01 다음 중 1960년대 북한의 정세는?

① 4대 군사노선을 채택하여 군수 공업 발전에 힘썼다.

② 북조선 임시인민위원회를 구성하였다.

③ 3대 혁명소조운동을 전개하였다.

④ 핵무기 확산 방지를 위해 NPT에 가입하였다.

02 다음의 남북한 통일 방안 비교표 중에서 틀린 것은?

	남한 민족공동체 통일방안	북한 고려연방제 통일방안
통일철학	자유민주주의	㉠ 주체사상
통일주체	㉡ 민족 구성원 모두	프롤레타리아 계급
통일과정	화해협력–남북연합– 통일국가 완성	㉢ 연방국가의 점차적 완성 (제도 통일은 후대에)
통일국가의 형태	㉣ 1민족 1국가 2체제 2정부의 통일국가	1민족 1국가 2제도 2정부의 연방국가

① ㉠   ② ㉡   ③ ㉢   ④ ㉣

03 북한군의 4대 군사노선에 해당하지 <u>않는</u> 것은?

① 전인민의 무장화

② 전군의 간부화

③ 장비의 현대화

④ 의사결정의 민주화

04 다음 북한의 정책 중에서 6·25 전쟁 이후의 노동력 부족 현상을 극복하며, 전후 경제를 건설하기 위한 북한의 방안은?

① 선군정치

② 천리마 운동

③ 주체사상

④ 강성대국론

★정답/문제풀이

1. ① ② 46년. ③ 사상, 기술, 문화를 작은 조를 짜서 실현하자는 70년대 운동. ④ 90년대

2. ④ ㉣ 남한의 통일국가 형태는 1민족 1국가 1체제 1정부의 통일국가이다.

3. ④ ④ 북한 군대의 4대 군사노선이란 60년대에 북한이 강조한 내용으로 4가지 내용은 전인민의 무장화, 전군의 간부화, 장비의 현대화, 전국토의 요새화이다.

4. ② ① 김정일의 통치체제 중 군사를 제일 국사로 내세우고 군력 강화에 나라의 총력을 기울이는 정치

② 하루에 천리를 가는 말 이라는 뜻으로 북한 경제의 재건을 위해 군중동원 노선의 대표적 사례

③ 정치적으로 일인독재지배체제에 대한 비판을 차단하고 북한의 독재지재체제를 옹호하기 위한 사상

④ 1990년대 중반 북한의 경제상황 악화에 맞서 사상과 정치, 군사, 경제 대국을 실현하기 위한 북한의 사상

05 8월 종파사건과 관련 있는 내용으로 <u>틀린</u> 것은?

① 연안파 제거

② 이후 김일성의 중화학공업 우선 발전정책이
실시됨

③ 빨치산파 제거

④ 소련파 제거

06 1970년대 초 남한과 북한이 공동 선언한 내
용으로 옳은 것을 모두 고르면?

> ㉠ 통일은 외세에 의존하거나 외세의 간섭을
> 받음이 없이 자주적으로 해결해야 한다.
> ㉡ 사상과 이념 제도의 차이를 초월하여 우선
> 하나의 민족으로서 민족적 대단결을 도모하
> 여야 한다.
> ㉢ 남과 북은 상대방에 대하여 무력을 사용하
> 지 않으며 상대방을 무력으로 침략하지 아
> 니한다.
> ㉣ 남과 북은 나라의 통일을 위한 남측의 연합
> 제안과 북측의 낮은 단계의 연방제안이 서
> 로 공통성이 있다고 인정하고 앞으로 이 방
> 향에서 통일을 지향시켜 나가기로 하였다.

① ㉠, ㉡   ② ㉡, ㉢

③ ㉢, ㉣   ④ ㉠, ㉣

07 다음 선언 이후 남과 북에서 실천한 사실이
<u>아닌</u> 것은?

> 남과 북은 나라의 통일 문제를 서로 힘을 합쳐
> 자주적으로 해결해 나가기로 하였다. 남과 북
> 은 나라의 통일을 위한 남측의 연합제안과 북
> 측의 낮은 단계의 연방제 안이 서로 공통성이
> 있다고 인정하고, 앞으로 이 방향에서 통일을
> 지향해 나가기로 하였다. 이에 남과 북은 경제
> 협력 및 사회·문화·체육·보건·환경 제반 분
> 야의 협력과 교류를 활성화한다.

① 유엔에 동시 가입하였다.

② 개성 공단을 조성하였다.

③ 경의선 복구 사업에 착수하였다.

④ 금강산 육로 관광을 시행했었다.

★정답/문제풀이

5. ③ 빨치산파는 김일성파를 말한다. 김일성은 항일유격대 출신으로 그의 분파에 속한 한국전쟁시 사망한 김책과 최용건, 최현, 김일 등을 제외
한 인물들은 국내계열이나 연안계열, 소련한인계열들에 비하여 교육수준이 낮고 당사업과 정치적 경험이 없었다. 한국전쟁 후에도 김일성
은 완전히 정권을 손에 쥐지 못하였다. 김일성이 해외로 순방을 나가 있는 동안, 공산당 5대 정파 중 연안파에 속하던 부주석 최창익을
비롯한 일부 세력이 조선노동당 전당대회에서 김일성을 공개적으로 비판하여, 주석직에서 물러나게 하려고 시도한 사건이다. 김일성이 이
소식을 듣고 곧장 귀국을 하였으며 기타 김일성파의 반대로 인해 결국 무산되었다. 이는 북한 60년 역사에서 처음이자 마지막으로 김일성
의 절대 권력에 도전했던 사건으로 기록되어 있다. '8월 종파사건' 주모자와 연루자를 색출하고, 당증 교환사업을 벌여 사상을 점검하였다.
이러한 과정에서 최창익, 박창옥을 비롯해 김두봉, 오기섭 등의 반대파는 모두 현직에서 철직 혹은 추방되었다. 1956년 12월 당중앙위원
회 전원회의에서 숙청작업은 마무리되었고, 이에 따라 발전전략논쟁도 막을 내렸다. 따라서 이 회의를 계기로 김일성은 '중공업 우선발전,
경공업·농업 동시발전'이라는 자신의 발전전략을 관철할 수 있게 되었다.
한 마디로 요약하자면 김일성이 북한 내의 공산주의자들을 포함한 정적이나 견제세력들을 숙청함으로써 1인 독재 체제를 만들어낸 사건
이라고 볼 수 있다.

6. ① ㄷ. 남북기본 합의서(91), ㄹ. 6.15 남북 공동 선언(2000)에 관한 내용이다.

7. ① ①은 91년. 나머지는 2000년 6.15 남북 공동 선언의 결과로 실천한 사례들이다.

08 다음 자료와 관련된 운동에 대한 설명으로 옳은 것은?

① 군의 선도적인 역할을 강조하였다.
② 해외 자본의 유치를 목적으로 하였다.
③ 남북 경제 교류의 활성화에 기여하였다.
④ 생산 현장에서의 속도와 경쟁을 강조하였다.

09 1950년 중·후반 북한의 정세로 <u>틀린</u> 것을 고르시오.

① 농업협동화와 상공업·수공업 분야의 협동화를 동시에 진행하여 50년대 말까지 생산수단을 완전히 국유화 하였다.
② 선군정치의 실시로 인해 군사(軍事)를 제일 국사(國事)로 내세우고 군력 강화에 나라의 총력을 기울였다.
③ 군중동원(천리마운동, 청산리정신, 청산리방법) 노선을 적절히 활용하였다.
④ 1956년 8월 종파사건으로 인해 김일성은 연안파와 소련파를 대대적으로 숙청하고, 당권을 완전히 장악하여 독재 권력의 기반을 공고히 하였다.

10 다음 중 북한의 경제정책으로 <u>틀린</u> 것을 고르시오.

① 2000년대 들어오면서부터 국제 분업 질서를 인정하는 개방형 자력갱생정책을 추진하였다.
② 북한의 사유범위는 근로소득과 일용 소비품으로 한정되어 있다.
③ 1984년 북한은 합영법을 제정하여 큰 효과를 거두어 많은 외채를 갚았다.
④ 2002년 7·1 경제관리 개선·개조 조치를 통해 시장기능의 부분 활용을 실시하였다.

11 8월 종파사건의 결과가 맞는 것은?

㉠ 연안파가 주도하게 됨
㉡ 소련파가 주도하게 됨
㉢ 국내파가 주도하게 됨
㉣ 김일성 독재정치 시작

① ㉠   ② ㉡   ③ ㉢   ④ ㉣

12 다음에서 설명하는 이념은?

- 김일성 유일 체제 구축과 개인숭배에 이용
- 1972년 사회주의 헌법에서 북한의 통치 이념으로 공식화
- 사상의 주체, 정치의 자주, 경제의 자립, 국방의 자위 등을 내세움

① 주체사상   ② 제국주의
③ 전체주의   ④ 사회 진화론

★정답/문제풀이

8. ④　1950년대 후반 실시된 북한의 천리마 운동에 대한 설명이다. 생산과정에서 하루에 천리를 달리는 말처럼 노동 생산성을 높이기 위한 운동이다.
9. ②　② 선군정치는 김정일의 통치체제의 특징이다.
10. ③　③ 1984년 북한은 합영법을 제정하였으나 큰 효과를 거두지 못하고 심각한 외채 문제를 안게 되었다.
11. ④　8월 종파사건 이후로 김일성파가 연안파와 소련파를 제거하고, 정권을 확실히 잡게 됨. 김일성은 국내파가 아님.
12. ①　제시문은 북한의 공식 통치 이념인 주체사상에 대한 설명이다. 김일성은 주체사상을 바탕으로 1인 독재 체제를 확립하였다.

13 남·북한 통일 외교와 관련하여 옳은 것은?

① 북한의 고려 민주 연방 공화국 통일 방안은 2 국가 2체제를 목표로 하고 있다.

② 1972년 7·4 남북 공동 성명에서 남과 북은 자주적, 평화적, 민족 대단결의 통일 원칙에 합의했다.

③ 1997년 남과 북은 '남북 사이의 화해와 불가침 및 교류·협력에 관한 합의서'를 체결하였다.

④ 2000년 6·15 남북공동 선언에서 남과 북은 유엔 감시하의 통일 방안에 합의하였다.

14 다음은 어느 성명 또는 선언의 내용인가?

> • 남과 북은 나라의 통일 문제를 우리 민족끼리 서로 힘을 합쳐 자주적으로 해결해 나가기로 하였다.
> • 남과 북은 나라의 통일을 위한 남측의 연합제 안과 북측의 낮은 단계의 연방제 안이 서로 공통성이 있다고 인정하고 앞으로 이 방향에서 통일을 지향시켜 나가기로 하였다.

① 7·4 남북공동성명

② 6·23 평화통일 외교정책 선언

③ 한반도 비핵화에 관한 공동선언

④ 6·15 남북공동선언

15 북한이 원하는 자주적 평화통일을 위한 선결 조건에 해당하지 않는 것을 고르시오.

① 국가보안법의 폐지

② 공산주의 활동의 장애물 제거

③ 주한미군의 조속한 철수

④ 미국의 한반도 문제에 대한 간섭

16 북한이 다음과 같은 정책들을 추진하게 된 배경으로 가장 알맞은 것은?

> • 1984년 합영법 제정
> • 1991년 나진·선봉 자유 경제 무역 지대 선정
> • 1998년 남한 기업과 금강산 관광 및 개발 사업 추진

① 심각한 경제난을 타개하기 위해

② 독재 체제를 더욱 강화하기 위해

③ 남한과의 교류를 증진시키기 위해

④ 평화 통일의 계기를 마련하기 위해

★ 정답/문제풀이

13. ②   ① 1민족 1국가 2제도 2정부가 북한이 원하는 방향이다.
　　　　　 ③ 1991년 체결하였다.
　　　　　 ④ 유엔 감시하에서 합의한 것이 아니다.
14. ④   낮은 단계의 북한의 연방제와 남측의 연합제 안의 공통성을 인정하는 것은 6·15 남북 공동 선언이다.
15. ④   북한은 미국의 한반도 문제에 대한 간섭 배제를 원하고 있다.
16. ①   보기에 나와 있는 내용들은 경제난을 타개하기 위한 정책으로 만들어졌다.

17 북한이 밑줄 친 상황을 극복하기 위해 실시한 정책으로 옳은 것을 〈보기〉에서 고른 것은?

> 1970년대 들어 북한은 경제 개발 6개년 계획을 세워 공업 생산력의 증대를 꾀하였으나, 자립 경제 제창에 따른 대외 교역의 한계, 중공업 치중에 따른 소비재 부진 등으로 <u>경제는 더욱 어려워졌다.</u>

〈 보기 〉

㉠ 천리마 운동으로 노동력을 극대화하였다.
㉡ 나진과 선봉 지역에 경제특구를 만들었다.
㉢ 사회주의 국가들과의 경제 교류를 강화하였다.
㉣ 서방 선진국의 자본과 기술을 도입하려 하였다.

① ㉠, ㉡   ② ㉡, ㉣
③ ㉠, ㉢   ④ ㉡, ㉢

---

18 다음 자료에 나타난 선언에 대한 옳은 설명을 〈보기〉에서 고른 것은?

> 남과 북은 경제 협력을 통하여 민족 경제를 균형적으로 발전시키고, 제반 분야의 협력과 교류를 활성화하여 서로 신뢰를 다져 나가기로 하였다.

⇩ 실천 사업

개성 공단

〈 보기 〉

㉠ 제2차 남북정상회담의 결과로 발표되었다.
㉡ 합의 사항 실천을 위해 남북 조절 위원회를 구성하기로 하였다.
㉢ 남북 이산가족 상봉을 비롯한 인도적 문제를 해결하 나가기로 하였다.
㉣ 남측의 연합제와 북측의 낮은 단계의 연방제가 서로 공통성이 있음을 인정하였다.

① ㉠, ㉡   ② ㉡, ㉣
③ ㉢, ㉣   ④ ㉣, ㉠

★ 정답/문제풀이

17. ② 1970년대 경제 위기를 맞은 북한은 외국과의 경제 교류 확대를 통해 위기를 극복하고자 하였다. 또한 1991년에는 나진과 선봉지역에 경제특구를 만들어 국제 교역의 거점으로 만들려고 하였으나 실효를 거두지 못하였다.

18. ③ 제시된 자료에서 '개성공업지구 입주기업 건설'을 실천하는 건설을 통해 6·15 남북 공동 선언과 관련 있음을 알 수 있다. 6·15 남북 공동 선언에 따라 이산가족의 방문이 재개되는 등 남북 교류가 확대되었다. 또한 남측의 연합제 안과 북측의 낮은 단계의 연방제 안이 서로 공통성이 있음을 인정하였다.

19 다음 자료와 관련된 남북한의 통일 노력으로 옳은 것은?

> • 남과 북은 서로 상대방의 체제를 인정하고 존중한다.
> • 남과 북은 상대방에 대하여 무력을 사용하지 않으며 상대방을 무력으로 침략하지 아니한다.
> • 남과 북은 민족 구성원들의 자유로운 왕래와 접촉을 실현한다.

① 남과 북이 통일 과정에서의 특수 관계임을 인정한다.
② 남북 적십자 회담을 열고 특사를 파견한다.
③ 남북 정상 회담을 개최하였다.
④ 개성 공단 조성에 대한 계획이 논의되었다.

20 다음 자료에 대한 설명으로 옳은 것은?

> • 나라의 통일 문제를 우리 민족끼리 서로 힘을 합쳐 자주적으로 해결해 나가기로 한다.
> • 나라의 통일을 위한 남측의 연합제 안과 북측의 낮은 단계의 연방제 안이 서로 공통성이 있다고 인정 하고, 이 방향에서 통일을 지향하기로 하였다.

① 한반도 비핵화 공동 선언을 채택하였다.
② 개성공단 건설에 합의하였다.
③ 민간 차원에서 전개하여 발표되었다.
④ 자주, 평화, 민족 대단결의 통일 원칙이 제시되었다.

★정답/문제풀이

19. ① 제시된 자료는 남북 기본 합의서이다. 남북 기본 합의서는 남북 총리급 회담의 결과 채택되었다. 이는 남북한 정부 간에 이루어진 최초의 공식 합의서로, 서로의 체제를 인정하고 상호 불가침에 합의 했다는 점에서 의의를 지닌다.

20. ② 제시된 자료는 6·15 남북 공동 선언이다. 이는 김대중 정부가 대북 화해 협력 정책(햇볕 정책)을 추진한 결과 남북 정상 회담이 개최되어 발표된 것이다. 이에 따라 이산가족 방문과 서신 교환, 경의선 철도 복구, 개성 공단 건설 등이 이루어 졌다.

제9장

한미동맹의
필요성

제1절 한미동맹의 역사

❶ 초창기 한미관계(1949 이전)

1) 한미관계의 시작

    (1) 제너럴셔먼호 사건(1866)으로 인한 신미양요(1871)로 최초 군사관계 시작

    (2) 1880년 2차 수신사로 김홍집이 일본을 다녀오면서 『조선책략』을 가지고 옴

        → 이후 '조미수호통상조약(1882)'으로 공식적 국교관계 수립

2) 실질적인 군사협력관계의 시작

    (1) 패전한 일본군의 무장해제를 위하여 미 육군 제24군단이 한반도에 진주(1945)

    (2) 주한미군사고문단(KMAG)의 설치(1949)

      ① 미군이 보유하고 있던 무기의 한국군 이양

      ② 무기의 사용법 교육

      ③ 한국군의 편성과 훈련지도

      ④ 군사교육기관의 정비 강화

      ⑤ 고문단은 외교적 역할도 수행했으며 치외법권을 갖고 있었음

    (3) 6·25 전쟁 발발 전 주한미군은 군사고문단만 남기고 전원철수(1949.6.30.)

❷ 미국의 한국전쟁 참전

    → 6·25 전쟁의 발발: 1950년 6월 25일 북한의 기습남침 개시

1) 국제사회의 대응

    (1) 유엔 안전보장이사회는 북한의 전쟁도발 행위의 중지 및 38선 이북으로 철수를 요구하는 결의안 의결(1950.6.25.)

    (2) 영국과 프랑스의 발의로 유엔군사령부 설치(1950.7.7.)

        → 미국, 호주, 프랑스, 터키 등 16개국이 전투부대 파병

2) 미국의 참전

    (1) 미국 주도의 유엔군 창설

        → 유엔군사령부는 미군 주도의 통합사령부, 미 극동군 사령부가 위치한 도쿄에 창설됨

    (2) 이승만 대통령은 한국군의 지휘권을 유엔군사령관에게 공식서한을 보내어 이양(1950.7.14.)

(3) 인천상륙작전을 통해서 서울을 수복하였으나, 중공군의 개입으로 후퇴를 하게 되고, 전선은 고착됨

❸ 한미상호방위조약의 체결(1953. 10. 1.)

1) 조약 체결의 배경

(1) 휴전을 둘러싼 한미 양국 간 의견 대립

① 미국은 휴전을 원하고 한국은 지속적 전쟁을 통해 북진 통일을 원함

② 한국은 휴전 거부의사를 표명하며 휴전회담에도 참석하지 않음

③ 한국은 정전협정조인에 결국 참여하지 않음

(2) 정전협정조인(1953. 7. 27.) 후 지속적인 한국의 방어를 위해 체결

① 정전을 하는 대신, 한미상호방위조약 체결, 대한군사원조 등이 이루어짐

② 한국은 한미상호방위조약에 한반도 유사시 미국의 자동개입조항을 삽입하기를 요구하였으나, 미국은 이를 거부하고 대안으로 미군 2개 사단을 한국에 주둔

(3) 이 조약은 체결 이후 현재까지 그 내용의 변화 없이 효력이 지속되고 있음

2) 한미연합방위체제의 법적 근거가 됨

(1) 제3조: 상대국에 대한 무력공격은 자국의 평화와 안정을 위태롭게 하는 것으로 간주하여 헌법상의 절차에 따라 공동으로 대처

(2) 제4조: 미군의 한국 내 주둔을 인정

📖 심화학습

한미상호방위 조약 (53. 10. 1)

제2조

당사국 중 어느 일국의 정치적 독립 또는 안전이 외부로부터의 무력공격에 의하여 위협을 받고 있다고 어느 당사국이든지 인정할 때에는 언제든지 당사국은 서로 협의한다. 당사국은 단독적으로나 공동으로나 자조와 상호원조에 의하여 무력공격을 방지하기 위한 적절한 수단을 지속하며, 강화시킬 것이며 본 조약을 실행하고 그 목적을 추진할 적절한 조치를 협의와 합의하에 취할 것이다.

제3조

각 당사국은 타 당사국의 행정 지배하에 있는 영토와 각 당사국이 타 당사국의 행정지배 하에 합법적으로 들어갔다고 인정하는 금후의 영토에 있어서 타 당사국에 대한 태평양 지역에 있어서의 무력공격을 자국의 평화와 안전을 위태롭게 하는 것이라고 인정하고 공통한 위협에 대처하기 위하여 각자의 헌법상의 수속에 따라 행동할 것을 선언한다.

제4조

상호적 합의에 의하여 미합중국의 육군, 해군과 공군을 대한민국의 영토 내와 그 부근에 배치하는 권리에 대해 대한민국은 이를 허여하고 미합중국은 이를 수락한다.

④ 한국의 전후복구와 미국의 지원

1) 미국의 군사적 지원

(1) 대외군사판매(FMS)를 통한 무기체계 공급으로 한국군 전력을 증강

★ FMS: Foreign Military Sale

(2) 방산기술지원 및 협력을 통해 한국군 무기체계 개선

(3) 한국의 방어를 위한 주한미군의 기여도 증가

2) 미국의 경제적 지원

(1) 미국은 1953년에서 1959년까지 총 16억 2,200만 달러의 원조를 제공

(한국 요구량: 10억 달러)

(2) 소비재 중심의 경제 원조

① 미국의 식량, 의복, 의약품 등 생활 필수품을 지원

− 미공법(미국의 농산물 무역 촉진 원조법) 480호에 따른 농산물 원조

− 한국 정부는 원조 받은 농산물의 판매 수익을 통해 대충자금을 조성하여 정부 계획하에 집행(50%는 미국의 무기체계 구매)

② 원조물자를 가공한 면방직업, 제당업, 제분업 등 삼백 산업 발달

(3) 한국이 원했던 생산재 및 사회 기반 시설 중심의 원조는 미약

(4) 1950년대 후반, 미국은 국내경제 악화를 이유로 경제적 지원의 형태를 무상원조에서 유상차관으로 변경

⑤ 한국의 베트남 파병과 한미안보협력

1) 베트남전 개요

(1) 2차 세계대전 이후 프랑스로부터 독립을 위해 결성된 "베트남독립동맹"과 이를 저지하려는 프랑스의 전쟁이 시작됨

(2) 디엔비엔푸 전투에서 프랑스는 큰 타격을 입고 제네바 협정 체결: 베트남독립동맹은 북베트남에 자리를 잡고 공산주의를 표방하였으며, 남베트남에는 비공산주의자들이 자리를 잡게 됨

(3) 미국의 지원을 받고 있었던 민주주의를 표방, 북베트남은 공산화 통일을 시도

2) 한국의 참전 배경

(1) 한미동맹 차원에서 미국의 한국전 지원에 대한 보답

(2) 주한미군의 베트남 투입 가능성을 차단

(3) 한국군의 실전 전투경험 축적을 통한 전투역량 강화

3) 한국군의 참전

(1) 8년 8개월(1964.7.18.~1973.3.23.) 동안 총 312,853명 투입
(2) 주월 한국군사령부 창설

① 파병된 전투부대로는 맹호부대, 백마부대, 청룡부대가 있음
② 주월 한국군사령부가 한국군의 작전권 행사

4) 성과

(1) 대민지원 중심의 민사심리전 수행으로 베트남 주민들의 지지 확보
(2) 한국전쟁에서의 산악전 경험을 바탕으로 효과적인 전투임무 수행에 기여
(3) 미국의 동맹국으로서 국제적 지위와 위상 제고
(4) 경제적 성과

① 베트남 파병 군인들의 송금
② 군수품의 수출
③ 건설업체의 베트남 진출

5) 베트남 파병 이후, 한·미 간 협력이 강화됨

(1) 미국의 군사적, 경제적 지원 증가

① 한국군 전력증강과 경제개발을 위한 차관 제공
② 한국의 산업 발전을 위한 기술원조

(2) 한미연례안보협의회(SCM: Security Consultative Meeting)의 설치(1차 회의: 1968.5.)

① 증가하는 북한의 도발에 대한 대응의 필요성 증가

– 청와대 습격 사건(1968.1.21.)
– 푸에블로호 납치 사건(1968.1.23.)

② 양국 국방장관을 수석대표로 하는 장관급회의인 SCM은 오늘날까지 안보현안에 대한 논의

📖 **심화학습**

브라운 각서(1966.3.)
- 한국군 18개 사단의 현대화를 지원
- 파병비용은 미국이 부담
- 베트남에 주둔한 한국군의 보급 물자와 장비를 한국에서 구매
- 베트남 현지 사업들에 한국을 참여시킴
- 한국의 수출 진흥을 위해 기술 원조를 강화
- 차관의 추가제공

의 장으로 활용

③ 예하에 소주제를 다룰 수 있는 다양한 위원회가 존재

⑥ 닉슨 독트린과 한미동맹의 변화

1) 주한미군 감축 움직임

(1) 데탕트(=화해와 협력의 시대, 다극화 체제)의 도래와 베트남전 이후 미국의 재정 적자 악화로 인해 아시아 지역의 미군을 감축하려는 움직임이 나타남

(2) 닉슨 독트린(Nixon Doctrine, 1969.7.)

① 배경

− 베트남에 대한 미국의 유엔 파병 제안과 유엔의 거부

− 외교적 고립 하 대규모 병력 파병에 따른 국제사회 비난과 국내 반전운동 전개

② 내용

📖 **심화학습**

닉슨 독트린(1969)

1. 미국은 앞으로 베트남 전쟁과 같은 군사적 개입을 피한다.
2. 미국은 아시아 여러 나라와의 조약상의 약속은 지키지만, 강대국의 핵에 의한 위협의 경우를 제외하고는 내란이나 침략에 대해서는 아시아 각 나라들이 스스로 협력하여 그에 대처해야 할 것이다.
3. 미국은 '태평양 국가'로서 그 지역에서 중요한 역할을 계속하지만 직접적, 군사적인 또는 정치적인 과잉 개입은 하지 않으며 자조(自助)의 의사를 가진 아시아 제국의 자주적 행동을 측면에서 지원한다.
4. 아시아 국가들에 대한 원조는 경제 중심으로 바꾸며 동시에 다수국 간 방식을 강화하여 미국의 과중한 부담을 피한다.
5. 아시아 국가들이 5∼10년의 장래에는 상호 안전 보장을 위한 군사 기구를 만들기를 기대한다.

---

③ 영향

− 아시아 지역에 대한 안보공약의 축소: "아시아의 안보는 아시아인에 의해"

− 미국 대외정책 변경

반공 → 평화공존, 중국의 UN가입 및 상임이사국 인정(1971)

− 해외주둔미군 축소: 주한미군 부분 철수 논의 → 제7사단의 철수(1971.3.)

(3) 카터(Jimmy Carter) 행정부의 주한미군 철수 정책

① 3단계 철군안 발표: 1977년∼1982년까지 3단계에 걸쳐서 철군

② 철군계획에 따라 1978년까지 3,400명 철군

(4) 철군계획의 취소(1979)

① 북한 군사력에 대한 재평가

→ 미국 내에서 북한의 군사력이 높은 수준에 있다는 평가가 나옴

② 신냉전의 분위기 확산: 소련은 아프간 및 베트남 일대에서 팽창의도를 보이며 데탕트 분위기를 와해시킴

③ 한국정부의 반대

❼ 주한미군 철수를 보완하기 위한 한미동맹의 강화

1) 주한미군 철수 계획으로 인한 한국의 자체적인 역량 강화 시도

→ 한국 정부에 의한 한국군 전력증강사업의 시작(제1차 율곡사업: 1974~1981)

2) 한국군의 역량 강화를 위한 미국의 군사원조 강화

(1) 주한미군이 보유하고 있던 일부 장비들에 대한 무상 이양

(2) 대외군사판매(FMS)를 통한 무기체계 제공 확대

(3) 한국군 역량 강화를 위한 차관의 추가 제공

3) 철군에 따른 동맹의 보완책 추진

(1) 한미연합사령부(CFC: Combined Forces Command) 창설(1978)

① 군사위원회로부터 전략지시를 받아서 한미연합군을 지휘

② 사령관은 미군 대장, 부사령관은 한국군 대장, 참모장은 미군 중장

③ 각 참모요원은 부서장과 차장에 한국군과 미군 장교들이 교차되어 임명

④ 한반도 방어를 위한 전쟁수행 사령부가 유엔군사령부에서 한미연합사령부로 변경(유엔사는 존속) → 동반자적 한미군사관계의 새로운 틀을 마련

(2) 한미연합훈련의 발전: 미 본토에서 공수부대를 투입하는 프리덤 볼트(Freedom Bolt) 훈련시행

제2절 한미동맹의 역할

❶ 군사적 차원

1) 대북 억제

(1) 주한미군의 주둔을 통한 대북 억제력 강화

① 한국은 주한미군의 정보자산을 통해 대북 정보를 획득

: 주한미군은 정찰기 및 정찰위성 등을 통해 획득한 대북정보를 한국군에 제공

② 주한미군의 강력한 전투력을 통해서 북한의 도발 및 위협을 억제

(2) 유사시 증원전력을 통해 북한의 군사적 위협에 대비

(3) 확장억제를 통해 북한의 핵 위협 억제

① 북한은 1990년대부터 핵개발을 실시해 왔으며 현재 여섯 차례의 핵실험 실시

② 한미 양국은 북한 핵 및 대량살상무기(WMD) 위협에 대응하기 위한 "맞춤형 억제 전략(tailored deterrence strategy)"을 수립

→ 정찰자산을 이용하여 북한의 움직임을 3단계(위협, 사용임박, 사용)로 나누어서 판단하고, 단계별로 가용한 수단을 이용하여 타격

2) 한국군의 군사전략 및 전술의 발전

(1) 미국은 많은 전쟁경험을 통해서 현대전에 적합한 전략 및 전술을 개발 및 발전시켜왔음

(2) 한국군은 한미연합사와 한미연합 군사훈련을 통해서 미군의 전략 및 전술을 학습

3) 한국군의 무기체계 발전

(1) 미국의 군사원조와 한국군의 현대화

→ 6·25 전쟁 이후 한국군의 현대화 과정에서 미국의 군사원조가 결정적 역할을 하였음

(2) 미국은 대외군사판매제도(FMS)를 통해서 한국군에 고성능 무기들을 공급

(3) 한미는 한미방위기술협력 위원회를 통해서 무기체계의 공동개발연구를 진행하는 등 방위기술 교류를 활발히 진행하고 있음

❷ 정치·외교적 차원

1) 동아시아의 세력 균형자 / 안정자 역할

(1) 한국은 중국, 일본, 러시아 등 강대국들 속에 둘러싸여 있음

(2) 강대국들의 세력 다툼 속에서 한미동맹은 중국 및 러시아 등에 대해 균형을 유지할 수 있도록 만드는 중요한 기구

2) 지역 분쟁의 조정자 역할

(1) 동아시아에는 역내 국가간 다양한 분쟁요소들이 산재(역사 및 영토 등)

(2) 한미동맹의 한 축인 미국은 지역분쟁의 조정자로서 역내의 작은 분쟁들이 전쟁으로 비화되는 것을 막아줌

3) 국제평화 및 안보에 기여

(1) 한미 양국은 대량살상무기 확산 방지 구상(PSI), 핵확산 금지 조약(NPT) 등을 통해서 국제군비

통제 분야에서 협력해 왔음

(2) 국제평화를 위한 군사협력

　① 미국이 대량살상무기 제거를 위해 이라크와 벌인 전쟁(이라크 전쟁)에서, 아르빌 북부 지역에 자이툰 부대를 파견하여 미국과 협조 하에 재건활동 실시

　② 한국 해군은 아프리카 소말리아 해역인 아덴만에 4,500톤급 구축함 1척을 파견하여 대 해적 작전을 실시

　③ 한국군은 미국이 주도하는 테러와의 전쟁을 지원하기 위하여 아프가니스탄에 재건부대를 파견

❸ 경제적 차원

1) 경제발전을 할 수 있는 안정된 환경 제공

→ 해외 투자자들이 마음 놓고 투자할 수 있는 여건 마련

(1) 코리아 디스카운트의 주요 원인중의 하나는 북한의 군사적 위협으로 전쟁이 일어날 지도 모른다는 안보 불안

　→ 북한의 도발이 있을 때 마다 한국의 주식 시장이 요동침

　★ 코리아 디스카운트(Korea Discount)

　　→ 한국기업들이 기업 가치에 비해 주가가 저평가 되어 있는 현상

(2) 한미동맹과 주한미군의 주둔은 북한의 군사적 도발을 억제함으로써 해외 투자자들에게 투자할 수 있는 여건을 조성

2) 안보비용의 절감

(1) 한국은 6·25 전쟁 이후 한미동맹을 통해 안보를 달성하였으며, 그렇게 절약한 안보비용을 경제 발전에 투자하여 경제성장에 성공

(2) 현재에도 한미동맹으로 인해 안보비용을 절약하고 있음

3) 한미 경제협력 강화를 통한 이익

(1) 한미 교역의 확대를 통한 이익

(2) 경제협력으로 인한 선진 경영기법 도입 및 기술교류

주제 01

한미동맹의 역할에 대해 발표하시오.

주제 02

한미상호방위조약 체결에 대해 발표하시오.

01 다음 법안의 내용에 대한 설명으로 옳은 것은?

- 법령 및 조약에 의해 몰수하거나 국유로 된 농지, 직접 땅을 경작하지 않는 사람의 농지, 직접 땅을 경작하더라도 농가 1가구당 3정보(1정보는 약 1만㎡)를 초과하는 농지 등은 정부가 사들인다.
- 분배 농지는 1가구당 총 경영 면적이 3정보를 넘지 못한다.
- 분배받은 농지에 대한 상환액은 평년작을 기준으로 하여 주생산물의 1.5배로 하고, 5년 동안 균등 상환 하도록 한다.

① 미 군정기에 신한공사를 통해서 시행되었다.
② 북한의 농지개혁과 동일하게 유상매수 유상분배의 방식으로 추진되었다.
③ 개혁을 통해서 토지 보상금을 수령한 대다수의 중소지주층은 산업자본가로 전환되었다.
④ 위 법안을 시행하여 토지자본을 산업자본으로 전환시켜 산업화의 토대를 마련하고자 하였다.

02 대한민국 정부 수립 이후 경제정책에 대한 설명으로 맞는 것은?

① 1950년대 – 삼백산업으로 대표되는 미국의 원조경제
② 1960년대 – 경공업 위주의 경제개발 계획과 새마을 운동
③ 1970년대 – 섬유, 식품, 유통 등 중화학공업 중심 경제 개발
④ 1980년대 – 우루과이 라운드 협정 타결로 시장과 자본의 개방

★정답/문제풀이

1. ④ 제시된 사료는 이승만 정권 때 추진된 농지개혁법의 일부이다. 농지개혁법은 1946년 6월에 제정되었으나, 1950년 3월에서야 개정되어 시행되었으며, 그것마저도 6·25 전쟁으로 중단되었다가 1958년이 되어서야 완성되었다. ① 신한공사는 해방 후 일제 총독부 소유의 토지를 관리하기도 하였으나, 어디까지나 미군정이 총독부 소유 및 적산을 관리하고 귀속 자산 불하와 관련된 업무를 원활하게 추진하기 위해 설치한 기구이다. ② 남한의 농지개혁법은 무상몰수, 무상분배의 형식으로 실행된 북한의 토지개혁법(1946.3.)과는 달리 유상매입, 유상분배의 방식을 취했다. ③ 농지개혁법은 토지 소유 관계의 지나친 불평등을 해소하고, 동시에 토지 자본을 산업 자본화하여 산업 발전에 필요한 기간산업을 확충하려는 목적으로 추진되었으나, 법안을 제정할 때 부터 지주의 입장을 다분히 고려하였을 뿐 아니라, 대부분의 지주들은 명의신탁 등의 방법으로 자신의 소유지를 그대로 소유하는 경우가 많았으므로 농지개혁법의 결과 대다수의 중소지주층이 산업자본가로 성장할 수 있는 가능성은 거의 없었다고 볼 수 있다.

2. ① ② 1960년대 경제 5개년 계획에서는 경공업 부문에서는 수입대체가 완료하고 중화학 공업으로 눈을 돌리기 시작하였다. 새마을 운동은 1970년대부터 시작되었다.
③ 1970년대 5개년 계획은 제철, 전자, 조선, 화학, 기계, 비철금속 등 6개 중화학분야에 집중적 투자를 하였다.
④ 우루과이라운드는 1995년 발효되었다.

03 한미동맹의 역할 중 정치, 외교적 차원에 대한 내용 중 잘못된 것은?

① 한미동맹은 동아시아의 세력균형자 및 안정자 역할을 하고 있다.

② 한미동맹의 한축인 미국은 지역분쟁의 조정자로서 역내의 작은 분쟁들이 전쟁으로 비화되는 것을 막아주고 있다.

③ 한국군은 미국이 주도하는 테러와의 전쟁을 지원하기 위하여 아프가니스탄에 전투부대를 파견하였다.

④ 국제평화를 위한 군사협력의 일환으로 한국 해군은 아프리카 소말리아 해역인 아덴만에 4,500톤급 구축함 1척을 파견하여 대해적 작전을 실시하였다.

04 한미관계의 시작에 대한 역사적 사건을 바르게 연결한 것은?

> ㉠ 신미양요
> ㉡ 제너럴셔먼호 사건
> ㉢ 조미수호통상조약
> ㉣ 한미상호방위조약
> ㉤ 주한 미군사 고문단

① ㉠-㉡-㉢-㉣-㉤
② ㉡-㉠-㉢-㉤-㉣
③ ㉠-㉡-㉢-㉤-㉣
④ ㉡-㉠-㉣-㉢-㉤

05 베트남전에서 한국의 참전 배경 중 옳지 않은 것은?

① 한미동맹차원에서 미국의 한국전 지원에 대한 보답

② 주한미군의 베트남 투입 가능성을 차단

③ 유엔에서의 참전요청에 의한 참전

④ 한국군의 실전 전투경험 축적을 통한 전투역량 강화

06 다음의 내용에 해당하는 조약이나 문서는?

> - 6 · 25 전쟁 중 미국은 휴전을 선언하고 한국은 지속적 전쟁을 통해 북진 통일을 원하는 상황에서 6 · 25 전쟁 이후에 체결된 조약
> - 제3조: 상대국에 대한 무력공격은 자국의 평화와 안정을 위태롭게 하는 것으로 간주하여 헌법상의 절차에 따라 공동으로 대처
> - 제4조: 미국의 한국 내 주둔을 인정

① 조미수호통상조약
② 한미상호방위조약
③ 브라운 각서
④ 애치슨 선언

★ 정답/문제풀이

3. ③ 국군은 미국이 주도하는 테러와의 전쟁을 지원하기 위해 아프가니스탄에 재건부대를 파견하였다.
4. ② 신미양요(1871), 제너럴셔먼호사건(1866), 조미수호통상조약(1882), 한미상호방위조약(1953), 주한미군사고문단(1949)
5. ③ 유엔의 요청에 의한 내용은 사실이 아니다. 미국에 대한 동맹국으로 파병한 것이다.
6. ② ① 조미수호통상조약 – 1882년 조선과 미국이 맺은 불평등조약
    ② 한미상호방위조약 – 1953년 10월에 한국과 미국이 맺은 조약으로 이후 한미연합방위체계의 법적 근거가 됨
    ③ 브라운각서 – 1966년 3월에 맺은 베트남 전쟁에 한국군 파병에 대한 미국의 원조 내요을 담은 조약
    ④ 애치슨 선언 – 1950년 1월 미 국무장관 애치슨은 미국의 태평양 방위선을 알래스카–일본–오키나와–필리핀 선으로 한다고 언명하였던 것. 한국이 미국의 태평양 방어선에서 제외되는 결과로 낳아 결국 6 · 25의 전쟁의 빌미가 됨

07 한국의 전후복구에 대한 미국의 군사적 지원에 대한 내용이다. 옳지 <u>않은</u> 것은?

① 대외군사판매(FMS)를 통한 무기체계 공급으로 한국군 전력을 증강
② 방산 기술 지원 및 협력을 통해 한국군 무기체계 개선
③ 한국의 방어는 주한미군이 주도
④ 미국의 식량, 의복, 의약품 등 생활 필수품을 지원

09 다음의 사건들의 시간의 흐름에 따라 이루어졌다고 할 때, (나)시기에 있었던 사건은?

> (가) 한국군의 베트남전 파병
> (나) [   ]
> (다) 닉슨 독트린

① 북방외교를 적극적으로 추진하여 중국, 소련과 수교하였다.
② 미국은 카터의 '인권외교'를 철회하고 동아시아에서 반소블록을 강화하였다.
③ 북한의 무장공비가 청와대를 습격하기 위해서
④ 주한미군 부분 철수가 논의되어 미군 제7사단이 철수하였다.

08 주한 미군 철수에 대한 내용 중 다른 하나는?

① 주한 미군철수계획으로 인한 한국의 자체적인 역량 강화를 시도하였다.
② 주한 미군이 보유하고 있던 일부 장비들에 대해 유상 이양하였다.
③ 한국의 역량 강화를 위한 미국의 군사 원조를 강화하였다.
④ 제1차 율곡사업(한국군 전력 증강 사업)을 시작하였다.

10 주한미군사고문단에 대한 설명으로 옳지 <u>않은</u> 것은?

① 외교관과 같은 신분으로서 치외법권을 갖고 있었다.
② 패전한 일본군의 무장해제를 위해 설치되었다.
③ 미군 보유의 무기를 한국군에 이양하였다.
④ 한국군의 편성과 훈련의 임무를 맡았다.

★정답/문제풀이

7. ④ 　미국이 식량, 의복, 의약품 등 생활 필수품을 지원해준 것은 경제적 지원이다.
8. ② 　주한 미군이 보유하고 있던 일부 장비들에 대해 무상 이양하였다.
9. ③ 　(가)는 1964년, (다)는 1969년의 일이다.
　　　③ 1968년, ① 중국과의 수교(1992), 소련과의 수교(1990) ② 1980년, ④ 1971년
10. ② 　주한미군사고문단은 한국의 치안력을 발전시켜 공격보다 외부 침입에 방어 할 수 있는 무장력을 키워 국내 질서를 유지하기 위해 1949년 7월 1일에 설립되었다. 미대사관 외교관과 같은 신분으로서 치외법권을 갖고 있었고, 임무는 군사원조집행과 미군 무기 이양, 각종 군사시설 관리, 한국군의 편성과 훈련, 이양 무기의 사용법 교육 등이었다.
　　　②는 미 육군 제24군단에 대한 내용이다.

47. 다음 상황 이후에 전개된 사실로 옳은 것은? [3점]

> ## 역사 신문
>
> 제△△호   ○○○○년 ○○월 ○○일
>
> ### 정부, 내각 책임제 헌법 공포
>
> 정부는 국회에서 이송해 온 내각 책임제 개헌안을 국무 회의의 의결을 거쳐 정식으로 공포하였다. 그리고 새로운 헌법에 따라 참의원과 민의원 선거를 실시할 것이라고 발표하였다.

① 5·10 총선거가 실시되었다.
② 이승만 대통령이 하야하였다.
③ 장면이 국무총리에 인준되었다.
④ 좌우 합작 위원회가 결성되었다.
⑤ 신탁 통치 반대 운동이 전개되었다.

48. (가) 헌법에 대한 설명으로 옳은 것은? [2점]

> 이곳은 민주화의 성지로 불리는 명동 성당입니다. 1976년 재야인사들은 여기에서 박정희의 장기 집권을 강화시킨 (가) 에 반대하는 3·1 민주 구국 선언을 발표하였습니다.

① 제헌 국회에서 제정되었다.
② 6월 민주 항쟁의 결과로 개정되었다.
③ 국회를 양원제로 운영하도록 하였다.
④ 대통령에게 긴급 조치권을 부여하였다.
⑤ 대통령 선출 방식을 직선제로 규정하였다.

49. 다음 대화에 나타난 민주화 운동에 대한 설명으로 옳은 것은? [2점]

> '서울의 봄' 이후 광주에서 시민군이 결성되었던 이유에 대해 알고 싶어요.

> 공수 부대가 집단 발포를 하자 시민들이 스스로를 지키기 위해 무장하고 저항했던 것입니다.

① 4·13 호헌 조치에 저항하였다.
② 3·15 부정 선거가 발단이 되어 일어났다.
③ 박종철과 이한열의 희생으로 확산되었다.
④ 굴욕적인 한·일 회담의 중단을 요구하였다.
⑤ 신군부가 계엄령을 전국으로 확대한 것에 반대하였다.

50. 다음 검색창에 들어갈 세시 풍속에 먹는 음식으로 가장 적절한 것은? [1점]

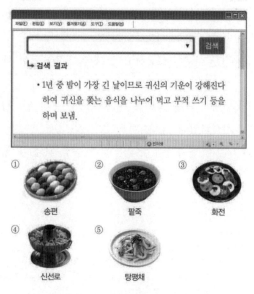

> 검색 결과
>
> • 1년 중 밤이 가장 긴 날이므로 귀신의 기운이 강해진다 하여 귀신을 쫓는 음식을 나누어 먹고 부적 쓰기 등을 하며 보냄.

① 송편
② 팥죽
③ 화전
④ 신선로
⑤ 탕평채

★정답/문제풀이

47. ③   48. ④   49. ⑤   50. ②

47. 밑줄 그은 '총선거'에 대한 설명으로 옳지 않은 것은?　　[1점]

제시된 자료는 유엔 한국 임시 위원단이 지켜보는 가운데 실시된 총선거의 투표 방법 안내 포스터로, 선거인 등록부터 기표한 용지를 투표함에 넣는 것까지 매우 상세하게 알려주고 있습니다.

① 비례 대표제가 적용되었다.
② 우리나라 최초의 보통 선거였다.
③ 38도선 이남 지역에서만 실시되었다.
④ 제헌 국회를 구성하기 위한 선거였다.
⑤ 제주도의 일부 지역에서 선거가 무효 처리되었다.

48. 다음 뉴스에 보도된 사건 이후의 사실로 옳은 것을 〈보기〉에서 고른 것은?　　[3점]

어제 동대문 평화시장 재단사 전태일 씨가 분신하는 사건이 발생하였습니다. 이 과정에서 그는 노동자들의 열악한 근무 환경 실태를 고발하며 근로 기준법의 준수를 외쳤습니다.

〈보 기〉
ㄱ. 최저 임금법이 제정되었다.
ㄴ. 한 · 미 원조 협정이 체결되었다.
ㄷ. 연간 수출액 100억 달러가 달성되었다.
ㄹ. 제1차 경제 개발 5개년 계획이 추진되었다.

① ㄱ, ㄴ　② ㄱ, ㄷ　③ ㄴ, ㄷ　④ ㄴ, ㄹ　⑤ ㄷ, ㄹ

49. (가), (나) 인물이 대통령으로 재임했던 시기에 있었던 사실로 옳은 것을 〈보기〉에서 고른 것은?　　[2점]

인물로 보는 한국 현대사

(가)
• 경상남도 거제 출신
• 신민당, 통일 민주당 총재
• 민주화 추진 협의회 공동 의장
• 대한민국 제14대 대통령

(나)
• 전라남도 신안 출신
• 제8대 대통령 선거 신민당 후보
• 민주화 추진 협의회 공동 의장
• 대한민국 제15대 대통령

〈보 기〉
ㄱ. (가) – 남북 기본 합의서가 채택되었다.
ㄴ. (가) – 금융 실명제가 전격 시행되었다.
ㄷ. (나) – 6 · 15 남북 공동 선언이 발표되었다.
ㄹ. (나) – 미국과의 자유 무역 협정(FTA)이 체결되었다.

① ㄱ, ㄴ　② ㄱ, ㄷ　③ ㄴ, ㄷ　④ ㄴ, ㄹ　⑤ ㄷ, ㄹ

50. 다음 선언문을 발표한 민주화 운동에 대한 설명으로 옳은 것은?　　[2점]

이제 우리 국민은 그 어떠한 명분으로도 더 이상 민주화의 실현이 지연되어서는 안된다고 요구하고 있다. 분단을 이유로, 경제 개발을 이유로, 그리고 지금은 올림픽을 이유로 민주화를 유보하자는 역대 독재 정권의 거짓 논리에서 이제는 깨어나고 있다. …… 4 · 13 폭거가 무효임을 선언하는 우리 국민들의 행진은 이제 거스를 수 없는 역사의 대세가 되었다.

① 양원제 국회가 출현하는 결과를 가져왔다.
② 굴욕적인 한 · 일 국교 정상화에 반대하였다.
③ 신군부의 비상 계엄 확대가 원인이 되어 일어났다.
④ 관련 자료가 유네스코 세계 기록 유산으로 등재되었다.
⑤ 5년 단임의 대통령 직선제 개헌이 이루어지는 계기가 되었다.

★정답/문제풀이

47. ①　48. ②　49. ③　50. ⑤

적중예상문제 풀이

01 박정희 정부가 베트남 파병을 결정한 이유를 〈보기〉에서 모두 고르면?

> 〈 보기 〉
> ㉠ 한·미 동맹 강화
> ㉡ 공산주의 확산 방지
> ㉢ 박정희 정부의 영구 집권
> ㉣ 미국의 차관을 통한 경제적 이득 획득

① ㉠, ㉡
② ㉠, ㉡, ㉢
③ ㉠, ㉡, ㉣
④ ㉡, ㉢, ㉣

02 다음 중 닉슨 독트린의 배경으로 맞는 것을 고르시오.

① 베트남전 참전에 대한 국제사회의 비난과 미국 국내의 반전운동의 영향으로 만들어졌다.
② 냉전체제의 형성으로 인한 군비확대의 배경에서 실시되었다.
③ 아시아 지역에 대한 안보공약의 확대를 가지고 왔다.
④ 카터 행정부는 주한미군 철수 3단계 철군안을 발표하고 철군을 완성하였다.

03 한국의 전후복구에 대한 미국의 경제적 지원에 대한 내용이다. 옳지 않은 것은?

① 미국은 1953년에서 1959년까지 총 16억 2,200만 달러의 원조를 제공
② 소비재 중심의 경제원조
③ 한국이 원했던 생산재 및 사회기반시설 중심의 원조 위주로 원조를 제공
④ 1950년대 후반, 미국은 국내경제 악화를 이유로 경제적 지원의 형태를 무상 원조에서 유상 차관으로 변경

★ 정답/문제풀이

1. ③　③ 박정희 정부는 미국과의 동맹 관계 강화, 공산주의 확산 방지, 경제적 이익 획득 등의 이유로 베트남에 파병을 결정하였다. 이로 인해 경제 성장에 많은 기여를 하였으나, 많은 한국의 젊은이들이 전쟁터에서 희생당하였다.
2. ①　② 데탕트의 도래와 베트남전 이후 미국의 재정 적자 악화로 인해 일어났다.
　　　③ 아시아 지역에 대한 안보공약의 축소를 가지고 왔다.
　　　④ 카터 행정부는 주한미군 철수 3단계 철군안을 발표하였지만 철군계획을 79년에 취소하였다.
3. ③　한국이 원했던 생산재 및 사회기반시설 중심의 원조는 미약했다.

04 한미동맹의 역할 중 경제적 차원에 대한 내용이다. 옳은 것을 모두 고르시오.

㉠ 경제발전을 할 수 있는 안정된 환경을 제공하여 해외투자자들이 마음 놓고 투자할 수 있는 여건을 마련하고 있다.

㉡ 한미동맹과 주한미군의 주둔은 북한의 군사적 도발을 억제함으로써 해외투자자들에게 투자할 수 있는 여건을 조성하고 있다.

㉢ 한국은 6·25 전쟁 이후 한미동맹을 통해 안보를 달성하였으며, 그렇게 절약한 방위비용을 경제 발전에 투자하여 경제성장에 성공하였다.

㉣ 경제협력으로 인한 선진 경영기법도입 및 기술교류를 하고 있다.

---

① ㉠

② ㉠, ㉡

③ ㉠, ㉡, ㉢

④ ㉠, ㉡, ㉢, ㉣

05 한미동맹의 역할 중 군사적 차원에 대한 내용 중 잘못된 것은?

① 주한미군의 주둔을 통한 대북억제력이 강화되었다.

② 강대국들의 세력 다툼 속에서 한미동맹은 중국 및 러시아 등에 대해 균형을 유지할 수 있도록 만드는 중요한 기제를 담당하고 있다.

③ 정찰자산을 이용하여 북한의 움직임을 3단계로 나누어 판단하고 단계별로 가용한 수단을 이용하여 타격하였다.

④ 한국군은 한미연합사와 한미연합 군사훈련을 통해서 미군의 전략 및 전술을 학습하였다.

06 한국의 베트남전 참전 성과에 대한 내용이다. 옳지 않은 것은?

① 대민 지원 중심의 민사 심리전 수행으로 베트남 주민들의 지지 확보

② 한국 전쟁에서의 산악전 경험을 토대로 효과적인 전투임무 수행

③ 건설업체의 베트남 진출

④ 유엔군으로서 국제적 지위와 위상 제고

★정답/문제풀이

4. ④   보기 모두 경제적 차원에서의 한미동맹의 역할이다.

5. ②   강대국들의 세력다툼 속에서 한미동맹은 중국 및 러시아 등에 대해 균형을 유지할 수 있도록 만드는 중요한 기제를 담당하고 있는 것은 정치, 외교적 차원이다.

6. ④   베트남전 파병은 유엔군이 아닌 미국의 동맹국으로서의 파견이다.

07 우리나라 경제발전과 국가 위상 제고에 대한 설명으로 <u>틀린</u> 것을 찾으시오.

① 광복 직후 남한은 전력과 중화학 공업, 북한은 농업과 경공업 중심의 경제 불균형이 나타났다.
② 6·25 전쟁 이후 미국의 잉여 농산물 제공으로 삼백산업이 발달하게 된다.
③ 60년대에 급격한 경제 성장이 나타나지만 경제의 대외의존도도 심화되었다.
④ 80년대 중후반 3저 호황으로 경기가 매우 좋아졌다.

08 다음에서 설명하는 내용에 대한 것을 고르시오.

> ▸ 군사 원조
> 제1조. 한국에 있는 국군의 장비 현대화 계획을 위하여 수년 동안 상당량의 장비를 제공한다.
> 제3조. 베트남 공화국에 파견되는 추가 병력을 완전 대치하는 보충 병력을 무장하고 훈련하며, 소요 재정을 부담한다.
> ▸ 경제 원조
> 제4조. 수출 진흥의 전 부문에 있어서 대한민국에 대한 기술 원조를 강화한다.
> 제5조. 1965년 5월에 대한민국에 대하여 이미 약속한 바 있는 1억 5천억 달러 AID 차관(=개발도상국의 경제 개발을 위해 미국이 제공하는 장기융자)에 추가하여 … (중략) … 대한민국의 경제 발전을 지원하기 위하여 AID 차관을 제공한다.

① 모스크바 3국 외상회의
② 브라운 각서
③ 2차 미·소공동위원회
④ 한일협정

★정답/문제풀이

7. ① 광복 직후 북한은 전력과 중화학 공업 중심, 남한은 농업과 경공업 중심의 경제 불균형이 나타났다.
8. ② 보기에서 설명하는 내용은 브라운 각서이다. 브라운 각서는 1966년 3월에 작성되어 미국이 한국에 군사원조와 경제원조를 약속하였다.

09 다음 중 브라운 각서가 체결의 결과로 옳지 <u>않은</u> 것을 고르시오.

① 국군의 전력 증강과 경제 개발을 위한 차관 확보
② 파병 군인들의 송금 군수품 수출
③ 미국과 정치·군사적 동맹관계 강화
④ 예비군 창설

10 한·미상호방위조약에 관한 설명으로 <u>다른</u> 것은?

① 대한민국 수립 직후 미국과 맺은 조약이다.
② 방위조약의 주한 미군은 동맹군의 자격으로 있다.
③ 공산세력으로부터 자유민주주의를 지키는데 기여를 했다.
④ 주한미군은 우리정부와 대통령의 주권적 결정으로 주둔하고 있다.

11 다음 중 주한미군사고문단(KMAG)에 대한 설명으로 <u>틀린</u> 것을 고르시오.

① 미군이 보유하고 있던 무기의 한국군 이양 및 사용법 교육을 실시하였다.
② 1949년에 설치된 기구이다.
③ 한국군의 편성과 훈련지도, 군사교육기관의 정비 강화 등을 실시하였다.
④ 고문단은 외교적 역할을 수행하였으며 치외법권은 없었다.

12 다음의 내용과 연관성이 가장 적은 것은?

> 〈닉슨독트린〉
> • 미국은 앞으로 베트남 전쟁과 같은 군사적 개입을 피한다.
> • 미국은 아시아 여러 나라와의 조약상 약속을 지키지만, 강대국의 핵에 의한 위협의 경우를 제외하고는 내란이나 침략에 대하여 아시아 각국이 스스로 협력하여 대처하여야 한다.
> • 미국은 태평양 국가로서 그 지역에서 중요한 역할을 계속하지만 직접적, 군사적인 또는 정치적인 과잉 개입은 하지 않으며 자력구제의 의사를 가진 아시아 여러 나라의 자주적 행동을 측면 지원한다.

① 주한 미군의 3단계 철군안 발표
② 데탕트의 도래
③ 베트남전 이후 미국의 재정 적자 악화
④ 아시아 지역의 미군을 감축하려는 움직임이 나타남

★ 정답/문제풀이

9. ④   예비군 창설은 1968년 1월 21일에 있었던 청와대 습격 사건으로 인해 일어난 사건이다.
　　　　브라운 각서의 결과로는 국군의 전력 증강과 경제 개발을 위한 차관 확보, 파병 군인들의 송금, 군수품 수출, 건설업체의 베트남 진출로 외화 획득, 미국과 정치·군사적 동맹관계 강화 등이 있다.
10. ①   대한민국 수립은 1948년 8월 15일이고, 한미상호방위조약은 1953년 10월 1일 맺어졌다.
11. ④   주한미군사고문단은 치외법권을 가지고 있었다.
12. ①   주한 미군의 3단계 철군 안 발표는 닉슨이 아닌 지미카터 행정부의 정책이다.

13 다음의 내용에 대한 배경으로 옳지 <u>않은</u> 것은?

> 제2조
>
> 당사국 중 어느 일국의 정치적 독립 또는 안전이 외부로 부터의 무력공격에 의하여 위협을 받고 있다고 어느 당사국이든지 인정할 때 에는 언제든지 당사국은 서로 협의한다. 당사국은 단독적으로나 공동으로나 자조와 상호 원조에 의하여 무력공격을 방지하기 위한 적절한 수단을 지속하며, 강화시킬 것이며 본 조약을 실행하고 그 목적을 추진할 적절한 조치를 협의와 합의하에 취할 것이다.
>
> 제3조
>
> 각 당사국은 타 당사국의 행정 지배하에 있는 영토와 각 당사국이 타 당사국의 행정 지배하에 합법적으로 들어갔다고 인정하는 금후의 영토에 있어서 타 당사국에 대한 태평양지역에 있어서의 무력공격을 자국의 평화와 안전을 위태롭게 하는 것이라고 인정하고 공통한 위협에 대처하기 위하여 각자의 헌법상의 수속에 따라 행동할 것을 선언한다.
>
> 제4조
>
> 상호적 합의에 의하여 미합중국의 육군, 해군과 공군을 대한민국의 영토 내와 그 부근에 배

> 치하는 권리에 대해 대한민국은 이를 허여하고 미합중국은 이를 수락한다.

① 미국은 휴전을 원하고 한국은 지속적 전쟁을 통해 북진통일을 원함
② 한국은 휴전 거부의사를 표명하며 휴전회담에도 참석하지 않음
③ 휴전을 하는 대신, 한미상호방위조약 체결, 대한군사원조 등이 이루어짐
④ 한국은 한미상호방위조약에 한반도 유사시 미국의 자동개입조항을 삽입하기를 요구하였으나, 미국은 이에 대한 대안으로 미군 3개 사단을 한국에 주둔함

14 주한미군 철군에 따른 동맹의 보완책 추진에 대하여 옳지 <u>않은</u> 것은?

① 한미연합사령부(CFC: Combined Forces Command)를 창설하였다.(1978)
② 사령관은 한국군 대장, 부사령관은 미군 대장, 참모장은 미군 중장이다.
③ 각 참모요원은 부서장과 차장에 한·미군의 장교들이 교차되어 임명하였다.
④ 군사위원회로부터 전략지시를 받아서 한미연합군을 지휘하였다.

★정답/문제풀이

13. ④   위 지문은 한미상호방위조약에 관한 내용이다. 미군 2개 사단이 한국에 주둔하였다.
　　▲ 6·25와 주한미군 (국방일보 2007년 12월 31일자 참조)
　　　　6·25 때 미국은 8군을 비롯해 3개 군단(1·9·10군단), 8개 사단(2·3·7·24·25·40·45·1해병사단)이 한국에 주둔했다.
　　　　6·25에 참전한 미군은 정전협정과 한미상호방위조약이 체결된 후 철수하기 시작했다. 주한미군 철수는 아이젠하워 행정부의 감축계획에 따라 이뤄졌다. 철군은 1954년 3월부터 시작했다. 그 첫 번째 부대가 미45사단이다. 이 사단은 1954년 3월 14일 인천항에서 이한식을 마친 후 뉴욕으로 출항했다. 이어 미40사단이 철수했다. 40사단은 1954년 5월 8일 해산식 후 인천항을 통해 본국으로 돌아갔다. 이렇게 해서 1954년에 미25사단·2사단·3사단·24사단이 철수했다. 한국전선에 첫발을 내디뎠던 미24사단은 1954년 11월 6일 강원도 양구에서 이한식 후 일본으로 철수했다. 이때 8군사령부도 일본으로 이동했다가 1957년 7월 1일 유엔군 사령부와 함께 서울로 복귀했다. 이후 주한 미지상군은 미7사단과 1해병사단뿐이었다. 최초 미국은 한국에 2개 사단을 주둔한다는 계획이었다. 이에 미국은 1955년 1해병사단이 철수하자 1기병사단을 파병했고, 1기병사단이 1965년 베트남전에 참전하자 미2사단을 파병했다. 그러나 2개 사단 주둔 원칙은 1969년 닉슨독트린의 발표로 1971년 미7사단이 철수하면서 인디언헤드부대인 미2사단만 남게 됐다.
14. ②   총사령관은 미군 대장. 부사령관은 한국군 대장. 참모장은 미군 중장으로 임명하였다.

15 다음의 내용과 연관성이 가장 적은 것은?

> • 한국군 18개 사단의 현대화를 지원
> • 파병 비용은 미국이 부담
> • 베트남에 주둔한 한국군의 보급 물자와 장비를 한국에서 구매
> • 베트남 현지사업들에 한국을 참여시킴
> • 한국의 수출진흥을 위해 기술원조를 강화
> • 차관의 추가 제공

① 한국군 전력 증강에 막대한 영향을 끼침
② 한국의 산업발전을 위한 기술원조
③ 이로 인한 북한의 도발이 증가함
④ 한국의 경제개발을 위한 차관제공

16 다음 한미 동맹의 역할에 대한 설명 중 대한민국에 관한 내용으로 틀린 것은?

① 정치외교적 차원 – 동북아시아의 강대국의 성장
② 정치외교적 차원 – 지역 분쟁의 조정자 역할
③ 군사적 차원 – 대북억제
④ 군사적 차원 – 한국군의 무기 체계 발전

17 다음 자료의 발표 후에 일어난 상황이 <u>아닌</u> 것은?

> • 미국은 앞으로 베트남 전쟁과 같은 군사적 개입을 피한다.
> • 내란이나 침략에 대하여 아시아 각국이 스스로 협력하여 대처하여야 한다.
> • 미국은 직접적, 군사적, 정치적인 과잉 개입은 하지 않는다.

① 한미연합사령부가 창설되었다.
② 카터 행정부가 3단계 철군안을 발표하였다.
③ 한미연례안보협의회(SCM)를 개최하였다.
④ 국군 자체의 역량 강화를 위해 제1차 율곡사업을 실시하였다.

18 6·25 전쟁 이후 미국의 지원에 대한 내용으로 적절하지 <u>않은</u> 것은?

① 대외군사판매를 통한 무기체계 공급이 있었다.
② 경제적 지원은 생산재 및 사회기반시설 중심이었다.
③ 미국내 경제 악화로 무상 원조에서 유상 차관으로 변경되었다.
④ 방산기술지원 및 협력을 통해 한국군의 무기체계를 개선시켰다.

★정답/문제풀이

15. ③　이 문제의 지문은 브라운 각서(1966년)이다. 브라운 각서가 발표되고 난 다음에 한국에 대한 경제원조 및 군사원조가 대대적으로 일어나게 되어 경제적 기술지원의 강화와 군대의 장비 및 군사력이 강해지게 된다. 북한의 도발의 빈도와는 직접적인 관련은 없다.

16. ①　대한민국이 동북아시아의 강대국으로 성장하기 위해 한미동맹이 필요한 것은 아니다. 정치 외교적 차원으로는 동아시아의 세력 균형자/안정자 역할, 국제 평화 및 안보에 기여, 지역 분쟁의 조정자 역할 등이 있다.

17. ③　제시된 자료는 1969년 7월 25일 미국 대통령 닉슨이 밝힌 아시아에 대한 외교정책인 닉슨 독트린이다.
　　③ 한미연례안보협의회(SCM): 미국 워싱턴에서 1968년 5월 27일과 28일에 개최된 한미국방장관회담을 시작으로 연례적으로 개최되는 양국 국방장관 간의 회의

18. ②　② 미국의 경제적 지원은 소비재 중심으로, 원조물자를 가공 한 면방, 제당, 제분 등의 삼백산업이 발달하였다.

19 다음 회의에 대한 설명으로 적절하지 <u>않은</u> 것은?

> 미국 워싱턴에서 1968년 개최된 한미국방장관 회담을 시작으로 연례적으로 개최되는 양국 국방장관간의 회의

① 워싱턴 회의에서 정해진 명칭이 현재까지 이어지고 있다.

② 한반도의 안보에 관한 제반문제들을 중심적으로 협의한다.

③ 청와대 기습사건, 푸에블로호 납치사건이 하나의 계기가 되었다.

④ 본회의와 이를 보좌하기 위한 5개 실무분과위원회로 구성되어 있다.

20 한미연합사령부에 대한 설명으로 적절한 것은?

① 전쟁수행사령부가 연합사에서 유엔사로 변경되었다.

② 사령관은 한국군 대장, 부사령관은 미국 대장이 맡는다.

③ 군사위원회로부터 전략지시를 받아 한미 연합군을 지휘한다.

④ 어떤 목적으로 이용할 것인지 양국의 합동참모본부에 보고하여야 한다.

★ 정답/문제풀이

19. ① 제시문은 한미연례안보협의회(SCM)에 대한 내용이다.
① 제1~3차 회의까지는 그 명칭이 '한미국방장관회담'이었으나, 1971년 서울에서 개최된 제4차 회의부터 '한미연례안보협의회'라 불렀다.
20. ③ 한미연합사령부는 상위기관인 한미군사위원회를 통하여 양국 국가통수 및 지휘기구로부터 작전지침 및 전략지침을 받아 그 기능을 수행한다. 즉, 한국에 대한 적의 도발이 있을 때 유엔과의 토의 없이 '한·미 상호방위조약'에 의거, 양국군의 힘만으로 즉각 대응할 수 있도록 보완하여 현실화한 것이다.
① 유엔사에서 연합사로 변경되었다.
② 사령관은 미군 대장, 부사령관은 한국군 대장이 맡는다.
④ 오직 미국의 합동참모본부에 보고하고 그 지시를 받을 뿐 한국정부에 대해서는 아무런 보고를 할 필요가 없도록 되어 있다.

韓 國

제10장

중 국 의
동 북 공 정

史

제1절 동북공정이란

① 정의

'동북변강역사여현상계열연구공정(東北邊疆歷史與現狀系列硏究工程)'의 줄임말로서, 중국 국경 안에서 전개된 모든 역사를 중국 역사로 만들기 위해 2002년부터 2007년까지 중국정부의 지원을 받아 추진한 동북 변경지역의 역사와 현상에 관한 연구 프로젝트로 우리 역사의 정체성과 정통성에 정면 도전임.
중국의 '통일적다민족국가론'에 의해 중국 영토 내에서 전개된 모든 역사를 중국의 역사로 편입하여 중국 내부의 단결을 꾀하고, 한반도 통일 후 조선족 문제와 한반도 영토에 관련된 문제에 대응하기 위한 중국의 국가전략이며, 동북공정 이전 서북공정(신장 위구르 지역)과 서남공정(티베트 지역)을 완료하였음.

② 배경

1) 2001년 한국 국회에서 재중 동포의 법적 지위에 대한 특별법 상정
2) 2001년 북한에서 고구려 고분군 유네스코 세계문화유산 등록 신청
3) 중국 정부가 조선족 문제와 한반도의 통일과 관련된 문제 등에 대해 국가 차원의 대책을 세우기 시작
4) 동북지역에서 조선족을 전략적으로 통제하고 한민족의 전통의식을 제거
5) '통일적 다민족 국가론'을 동북지역에 적용하여 중국의 역사적 정체성을 완결
6) 북한의 붕괴 상황에도 북한 영토에 대한 연고권을 주장할 명분을 찾기 위함.

③ 내용

1) 오늘날 중국 영토에서 전개된 모든 역사를 중국의 역사로 편입하려는 시도의 일부(통일적 다민족 국가론)
2) 고조선, 고구려 및 발해의 역사가 중국의 역사의 일부라 왜곡
3) 한국과 중국의 구두양해각서(2004년)에서 고구려사 문제를 학문적 차원에 국한시킨다고 동의하고 공식적인 동북공정은 2007년에 종결
4) 동북공정의 목적을 위한 역사왜곡은 지금도 진행중임
   (1) 동북공정식 역사관을 가르치는 중국 역사 교과서
   (2) 동북공정식 메시지를 전달하는 지안 고구려 박물관 등

❹ 문제점

1) 역사적인 문제점

한국 고대사 왜곡으로 인해 한국사의 영역을 의도적으로 축소

(1) 한국사의 영역이 시간적으로 2,000년

(2) 한국사의 영역이 공간적으로 한강 이남으로 한정됨

2) 정치적인 문제점

21세기 경제력을 바탕으로 신중화주의를 표출하며 동북아 국제질서의 변화에 대응하기 위하여

(1) 남북통일 후의 국경 문제를 비롯한 영토 문제를 공고히 하기 위한 사전 포석

(2) 북한정권의 붕괴 시 북한 지역에 대한 중국의 연고권을 주장할 가능성

제2절   상고사를 둘러싼 역사분쟁

❶ 고조선

1) 고조선에 대한 기본적인 이해

(1) 우리 민족사에 최초로 등장하는 국가(〈삼국유사〉와 〈제왕운기〉의 단군신화)

(2) 세력 범위: 요령 지방과 한반도 북부(비파형동검과 고인돌의 분포)

(3) 기자동래설: 중국 은(殷)나라의 기자가 고조선을 세우고 초대 왕이 되었다는 설(중국의 〈상서대전〉)

(4) 위만조선: BC 194년 중국 연(燕)나라 망명자 출신 위만이 반란을 일으켜 집권한 후 멸망할 때까지의 고조선

단군조선을 바라본 관점	
중국의 왜곡	우리의 반론
• 단군은 신화적인 존재 • 단군조선은 실재하지 않음	• 단군신화의 역사성을 인정해야 함 • 단군조선은 독자적인 청동기 문화를 바탕으로 세워진 실존하는 한국사 최초의 국가임
기자동래설을 바라본 관점	
중국의 왜곡	우리의 반론
• 은나라의 왕족 기자가 고조선을 건국한 후 주(周)왕실의 조회에 참석하여 제후국이 됨 → 고조선은 중국사의 일부	• 기자동래설을 입증하는 〈상서대전〉의 신뢰성 문제 • 기자의 이주를 입증할 수 있는 고고학적 사료 미미 (고조선 문화에 중국 청동기 문화의 유입 흔적 거의 없음)

위만 조선을 바라본 관점	
중국의 왜곡	우리의 반론

• 연나라 출신이 고조선 지배
   → 고조선은 중국사의 일부
	• 지배층 일부가 교체되었을 뿐, '조선'의 국호 등
	  국가 정체성 유지

❷ 부여

1) 기원전 2세기부터 494년까지 북만주 송화강 유역 평야지대에서 번영한 농업국가

2) 중국의 왜곡

- 부여는 중국의 문화를 받아들이고 결국 중국에 흡수된 고대 중국의 소수민족 정권
- (1) 부여인은 중국식의 묘지 이용
- (2) 부여 유적 내 중국 계통의 철기와 토기 발견

3) 우리의 반론

- 부여는 한민족의 원류로 간주되는 예맥족이 세운 고대국가
- (1) 중국 사서 〈삼국지〉의 기록(부여는 예맥의 땅에 있었음)
  - → 부여인이 예맥족의 한 갈래였을 가능성
- (2) 후대 고구려인들과 백제인들이 부여의 직접 후계임을 주장할 정도의 깊은 동족의식
  - → 백제의 왕족의 성씨: 부여씨
  - → 온조의 백제 건국이야기를 통해 부여에서 내려온 주몽의 후손
- (3) 부여의 주요 관명(마가(馬加), 우가(牛加), 저가(豬加), 구가(狗加). 사출도)은 중국의 것과는 다른 계통에 속함

📖 **심화학습**

기자 조선

중국 은나라 말기에 기자(箕子)가 조선에 와서 단군조선에 이어 건국하였다고 하는 나라를 일컬음.

기자가 조선에 와서 왕이 되었다는 사실을 전하는 역사책은 복생의 '상서대전', 사마천의 '사기', 반고의 '한서' 등인데, 사서마다 내용이 약간씩 다르다. 고려와 조선시대에는 기자조선의 실체를 인정하였지만, 최근에는 이를 부정하는 견해가 지배적이다. 먼저 문헌상으로 기자가 조선에 와서 왕이 되었다는 것을 입증하기가 어렵기 때문이다.

기자는 BC 1100년 전후의 인물인데, BC 3C 이전에 쓰인 〈논어〉, 〈죽서기년〉 등에는 기자가 조선으로 갔다는 기록은 없고 기자의 존재 자체만 언급하고 있다. 기자의 동래 사실을 전하는 사서들은 모두 BC 3C 이후에 쓰인 것들이다. 따라서 **기자동래설**은 BC 3~2C 무렵에 중국인들이 중화사상에 입각하여 조작해낸 것이 아닌가 의심된다.

실제로 기자가 조선에 와서 왕이 되었다면, 황하유역과 만주, 한반도 지역의 청동기문화가 긴밀하게 관련되어야 함에도, 동북아시아의 청동기문화는 비파형동검문화로 특징되듯이, 계통상으로 중국 황하유역의 것과 뚜렷하게 구분된다. 뿐만 아니라 기자가 조선에 와서 예의범절과 문화를 전하였다면, 은나라에서 사용된 갑골문이 고조선지역에서 발견되어야 함에도 현재 발견된 예가 전혀 없다.

제3절 고구려사를 둘러싼 역사분쟁

첫 번째 논점. '고구려는 중국 땅에 세워졌다'	
중국의 왜곡	우리의 반론
• 중국의 영토에서 진행된 고구려사는 한국사의 일부가 아님 　1) 고구려는 한(漢)나라의 영역인 현도군 고구려현에 서 건국하였다 　2) 427년에는 한의 낙랑군 영역이었던 평양으로 천도 하였다	• 중국의 주장은 영토 패권주의에 불과 　1) 고구려에 선행하는 고조선·부여의 역사는 명백한 우리 역사이다 　2) 현재 자국 영토 안에 있다는 이유로 그 역사를 귀 속할 수 없음

두 번째 논점. '고구려는 중국의 지방 정권이었다'	
중국의 왜곡	우리의 반론
• 고구려는 시종 중국의 한 지방 민족 정권이다 　1) 고구려현은 이미 한의 현도군 소속으로, 고구려는 한(漢) 왕조의 신하였다 　2) 고구려는 3세기부터 7세기까지 중국왕조의 책봉을 받고 조공을 했다	• 고구려는 명백한 독자 국가 　1) 조공·책봉은 전근대시기 동아시아의 국제외교형식 이자 무역활동에 불과(일본, 신라, 베트남도 중국과 조공·책봉관계 유지)하다 　2) 고구려는 황제국가를 표방(광개토대왕의 연호 사 용, 광개토왕릉비의 천하관)한 국가이다

세 번째 논점. '고구려 민족은 중국 고대의 한 민족이다'	
중국의 왜곡	우리의 반론
• 고구려 민족은 한민족의 선조가 아니다 　1) 고구려 멸망 후 고구려의 후예들 가운데 대부분이 당나라로 이동 후 동화되었다 　2) 대동강 이남의 고구려인 극소수만 신라에 흡수되 었다	• 설득력 없는 억지 주장에 불과하다 　1) 고대 중국은 고구려를 동이(東夷)라는 오랑캐의 일 부로 단정하였다 　2) 당으로 간 고구려인들 대부분은 강제로 끌려감, 신 라로 내려온 이들은 동류의식을 바탕으로 신라를 선택하였다

네 번째 논점. '수·당과 고구려의 전쟁은 중국 국내 전쟁이었다'	
중국의 왜곡	우리의 반론
• 같은 민족의 통일 전쟁이었다 　1) 고구려는 중국의 지방정권이었다 　2) 이 전쟁은 지방정권의 반란을 진압한 국내 통일 전 쟁이었다	• 국가 대 국가의 전쟁이었다 　1) 수·당 전쟁은 고구려 뿐 아니라 백제, 신라, 왜도 참여한 다국가 전쟁이었다 　2) 고구려의 영역은 고조선-부여-고구려로 이어지는 한민족의 영역이었다

다섯 번째 논점. '고려는 고구려를 계승한 국가가 아니다'	
중국의 왜곡	우리의 반론
• 고려는 신라를 계승한 국가였다 　1) 고려는 대동강 이남만 차지하였다 　2) 수도 개성은 신라의 옛 땅이었다	• 고려는 명백히 고구려를 계승한 국가이다 　1) 고려의 국호는 고구려를 계승한 역사의식의 산물이다 　2) 고려의 <삼국사기>, <삼국유사>와 같은 역사서 편 찬하였다 　3) 고려는 고구려의 수도 서경을 중시하며 압록강까지 북진정책 추진하였다

제4절　발해사를 둘러싼 역사분쟁

❶ 발해

1) 건국: 고구려 멸망(668년) 이후 고구려 유민 대조영이 고구려 유민을 중심으로 말갈족을 거느
　　　리고 길림성 동모산에서 건국(698년)
2) 성장: 말갈 등 주변의 부족을 복속시킨 후 만주, 러시아, 한반도 북부 장악
3) 멸망: 926년 거란의 습격에 의해 멸망 후 발해 유민 대거 고려로 이주
　　　발해 왕자 대광현은 왕건에게 귀순하니 왕건은 그에게 왕씨 성을 하사하였다.(고려와 발해
　　　모두 고구려를 계승하였기 때문이다)

❷ 주변국의 발해사 왜곡

1) 중국: 발해는 말갈족이 세운 당의 지방정권이다
　(1) 발해 건국 주체민족은 고구려 유민이 아닌 말갈족
　(2) 발해는 당에 의해 책봉된 지방정권
2) 러시아: 발해는 말갈이 중심이 된 연해주 최초 중세국가이다
3) 일본: 발해는 일본의 조공국이다

❸ 우리의 반론

1) 발해의 계승의식
　(1) 제2대 무왕이 일본에 보낸 국서
　　→ "이 나라는 고구려(高句麗)의 옛 땅을 회복하여 계승하고 부여(夫餘)의 유속(遺俗)을 지킨다."
　(2) 제3대 문왕이 일본에 보낸 국서에서 스스로를 '고구려 국왕'이라 칭함
　(3) 고구려 유민 집단이 지배층 형성. 말갈족은 피지배층을 형성하였다
2) 발해는 명백한 독립국가
　(1) 시호 및 연호 사용, 황제국가 표방
　　① 무왕의 독자적 연호: 인안　　　② 문왕의 독자적 연호: 대흥
　　③ 선왕의 독자적 연호: 건흥
　(2) 당이 발해를 책봉한 것은 발해의 건국과 실체를 인정한 것에 불과
　　→ 당은 발해 건국 직후에는 발해를 인정하지 않았으나 발해가 나날이 세력이 강성해지자
　　　위기감을 느껴 발해의 건국과 실체를 인정하면서 책봉을 하게 됨

주제 01

중국의 고구려사 역사 왜곡에 대해 발표하시오.

주제 02

중국의 동북공정과 역사 왜곡에 대해 발표하시오.

01 중국이 동북공정과 같은 연구를 진행한 이유로 적절하지 <u>않은</u> 것은?

① 국가의 통합을 유지하기 위해

② 남북 통일 이후 한반도에 영향력을 미치기 위해

③ 옛 고구려 땅에 위치한 북한과의 유대 관계를 강화하기 위해

④ 한국의 역사 왜곡 주장에 대항하여 중국인 중심의 만주 역사를 새롭게 정립하기 위해

02 다음은 고구려에 대한 중국의 주장이다. 이를 반박할 수 있는 사료로 가장 적절한 것은?

- 고구려는 중국 왕조의 책봉을 받고 조공을 하였던 중국의 지방 정권이었다.
- 고구려는 '기자 조선-위만 조선-한사군-고구려'로 계승된 중국의 고대 소수 민족 지방 정권이었다.

① 택리지   ② 삼국사기

③ 동국문헌비고   ④ 해동제국기

03 중국이 동북공정을 통해 중국통합사로 편입하고자 하는 국가를 고르시오.

① 신라, 발해, 고려, 조선

② 고조선, 고구려, 발해, 부여

③ 고조선, 신라, 발해, 고구려

④ 고구려, 백제, 신라, 가야

04 발해가 고구려를 계승한 국가임을 알 수 있는 내용은?

① 일본에 보낸 국서에 고려왕이라는 명칭을 사용하였다.

② 남쪽의 신라와 남북국 형세를 이루었다.

③ 인안, 대흥 등의 독자적인 연호를 사용하였다.

④ 당의 문물제도를 받아들였다.

★정답/문제풀이

1. ④ 중국은 영토 내 민족들의 역사를 자국의 역사로 편입하여 국가적 통합을 강화하기 위해 동북공정을 실시하였다. 이는 북한과의 유대 강화, 남북 통일 이후 한반도에 대한 영향력 유지 등의 의도가 있는 것으로 보인다.

2. ② 삼국사기에는 신라, 고구려, 백제에 대한 기록을 고려 인종 때 김부식이 심도 깊게 쓴 글인데, 이것으로 볼 때 고구려는 우리 민족의 국가로 여겼다고 생각할 수 있다. 그리고 조공과 책봉은 그 당시 시대적인 분위기였다는 것 등도 알 수 있다.
   ① 조선 후기 이중환이 쓴 주거지에 대해 기록해 놓은 지리서이다.
   ③ 조선 영조 때 홍봉한이 편찬한 백과사전으로, 우리나라의 문물제도를 분류·정리하였다.
   ④ 조선 전기에 통신사로 갔던 신숙주가 후에 왕명에 따라 쓴 일본과 여러 국가들에 관해 기록한 책이다.

3. ② 중국은 동북공정을 통해 고조선, 고구려, 부여, 발해 등 우리 역사의 일부를 '중국 지방 정권'의 하나로 인식하여 중국사로 편입하려 시도하고 있다. 이에 우리는 이 동북공정의 문제점을 철저히 파악하여 학습해야 할 역사적 사명이 있다.

4. ① 발해는 영역을 확대하여 옛 고구려의 영토를 대부분 차지하였다. 그런데 그 영역에는 고구려 유민과 원래 고구려의 지배를 받고 있던 말갈족이 다수 거주하고 있었다. 발해는 일본에 보낸 국서에 고려 또는 고려국왕이라는 명칭을 사용한 사실이라든가, 문화의 유사성으로 보아 고구려를 계승한 국가였음을 알 수 있다.

05 아래의 글을 읽고 이 시기 고구려의 대외 항쟁에 관해 설명한 것으로 옳은 것을 〈보기〉에서 모두 고른 것은?

6세기 말부터 7세기까지 남북조로 분열되었던 중국을 통일한 수와 당이 차례로 고구려를 침공하였다.

〈 보기 〉
㉮ 수의 압박을 받던 고구려가 중국의 요서 지방을 선제공격하였다.
㉯ 고구려는 당의 침략에 대비하여 국경 지대에 천리장성을 축조하였다.
㉰ 고구려의 연개소문은 집권 후에 당나라에 대하여 친선 정책을 추진하였다.
㉱ 매소성과 기벌포의 전투에서 승리함으로써 고구려가 수나라의 군대를 몰아내었다.

① ㉮, ㉯   ② ㉯, ㉰   ③ ㉰, ㉱   ④ ㉮, ㉰

06 다음과 관련 있는 사실을 〈보기〉에서 모두 골라 묶은 것은?

당 태종 19년(645)에 태종이 낙양에서 정주로 옮겨가서 주위 신하들에게 말했다. "지금 천하가 다 평정되었으나 오직 요동만 복종하지 않고 있다. 그 왕이 군대의 강한 힘만을 믿고 신하와 모의하여 싸움을 유도해 전쟁이 시작되었다. 짐이 친히 정복하여 후세의 걱정을 없애려 한다."
〈신당서〉

〈 보기 〉
㉠ 을지문덕은 당군을 살수에서 크게 격파하였다.
㉡ 연개소문은 천리장성을 쌓고 침입에 대비하였다.
㉢ 안시성을 중심으로 민·군이 협력하여 당군을 물리쳤다.
㉣ 신라와 고구려는 당을 견제하기 위해 동맹을 맺었다.

① ㉠, ㉡   ② ㉠, ㉣
③ ㉡, ㉢   ④ ㉡, ㉣

★정답/문제풀이
5. ①   매소성, 기벌포 전투는 백제와 고구려가 멸망한 후 신라가 당(唐)나라의 세력을 몰아내기 위해 벌였던 전쟁이다. 그리고 고구려는 신라와 당에 대해 강경한 외교정책을 펼쳤다.
6. ③   ㉡-고구려는 당의 침략에 대비하여 북쪽의 부여성에서 남쪽의 비사성에 이르는 천리장성을 축조하였다. 연개소문은 이 성곽의 축조를 감독하면서 요동 지방의 군사력을 장악하여 정권을 잡을 수 있었다. ㉢-당 태종은 직접 대군을 이끌고 고구려를 침략하였다. 고구려는 국경의 여러 성이 함락되는 등 큰 어려움을 겪기도 하였으나, 안시성을 중심으로 민·군이 협력하여 마침내 당군을 물리쳤다. 을지문덕이 살수에서 크게 격파한 것은 수 양제의 군대였다(㉠). 고구려가 수·당의 침략을 막아 내는 동안 신라는 백제와 대결하고 있었다. 신라는 고구려와 동맹을 시도하였으나 실패하였고, 그 후 당과 연합군을 결성하였다(㉣).

07 중국의 동북공정에 관한 역사왜곡이 <u>아닌</u> 것은?

① 고구려는 중국의 지방정권이다.

② 조공과 책봉으로 볼 때 고구려는 중국의 속국이다.

③ 고구려와 수당의 전쟁은 내전이다.

④ 발해는 대조영이 세운 국가이다.

08 발해와 관련된 역사적 사실로 옳지 <u>않은</u> 것은?

① 일본에 보낸 국서에서 고려국왕임을 자처하였다.

② 소수의 고구려인이 다수의 말갈족을 지배하였다.

③ 발해의 문화는 고구려보다 당의 문화에 영향을 받았다.

④ 발해 유적지에서는 온돌 장치나 돌방무덤 등이 발굴되었다.

09 동북공정에 대한 설명으로 옳지 <u>않은</u> 것은?

① 현재의 중국 국경 안에서 전개된 역사를 중국 역사로 편입시키기 위한 연구 프로젝트이다.

② 고조선을 제외한 부여, 고구려와 발해를 중국의 변방 정권으로 편입시키려고 노력하고 있다.

③ 한국은 중국의 동북공정에 대처하기 위해서 2004년 고구려사 연구재단을 발족하였다가 2006년 동북아 역사재단에 흡수·통합하였다.

④ 서남공정의 티베트와 서북공저의 신장 위구르 지역의 사업과 관련이 있으며, 약 56개의 소수민족이 조선족의 이탈로 인한 독립운동을 방지하기 위한 것이다.

10 중국이 다음과 같은 내용으로 주장하게 된 배경으로 적절하지 <u>않은</u> 것은?

- 고구려의 유민 대부분은 중국에 편입되었다.
- 고구려는 중국 중앙 정부에 예속된 지방 정권에 불과하였다.
- 수·당과 고구려의 전쟁은 중앙 정부인 중국과 지방 정권인 고구려의 내전에 불과하다.
- 고려는 고구려와는 역사적인 계승관계를 가지고 있지 않다.

① 사회주의권의 붕괴상황에서 국내의 수많은 소수민족의 동요를 막기 위하여

② 강력한 중앙집권 정책으로 추진할 필요성이 대두되기 때문에

③ 북한과 국경에 관한 분쟁을 최소화하기 위해서

④ 북한 영토에 대한 연고권을 주장하기 위하여

★정답/문제풀이

7. ④   우리나라의 역사관이다. 나머지 3가지는 모두 동북공정의 내용이다.

8. ③   특히 고구려 영향을 많이 받음

9. ②   ② 동북공정은 고조선을 포함한 부여, 고구려, 발해를 중국의 변방 정권으로 편입시키려는 연구이다.

10. ③   제시문은 중국이 추진하는 동북공정의 내용이다.

           ③ 광복 후 중국은 백두산 천지 주변에 대하여 북한과 국경분쟁을 벌인 바 있지만, 이 분쟁은 1962년 압록강과 두만강을 경계로 분쟁지역과 강의 모든 섬을 북한에 넘기는 국경조약이 체결되면서 정리되었다.

47. 밑줄 그은 '작전'이 일어난 시기를 연표에서 옳게 고른 것은?

[2점]

이것은 장진호 전투 기념비입니다. 이 전투로 인해 함경남도 흥남에서 전개한 철수 작전이 성공하여, 10만여 명의 피난민도 구출될 수 있었습니다.

1950. 6.	1950. 9.	1950. 10.	1951. 1.	1951. 7.	1953. 7.
(가)	(나)	(다)	(라)	(마)	
6·25 전쟁 발발	서울 수복	중국군 참전	1·4 후퇴	휴전 회담 시작	휴전 협정 조인

① (가)　② (나)　③ (다)　④ (라)　⑤ (마)

48. 밑줄 그은 '정부' 시기의 경제 상황으로 옳은 것은?　[3점]

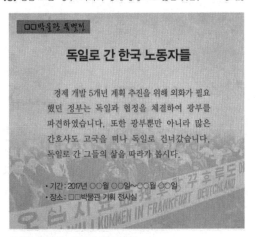

○○박물관 특별전

독일로 간 한국 노동자들

경제 개발 5개년 계획 추진을 위해 외화가 필요했던 정부는 독일과 협정을 체결하여 광부를 파견하였습니다. 또한 광부뿐만 아니라 많은 간호사도 고국을 떠나 독일로 건너갔습니다. 독일로 간 그들의 삶을 따라가 봅시다.

· 기간: 2017년 ○○월 ○○일~○○월 ○○일
· 장소: □□박물관 기획 전시실

① 3저 호황으로 수출이 증가하였다.
② 베트남 전쟁 참전에 따른 특수를 누렸다.
③ 경제 협력 개발 기구(OECD)에 가입하였다.
④ 국제 통화 기금(IMF)의 관리를 받게 되었다.
⑤ 개성 공단 건설을 통해 남북 간 경제 교류가 이루어졌다.

49. 다음 상황이 전개된 배경으로 옳은 것은?　[2점]

> S#24. 마산 시청 앞
>
> 학생 대표: 마산 시민 여러분! 우리는 결코 저 자유당 독재 세력을 두려워해선 안 됩니다! 다 같이 외칩시다. 김주열을 살려 내라! 살인자를 찾아내라!
>
> 시민들: (한목소리로) 김주열을 살려 내라! 살인자를 찾아내라!
>
> 경찰1: 최루탄이 다 떨어졌습니다. 후퇴할까요?
>
> 경비과장: 후퇴하면 안 된다. 실탄을 장전해라!
>
> 경찰2: 실탄 장전!

① 12·12 사태로 신군부 세력이 등장하였다.
② 장기 독재를 가능케 한 유신 헌법이 공포되었다.
③ 계엄군의 무력 진압으로 광주 시민들이 희생되었다.
④ 직선제 요구를 거부하는 4·13 호헌 조치가 발표되었다.
⑤ 여당 부통령 후보 당선을 위한 3·15 부정 선거가 일어났다.

50. 밑줄 그은 '노력'의 내용으로 옳은 것은?　[2점]

□□신문

제△△호　2000년 12월 ○○일

김대중 대통령, 노벨 평화상 수상!

노르웨이 오슬로에서 김대중 대통령이 한국인 최초로 노벨 평화상을 수상하였다. 민주주의와 인권을 향해 헌신한 것과 햇볕 정책을 통해 한반도의 평화와 화해를 위해 노력한 점을 인정받은 것이다. 이번 노벨상 수상은 국제 사회의 한반도 문제에 대한 관심을 더욱 높여 평화 통일을 앞당기는 데 도움을 줄 것으로 평가된다.

① 남북 조절 위원회 설치
② 남북한 유엔 동시 가입
③ 남북 기본 합의서 채택
④ 6·15 남북 공동 선언 합의
⑤ 한반도 비핵화 공동 선언 발표

★정답/문제풀이

47. ③　48. ②　49. ⑤　50. ④

43. 다음 검색창에 들어갈 종교에 대한 설명으로 옳은 것은? [2점]

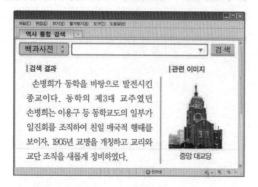

① 항일 무장 단체인 중광단을 결성하였다.
② 경향신문을 발간하여 민중 계몽에 기여하였다.
③ 배재 학당을 세워 신학문을 보급하고자 노력하였다.
④ 만주에서 의민단을 조직하여 독립 전쟁을 전개하였다.
⑤ 어린이 등의 잡지를 발간하여 소년 운동을 주도하였다.

44. (가) 부대에 대한 설명으로 옳은 것은? [2점]

① 자유시 참변으로 큰 타격을 입었다.
② 미국과 연계하여 국내 진공 작전을 계획하였다.
③ 신흥 무관 학교를 설립하여 독립군을 양성하였다.
④ 중국 관내(關內)에서 결성된 최초의 한인 무장 부대였다.
⑤ 중국 호로군과 연합 작전을 통해 항일 전쟁을 전개하였다.

45. 밑줄 그은 '위원회'에 대한 설명으로 옳은 것은? [2점]

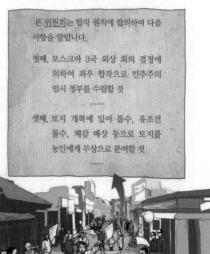

① 통일 정부 구성을 위한 남북 협상을 추진하였다.
② 유엔 감시하에 치러진 남북한 총선거에 참여하였다.
③ 여운형, 김규식 등 중도 세력을 중심으로 결성되었다.
④ 반민족 행위 처벌을 위한 특별 조사 위원회의 활동을 방해하였다.
⑤ 귀속 재산 처리법을 제정하여 일본인들이 남기고 간 재산을 처리하였다.

46. (가) 사건에 대한 설명으로 옳은 것은? [3점]

> 1948년 제주섬에서는 국제법이 요구하는, 문명 사회의 기본 원칙이 무시되었다. 특히, 법을 지켜야 할 국가 공권력이 법을 어기면서 민간인들을 살상하기도 했다. 토벌대가 재판 절차 없이 비무장 민간인들을 살해한 점, 특히 어린이와 노인까지도 살해한 점은 중대한 인권 유린이며 과오이다. 결론적으로 제주도는 냉전의 최대 희생지였다고 판단된다. 바로 이 점이 ___(가)___ 의 진상 규명을 50년 동안 억제해 온 요인이 되기도 했다.
>
> — ___(가)___ 진상 조사 보고서(2003) —

① 4·13 호헌 조치에 저항하며 일어났다.
② 장면의 민주당 정권이 들어서는 계기가 되었다.
③ 전개 과정에서 3·1 민주 구국 선언이 발표되었다.
④ 3·15 부정 선거에 항의하는 시위에서 비롯되었다.
⑤ 희생자들의 명예 회복을 위해 특별법이 제정되었다.

★정답/문제풀이

43. ⑤ 44. ② 45. ③ 46. ⑤

01 중국이 동북공정을 만든 이유를 〈보기〉에서 고른 것은?

> 중국은 옛 고구려와 발해의 영토가 현재 자신들의 영토 안에 있다는 이유로, 고구려와 발해의 역사를 고대 중국의 지방정권으로 편입시키려는 노력을 기울이고 있다. 중국은 국가 차원에서 이 지역에 대한 연구와 문화재 복원 사업 등과 함께 지역 경제 활성화를 위한 지원 사업 등을 전개하였다.

〈 보기 〉
㉠ 북한이 평양 근처에 있는 고구려 고분군을 세계문화유산으로 등재하는 모습에서 두려움을 느껴서
㉡ 통일 후 한반도에 영향력을 미치기 위하여
㉢ 한국에 대한 식민지 지배의 정당화를 위하여
㉣ 조선족 등 지역 거주민에 대한 결속을 강화하기 위하여

① ㉠, ㉡, ㉢
② ㉠, ㉢, ㉣
③ ㉡, ㉢, ㉣
④ ㉠, ㉡, ㉣

02 동북공정에 대한 관련 사실이 <u>아닌</u> 것은?

① 중국의 국경 안에 전개된 모든 역사를 중국역사로 편입하기 위한 국책사업이다.
② 중국의 통치와 안정 국가적 통일과 민족단결 변경안정이라는 정치적 의도를 가졌다.
③ 서남공정의 티베트와 서북공정의 신장 위구르 지역의 사업과 관련이 있다.
④ 동북지역의 조선족에 대한 안정과 남북한 통일 이후 경제적 발전을 위함이다.

03 동북공정에 대한 중국의 의도가 <u>아닌</u> 것은?

① 56개의 민족으로 구성된 문화를 발전시키고 상생하기 위함이다.
② 중국민족은 단일민족의 구성에서 시작되었다.
③ 3황 5제의 시대를 중국역사에 편입하고 고구려의 역사를 포함시키려 한다.
④ 하, 상, 주의 역사를 공식화하여 1229년이나 역사를 끌어올려 21세기 중화주의 건설 전략의 일환으로 삼으려 한다.

★정답/문제풀이

1. ④ 2001년 한국 국회에서 재중 동포의 법적 지위에 대한 특별법 상정과 2001년 북한에서 고구려 고분군 유네스코 세계문화유산 등록 신청으로 인해 중국 정부가 조선족 문제와 한반도의 통일과 관련된 문제 등에 대해 국가 차원의 대책을 세우기 시작하여 2002년부터 2007년에 걸쳐 완성된 프로젝트이다. 동북공정을 인정할 시에 생길 문제점으로 역사적인 관점에서는 한국 고대사 왜곡으로 인해 한국사의 영역이 시간적으로 2,000년에 한정이 되고, 한국사의 영역이 공간적으로 한강 이남으로 국한된다. 또, 정치적인 관점에서의 문제점은 남북통일 후의 국경 문제를 비롯한 영토 문제를 공고히 하기 위한 사전 포석이라는 점. 북한정권의 붕괴 시 북한 지역에 대한 중국의 연고권을 주장할 가능성이 있다는 점 등이 문제이다.

2. ④ 동북공정은 '동북변강역사여현상계열연구공정(東北邊疆歷史與現狀系列研究工程)'의 줄임말로서, 중국 국경 안에서 전개된 모든 역사를 중국 역사로 만들기 위해 2002년부터 2007년까지 중국정부의 지원을 받아 추진한 동북 변경지역의 역사와 현상에 관한 연구 프로젝트이다. 남북통일 후의 국경 문제를 비롯한 영토 문제를 공고히 하기 위한 사전 포석이고, 북한정권의 붕괴 시 북한 지역에 대한 중국의 연고권을 주장하기 위한 목적도 깔려 있다.
   서남공정의 티베트와 서북공정의 신장 위구르 지역의 사업과 함께 소수민족의 분리·독립을 막기 위한 국가적 대응이다.

3. ② 중국은 다민족 통일국가론(한족과 55개의 소수민족)을 국가적으로 홍보·교육하고 있다.

04 다음 중 발해에 대한 설명으로 가장 거리가 먼 것은?

① 일본에 보낸 국서에 고려(국왕)라는 명칭을 사용한 점과 문화의 유사성 등을 볼 때, 고구려를 계승한 국가라고 볼 수 있다.

② 문왕 때에는 당과 친선관계를 맺고 당의 선진 문물을 적극 수용하였다.

③ 고구려 장군 출신의 대조영이 만주 지역에 고구려 유민을 중심으로 하여 발해를 건국하면서 남북국 시대를 열었다.

④ 발해는 피지배층의 대부분이 말갈족으로 구성되어 있었기 때문에 고구려를 계승한 국가라고 볼 수 없다.

06 다음 중 동북공정에 대한 중국 측의 주장으로 옳지 <u>않은</u> 것은?

① 요령과 한반도 지역의 청동기 문화를 통해 고조선의 역사는 기자조선에서 위만조선, 한사군으로 이어지는 중국의 역사로 해석된다.

② 부여의 유적에서 발견되는 중국 계통의 묘제나 철기 토기 등을 볼 때, 부여는 중국의 문화를 이어받은 지방정권의 하나이다.

③ 발해 건국 당시 말갈족이 주류를 이루었고 당이 대조영을 발해의 군왕으로 봉하였다는 기록으로 볼 때, 발해는 말갈족이 세운 당나라 지방정권이다.

④ 고구려가 멸망했을 당시, 고구려 유민의 많은 수가 중국에 포함된 것으로 보아 고구려는 중국의 지방정권이다.

05 동북공정의 주요 내용으로 옳지 <u>않은</u> 것은?

① 고구려와 수·당 사이에 일어난 전쟁은 중앙 정부와 지방 권력집단 간의 내전이다.

② 당이 백제에 웅진도독부, 신라에 계림도독부를 설치하였으므로 백제와 신라도 중국의 지방정권 중 하나이다.

③ 고려는 고구려를 계승하지 않았다.

④ 고구려와 발해는 중국의 지방정권이다.

★정답/문제풀이

4. ④   발해는 영역을 확대하여 옛 고구려의 영토를 대부분 차지하였다. 그런데 그 영역에는 고구려 유민과 원래 고구려의 지배를 받고 있던 말갈족이 다수 거주하고 있었다. 발해는 일본에 보낸 국서에 고려 또는 고려국왕이라는 명칭을 사용한 사실이라든가, 문화의 유사성으로 보아 고구려를 계승한 국가였음을 알 수 있다.

5. ②   중국은 동북 지방에 속하는 지역의 여러 소수 민족의 역사를 1911년 신해혁명 이후 자국의 역사로 편입하려 하고 있다. 하지만 국내를 거점으로 두었던 백제와 신라의 역사는 중국의 역사로 포함시키지 않는다.

6. ①   청동기는 만주에서 건너옴. 중국 본토와 관련 없음

다음 글을 읽고 물음에 답하시오.

> 최근 중국에서 중국 동북 지방의 과거, 현재,
> 미래에 관계된 문제들을 연구하는 (   )을 진
> 행하였다. 이에 따라 고구려와 발해의 역사를
> 중국 고대 시기의 지방 정권 중 하나라고 주장
> 하며 고구려의 유적을 중국의 유적으로 언급하
> 는 등 심각한 역사 왜곡을 하였다.

07 위 글의 빈칸에 들어갈 알맞은 명칭은?

① 정체성론
② 동북공정
③ 임나일본부설
④ 일·선 동조론

08 다음 중 기자동래설에 대한 설명으로 옳은
것을 고르시오.

① 중국은 한나라의 왕족 기자가 고조선을 건국
한 후 왕실의 조회에 참석하여 제후국이 된 것
을 가지고 중국사의 일부라고 단정함.
② 기자동래설을 입증하는 상서대전은 신뢰성 문
제가 있다.
③ 기자의 이주를 입증할 수 있는 고고학적 사료
가 많다고 중국은 강조한다.
④ 고조선 문화에 중국 청동기 문화의 유입이 매
우 큰 영향을 준 점을 크게 부각시킨다.

09 다음 중 고구려사를 둘러싼 역사분쟁에서 중
국 측 입장이 <u>아닌</u> 것을 고르시오.

① 고구려는 중국 땅에 세워졌다.
② 고구려 민족은 중국의 지방 정권이었다.
③ 수·당과 고구려의 전쟁은 국제전이었다.
④ 고려는 고구려를 계승한 국가가 아니다.

10 고구려는 당과 조공, 책봉을 하였기에 당의
속국이다. 이것의 반론 중 옳지 <u>않은</u> 것은?

① 조공, 책봉은 외교적인 형식이다.
② 조공, 책봉을 하지 않았다.
③ 고구려는 황제를 표방한 자주국가이다.
④ 고구려의 광개토 대왕은 독자적 연호인 영락을
사용하였다.

★정답/문제풀이

7. ②   ② 제시문은 중국의 동북공정에 대한 설명이다. 중국은 국가통합을 위해 중국 내 민족의 역사가 모두 중국의 역사라고 주장하고 있다.
이를 위해 '동북 변경 지역의 역사와 현상에 관한 체계적인 연구 과제(동북공정)'를 진행하였다.
8. ②   ① 중국은 기자는 은나라의 왕족이라고 말한다.
③ 기자의 이주를 입증할 수 있는 고고학적 사료가 미미하다.
④ 고조선 문화에 중국 청동기 문화의 유입은 거의 없다.
9. ③   ③ 수·당과 고구려의 전쟁은 같은 민족의 통일전쟁이라고 중국은 말한다.
10. ②   3C~7C 동안에는 동아시아 지역에서는 조공—책봉 시스템이 주를 이뤘다. 신라, 왜, 베트남도 당나라에 대한 조공을 바쳤다.

11 다음 중 동북공정에 관련한 우리나라의 주장으로 옳은 것을 모두 고르면?

〈 보기 〉

㉠ 고구려는 중국 영토 내에 세워진 지방정권이다.

㉡ 고구려는 중국에 조공을 바치던 속국이다.

㉢ 고구려와 수·당과의 전쟁은 국가 간 전쟁이다.

㉣ 발해 민족은 중국의 소수 민족중 하나이다.

㉤ 고려는 고구려를 계승한 국가이다.

① ㉠, ㉢ ② ㉡, ㉤ ③ ㉢, ㉣ ④ ㉢, ㉤

12 동북 공정에 대한 설명으로 옳은 것만을 바르게 고른 것은?

㉠ 고조선, 부여, 고구려, 발해를 중국 지방 정권의 하나로 인식하고 있다.

㉡ 고려는 고구려를 계승한 국가가 아니라고 말하고 있다.

㉢ 중국 내 위구르와 티벳과 같은 소수 민족의 독립을 지원하려는 목적으로 실시되고 있다.

㉣ 고구려의 유적을 중국의 유적으로 소개하고 있다.

① ㉠, ㉡, ㉣   ② ㉠, ㉢, ㉣

③ ㉡, ㉢, ㉣   ④ ㉠, ㉡, ㉢

13 고구려사를 둘러싼 역사분쟁에서 동북공정에 대한 우리 측 주장인 것을 고르시오.

① 고구려는 중국 땅에 세워졌다.

② 고구려 민족은 중국 고대의 한 민족이다.

③ 수·당과 고구려의 전쟁은 국제전이었다.

④ 고구려는 중국의 지방 정권이었다.

14 위만조선에 대한 동북공정을 반박하는 아래 글의 내용으로 옳지 않은 것은?

위만조선은 중국인이 고조선에 들어와 세운 왕조가 아닌 단군조선을 계승한 우리의 역사이다.

① 위만이 왕이 된 후에도 나라 이름을 그대로 조선이라 하였다.

② 위만은 고조선에 입국할 때 조선인의 상징인 흰 옷을 입고, 상투를 틀고 있었다.

③ 위만의 정권에는 토착민이 높은 지위에 오르는 경우가 많았다.

④ 한나라와 위만조선 남쪽의 진국이 철을 이용한 무역을 하는 것을 방해하였다.

★ 정답/문제풀이

11. ④   ㄷ, ㅁ이 한국의 주장이고 나머지는 동북공정이다.

12. ①   ㉢ 중국은 한족 이외에 중국 내 55개의 소수민족이 중국인으로서의 정체성과 애국심을 갖도록 하기 위한 목적에서 동북공정을 실시하고 있다. 이에 따라 위구르나 티벳과 같은 소수민족의 분리, 독립을 막기 위한 통제가 강화되고 있다.

13. ③   수·당과 고구려와의 전쟁은 국내전이라고 말하는 것이 동북공정인데 그 전쟁은 여러 국가들이 참여했던 국제전이었다.

14. ④   한나라와 위만조선 남쪽의 진국이 철을 이용한 무역을 하는 것을 방해한 내용만 가지고 단군조선을 계승한 것인지 알기가 어렵다. 위만은 중국의 진나라에서 한나라로 교체되는 시기에 무리를 이끌고 고조선으로 이주해 왔다. 그 당시 고조선의 왕이었던 준왕은 서쪽 변경의 수비를 맡겼으나, 점차 세력을 키워 준왕을 몰아내고 스스로 왕이 되었다(B.C 194). 사마천의 「사기」에는 위만이 조선에 입국할 때 상투를 틀고 오랑캐의 흰 옷을 입었다는 기록으로 보아 위만은 연나라에 살고 있던 조선인으로 추정되며, 정권을 획득한 이후에도 조선이라 칭한 점, 위만 정권에서 토착민 출신으로 높은 지위에 오른 자가 많은 점 등으로 미루어 단군조선을 계승한 왕조라고 우리는 생각한다.

15 다음과 같은 중국의 역사 왜곡을 비판하기 위한 탐구 활동으로 적절하지 <u>않은</u> 것은?

> 한사군의 하나인 현도군 구려현에서 고구려가 세워졌기 때문에 고구려는 당연히 중국의 일부가 되는 것이다.…… 고구려 멸망 후 세워진 발해도 중앙 정부와 지방 정부의 관계를 맺었다.

① 동명성왕의 고구려 건국 과정을 조사한다.
② 발해가 일본에 보낸 국서의 내용을 조사한다.
③ 발해 상경 용천부의 주작대로 유적을 조사한다.
④ 고구려와 발해가 사용한 연호에 대하여 조사한다.

16 다음은 상고사 논란과 관련된 내용 중 옳지 <u>않은</u> 것은?

① 고고학적으로 고조선의 표지 유물은 비파형 동검과 지석묘이다.
② 〈상서대전(尙書大傳)〉은 고조선의 역사를 중국사의 일부로 간주하는 중국의 견해에 반론을 제시하는 문헌자료로 쓰인다.
③ 중국 학계에서는 '기후'명 청동기가 대릉하 일대에서 발견되었다는 사실로 고조선이 중국사의 일부라고 주장하고 있다.
④ 중국은 부여의 유적에서 중국의 묘제 중 하나인 토광목곽묘를 주로 채택하였으며, 중국 계통의 철기와 토기가 다수 출토됨을 들어 부여가 중국에 신속(臣屬)하게 된 고대 중국의 소수민족이라 간주하고 있다.

17 다음 내용을 반박할 수 있는 근거로 적절하지 <u>않은</u> 것은?

> 발해는 말갈족이 세운 나라로, 그 수령을 당 현종이 도독(都督)으로 삼아 발해군왕으로 책봉하였다.

① 발해인의 성씨는 고씨 56명, 대씨 90명을 포함하여 대부분이 고구려계였다.
② 일본은 발해의 왕을 '고려국왕', 발해를 '고려'라 불렀다.
③ 고구려와 수·당과의 전쟁은 통일전쟁이다.
④ 발해인은 빈공과를 통해 신라인과 수석을 다투기도 하였다.

18 다음 중 고구려사 논란에 대한 우리의 입장과 <u>다른</u> 것은?

① 고구려를 건국한 집단은 예맥족과 부여족이 결합한 세력이다.
② 고구려는 '태왕'이라는 칭호와 독자적 연호를 사용하였다.
③ 중국의 역사서인 〈송사〉에는 "고려는 본래 고구려라 한다."고 기록되어 있다.
④ 주몽은 한나라의 현도군 지역에 고구려를 건국하였다.

★정답/문제풀이

15. ③   제시문은 동북공정을 주도하고 있는 중국교육위원회가 발행한 중국의 만주사 연구의 지침서인 「동북고대민족·고고여강역」의 내용이다. 동북공정은 고구려와 발해의 역사를 중국의 역사로 왜곡하여 물의를 일으키고 있다.
　　　　 ③은 당의 장안성을 모방한 측면이 있으므로 중국의 역사 왜곡을 비판할 자료로 적절하지 않다.
　　　　 ①·②·④의 내용을 통하여 고구려와 발해가 우리 민족이 세운 국가임을 알 수 있다. 특히 고구려와 발해의 연호 사용은 독자성과 자주성을 보여 준다.
16. ②   ② 「상서대전(尙書大傳)」은 고조선의 역사를 중국의 일부로 간주하는 기자조선을 입증하는 문헌자료로 즐겨 인용되는 자료이다.
17. ③   ③은 중국이 동북공정의 근거로 주장하는 내용이므로 고구려와 수·당의 전쟁은 내전이 아닌 대외전쟁이라고 반박하여야 한다.
18. ④   ④는 중국이 고구려가 중국 영토안에 세워진 중국 역사라고 주장하는 근거 중의 하나이다.

19 발해사 논란에 대한 설명으로 옳지 <u>않은</u> 것은?

① 중국은 발해가 중국의 지방 정권이었다고 주장한다.
② 발해는 인안, 대흥 등의 독자적 연호를 사용한 자주 독립 국가였다.
③ 발해의 상경성에 있던 무덤양식, 온돌 문화 등은 고구려 문화를 계승한 것이다.
④ 중국은 발해인들의 당나라의 과거 시험인 빈공과에 응시했으므로 발해가 자국의 역사라고 주장한다.

20 다음의 중국의 발해 역사 왜곡에 반박할 수 있는 역사적 사료들은 〈보기〉에서 고른 것은?

중국 정부가 고구려를 당의 역사에 편입시키려는 '동북공정'의 일환으로 발해의 수도였던 중국 상경용천부 유적에 대한 복원 사업을 벌이고 있다. 중국 헤이룽장성 당국은 중앙 정부의 승인을 받아 닝안시 보하이진에 있는 옛 발해 수도 유적을 발해 수도 유적을 복원하기로 하고 '당 발해국 상경 용천부 유지 보호조례'안을 마련하였다. 헤이룽장성은 이 프로젝트를 역사 유적 보호를 위한 취지라고 밝히고 있지만 중국 측이 일본에게 발해가 당나라의 지방 정부였다는 내용을 증명하는 '홍려정비'의 반환을 요구했던 정황으로 보아 이 유적 복원은 고구려사 왜곡을 위한 것으로 보인다.

〈 보기 〉

㉠ 연화무늬와당   ㉡ 일본에 보낸 국서
㉢ 온돌장치   ㉣ 주작대로
㉤ 3성6부제도

① ㉠, ㉡, ㉢   ② ㉠, ㉢, ㉣
③ ㉡, ㉢, ㉣   ④ ㉢, ㉣, ㉤

★정답/문제풀이

19. ④　④는 발해사 논란에 대한 우리의 입장이다. 당에 유학 간 발해인들이 외국인들만을 대상으로 하는 당나라의 과거 시험인 빈공과(賓貢科)에 응시하였다는 것에서 당이 발해인을 외국인으로 취급했다는 것을 알 수 있다.
20. ①　㉠·㉡·㉢은 발해가 고구려를 계승한 근거이고, ㉣·㉤은 당의 영향을 받아 만들어진 것이다.

韓 國

일 본 의
역사 왜곡

史

제1절 독도의 역사적 배경

① 독도의 구성과 위치

1) 대한민국의 동쪽 끝에 위치(동도, 서도와 그 외 89개의 부속도서로 구성)
2) 총 면적은 187,554㎡
3) 대한민국 천연기념물 제336호
4) 독도의 특징
   (1) 60여 종의 식물
   (2) 129종의 곤충
   (3) 160여 종의 조류와 다양한 해양생물의 서식지
   (4) 동해안에 날아드는 철새들의 중간 기착지
5) 지리적으로 울릉도에 가장 가까이 위치(울릉도에서 87.4km)
6) 일본에서 독도와 가장 가까운 오키섬에서는 157.5km에 위치(약 2배 정도)

② 한국 영토로서의 독도

1) 전근대의 독도

(1) 조선 초기 관찬서인 『세종실록』 「지리지」(1454년)
   ① 울릉도(무릉)와 독도(우산)가 강원도 울진현에 속한 두 섬이라고 기록
   ② 두 섬이 6세기 초엽(512년) 신라가 복속한 우산국의 영토라고 기록
   ③ 즉, 독도에 대한 통치는 신라시대에서부터 이어짐
(2) 독도에 관한 기록은 『신증동국여지승람』(1531년), 『동국문헌비고』(1770년), 『만기요람』(1808년), 『증보문헌비고』(1908년) 등 다른 관찬문헌에서도 일관되게 기술
   → 『동국문헌비고』 「여지고」(1770년)는 "울릉(울릉도)과 우산(독도)은 모두 우산국의 땅이며, 우산(독도)은 일본이 말하는 송도(松島)"라고 기술함
   ★ 우산도가 독도이며 우리나라 영토임을 확인
(3) 육안으로 관측 가능한 섬 독도
   ① 맑은 날에 울릉도에서 육안으로 독도 관측 가능하였고, 이에 따라 울릉도 주민들은 독도를 울릉도의 일부로 인식함
   ② 조선 초기 관찬서 『세종실록』 「지리지」(1454년)
   "우산(독도)·무릉(울릉도) … 두 섬은 서로 멀리 떨어져 있지 않아 날씨가 맑으면 바라볼 수 있다"고 기록

(4) 조선시대 관찬문서인 「만기요람」(1808년): '독도가 울릉도와 함께 우산국의 영토였다'는 내용
이 기록

2) 대한제국의 독도 정책

(1) 1900년 10월 25일 대한제국 「칙령 제41호」

  (1) 고종 황제의 재가를 받아 울릉도를 울도로 개칭하고 도감을 군수로 승격한다는 내용

  (2) 제2조에서 울도군의 관할구역을 "울릉전도 및 죽도, 석도(石島, 독도)"로 명시

(2) 러일전쟁 중 1905.2.22.에 불법적으로 독도를 강탈하여 자국 영토에 편입시킨 시마네현 고시
40호를 일본은 작성하였다.

(3) 1906년 3월 28일 울도(울릉도) 군수 심흥택은 울릉도를 방문한 일본 시마네현(島根縣) 관민 조사
단으로부터 일본이 독도를 자국 영토에 편입하였다는 소식을 듣고, 다음 날 이를 강원도 관찰
사에게 보고하였다.

↓

이 보고서에는 "본군(本郡) 소속 독도"라는 문구가 있어, 1900년 「칙령 제41호」에 나와 있는
바와 같이 독도를 울도군 소속으로 관리하고 있음을 보여줌

↓

강원도 관찰사서리 춘천군수 이명래는 4월 29일 이를 당시 국가최고기관인 의정부에 「보고서
호외」로 보고하였고, 의정부는 5월 10일 「지령 제3호」에서 독도가 일본 영토가 되었다는 주
장을 부인하는 지령을 내림

↓

울도(울릉도) 군수가 1900년 반포된 「칙령 제41호」의 규정에 근거하여 독도를 계속 관할하면서
영토주권을 행사하고 있었음

3) 대한민국 정부의 독도에 대한 기본 입장

→ 독도는 역사적, 지리적, 국제법적으로 명백한 우리 고유의 영토

(1) 독도에 대한 영유권 분쟁은 존재하지 않으며, 독도는 외교 교섭이나 사법적 해결의 대상이 될
수 없음

(2) 우리 정부는 독도에 대한 확고한 영토주권을 행사 중

(3) 우리 정부는 독도에 대한 어떠한 도발에도 단호하고 엄중하게 대응하고 있으며 앞으로도 독도
에 대한 우리 주권을 수호할 것임

제2절 일본의 독도 영유권 인식과 편입 시도

❶ 도쿠가와 막부와의 '울릉도 쟁계(爭界)'

→ 17세기 후반(조선 숙종 대) 일본 돗토리번(鳥取藩)의 오야(大谷) 및 무라카와(村川) 양가는 조선 영토인 울릉도에서 불법 어로행위를 하다가 1693년 울릉도에서 부산 동래출신 어부 안용복을 비롯한 조선인들과 만남

1) 오야 및 무라카와 양가가 도쿠가와 막부에 조선인들의 울릉도 도해를 금지해달라고 청원함에 따라 막부와 조선정부 사이에 외교교섭이 발생

2) 교섭 결과 1695년 12월 25일 도쿠가와 막부는 "울릉도(竹島)와 독도(松島) 모두 돗토리번에 속하지 않는다"는 사실을 확인.(「돗토리번 답변서」)

→ 1696년 1월 28일 일본인들의 울릉도 방면의 도해를 금지하도록 지시

3) 이는 1696년 도쿠가와 막부에서 독도가 조선의 영토임을 공식적으로 인정했다는 것

❷ 일본 메이지 정부의 독도 영유권 인식

1) 러일전쟁 이전 메이지 정부의 독도 영유권 인식

(1) 19세기 말 메이지 정부의 '조선국 교제시말 내탐서'(1870년), '태정관 지시문(『태정관지령』)'(1877년) 또한 독도가 조선의 영토임을 인정하고 있음

(2) 1877년 3월 일본 메이지 시대 최고 행정기관인 태정관은 17세기말 도쿠가와 막부의 울릉도 도해금지 사실을 근거로 '울릉도 외 1도, 즉 독도는 일본과 관계없다는 사실을 명심할 것'이라고 내무성에 지시하였다

(3) 내무성이 태정관에 질의할 때 첨부하였던 지도인 「기죽도 약도(磯竹島 略圖, 기죽도는 울릉도의 옛 일본 명칭)」에 죽도(울릉도)와 함께 송도(독도)가 그려져 있는 점 등에서 위에서 언급된 '죽도 외 일도(一嶋)'의 일도(一嶋)가 독도임은 명백함

2) 1905년 시마네현 고시에 의한 독도 편입 시도

(1) 1904년 9월, 당시 일본 내무성 이노우에(井上) 서기관은 독도 편입청원에 대해 반대.
 • "한국 땅이라는 의혹이 있는 쓸모없는 암초를 편입할 경우 우리를 주목하고 있는 외국 여러 나라들에 일본이 한국을 병탄하려고 한다는 의심을 크게 갖게 한다"는 것

(2) 하지만, 러일전쟁 당시 일본 외무성의 정무국장이며, 대러 선전포고 원문을 기초한 야마자 엔지로(山座円次郎)는 독도 영토편입을 적극 추진하였다
 ① 이유는 "이 시국이야말로 독도의 영토편입이 필요하다. 독도에 망루를 설치하고 무선 또는

해저전선을 설치하면 적함을 감시하는 데 극히 좋지 않겠는가"

② 1877년 메이지 정부가 가지고 있었던 '독도는 한국의 영토'라는 인식을 그대로 반영한 것이며 1905년 시마네현 고시에 의한 독도편입 시도 이전까지 독도를 자국의 영토가 아니라고 인식하였음을 보여줌

(3) 1905년 2월, 일제는 러일전쟁 중에 한반도 침탈의 시작으로 독도를 자국의 영토로 침탈하였다.

① 1905년 일본의 독도 편입 시도는 오랜 기간에 걸쳐 확고히 확립된 우리 영토 주권을 침해한 불법행위로서 국제법상 무효

② 침탈조치를 일본은 독도가 주인이 없는 땅이라며 무주지 선점이라고 했다가, 후에는 독도에 대한 영유의사를 재확인하는 조치라며 입장을 변경

제3절 현대의 독도 영유권과 동북아시아의 미래

❶ 해방과 독도 영유권 회복

1) 제2차 세계대전의 종전과 함께 카이로선언(1943년) ("일본은 폭력과 탐욕에 의해 탈취한 모든 지역으로부터 축출되어야 한다"고 기술)등 전후 연합국의 조치에 따라 독도는 당연히 한국의 영토로 회복

(1) 전후 일본을 통치했던 연합국총사령부는 훈령(SCAPIN) 제677호를 통해 독도를 일본의 통치적, 행정적 범위에서 제외

(2) 샌프란시스코 강화조약(1951년)은 이러한 사실을 재확인하였다고 볼 수 있음

① 제2조(a) "일본은 한국의 독립을 인정하고, 제주도, 거문도 및 울릉도를 포함한 한국에 대한 모든 권리, 권원 및 청구를 포기한다."

2) 일본의 독도 영유권 주장은 제국주의 침략전쟁에 의해 침탈되었던 독도와 한반도에 대해 점령지 권리, 나아가서는 과거 식민지 영토권을 주장하는 것으로서 한국의 완전한 해방과 독립을 부정하는 것과 같음

❷ 일본의 독도 영유권 주장

독도의 무주지 선점론	
일본의 주장	우리의 반론
• 독도는 일본이 1905년 무주지 선점으로 자국에 편입한 지역으로 해방이후 한국에 이를 반환할 의무가 없음	• 독도는 고대 이래로 우리의 영토였으며, 1905년 일본이 불법적으로 독도를 침탈할 당시 일본 역시 독도가 조선의 영토임을 인지하고 있었음

샌프란시스코 강화조약 및 훈령(SCAPIN) 제677호의 해석	
일본의 주장	우리의 반론
• 샌프란시스코 강화조약에서는 한반도에 반환되어야 할 도서에 거문도, 제주도 및 울릉도를 명시하고 있을 뿐 독도는 제외되어 있으므로, 연합국에서도 독도에 대한 일본의 권리를 인정한 것	• 샌프란시스코 강화조약의 조약문에서는 한국의 3,000 여개의 도서 중 대표적인 3개의 섬을 예시적으로 명시하고 있는 것이며, 해방 후 연합국총사령부에서 발표한 훈령(SCAPIN) 제677호를 보면 일본의 영역에서 독도를 명확히 제외하고 있는 것을 알 수 있음

국제사법재판소 회부 문제	
일본의 주장	우리의 반론
• 일본은 독도 문제를 평화적이고, 합리적으로 해결하기 위해 국제사법재판소에 회부할 것을 한국에 제안하였으나, 한국이 이를 거부하였음	• 독도는 명백한 대한민국의 영토로 분쟁의 대상이 될 수 없음

❸ 현재 독도의 상황

1) 2005년 일본 시마네현은 독도에 대한 여론 조성을 위해 2월 22일을 소위 "죽도의 날"(죽도(竹島)는 독도의 일본명)로 지정

2) 2008년 일본 문부과학성은 중학교를 대상으로 독도에 관한 교육을 심화

3) 최근 일본은 독도에 대한 교육·홍보를 더욱 강화하고 있음

4) 2013년 기준 독도에는 한국의 경찰, 공무원, 주민 등이 40여 명 거주

5) 매년 10만 명이 넘는 국·내외 관광객 관람

▶ 독도 경비대

제4절 일본군 위안부 피해자 문제

❶ 대한민국 정부의 입장

1) 1965년 '대한민국과 일본국 간의 재산 및 청구권에 관한 문제의 해결과 경제협력에 관한 협정 (이하 청구권협정)'과 일본군 위안부 문제
   - 청구권협정 이후 일본군위안부 피해자에 대한 대일 배상청구권 문제가 소멸되었는가 여부에 대해 한−일 양국 간 해석상 분쟁이 존재하였는데, 2011년 8월 30일 '대한민국과 일본국간의 재산 및 청구권에 관한 문제의 해결과 경제협력에 관한 협정 제3조 부작위 위헌확인'이라는 한국 헌법재판소 판결 이후 한국은 정부차원의 적극적인 대응방안을 모색하기 시작하였다.

2) 일본군 위안부 피해자에 대한 대한민국 정부의 공식 입장은 '반인도적 불법행위에 해당하는 사안으로 청구권협정에 의해 해결된 것으로 볼 수 없고 일본 정부의 법적 책임이 존재한다'는 것이다.

❷ 일본 정부의 입장

1) 일본군위안부 피해자 문제는 한·일 청구권협정에 의해 이미 해결되었다는 입장
2) 1993년 8월 4일 '고노담화' 등을 통해 사죄와 반성의 뜻 표명
3) 1995년 일본 정부는 인도적 차원에서 민간주도의 '아시아 여성기금' 설립하여 피해자들에게 개별적으로 1인당 500만엔(한화 약 4,300만원) 상당 지원

📖 **심화학습**

고노 담화(1993년 8월 4일)의 주요 내용

1) 일본군 위안부 문제에 대해 1992년 12월부터 일본정부가 조사한 결과에 대한 발표
   - A) 장기간, 광범위한 지역에 위안소가 설치돼 수많은 위안부가 존재
   - B) 위안소는 당시 군 당국의 요청에 따라 마련된 것이며, 위안소의 설치, 관리 및 위안부 이송에 관해서는 옛 일본군이 직접 또는 간접적으로 관여
   - C) 위안부 모집에 관해서는 군의 요청을 받은 업자가 주로 담당하였으나, 감언, 강압에 의해 본인들의 의사에 반해 모집된 사례가 많았음
   - D) 위안소에서의 생활은 강제적인 상황하의 참혹한 생활이었음
   - E) 군의 관여 아래 다수 여성의 명예와 존엄에 깊은 상처를 입힌 문제
   - F) 일본은 이런 역사의 진실을 회피하지 않고, 역사의 교훈으로 직시해 갈 것이며, 역사 연구, 역사 교육을 통해서 이런 문제를 오래 기억하고 같은 잘못을 반복하지 않겠다는 굳은 결의를 표명

❸ 기금 설립 당시 우리 피해자 및 한국정신대문제 대책협의회 등의 관련단체들은 기금활동 저지 운동 전개

1) 기금의 설립의 본질이 일본 정부의 법적책임을 회피하고자 하는 것이다.
2) 일본 정부가 피해자들을 배상의 대상이 아닌 인도적 자선사업의 대상으로 인식한다는 것이 기금활동 저지의 이유이다.

주제 01 ────────────────────────────────────

한국의 영토 독도에 대해 발표하시오.

주제 02 ────────────────────────────────────

일본의 독도 영유권 주장에 대해 발표하시오.

기출문제 풀이

11장

01 동아시아의 역사 분쟁에 대한 설명으로 옳지 <u>않은</u> 것은?

① 일본은 동북공정을 추진하며 식민지 지배를 미화하고 있다.

② 2005년 일본 시마네 현 의회가 '다케시마의 날'을 제정하였다.

③ 중국은 고구려와 발해를 중국 소수 민족의 지방정권이라고 주장하고 있다.

④ 일본은 야스쿠니 신사 참배, 센카쿠 열도 소유권 다툼 등의 문제로 주변국과 갈등을 빚고 있다.

02 독도가 우리나라의 영토인 이유를 옳게 설명하지 <u>못한</u> 군인은?

① 이병: 우리나라가 실질적으로 점유하여 영유권을 확인하고 있어.

② 일병: 제2차 세계 대전 후 연합국 총사령부가 우리나라의 땅임을 명시하였지.

③ 상병: "세종실록 지리지" 등의 여러 고문서에서 우리나라의 땅임을 명시하였어.

④ 병장: 일본과의 영토 분쟁이 심해지자, 우리나라가 국제 사법 재판소에 영유권 문제를 넘겼어.

03 주변국과의 역사 문제에 대한 우리의 대응을 옳게 설명하지 <u>못한</u> 군인은?

① 이병: 중국과 일본의 역사 왜곡에 대해 정치·외교적으로 대처해야 해.

② 일병: 관계 법령을 제정하고 역사 재단을 설립해 관련 역사 연구를 지원해야 해.

③ 상병: 중국과 일본의 역사보다 우리 민족의 역사가 위대하다는 내용의 역사 교육을 강화해야 해.

④ 병장: 한·중·일 3국의 객관적 역사 인식을 바탕으로 영토 문제와 역사 갈등을 해결하기 위해 노력해야 해.

★ 정답/문제풀이

1. ① 동북공정은 중국의 역사왜곡이다. 중국영토내의 모든 역사를 자국의 역사로 인식하려는 내용이다.
2. ④ 일본은 독도 문제를 국제 사법 재판소에 제소하여 국제 분쟁 지역으로 만들려는 의도를 보이고 있다.
3. ③ 역사 갈등 문제를 해결하기 위해 정치·외교적 대처와 더불어 객관적인 역사 인식을 바탕으로 한·중·일 3국의 안정과 평화 공존을 위해 노력해야 한다.

다음 글을 읽고 물음에 답하시오.

> 울릉도에 딸린 부속섬으로, 동도·서도 및 그 주변에 흩어져 있는 89개의 바위섬으로 이루어진 화산섬이다. 삼국 시대 이래 우리의 고유 영토였으나, 일본의 영유권 주장으로 양국 사이의 갈등이 현재까지 이어지고 있다.

04 위 글의 지역과 관련된 일본과의 갈등에 대한 옳은 설명을 〈보기〉에서 모두 고르면?

〈 보기 〉
㉠ 2005년 시마네 현 의회가 '다케시마의 날'을 제정하였다.
㉡ 일본이 청과 간도 협약을 맺어 청의 영토로 인정하였다.
㉢ 제2차 세계 대전 후 연합국 총사령부가 일본의 영토로 인정하였다.
㉣ 러·일 전쟁 중 일본이 '시마네 현 고시'를 내세워 불법적으로 편입하였다.

① ㉠, ㉡   ② ㉠, ㉢
③ ㉠, ㉣   ④ ㉡, ㉢

05 다음 ㉠과 관련된 탐구 활동으로 옳은 것을 〈보기〉에서 고른 것은?

• 울릉도를 울도로 개칭하여 강원도에 부속하고 도감을 군수로 개정하여……
• 군청 위치는 태하동으로 정하고 구역은 울릉 전도와 죽도 및 (㉠)을(를) 관할할 것

〈 보기 〉
㉠ 백두산 정계비의 내용을 살펴본다.
㉡ 일본의 태정관 지령문을 분석한다.
㉢ 숙종 때 안용복의 활동을 조사한다.
㉣ 이범윤을 관리사로 파견한 이유를 알아본다.

① ㉠, ㉡   ② ㉠, ㉢
③ ㉡, ㉢   ④ ㉢, ㉣

06 일본과의 영토 분쟁에 대한 설명으로 옳지 않은 것은?

① 일본 시마네현은 '다케시마의 날'을 제정하였다.
② 1905년 러일전쟁 중에 울릉도를 일본 영토로 불법 편입하였다.
③ 최근 일본 문부성은 독도를 일본 영토로 표기한 교과서를 검정 승인하였다.
④ 우리나라는 현재 독도를 실효적으로 지배하고 있다.

★정답/문제풀이

4. ③   일본은 러·일 전쟁 중이던 1905년 독도를 불법적으로 시마네 현에 편입하였다. 제2차 세계 대전 이후 우리나라에 반환되었으나, 일본은 여전히 독도가 자신의 땅이라며 억지 주장을 하고 있다. ㉡은 간도에 대한 내용, ㉢은 일본의 영토로 인정하지 않았다.

5. ③   ㉠은 독도이다. 조선 숙종 때 안용복은 울릉도와 독도에 침입한 일본 어민을 쫓아내고 일본까지 건너 울릉도와 독도가 조선 땅임을 확인받고 돌아왔다. 1877년 당시 일본의 최고 행정 기관인 태정관에서도 '울릉도와 독도는 일본과 관계없다.'라고 밝혔다. 나머지 2가지는 간도에 대한 내용이다.

6. ②   일본이 러일전쟁 중인 1905년에 '시마네현 고시 제 40호'로 불법적으로 일본 영토로 편입한 우리 영토는 독도이다.

07 독도와 관련된 설명으로 옳지 <u>않은</u> 것은?

① 일본의 사마네현 의회는 '다케시마의 날'을 제정하였다.

② 우리 정부는 현재 독도에 대한 영토 주권을 행사하고 있다.

③ 일본이 청일전쟁 중 독도를 일본 영토로 강제 편입하였다.

④ 일본은 독도 영유권 문제를 국제 사법 재판소에 넘겨 독도지역을 분쟁 지역으로 만들려고 하고 있다.

08 일본군 위안부 피해자 문제에 대한 입장이 <u>다른</u> 것을 고르시오.

① 일본군 위안부 피해자 문제는 한일 청구권 협정에 의해 이미 해결되었다.

② 일본군 위안부 피해자 문제는 '반인도적 불법 행위에 해당하는 사안으로 청구권협정에 의해 해결된 것으로 볼 수 없고 일본 정부의 법적 책임이 존재'한다.

③ 1993년 8월 4일 '고노담화' 등을 통해 사죄와 반성의 뜻 표명하여 문제가 없다.

④ 1995년 일본 정부는 인도적 차원에서 민간주도의 '아시아여성기금' 설립하여 피해자들에게 개별적으로 1인당 500만엔(한화 약 4,300만원) 상당을 지원하였다.

09 1995년 일본 정부가 인도적 차원에서 민간 주도의 '아시아여성기금'을 설립할 당시 우리 피해자 및 한국정신대문제 대책협의회 등의 관련단체들이 기금활동 저지 운동 전개한 이유는 무엇인가?

① 기금의 설립의 본질이 일본 정부의 법적책임을 인정하고자 하는 것이기 때문이다.

② 일본 정부가 피해자들을 배상의 대상이 아닌 인도적 자선사업의 대상으로 인식하기 때문이다.

③ 일본군위안부 피해자 문제는 한·일 청구권협정에 의해 이미 해결되었기 때문이다.

④ 1993년 8월 4일 '고노 담화' 등을 통해 사죄와 반성의 뜻 표명하였기 때문이다.

10 독도에 대한 일본의 국제법적 주장이 <u>아닌</u> 것은?

① 1905년 시마네현 고시 제40호에 의하려 독도가 시마네현에 편입 되었다.

② 러·일 전쟁 당시 일본은 전략적 가치 때문에 독도 편입을 권고하였다.

③ 일본은 각료회의에 따라 한국령인 독도를 죽도라 명하고 시마네현 소관으로 하였다.

④ 1951년 샌프란시스코 대일 강화조약에 의하여 독도는 일본령에서 제외되지 않았다.

★ 정답/문제풀이

7. ③ 일본은 러일전쟁 중 독도를 불법적으로 일본 영토에 편입하였다. 제 2차 세계대전이 끝난 후 독도는 우리나라로 반환되었으나, 일본은 여전히 독도를 자국의 영토라고 주장하고 있다.

8. ② 대한민국 정부의 공식입장과 일본 정부의 입장을 나누는 문제이다. 2번은 대한민국 정부의 공식입장이고 나머지는 일본 정부의 입장이다.

9. ② 아시아 여성 기금의 설립의 본질이 일본 정부의 법적책임을 회피하고자 하는 것이고, 일본 정부가 피해자들을 배상의 대상이 아닌 인도적 자선사업의 대상으로 인식한다는 것이 기금활동 저지의 이유이다.

10. ③ 각료회의가 아닌 시마네현 고시 제40호에 의해 편입하였다. 그리고 일본은 독도를 한국령을 강탈했다고 생각하지 않고 무주지를 선점한 것이라고 말한다.

43. 다음 다큐멘터리의 주인공으로 옳은 것은? [1점]

일본 이름 '기노시타 쇼조'로 살았던 청년,
차별 없는 세상을 꿈꾸며 영웅으로 다시 태어났다!

한인 애국단의 첫 의거

1932년 1월 8일, 일왕을 향해 폭탄을 던진 날!
1932년 10월 10일, 순국한 날!

① 김상옥 ② 김원봉 ③ 김익상

④ 윤봉길 ⑤ 이봉창

44. (가)의 활동으로 옳지 <u>않은</u> 것은? [2점]

> (가) 은/는 나라 안팎에서 활동하던 대다수의 독립운동 세력이 참여하여 수립되었다. 최초의 민주 공화제 정부로서, 입법 기구인 임시 의정원, 행정 기구인 국무원, 사법 기구인 법원의 3권 분립 체제를 갖추고 있었다. 이는 우리나라가 국민이 주인인 민국으로 새롭게 출범하였음을 의미한다. 오늘날 대한민국 헌법은 그 법통을 계승한다고 명시하고 있다.

① 독립 공채를 발행하였다.
② 한국 광복군을 창설하였다.
③ 구미 위원부를 설치하였다.
④ 대한매일신보를 간행하였다.
⑤ 연통제와 교통국을 운영하였다.

45. 밑줄 그은 '이 법령'으로 옳은 것은? [2점]

이 섬은 지하에 해저 탄광이 있던 하시마야. 군함도라고도 하지 최근 유네스코 세계유산 등재에 대한 많은 비판이 있었대.

그건 이곳에서 많은 조선인 광부들이 고통을 받았기 때문이야. 특히 1939년 이 법령이 제정된 이후 많은 조선인들이 끌려왔어.

① 국민 징용령 ② 범죄 즉결례
③ 조선 태형령 ④ 치안 유지법
⑤ 조선 사상범 보호 관찰령

46. (가)에 들어갈 사진 자료로 옳은 것은? [3점]

광복 이후 3년의 현대사
8·15 광복 → 미군정 시작 → (가) → 대한민국 정부 수립

① 근우회 창립 ② 원산 총파업 ③ 좌·우 합작 위원회 활동

④ 남북 학생 회담 요구 시위 ⑤ 반민족 행위 특별 조사 위원회 활동

★ 정답/문제풀이

43. ⑤   44. ④   45. ①   46. ③

47. 다음 뉴스의 사건이 일어난 정부 시기의 경제 상황으로 옳은 것은? [1점]

오늘 서울에서는, 국교 정상화 추진을 위해 열리는 한·일 회담에 반대하는 시위가 일어났습니다. 여기서 학생과 시민들은 정부가 굴욕적 회담을 추진하고 있다고 거세게 비판하면서 '민족적 민주주의 장례식'을 거행하였습니다.

학생과 시민들, '민족적 민주주의 장례식' 거행

① 경제 협력 개발 기구(OECD)에 가입하였다.
② 칠레와 자유 무역 협정(FTA)이 체결되었다.
③ 금융 거래의 투명성을 확보하고자 금융 실명제가 실시되었다.
④ 세계 무역 기구(WTO)의 출범으로 시장 개방이 가속화되었다.
⑤ 자립 경제 구축을 내세운 제1차 경제 개발 5개년 계획이 진행되었다.

48. 다음 자료가 작성된 시기를 연표에서 옳게 고른 것은? [3점]

1. 파괴된 민주 헌정의 회복을 위해 대통령 자신이 개헌을 발의하되 민족 통일의 기초가 될 수 있는 완전한 민주 헌법으로 하여 이 헌법에 의해 자신의 거취를 지혜롭고 영예롭게 스스로 택함은 물론 앞으로 오고 올 모든 이 나라 집권자들의 규범으로 삼게 할 것

2. 긴급 조치로 구속된 민주 인사와 학생 전원을 무조건 급속히 석방할 것

......

4. 학원·종교계·언론계·정계의 사찰, 탄압을 중지하고 야비한 정보 정치의 수법인 이간, 중상, 분열 공작으로 이 이상 더 우리 사회의 불신 풍조와 배신의 습성을 조장시키지 말도록 할 것

......

개헌 청원 백만인 서명 운동 본부 장준하

1948		1952		1960		1972		1979		1987
	(가)		(나)		(다)		(라)		(마)	
대한민국 정부 수립		부산 정치 파동		4·19 혁명		7·4 남북 공동 성명		부·마 항쟁		6월 민주 항쟁

① (가)　② (나)　③ (다)　④ (라)　⑤ (마)

49. (가) 민주화 운동에 대한 설명으로 옳은 것은? [2점]

(가) 특별전

37년 전 그 날, 국민들의 민주화 요구를 묵살하고 비상 계엄령을 전국으로 확대한 신군부의 조치에 반대하여 도청과 금남로 일대에서 시위가 일어났습니다. 계엄군은 시민들에게 무차별적인 폭력을 자행하였습니다. 폭력의 진실을 세계에 알린 한 독일 언론인을 추모하며, 그가 남긴 자료를 전시하는 특별전을 개최합니다.

· 기간: 2017년 ○○월 ○○일~○○월 ○○일
· 장소: △△문화원

① 허정 과도 정부가 구성되는 계기가 되었다.
② 호헌 철폐와 독재 타도 등의 구호를 내세웠다.
③ 5년 단임의 대통령 직선제 개헌을 이끌어 냈다.
④ 전개 과정에서 시민군이 자발적으로 조직되었다.
⑤ 대통령 하야를 요구하는 대학 교수단의 시위 행진이 있었다.

50. (가) 정부의 통일 정책으로 옳은 것은? [2점]

최근 '한반도의 비핵화에 관한 공동 선언'이 재조명되고 있습니다. 선언의 주요 내용에 대해 말씀해 주시기 바랍니다.

이 선언은 (가) 정부 시기에 남북 고위급 회담의 결과로 발표되었는데, 주요 내용에는 핵무기의 시험·생산·보유·사용의 금지, 핵에너지의 평화적 이용 등이 있습니다.

① 남북 기본 합의서를 채택하였다.
② 금강산 관광 사업을 시작하였다.
③ 경의선 복원 공사를 시작하였다.
④ 남북 조절 위원회를 설치하였다.
⑤ 제2차 남북 정상 회담을 개최하였다.

★정답/문제풀이

47. ⑤　48. ④　49. ④　50. ①

01 다음 중 독도가 표기된 가장 오래된 지도는?

① 동국지도

② 대동여지도

③ 팔도총도

④ 혼일강리역대국도지도

02 다음 중 주장하는 내용의 성격이 <u>다른</u> 것을 고르시오.

① 독도는 일본이 1905년 무주지 선점으로 자국에 편입한 지역으로 해방 이후 한국에 이를 반환할 의무가 없다.

② 샌프란시스코 강화조약에서는 한반도에 반환되어야 할 도서에 거문도, 제주도 및 울릉도를 명시하고 있을 뿐 독도는 제외되어 있으므로, 연합국에서도 독도에 대한 일본의 권리를 인정하는 것이다.

③ 일본은 독도 문제를 평화적이고, 합리적으로 해결하기 위해 국제사법재판소에 회부할 것을 한국에 제안하였으나, 한국이 이를 거부하였음.

④ 독도는 고대 이래로 한국의 영토였으며, 1905년 일본이 불법적으로 독도를 침탈할 당시 일본 역시 독도가 조선의 영토임을 인지하고 있었다.

03 다음 중 독도에 관한 설명으로 옳지 <u>않은</u> 것은?

① 삼국사기에 6세기 초 신라 지증왕 때 이사부가 우산국을 정벌하여 신라에 복속시킨 기록이 나온다.

② 『고려사』 1권 태조 13년 8월(930년)에는 "우릉도가 백길과 토두를 보내어 토산물을 바침에 백길을 정위(正位)로, 토두를 정조(正朝)로 삼았다"는 기록이 있다.

③ 세종실록지리지에는 울릉도와 독도를 경상도 울진현에 포함시킨 기록이 나온다.

④ 1699년에 일본 막부는 다케시마와 부속 도서를 조선 영토로 인정하는 문서를 조선 조정에 넘겼다.

★정답/문제풀이

1. ③ 독도가 공식적으로 지도상에 표기된 현전하는 최초의 지도는 조선 전기 지리서의 하나인 『신증동국여지승람』의 「팔도총도」(1530)이다. 이 지도에는 독도가 정 위치가 아닌 울릉도의 서쪽에 그려져 있다. 이는 당시에 본토에서 울릉도에 갈 때 해류의 영향으로 독도에 먼저 도달하고 울릉도로 갔기 때문에 독도를 더 가깝게 그렸을 것으로 추정하고 있다.

2. ④ 일본의 독도 영유권 주장에 대한 반박 내용이다.
나머지 3개는 일본의 독도 영유권 주장에 대한 내용이다.

3. ③ 세종실록지리지 강원도 삼척도호부 울진현 조에 조선의 행정구역인 강원도 울진현에 于山島(우산도,독도)가 포함되었음을 명기함. 원본 내용을 번역해 보면, 우산과 무릉 두 섬이 (울진)현의 정동방향 바다 가운데 있다. 신라시대에는 우산국이라 칭하였다. 두 섬이 서로 거리가 멀지 않아 날씨가 청명한 경우에는 볼 수 있다고 기록하고 있으며, 오직 날씨가 청명한 경우에만 조그맣게 서로 보이는 섬은 동해에 '울릉도'와 '독도'만 해당되며, 이 외에는 어떠한 섬도 존재하지 아니한다고 나타나 있다.

04 다음 설명과 관계가 <u>없는</u> 것은?

> 1855년 11월 17일 프랑스 해군함정 콘스탄틴호가 조선해(동해)를 통과하면서 북위 37도선 부근의 한 섬을 '로세 리앙크루'라고 명명하였다.

① 안용복
② 다케시마의 날 제정 (2월 22일)
③ 공도정책
④ 정계비 건립

05 다음 중 독도에 대한 설명으로 옳은 것은 모두 몇 개인가?

> ㉠ 대한제국은 지방제도 개편 시 울릉도를 울도군으로 승격하고 독도를 이에 포함시켰다.
> ㉡ 「세종실록지리지」에는 울릉도와 독도를 구분하지 않고 나타냈다.
> ㉢ 조선 고종 때 일본 육군이 조선전도를 제작하면서 울릉도와 독도를 조선 영토로 표시하였다.
> ㉣ 한국은 1945년 해방과 동시에 독도를 한국 영토로 하였다.
> ㉤ 신라 지증왕 때 우산국이 병합되면서 독도는 신라의 영토가 되었다.
> ㉥ 일본의 역사서인 「은주시청합기」에는 울릉도와 독도를 일본의 영토로 기록하고 있다.

① 1개   ② 2개   ③ 3개   ④ 4개

06 다음은 고노 담화(1993년 8월 4일)의 주요 내용이다. 다음 중 옳지 <u>않은</u> 것을 고르시오.

> 1) 일본군 위안부 문제에 대해 1992년 12월부터 일본정부가 조사한 결과에 대한 발표
>   A) 장기간, 광범위한 지역에 위안소가 설치돼 수많은 위안부가 존재
>   B) 위안소는 당시 군 당국의 요청에 따라 마련된 것이며, 위안소의 설치, 관리 및 위안부 이송에 관해서는 옛 일본군이 직접 또는 간접적으로 관여
>   C) 위안부 모집에 관해서는 군의 요청을 받은 업자가 주로 담당하였으나, 감언, 강압에 의해 본인들의 의사에 반해 모집된 사례가 많았음
>   D) 위안소에서의 생활은 강제적인 상황하의 참혹한 생활이었음
>   E) 군의 관여 아래 다수 여성의 명예와 존엄에 깊은 상처를 입힌 문제
>   F) 일본은 이런 역사의 진실을 회피하지 않고, 역사의 교훈으로 직시해 갈 것이며, 역사 연구, 역사 교육을 통해서 이런 문제를 오래 기억하고 같은 잘못을 반복하지 않겠다는 굳은 결의를 표명

★정답/문제풀이

4. ④   정계비는 조선과 청이 국경문제를 해결하기 위하여 백두산에 세운 백두산 정계비에 대한 내용이다.
제시문은 독도에 대한 것을 나타낸 내용이다. 일본 시마네현에서 1905년 시마네현에 불법적으로 독도를 편입시켰던 것을 알리기 위하여 제정한 조례로 인해 다케시마의 날이 제정되었다. 조선 태종 때 왜구의 잦은 침범으로 인해 섬을 비우고 육지로 들어오라는 공도정책을 실시하기도 하였다. 안용복은 부산 동래지역 어부였다.

5. ④   ㉣ 연합군 총사령부는 1946년 1월 29일 연합국 총사령부 훈령 제677호(SCAPIN)를 발표하여 한반도 주변의 울릉도, 독도, 제주도를 일본 주권에서 제외하여 한국에게 돌려주기로 하였다.
㉥ 1954년 일본 정부는 외교문서를 통해 1667년 편찬된 「은주시청합기」에서 울릉도와 독도는 조선영토이고, 일본의 서북쪽 경계는 오키섬을 한계로 한다고 기록하고 있다.

① 군대가 관여하여 많은 여성들의 명예와 존엄에 깊은 상처를 입힌 것에 대해 사죄한다.

② 위안부 모집은 감언과 강압에 의해 많은 수가 본인들이 생각하는 것이 아닌 상황으로 전개되었다.

③ 위안부 시설은 어느 전쟁이나 있었던 것으로 크게 문제되는 일이 아니다.

④ 이런 문제를 오래 기억하고 같은 잘못을 앞으로는 반복하지 않겠다는 결의를 다진다.

08 다음은 1993년 8월 4일에 발표된 '고노 담화'의 주요 내용과 <u>다른</u> 것을 고르시오.

① 장기간, 광범위한 지역에 위안소가 설치돼 수많은 위안부가 존재하였다.

② 위안소는 당시 군 당국의 요청에 따라 마련된 것이며, 위안소의 설치, 관리 및 위안부 이송에 관해서는 옛 일본군이 직접 또는 간접적으로 관여하였다.

③ 위안부 모집에 관해서는 군의 요청을 받은 업자가 주로 담당하였으나, 감언, 강압에 의해 본인들의 의사에 반해 모집된 사례가 많았다.

④ 일본은 이런 역사의 진실을 인정하지 않겠다.

07 울릉도와 독도에 관한 다음 설명 중 가장 적절하지 <u>않은</u> 것은?

① 대한제국은 적극적으로 울릉도 경영에 나서 주민의 이주를 장려하였다.

② 「세종실록지리지」, 「동국여지승람」 등의 문헌에 의하면 울릉도와 함께 강원도 울진현에 소속되어 있었다.

③ 조선 숙종 때 안용복은 울릉도에 출몰하는 일본 어민을 쫓아내고 일본에 건너가 독도가 조선의 영토임을 확인받았다.

④ 「팔도총도」는 울릉도와 독도를 구별없이 그려 놓은 최초의 지도가 되었다.

★정답/문제풀이

6. ④ 위안부 시설에 대해 깊게 뉘우치고 사죄하는 글이 '고노 담화'이다. 최근 아베 총리 측근 세력과 극우 세력들이 위안부 시설의 부정 또는 문제될 것 없는 시설로 치부하기도 한다.

7. ④ 「팔도총도」는 울릉도와 독도를 별개의 섬으로 하여 그림으로 그려놓은 최초의 지도가 되었다.

8. ④ 일본은 이런 역사의 진실을 회피하지 않고, 역사의 교훈으로 직시해 갈 것이며, 역사 연구, 역사 교육을 통해서 이런 문제를 오래 기억하고 같은 잘못을 반복하지 않겠다는 굳은 결의를 표명하였다.

09 다음의 내용으로 볼 때 사실이 <u>아닌</u> 것을 고르시오.

> • 1906년 3월 28일 울도(울릉도) 군수 심흥택은 울릉도를 방문한 일본 시마네현 관민 조사단으로부터 일본이 독도를 자국 영토에 편입하였다는 소식을 듣고, 다음 날 이를 강원도 관찰사에게 보고하였다.
> • 이 보고서에는 "본군(本郡) 소속 독도"라는 문구가 있다.
> • 강원도 관찰사 서리 춘천군수 이명래는 4월 29일 이를 당시 국가최고기관인 의정부에 「보고서 호외」로 보고하였고, 의정부는 5월 10일 「지령 제3호」를 내렸다.
> • 울도(울릉도) 군수가 1900년 반포된 「칙령 제41호」의 규정에 근거했다.

① 1900년 칙령 제41호에 나와 있는 바와 같이 독도가 울도군 소속이었음.
② 의정부는 독도가 일본 영토가 되었다는 주장을 부인하는 지령을 내림
③ 울도 군수는 독도를 계속 관할하면서 영토주권을 행사했다.
④ 위 내용으로 볼 때 독도는 한국 영토였던 것을 일본이 강탈하였다는 것을 일본이 인정하고 있다는 것을 알 수 있다.

10 다음 중 독도에 대한 설명으로 옳지 <u>않은</u> 것은?

① 1905년 러일전쟁 중에 시마네현으로 독도를 불법적으로 편입하였다.
② 신라 지증왕 때 이사부가 우산국을 편입함으로써 최초로 우리 영토로 편입되었다.
③ 일제강점기 때 안용복은 어선을 이끌고 일본에 우리 땅임을 확인시켰다.
④ 일본의 여러 문서에 우리 땅으로 기록되어 있다.

11 다음 주장에 대한 우리 정부와 국민의 대처 방안으로 적절하지 <u>않은</u> 것은?

> 한국은 제2차 세계 대전의 전후 처리 과정에서 독도를 불법적으로 지배하고 있다. 독도는 일본 고유의 영토이다.

① 독도에 대한 영토 주권 행사를 강화한다.
② 독도가 한국의 영토임을 뒷받침하는 국내외 근거를 더 많이 확보한다.
③ 독도에 대한 역사·지리 교육을 강화한다.
④ 국제 사법 재판소에 제소하여 독도 문제를 해결하려는 생각을 기른다.

★ 정답/문제풀이

9. ④   일본은 한국의 영토가 아닌 무인도였던 독도를 편입시켰다고 생각하고 있다. 무주지 선점이라 주장한다.
10. ③   안용복은 조선 숙종 때의 인물이다. 그는 울릉도에서 불법적으로 조업을 하던 일본 어민들을 몰아내려고 일본에 갔고 이후 일본의 도쿠가와 이에야스 정권에 독도가 한국 땅임을 확인시키는 계기를 마련했다.
11. ④   일본은 국제 사법 재판소에 제소하여 독도 문제를 해결하려는 입장을 가지고 있다. 우리 정부는 이에 대해 실효적 주권을 행사하고 있기 때문에 거부의 입장을 명확하게 밝히고 있다.

12 아래의 내용과 관련 있는 문서의 이름을 고르시오.

> • 황제의 재가를 받아 울릉도를 울도로 개칭하고 도감을 군수로 승격한다.
> • 울도군의 관할구역은 울릉전도 및 죽도, 석도(=독도)라고 명시하였다.

① 대한제국 칙령 제41호
② 시마네현 고시 40호
③ 샌프란시스코 강화조약
④ 카이로 선언문

13 다음 중 아래의 내용과 관련 있는 사료는 어떤 것인가?

> • 울릉도(무릉)와 독도(우산)가 강원도 울진현에 속한 두 섬이라고 기록
> • 두 섬이 6세기 초엽(512년) 신라가 복속한 우산국의 영토라고 기록
> • 즉, 독도에 대한 통치는 신라시대에서부터 이어짐

① 증보문헌비고
② 신증동국여지승람
③ 만기요람
④ 세종실록지리지

14 다음 중 대한민국 정부의 독도에 대한 기본 입장이 <u>아닌</u> 것을 고르시오.

① 독도는 역사적, 지리적, 국제법적으로 명백한 우리 고유의 영토이다.
② 고대에 독도에 대한 영유권 분쟁은 많이 존재해 왔으나, 독도는 외교 교섭이나 사법적 해결의 대상이 될 수 없다.
③ 우리 정부는 독도에 대한 확고한 영토주권을 행사 중이다.
④ 우리 정부는 독도에 대한 어떠한 도발에도 단호하고 엄중하게 대응하고 있다.

15 독도에 대한 일본의 주장으로 틀린 것은?

① 지리적으로 독도는 일본에 가깝다.
② 1905년 시마네현 고시 제40호에 의하여 독도를 무주지 선점하였다.
③ 1951년 샌프란시스코 대일 강화조약 때 독도는 일본령에서 제외되지 않았다.
④ 조선은 태종 때 공도정책으로 사실상 독도를 포기하였다.

★정답/문제풀이

12. ①　1900년 10월 25일 반포된 대한제국 칙령 제41호에 나와 있는 조항이다.
13. ④　세종실록 지리지에 기록된 내용이다.
14. ②　과거에는 독도에 대한 영유권 분쟁은 거의 존재하지 않는다.
　　　　근래 들어 독도에 대한 영유권 분쟁이 나타날 뿐이다.
15. ①　지리적으로 한국과 가까움.(울릉도–독도 약 83Km이고 일본에서 독도와 가장 가까운 오키섬에서는 157.5Km 위치(약 2배 정도))

16 독도와 관련한 영유권 분쟁에 대한 설명으로 옳지 <u>않은</u> 것은?

① 고대 사회 때부터 독도를 두고 일본과 영유권 다툼이 있어 왔다.

② 대한민국은 1948년 정부 수립 이후부터 지금까지 독도에 대한 실효적인 지배를 지속하고 있다.

③ 일본은 독도 영유권에 관한 문제를 국제사법재판소에 회부할 것을 제안하였으나 우리나라는 이를 거부하였다.

④ 우리나라가 선포한 '인접 해양 주권에 관한 대통령 선언'에 대해 일본 정부가 독도의 영유권을 주장하면서 독도가 국제사회에서 분쟁지역으로 주목받게 되었다.

17 다음 중 독도에 대한 설명으로 틀린 것은?

① 1905년 러일전쟁 중에 일본은 독도를 시마네 현으로 불법 편입하였다.

② 일제 시대 때 안용복이 어선을 이끌고 일본에 가서 독도가 우리 땅임을 주장하였다.

③ 신라 지증왕 때 우산국을 복속함으로써 최초로 우리 영토로 편입되었다.

④ 일본 문서 중 독도를 조선 영토로 표기한 자료가 있다.

18 독도와 관련한 우리 측의 자료에 해당하는 것이 <u>아닌</u> 것은?

① 삼국유사　　　　② 만기요람
③ 신증동국여지승람　④ 세종실록지리지

19 다음중 독도와 관련이 <u>없는</u> 것은?

① 세종실록지리지　　② 안용복
③ 리앙쿠르 암초　　　④ 연길도

20 다음의 영토 분쟁 지역에 대한 설명으로 옳은 것은?

> 이 지역은 동중국해의 대륙붕에 위치한 5개의 섬으로, 일본과 중국, 타이완이 자기 영토라 주장하고 있다. 1969년 유엔 해양조사 결과 이 일대에 북해 유전에 버금가는 천연가스와 석유가 매장되어 있다는 사실이 알려진 후 영토분쟁이 본격적으로 심화되었다.

① 러·일 전쟁 중인 1905년 일본은 시마네 현 고시를 통해 일방적으로 일본 영토로 편입시켰다.

② 1972년 미국이 오키나와를 일본에 반환할 때 중국 정부의 행정관할이 되었다.

③ 영유권을 놓고 무력충돌이 일어나 ASEAN(동남아시아 국가 연합)의 중재를 받기도 하였다.

④ 청·일 전쟁에서 일본이 승리하면서 일본령으로 되었다.

★정답/문제풀이

16. ①　현대에 와서 분쟁이 생김
17. ②　안용복은 일제시대가 아니라 숙종 때 인물이다.
18. ①　삼국유사는 고조선 건국과 단군왕검 이야기와 관련 있다.
19. ④　연길도는 간도를 중국인들이 부르는 이름이다. 리앙쿠르는 서양에서 부르는 독도의 이름이다.
20. ④　제시문은 센카쿠 열도(다오위다오)에 대한 설명으로 ④와 관련이 있다.
　　　①은 독도, ③은 중국과 베트남이 각각 영유권을 주장하고 있는 남중국해의 난사(프리들리) 군도에 대한 설명이다. ② 센카쿠 열도는 1972년 미국의 오키나와를 일본에 반환할 때 함께 일본 정부의 행정관할이 되었다.

韓 國

제12장

중간·기말
고   사

제1절   대학 중간고사
제2절   대학 기말고사

史

제1절 대학 중간고사

0000학년도 1학기 1학년 중간고사 (A형)	과목명: 한국사 점수 :
담당교수: ○ ○ ○ (서명)	학번 : 이름:

【선택형】 10문제 × 2점 = 20점

[능력단위1] 1. 대원군의 전제왕권 강화정책에 해당하지 않는 것은? (   )
① 인재양성에 힘썼다   ② 환곡제를 실시했다
③ 법전을 정비했다   ④ 경복궁을 중건하였다

[능력단위1] 2. 대원군의 정책 중 유생과 양반들의 저항을 받은 것은? (   )
① 호포법 실시, 의정부 부활
② 법전 정비, 삼군부 기능 회복
③ 호포법 실시, 서원 정리
④ 서원 정리, 고른 인재 등용

[능력단위2] 3. 청나라가 조선으로 하여금 미국과 조약을 체결하도록 알선한 목적은?
(   )
① 조선의 위정 척사 세력 약화
② 조선에 대한 청의 통상 확대
③ 조선에서의 러시아 및 일본 세력 확대 견제
④ 조선의 천주교 탄압 완화

[능력단위2] 4. 임오군란과 갑신정변의 공통적인 결과로 알맞은 것은? (   )
① 제물포 조약 체결   ② 청의 세력 확대
③ 차관 도입 실패   ④ 봉건적 신분 제도 타파

[능력단위3] 5. 다음 중 갑오·을미개혁에서 추진된 것이 아닌 것은? (   )
① 과거제도 폐지   ② 개국 기원 사용
③ 지방관의 사법권 배제   ④ 금본위 화폐제도의 채택

[능력단위3] 6. 다음 내용과 관련이 깊은 것은?
(   )

| • 노비문서 소각   • 토지는 평균하여 분작 |
| • 관리의 채용에는 지벌을 타파하고 인재 등용 |

① 갑신정변   ② 동학농민 운동
③ 갑오개혁   ④ 을미개혁

[능력단위4] 7. 한말 정치 개혁에 대한 설명으로 틀린 것은? (   )
① 독립협회는 근대적 의회 민주주의 정치사상을 도입
② 동학농민운동에서 토지의 재분배에 대한 내용이 제시
③ 갑신정변 때 입헌 군주제의 정치 개혁을 시도하였다
④ 광무정권은 군국기무처를 설치하여 황제권을 강화했다

[능력단위4] 8. 대한제국에 대한 설명으로 옳은 것은?
(   )
① 시정방향은 구본신참
② 동학농민의 토지분배 수용
③ 황제권 제한
④ 독립협회를 일관성 있게 지원

[능력단위5] 9. 다음 사건들이 시대순으로 바르게 나열된 것은? (   )

| ㉠ 모스크바 3상회의 |
| ㉡ 제주도 4·3사건 |
| ㉢ UN한국임시위원단 파견 |
| ㉣ 미·소공동위원회 |
| ㉤ 대한민국 정부수립 |

① ㉠-㉡-㉢-㉣-㉤   ② ㉠-㉣-㉡-㉢-㉤
③ ㉠-㉢-㉣-㉡-㉤   ④ ㉠-㉣-㉢-㉡-㉤

[능력단위5] 10. 다음 사건들이 발생 순서대로 바르게 나열된 것은? (   )

| ㉠ 수출 100억 달러 달성 |
| ㉡ 제1차 석유파동 |
| ㉢ 미터법 실시 |
| ㉣ 한·미행정협정 체결 |
| ㉤ 제5대 국회의원 총선거 |

① ㉤-㉢-㉣-㉡-㉠   ② ㉤-㉣-㉠-㉡-㉢
③ ㉣-㉡-㉤-㉢-㉠   ④ ㉠-㉣-㉢-㉡-㉤

【논술형】 2문제 × 5점 = 10점

[능력단위5] 11. 6·25 전쟁의 발생원인은 무엇이며, 전쟁의 결과와 한반도에 미친 영향은 무엇인지 논술하시오.
(논리적이면 ok...)

[능력단위5] 12. 한미동맹의 역할에 대해 군사적, 정치적, 경제적 차원에서 논술하시오.
(논리적이면 ok...)

01 다음 자료와 관련된 사건을 연극으로 만들고자 한다. 연극에서 볼 수 있는 인물은?

새야새야 파랑새야
녹두 밭에 앉지 마라.
녹두 꽃이 떨어지면
청포 장수 울고 간다.

① 신분제 폐지를 알리는 관리
② 일본 공사관을 공격하는 군인
③ 우정총국의 개국을 축하하는 관리
④ 우금치에서 일본군과 싸우는 농민

02 다음은 어느 단체에 대해 정리한 것이다. (가)에 들어갈 활동 내용으로 적절하지 <u>않은</u> 것은?

- 조직: 1907년 비밀 결사로 조직
- 주요 인물: 양기탁, 이승훈, 안창호
- 주요 활동: _____(가)_____
- 해체: 일본이 조작한 105인 사건으로 해체

① 태극 서관 운영
② 물산장려운동 추진
③ 만주에 독립운동 기지 건설
④ 오산 학교와 대성 학교 설립

03 다음은 강화도 조약의 일부이다. 이에 대한 설명으로 옳지 <u>않은</u> 것은?

제1조 조선국은 자주국이며, 일본국과 평등한 권리를 가진다.
제4조 조선국은 부산 외에 두 곳의 항구를 개항하고 일본인이 와서 통상을 하도록 허가한다.
제7조 조선국 연해의 섬과 암초를 조사하지 않아 매우 위험하다. 일본국 항해자가 자유로이 해안을 측량하도록 허가한다.
제10조 일본국 국민이 조선국 항구에서 죄를 범한 것이 조선국 국민에게 관계된 사건일 때에는 모두 일본국 관원이 심판한다.

① 제1조는 청의 간섭을 차단하기 위해 넣은 조항이다.
② 제4조에 근거하여 부산, 원산, 인천이 개항하였다.
③ 제7조는 최혜국 대우 조항으로 대표적인 불평등 조항이다.
④ 제10조는 치외법권으로 죄를 범한 일본인에 대한 재판 권한이 없었다.

04 다음과 같은 정책이 실시된 시기를 연표에서 고르면?

> • 한글로 간행되던 신문을 폐간시키고, 우리말과 역사에 대한 연구도 금지시켰다.
> • 일본식 성과 이름을 강요하고, 황국 신민 서사를 외우도록 강요하였다.

	㉮	㉯	㉰	㉱

을사조약   국권 침탈   3·1 운동   만주 사변

① ㉮   ② ㉯   ③ ㉰   ④ ㉱

05 다음과 같이 활동한 독립군 부대는?

> 멀리 인도와 미얀마 전선에까지 나아가 영국군과 함께 대일 전투에 참여하였다. 특히, 이곳에서 적의 후방을 교란하는 등 여러 가지 특수전에 참여하여 큰 성과를 거두었다. 또한 국내에 진입하여 일제를 몰아내기 위한 작전도 계획하였다.

① 한국광복군   ② 대한 독립군
③ 독립 의군부   ④ 한국 독립군

06 다음은 우리나라의 민주주의 발전 과정에서 있었던 사건들이다. 이를 일어난 순서대로 바르게 나열한 것은?

> ㉮ 4·19 혁명   ㉯ 12·12 사태
> ㉰ 10·26 사태   ㉱ 6월 민주 항쟁
> ㉲ 5·16 군사정변   ㉳ 5·18 민주화 운동

① ㉮-㉯-㉰-㉱-㉲-㉳
② ㉮-㉰-㉯-㉱-㉲-㉳
③ ㉮-㉲-㉯-㉳-㉰-㉱
④ ㉮-㉲-㉰-㉯-㉳-㉱

07 북한이 다음과 같은 경제 침체를 극복하기 위해 80년대부터 실시한 정책을 〈보기〉에서 고른 것은?

> 북한 경제는 국방비 과다 지출, 기술과 자본 부족, 노동력 동원 중심의 경제 개발, 과도한 중앙 집권, 폐쇄적인 경제 체제로 인해 경제가 침체되었다.

> 〈 보기 〉
> ㉠ 합영법 제정
> ㉡ 천리마 운동 실시
> ㉢ 8월 종파사건을 일으킴
> ㉣ 나진·선봉 자유 무역 지대 개설

① ㉠, ㉡   ② ㉠, ㉢
③ ㉠, ㉣   ④ ㉡, ㉢

08 중국의 동북공정 같은 연구를 진행한 이유로 적절하지 않은 것은?

① 국가의 통합을 유지하기 위해
② 남북 통일 이후 한반도에 영향력을 미치기 위해
③ 옛 고구려 땅에 위치한 북한과의 유대 관계를 강화하기 위해
④ 한국의 역사 왜곡 주장에 대항하여 중국인 중심의 만주 역사를 새롭게 정립하기 위해

09 다음의 사례에 나타난 북한의 대남도발 사례를 시대순으로 바르게 연결한 것은?

> ㉠ 미얀마 아웅산 테러
> ㉡ 미국 전자정찰함 푸에블로호 납치
> ㉢ 천안함 포격 사건
> ㉣ 청와대 기습사건(김신조)
> ㉤ 강릉 앞바다 잠수함 침투

① ㉠-㉡-㉢-㉣-㉤
② ㉡-㉢-㉤-㉣-㉠
③ ㉢-㉡-㉣-㉤-㉠
④ ㉣-㉡-㉠-㉤-㉢

10 다음 중 우리나라 국군이 평화유지군 자격으로 파병한 나라가 아닌 곳은?

① 서부 사하라
② 파키스탄
③ 베트남
④ 인도

11 다음은 6·25 전쟁의 진행과정이다. 일어난 순서대로 바르게 나열한 것은?

> ㉮ 1·4 후퇴   ㉯ 중국군 개입
> ㉰ 인천 상륙작전   ㉱ 애치슨 선언 발표

① ㉮-㉱-㉰-㉯
② ㉯-㉮-㉰-㉱
③ ㉰-㉯-㉮-㉱
④ ㉱-㉰-㉯-㉮

12 한국 영토로서 독도의 역사적 배경에 대한 내용 중 독도와 관련 없는 사료를 찾으시오.

① 만기요람
② 아방강역고
③ 동국문헌비고
④ 증보문헌비고

13 다음의 내용으로 볼 때 사실이 아닌 것을 고르시오.

> • 1906년 3월 28일 울도(울릉도) 군수 심흥택은 울릉도를 방문한 일본 시마네현 관민 조사단으로부터 일본이 독도를 자국 영토에 편입하였다는 소식을 듣고, 다음 날 이를 강원도 관찰사에게 보고하였다.
> • 이 보고서에는 "본군(本郡) 소속 독도"라는 문구가 있다.
> • 강원도 관찰사 서리 춘천군수 이명래는 4월 29일 이를 당시 국가최고기관인 의정부에 「보고서 호외」로 보고하였고, 의정부는 5월 10일 「지령 제3호」를 내렸다.
> • 울도(울릉도) 군수가 1900년 반포된 「칙령 제41호」의 규정에 근거했다.

① 1900년 칙령 제41호에 나와 있는 바와 같이 독도가 울도군 소속이었음.
② 의정부는 독도가 일본 영토가 되었다는 주장을 부인하는 지령을 내림
③ 울도 군수는 독도를 계속 관할하면서 영토주권을 행사했다.
④ 위 내용으로 볼 때 독도는 한국 영토였던 것을 일본이 강탈하였다는 것을 일본이 인정하고 있다는 것을 알 수 있다.

14 한미관계의 시작에 대한 역사적 사건을 바르게 연결한 것은?

> ㉠ 신미양요   ㉡ 제너럴 셔먼호 사건
> ㉢ 조미수호통상조약   ㉣ 한미상호방위조약
> ㉤ 주한 미군사 고문단

① ㉠-㉡-㉢-㉣-㉤
② ㉡-㉠-㉢-㉤-㉣
③ ㉠-㉡-㉢-㉤-㉣
④ ㉡-㉠-㉣-㉢-㉤

15 한미동맹의 역할 중 경제적 차원에 대한 내용이다. 옳은 것을 모두 고르시오.

> ㉠ 경제발전을 할 수 있는 안정된 환경을 제공하여 해외투자자들이 마음 놓고 투자할 수 있는 여건을 마련하고 있다.
> ㉡ 한미동맹과 주한미군의 주둔은 북한의 군사적 도발을 억제함으로써 해외투자자들에게 투자할 수 있는 여건을 조성하고 있다.
> ㉢ 한국은 6·25 전쟁 이후 한미동맹을 통해 안보를 달성하였으며, 그렇게 절약한 방위비용을 경제 발전에 투자하여 경제성장에 성공하였다.
> ㉣ 경제협력으로 인한 선진 경영기법도입 및 기술교류를 하고 있다.

① ㉠
② ㉠, ㉡
③ ㉠, ㉡, ㉢
④ ㉠, ㉡, ㉢, ㉣

16 다음의 내용에 대한 배경으로 옳지 <u>않은</u> 것은?

> 제2조
> 당사국 중 어느 일국의 정치적 독립 또는 안전이 외부로 부터의 무력공격에 의하여 위협을 받고 있다고 어느 당사국이든지 인정할 때 에는 언제든지 당사국은 서로 협의한다. 당사국은 단독적으로나 공동으로나 자조와 상호 원조에 의하여 무력공격을 방지하기 위한 적절한 수단을 지속하며, 강화시킬 것이며 본 조약을 실행하고 그 목적을 추진할 적절한 조치를 협의와 합의하에 취할 것이다.
>
> 제3조
> 각 당사국은 타 당사국의 행정 지배하에 있는 영토와 각 당사국이 타 당사국의 행정 지배하에 합법적으로 들어갔다고 인정하는 금후의 영토에 있어서 타 당사국에 대한 태평양지역에 있어서의 무력공격을 자국의 평화와 안전을 위태롭게 하는 것이라고 인정하고 공통한 위협에 대처하기 위하여 각자의 헌법상의 수속에 따라 행동할 것을 선언한다.
>
> 제4조
> 상호적 합의에 의하여 미합중국의 육군, 해군과 공군을 대한민국의 영토 내와 그 부근에 배치하는 권리에 대해 대한민국은 이를 허여하고 미합중국은 이를 수락한다.

① 미국은 휴전을 원하고 한국은 지속적 전쟁을 통해 북진통일을 원함
② 한국은 휴전 거부의사를 표명하며 휴전회담에도 참석하지 않음
③ 휴전을 하는 대신, 한미상호방위조약 체결, 대한군사원조 등이 이루어짐
④ 한국은 한미상호방위조약에 한반도 유사시 미국의 자동개입조항을 삽입하기를 요구하였으나, 미국은 이에 대한 대안으로 미군 3개 사단을 한국에 주둔함

17 주한미군 철군에 따른 동맹의 보완책 추진에 대하여 옳지 않은 것은?

① 한미연합사령부(CFC: Combined Forces Command)를 창설하였다. (1978)
② 사령관은 한국군 대장, 부사령관은 미군 대장, 참모장은 미군 중장이다.
③ 각 참모요원은 부서장과 차장에 한·미군의 장교들이 교차되어 임명하였다.
④ 군사위원회로부터 전략지시를 받아서 한미연합군을 지휘하였다.

18 다음의 내용과 연관성이 가장 적은 것은?

> • 한국군 18개 사단의 현대화를 지원
> • 파병 비용은 미국이 부담
> • 베트남에 주둔한 한국군의 보급 물자와 장비를 한국에서 구매
> • 베트남 현지사업들에 한국을 참여시킴
> • 한국의 수출진흥을 위해 기술원조를 강화
> • 차관의 추가 제공

① 한국군 전력 증강에 막대한 영향을 끼침
② 한국의 산업발전을 위한 기술원조
③ 이로 인한 북한의 도발이 증가함
④ 한국의 경제개발을 위한 차관제공

19 베트남전에서 한국의 참전 배경 중 옳지 않은 것은?

① 한미동맹차원에서 미국의 한국전 지원에 대한 보답
② 주한미군의 베트남 투입 가능성을 차단
③ 유엔에서의 참전요청에 의한 참전
④ 한국군의 실전 전투경험 축적을 통한 전투역량 강화

20 아래의 내용과 관련 있는 문서의 이름을 고르시오.

> • 황제의 재가를 받아 울릉도를 울도로 개칭하고 도감을 군수로 승격한다.
> • 울도군의 관할구역은 울릉전도 및 죽도, 석도(=독도)라고 명시하였다.

① 대한제국 칙령 제41호
② 시마네현 고시 40호
③ 샌프란시스코 강화조약
④ 카이로 선언문

제2절   대학 기말고사

0000학년도 1학기 1학년 기말고사 (A형)	과목명: 한국사 점수 :
담당교수: ○ ○ ○ (서명)	학번 : 이름:

【선택형】 10문제 × 2점 = 20점

[능력단위2] 1. 다음 사건들을 일어난 순으로 나열한 것은? (   )

> ㉠ 미군의 강화도 침략
> ㉡ 프랑스 선교사 처형
> ㉢ 한성근 부대의 활약
> ㉣ 전국 각지에 척화비 건립
> ㉤ 오페르트의 남연군 묘 도굴 시도 실패

① ㉠ - ㉡ - ㉢ - ㉣ - ㉤
② ㉠ - ㉢ - ㉡ - ㉤ - ㉣
③ ㉡ - ㉠ - ㉤ - ㉢ - ㉣
④ ㉡ - ㉢ - ㉤ - ㉠ - ㉣

[능력단위3] 2. 다음 인물들을 중심으로 결성된 단체의 활동을 <보기>에서 모두 고르면? (   )

> • 안창호   • 이승훈   • 양기탁
> < 보기 >
> ㉠ 국채 보상 운동 전개
> ㉡ 이화 학당, 배재 학당 설립
> ㉢ 자기 회사, 태극 서관 운영
> ㉣ 만주 삼원보에 신흥 무관 학교 설립

① ㉠, ㉡   ② ㉠, ㉢
③ ㉡, ㉢   ④ ㉢, ㉣

[능력단위4] 3. 대한민국 정부 수립 과정을 일어난 순으로 나열한 것은? (   )

> ㉠ 5·10 총선거 실시
> ㉡ 제헌 헌법 제정·공포
> ㉢ 대한민국 정부 수립 선포
> ㉣ 유엔 총회가 대한민국을 합법 정부로 승인

① ㉠ - ㉡ - ㉢ - ㉣
② ㉠ - ㉡ - ㉣ - ㉢
③ ㉡ - ㉢ - ㉠ - ㉣
④ ㉢ - ㉠ - ㉣ - ㉡

[능력단위15] 4. 주변국과의 역사 문제에 대한 우리의 대응을 옳게 설명하지 못한 군인은? (   )

① 이병: 중국과 일본의 역사 왜곡에 대해 정치·외교적으로 대처해야 해.
② 일병: 관계 법령을 제정하고 역사 재단을 설립해 관련 역사 연구를 지원해야 해.
③ 상병: 중국과 일본의 역사보다 우리 민족의 역사가 위대하다는 내용의 역사 교육을 강화해야 해.
④ 병장: 한·중·일 3국의 객관적 역사 인식을 바탕으로 영토 문제와 역사 갈등을 해결하기 위해 노력해야 해.

[능력단위9] 5. 다음에서 설명하는 이념은? (   )

> • 김일성 유일 체제 구축과 개인숭배에 이용
> • 1972년 사회주의 헌법에서 북한의 통치이념으로 공식화
> • 사상의 주체, 정치의 자주, 경제의 자립, 국방의 자위 등을 내세움

① 주체사상   ② 제국주의
③ 전체주의   ④ 사회 진화론

[능력단위13] 6. 다음 글을 읽고 글의 지역과 관련된 일본과의 갈등에 대한 옳은 설명을 <보기>에서 모두 고르면? (   )

[6~7번 문제 글]
울릉도에 딸린 부속섬으로, 동도·서도 및 그 주변에 흩어져 있는 89개의 바위섬으로 이루어진 화산섬이다. 삼국 시대 이래 우리의 고유 영토였으나, 일본의 영유권 주장으로 양국 사이의 갈등이 현재까지 이어지고 있다.

< 보기 >
㉠ 2005년 시마네현 의회가 '다케시마의 날'을 제정하였다.
㉡ 일본이 청과 간도 협약을 맺어 청의 영토로 인정하였다.
㉢ 제2차 세계대전 후 연합국 총사령부가 일본의 영토로 인정하였다.
㉣ 러·일 전쟁 중 일본이 '시마네현 고시'를 내세워 불법적으로 편입하였다.

① ㉠, ㉡
② ㉠, ㉢
③ ㉠, ㉣
④ ㉡, ㉢

[능력단위13] 7. 위 글의 지역이 우리나라의 영토인 이유를 옳게 설명하지 못한 군인은? (   )
① 하사: 우리나라가 실질적으로 점유하여 영유권을 확인하고 있어.
② 중사: 제2차 세계 대전 후 연합국 총사령부가 우리나라의 땅임을 명시하였지.
③ 상사: "세종실록 지리지" 등의 여러 고문서에서 우리나라의 땅임을 명시하였어.
④ 원사: 일본과의 영토 분쟁이 심해지자, 우리나라가 국제 사법 재판소에 영유권 문제를 넘겼어.

[능력단위10] 8. 지도를 통해 알 수 있는 북한의 경제 정책에 대한 설명으로 옳은 것은? (   )

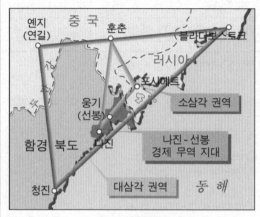

① 공업 생산력의 증대를 꾀하였다.
② 국방·공업 우선 발전 정책을 추진하였다.
③ 상공업을 사회주의적으로 개조하려는 것이다.
④ 외국 자본과의 합작 및 직접 투자를 추진하였다.

[능력단위11] 9. 다음 한미 동맹의 역할에 대한 설명 중 대한민국에 관한 내용으로 틀린 것은? (   )
① 정치외교적 차원 - 동북아시아의 강대국의 성장
② 정치외교적 차원 - 지역 분쟁의 조정자 역할
③ 군사적 차원 - 대북억제
④ 군사적 차원 - 한국군의 무기 체계 발전

[능력단위12] 10. 다음 중 동북공정에 관한 우리나라의 주장으로 옳은 것을 모두 고르면? (   )

< 보기 >
㉠ 고구려는 중국 영토 내에 세워진 지방정권이다.
㉡ 고구려는 중국에 조공을 바치던 속국이다.
㉢ 고구려와 수·당과의 전쟁은 국가 간 전쟁이다.
㉣ 발해 민족은 중국의 소수 민족 중 하나이다.
㉤ 고려는 고구려를 계승한 국가이다.

① ㉠, ㉡
② ㉡, ㉤
③ ㉢, ㉣
④ ㉢, ㉤

【논술형】 2문제 × 5점 = 10점

[능력단위11] 11. 중국의 동북공정은 무엇이며, 한반
도에 미친 영향은 무엇인지 논술하
시오. (논리적이면 ok...)

[능력단위12] 12. 일본의 독도 영유권분쟁에 대한 한
국의 올바른 대응전략에 대해 논술
하시오. (논리적이면 ok...)

01 이 시대 흐름으로 맞는 것은?

제1조 한·일 양제국은 항구불역(恒久不易)할
　　　친교를 보지(保持)하고 동양의 평화를
　　　확립하기 위하여 대한제국정부는 대일
　　　본제국정부를 확신하고 시정(施政)의 개
　　　선에 관하여 그 충고를 들을 것.
제2조 대일본제국정부는 대한제국의 황실을
　　　확실한 친의(親誼)로써 안전·강녕(康寧)
　　　하게 할 것.
제3조 대일본제국정부는 대한제국의 독립과
　　　영토보전을 확실히 보증할 것.
제4조 제3국의 침해나 혹은 내란으로 인하여
　　　대한제국의 황실안녕과 영토보전에 위
　　　험이 있을 경우에는 대일본제국정부는
　　　속히 임기응변의 필요한 조치를 행할 것
　　　이며, 그리고 대한제국정부는 대일본제
　　　국정부의 행동이 용이하도록 충분히 편
　　　의를 제공할 것. 대일본제국정부는 전항
　　　(前項)의 목적을 성취하기 위하여 군략상
　　　필요한 지점을 임기수용할 수 있을 것.
제5조 대한제국정부와 대일본제국정부는 상호
　　　의 승인을 경유하지 아니하고 후래(後
　　　來)에 본협정의 취지에 위반할 협약은
　　　제3국간에 정립(訂立)할 수 없을 것.
제6조 본협약에 관련되는 미비한 세조(細條)는
　　　대한제국외부대신과   대일본제국대표자
　　　사이에 임기협정할 것
　　　　　　　　　　　　　　　　－ 한일의정서 －

① 고종하야
② 러·일전쟁 승리를 위한 군사기지 사용권 요구
③ 청·일전쟁 발발의 원인이 되었다
④ 톈진조약이 체결되었다

02 다음 중 이회영 형제가 삼원보로 망명한 이유는?

우당 이회영(李會榮, 1867~1932) 선생은 본
관이 경주 이씨로 조선 선조 때 영의정을 지낸
백사 이항복(李恒福)의 10대손이며, 이조판서
를 지낸 이유승(李裕承)의 넷째 아들이다. 둘째
형 이철영(李哲榮)은 고종 때 영의정을 지낸
13촌 아저씨 이유원(李裕元)의 양자로 출계하
는 등 그의 집안은 10여 명의 정승과 판서를
배출한 조선 후기의 대표적인 명문가였다. 이
러한 가문을 바탕으로 한 이회영 선생 6형제의
재산은 당시 돈 40만원(당시 쌀 한가마 가격 3
원, 지금의 돈으로 환산하면 약 2,000억원)에
이르렀다고 한다. 그러나 급하게 매매하였기
때문에 40만원이지 선생 형제의 토지가 명동
등 서울 일대임을 감안하면 2조원에 달했을 것
으로 보고 있다.

이회영 선생 일가는 우리나라가 일본에 강제
병합된 1910년 12월 노비들을 해방시키고 가
솔과 수행을 자청한 일꾼 등 60여 명을 거느리
고 신의주–단동(丹東)을 거쳐 유하현 삼원보로
망명을 하였다. 그리고 그곳에서 신흥무관학교
를 설립하여 10년 동안 약 3,500여 명의 독립

군을 양성하여 청사에 빛나는 봉오동전투와 청산리전투를 대승으로 이끄는 초석을 이루었다.

그러나 이회영 선생의 가문은 선생이 일경에 체포되어 고문 끝에 순국하는 등 그의 아들, 형제, 조카들이 고문과 굶주림 끝에 순국 또는 병사를 하고 말았다. 다만 손아래 동생 이시영(李始榮)만이 살아서 귀국하여 대한민국 초대 부통령을 역임하였다.

① 일제 탄압을 피해
② 신흥무관학교를 설립하여 독립군 사관 양성
③ 3·1 운동 준비를 위하여
④ 상하이 대한민국 임시정부에 합류하기 위해서

03 동학 농민 운동의 전개 과정을 바르게 나열한 것은?

| ㉠ 우금치 전투 | ㉡ 고부 농민 봉기 |
| ㉢ 전주 화약 체결 | ㉣ 청·일 전쟁 발발 |

① ㉠－㉡－㉣－㉢
② ㉠－㉢－㉣－㉡
③ ㉡－㉢－㉠－㉣
④ ㉡－㉢－㉣－㉠

04 다음 사건들을 일어난 순으로 나열한 것은?

㉠ 미군의 강화도 침략
㉡ 프랑스 선교사 처형
㉢ 한성근 부대의 활약
㉣ 전국 각지에 척화비 건립
㉤ 오페르트의 남연군 묘 도굴 시도 실패

① ㉠－㉡－㉢－㉣－㉤
② ㉠－㉢－㉡－㉤－㉣
③ ㉡－㉠－㉤－㉢－㉣
④ ㉡－㉢－㉤－㉠－㉣

05 다음 ㉠에 들어갈 항일 의병 운동에 대한 설명으로 옳은 것은?

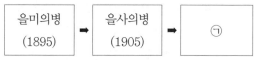

① 13도 창의군이 창설되었다.
② 서울 진공작전에 성공하였다.
③ 을미사변과 단발령에 반대하여 일어났다.
④ 개화사상과 애국계몽운동을 계승하였다.

06 다음에서 설명하는 사건이 옳지 <u>않은</u> 것을 고르시오.

① 1863년 고종의 즉위와 함께 흥선대원군의 섭정이 시작되었으나 1873년 고종이 친정을 요구하는 상소로 인해 흥선대원군이 하야하게 되었다.
② 1882년 구식군인에 대한 차별대우로 인해 임오군란이 발생하여 청나라가 정치적 영향력이 강화하게 되었다. 그로 인해 스티븐스, 메가타가 조선의 고문으로 파견되었다.
③ 1884년 급진개화파는 갑신정변을 일으켜 14개조 개혁정강을 실현하려 노력했지만 청의 진압으로 인해 실패하였다.
④ 1894년 발생한 동학농민운동의 근본정신은 반봉건, 반외세를 바탕으로 하였다.

07 독도가 우리 땅인 근거로 옳지 <u>않은</u> 것은?

① 울릉도에서 독도까지 87.4km, 일본 오키섬에서는 157.5km이므로 지리적으로 가까운 한국에 포함되어야 한다.

② 〈동국문헌비고〉에는 '우산(독도), 무릉(울릉도)… 두 섬은 멀리 떨어져 있지 않아 날씨가 맑으면 바라볼 수 있다'고 기록되어 있다.

③ 1905년 시마네 현 고시에 의한 일본의 독도 편입 시도 이전까지 독도가 일본 영토라고 기록된 문헌이 없다.

④ 1948년 12월 국제연합으로부터 당시의 영토(독도 포함)에 대한 통치권을 공인받았다.

08 일본이 독도의 영유권을 주장하는 근거 및 내용이 <u>아닌</u> 것은?

① 한국이 말하는 우산도는 가상의 섬이며 우산도가 독도라는 근거는 없다.

② 1951년 샌프란시스코 강화조약에서 한국에 넘겨준 권리, 권한, 청구권에 독도가 표함되지 않았다.

③ 〈태정관지령〉을 비롯한 일본 정부의 공식 문서들에 독도가 일본 영토라고 표시되어 있다.

④ 〈개정 일본여지노정전도〉 등 각종 고문헌에 독도가 표시되어 있다.

09 다음 중 독도 영유권과 관련된 내용으로 옳지 <u>않은</u> 것은?

① 1696년 도쿠가와 막부는 독도를 포함한 울릉도가 조선의 땅임을 확인하면서 일본인들에게 울릉도 도해금지 조치를 내렸다.

② 19세기 말 메이지 정부는 「조선국교제시말내탐서」, 「태정관 지시문」 등을 통해 자국으로의 독도 영토 편입을 추진하였다.

③ 1454년에 편찬된 「세종실록지리지」에 따르면 무릉(울릉도)과 우산(독도)는 강원도 울진현에 속한 두 섬이라 기록하고 있다.

④ 우리나라는 1900년 10월 24일 울도(울릉도)의 관할구역을 울릉 전도(울릉도 본도) 및 죽도, 석도(독도)로 명시한 대한제국 칙령 제41호를 반포하였다.

10 동북공정에 해당하는 중국의 주장이 <u>아닌</u> 것을 모두 고르면?

⊙ 고구려와 발해는 중국의 지방정권 중 하나이다.

ⓒ 고구려는 중국과는 다른 독자적인 동방문화권을 이룩하였다.

ⓒ 부여 민족은 중국의 소수 민족 중 하나이다.

ⓔ 주몽이 세운 고구려와 왕건이 세운 고려는 서로 계승 관계가 없는 별개의 국가이다.

ⓜ 고구려와 수·당의 전쟁은 나라 간의 국제 전쟁이다.

① ⊙, ⓒ   ② ⓒ, ⓔ

③ ⓔ, ⓜ   ④ ⓒ, ⓜ

11 러·일 전쟁 중 일제가 독도를 강제 편입하기 위해 행한 일은?

① 시마네현 고시 제40호를 제정하였다.

② 청과 톈진조약을 체결하였다.

③ 다케시마의 날을 지정하여 매년 행사를 개최하였다.

④ 국제사법재판소에 독도 영유권 문제에 대해 제소하여 하였다.

12 다음 중 고구려와 관련된 설명으로 옳지 <u>않은</u> 것은?

① 고구려는 독립적인 국가였다.

② 고구려는 발해에 의해 계승되어 졌다.

③ 고구려와 수·당과의 전쟁은 국가 간의 전쟁이다.

④ 고구려 민족은 한민족(韓民族)의 선조가 아니다.

13 발해와 관련된 역사적 사실로 옳지 <u>않은</u> 것은?

① 소수의 고구려인이 다수의 말갈족을 지배하였다.

② 발해의 문화는 고구려보다 당의 문화에 영향을 받았다.

③ 일본에 보낸 국서에서 고려국왕임을 자처하였다.

④ 발해 유적지에서는 온돌 장치나 돌방무덤 등이 발굴되었다.

14 동북공정에 해당하는 중국의 주장이 <u>아닌</u> 것은?

① 고구려는 독립된 국가가 아닌 중국의 지방정권 중 하나이다.

② 고구려의 민족은 중국의 고대민족 중 하나이다.

③ 수·당과 고구려와 전쟁은 소수민족을 통일하기 위한 국내 전쟁이다.

④ 고려는 고구려를 계승하여 건립된 국가이다.

15 다음 중 동북공정에 관련한 우리나라의 주장으로 옳은 것을 모두 고르시오?

> ㉠ 고구려는 중국 영토 내에 세워진 지방정권이다.
> ㉡ 고구려는 중국에 조공을 바치던 속국이다.
> ㉢ 고구려와 수·당과의 전쟁은 국가 간 전쟁이다.
> ㉣ 발해 민족은 중국의 소수 민족 중 하나이다.
> ㉤ 고려는 고구려를 계승한 국가이다.

① ㉠, ㉢   ② ㉡, ㉣

③ ㉢, ㉤   ④ ㉣, ㉤

16 다음 〈보기〉는 북한 정권의 수립 과정을 나타낸 것이다. 순서대로 바르게 된 것은?

> 〈 보기 〉
> ㉠ 조선공산당 북조선분국 설립
> ㉡ 5도 행정국 발족
> ㉢ 친일파 청산 및 토지개혁
> ㉣ 북조선노동당 창설
> ㉤ 조선민주주의인민공화국 수립

① ㉠-㉡-㉢-㉣-㉤

② ㉠-㉢-㉡-㉤-㉣

③ ㉡-㉠-㉤-㉢-㉣

④ ㉡-㉢-㉤-㉠-㉣

17 다음 중 모스크바 3국 외상회의에 대하여 잘못 설명하고 있는 것은?

① 미·소 양국은 이후의 행정 처리를 위해 미·소 공동위원회를 설치 운용한다.

② 소련은 신탁통치에 성공하기 위해서 한반도 내의 모든 정당이나 단체를 협상대상으로 인정해야 한다고 주장하였다.

③ 한반도에서 4개국에 의한 신탁통치를 최고 5년간 실시하기로 협의 하였다.

④ 민주주의 원칙에 입각하여 임시 민주 정부를 구성하기로 협의 하였다.

18 다음 사건들의 원인과 결과가 바르게 연결된 것은?

① 제너럴셔먼호 사건 – 강화도 조약

② 임오군란 – 제물포 조약

③ 갑신정변 – 평양 조약

④ 거문도 사건 – 방곡령

19 청나라는 일본의 조선 침략과 러시아의 남하를 견제하기 위해 조선과 서양의 여러 나라와 통상 조약을 주선하였다. 이를 계기로 조선이 최초로 수교를 맺은 서양 국가는?

① 영국

② 미국

③ 독일

④ 프랑스

20 북방한계선(NLL)과 관련된 사건이 <u>아닌</u> 것은?

① 천안함 폭침 사건

② 제2차 연평해전

③ 대청해전

④ 강릉 앞바다 잠수함 침투 사건

韓 國

제13장

실   전
모 의 고 사

史

01 다음은 강화도 조약의 일부이다. 이에 대한 설명으로 옳지 <u>않은</u> 것은?

> 제1조 조선국은 자주국이며, 일본국과 평등한 권리를 가진다.
> 제4조 조선국은 부산 외에 두 곳의 항구를 개항하고 일본인이 와서 통상을 하도록 허가한다.
> 제7조 조선국 연해의 섬과 암초를 조사하지 않아 매우 위험하다. 일본국 항해자가 자유로이 해안을 측량하도록 허가한다.
> 제10조 일본국 국민이 조선국 항구에서 죄를 범한 것이 조선국 국민에게 관계된 사건일 때에는 모두 일본국 관원이 심판한다.

① 제1조는 청의 간섭을 차단하기 위해 넣은 조항이다.
② 제4조에 근거하여 부산, 원산, 인천이 개항하였다.
③ 제7조는 최혜국 대우 조항으로 대표적인 불평등 조항이다.
④ 제10조는 치외법권으로 죄를 범한 일본인에 대한 재판 권한이 없었다.

02 〈보기〉와 관련 있는 조약은?

> 〈 보기 〉
> 대원군의 쇄국정책에 맞서 개화론자들은 부국강병을 위해서 개화사상을 도입하고 문호를 개방하여 대외통상을 해야 한다고 주장하였다. 이즈음 조선은 흥선대원군이 하야하고, 한편으로 청나라가 조선에 대해 프랑스·미국과의 국교를 권고하고 있었으며, 일본의 대만정벌의 소식도 전해져 조선의 대일본정책의 전환을 촉구하는 내재적 영향력이 자라고 있었다.

① 텐진조약
② 한성조약
③ 조청 상민수륙무역장정
④ 조일수호조규 (강화도 조약)

03 다음 도표의 ㈎에 해당하는 의병에 대한 설명으로 옳은 것은?

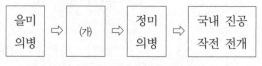

① 유인석과 이소응 등이 활약하였다.
② 고종의 강제 퇴위에 반발하여 일어났다.
③ 을미사변과 단발령에 반발하여 일어났다.
④ 신돌석과 같은 평민 출신 의병장이 등장하였다.

04 1950년 중·후반 북한의 정세로 <u>틀린</u> 것을 고르시오.

① 농업협동화와 상공업·수공업 분야의 협동화를 동시에 진행하여 50년대 말까지 생산수단을 완전히 국유화 하였다.

② 선군정치의 실시로 인해 군사(軍事)를 제일 국사(國事)로 내세우고 군력 강화에 나라의 총력을 기울였다.

③ 군중동원(천리마운동, 청산리정신, 청산리방법) 노선을 적절히 활용하였다.

④ 1956년 8월 종파사건으로 인해 김일성은 연안파와 소련파를 대대적으로 숙청하고, 당권을 완전히 장악하여 독재 권력의 기반을 공고히 하였다.

05 다음 중 북한의 경제정책으로 <u>틀린</u> 것을 고르시오.

① 2000년대 들어오면서부터 국제분업 질서를 인정하는 개방형 자력갱생정책을 추진하였다.

② 북한의 사유범위는 근로소득과 일용 소비품으로 한정되어 있다.

③ 1984년 북한은 합영법을 제정하여 큰 효과를 거두어 많은 외채를 갚았다.

④ 2002년 7·1 경제관리 개선·개조 조치를 통해 시장기능의 부분 활용을 실시하였다.

06 남·북한 통일 외교와 관련하여 옳은 것은?

① 북한의 고려 민주 연방 공화국 통일 방안은 2국가 2체제를 목표로 하고 있다.

② 1972년 7·4 남북 공동 성명에서 남과 북은 자주적, 평화적, 민족 대단결의 통일 원칙에 합의했다.

③ 2007년 남과 북은 '남북 사이의 화해와 불가침 및 교류·협력에 관한 합의서'를 체결하였다.

④ 2000년 6·15 남북공동 선언에서 남과 북은 유엔 감시 하의 통일 방안에 합의하였다.

07 북한의 역사와 관련된 설명 중 옳은 것은?

① 조선 노동당은 창당 때부터 주체사상을 당의 유일사상으로 선포하였다.

② 1956년 '8월 종파사건'으로 소련파, 연안파 인물들이 숙청되었다.

③ 김정일은 김일성 사망 직전인 1990년대 초부터 후계자로 부각되었다.

④ 1948년 9월 북한 정권 수립과 함께 곧바로 농업 협동화가 착수되었다.

08 8월 종파사건의 결과가 맞는 것은?

㉠ 연안파가 주도하게 됨
㉡ 소련파가 주도하게 됨
㉢ 국내파가 주도하게 됨
㉣ 김일성 독재정치 시작

① ㉠   ② ㉡   ③ ㉢   ④ ㉣

09 다음 〈보기〉 내용에 대해 옳지 <u>않은</u> 것은?

〈보기〉	미얀마 아웅산 테러사건, KAL기 폭파 사건

① 기존 전략 그대로 유지

② 배경이 해외로 이동

③ 테크닉을 요하는 해외 테러

④ 발뺌

10 다음 자료는 6·25 전쟁 정전협정문의 내용이다. 이에 관한 설명으로 옳지 <u>않은</u> 것은?

국제연합군 총사령관을 일방으로 하고 북한인민군최고사령관 및 중국인민지원군사령관 및 중국인민지원군 사령원을 다른 일방으로 하는 하기의 서명자들은 쌍방에 막대한 고통과 유혈을 초래한 한국충돌을 정지시키기 위하여 서로 최후적인 평화적 해결이 달성될 때까지……또 그 제약과 통제를 받는데 개별적으로나 공동으로나 또는 상호간에 동의한다.

① 이 협정서에 대한민국 대표는 서명하지 않았다.

② 협정 체결 후 미군이 전면적으로 철수하였다.

③ 이 협정이 지속되는 과정에서 양측은 마지막까지 치열한 전투를 계속하였다.

④ 비무장지대(DMZ)설치 규정이 포함되었다.

11 다음의 북한 도발 사례를 순서대로 나열한 것은?

㉠ 강릉 무장공비 침투사건
㉡ KAL기 폭파 사건
㉢ 연평도 포격 사건
㉣ 판문점 도끼 만행 사건

① ㉠-㉡-㉢-㉣

② ㉠-㉢-㉡-㉣

③ ㉣-㉡-㉠-㉢

④ ㉣-㉠-㉡-㉢

12 다음 중 1960년대에 발생한 북한의 도발 사건이 <u>아닌</u> 것은?

① 강릉 무장공비 침투 사건

② 푸에블로호 납치 사건

③ 1·21사태

④ 울진·삼척 무장공비 침투 사건

13 한국의 전후복구에 대한 미국의 경제적 지원에 대한 내용이다. 옳지 <u>않은</u> 것은?

① 미국은 1953년에서 1959년까지 총 16억 2,200만 달러의 원조를 제공

② 소비재 중심의 경제원조

③ 한국이 원했던 생산재 및 사회기반시설 중심의 원조 위주로 원조를 제공

④ 1950년대 후반, 미국은 국내경제 악화를 이유로 경제적 지원의 형태를 무상 원조에서 유상 차관으로 변경

14 한미동맹의 역할 중 군사적 차원에 대한 내용 중 잘못된 것은?

① 주한미군의 주둔을 통한 대북억지력이 강화되었다.

② 강대국들의 세력 다툼 속에서 한미동맹은 중국 및 러시아 등에 대해 균형을 유지할 수 있도록 만드는 중요한 기제를 담당하고 있다.

③ 정찰자산을 이용하여 북한의 움직임을 3단계로 나누어 판단하고 단계별로 가용한 수단을 이용하여 타격하였다.

④ 한국군은 한미연합사와 한미연합 군사훈련을 통해서 미군의 전략 및 전술을 학습하였다.

16 다음의 동북공정의 핵심 쟁점을 정리한 표이다. 옳지 않은 것은?

	쟁점	중국의 주장	한국의 주장
①	유민의 거취	고구려의 멸망 후 다수의 지배층이 중국에 들어와 한(漢)족과 융합	신라로 유입되거나 발해 건국에 기여
②	조공의 성격	지방 정권(고구려)이 황제에게 바치는 조공	강대국과 약소국 간의 전근대적 국제외교행위, 무역행위
③	고구려 민족	예맥족이 건국	고이(高夷)족의 후예
④	고구려–고려의 연계성	고구려와 고려는 별개	고려는 고구려를 계승한 국가

17 최근 중국에서는 고구려를 '중국의 소수민족 지방 정권이었으므로 고구려사는 중국사에 속한다'며 중국 역사의 일부로 편입시키려는 연구가 다수 발표되고 있다. 이에 이론적 기반이 되는 이론은?

① 정체성론

② 책봉체제론

③ 한·중 민족 동일 기원론

④ 통일적 다민족 국가론

15 고구려는 당과 조공, 책봉을 하였기에 당의 속국이다. 이것의 반론 중 옳지 않은 것은?

① 조공, 책봉은 외교적인 형식이다.

② 조공, 책봉을 하지 않았다.

③ 고구려는 황제를 표방한 자주국가이다.

④ 고구려의 광개토대왕은 독자적 연호인 영락을 사용하였다.

18 독도의 지리적 내용으로 틀린 것을 고르시오.

① 독도는 대한민국 제일 동쪽에 위치한 지역이다.

② 지리적으로 울릉도에 가장 가까이 위치한다.

③ 일본 오키섬으로부터는 약 울릉도 보다 2배 더 멀다.

④ 한국과 일본 중 육지에서의 거리는 한국이 더 가깝다.

19 다음 중 아래의 내용과 관련 있는 사료는 어떤 것인가?

- 울릉도(무릉)와 독도(우산)가 강원도 울진현에 속한 두 섬이라고 기록
- 두 섬이 6세기 초엽(512년) 신라가 복속한 우산국의 영토라고 기록
- 즉, 독도에 대한 통치는 신라시대에서부터 이어짐

① 증보문헌비고
② 신증동국여지승람
③ 만기요람
④ 세종실록 지리지

20 다음 중 대한민국 정부의 독도에 대한 기본 입장이 아닌 것을 고르시오.

① 독도는 역사적, 지리적, 국제법적으로 명백한 우리 고유의 영토이다.
② 독도에 대한 영유권 분쟁은 많이 존재해 왔으나, 독도는 외교 교섭이나 사법적 해결의 대상이 될 수 없다.
③ 우리 정부는 독도에 대한 확고한 영토주권을 행사 중이다.
④ 우리 정부는 독도에 대한 어떠한 도발에도 단호하고 엄중하게 대응하고 있다.

국사
실전 모의고사 1회

성명

접수지구

접수지구	
서울	○
춘천	○
강릉	○
수원	○
인천	○
대전	○
청주	○
광주	○
전주	○
대구	○
포항	○
부산	○
진해	○
제주	○
기타1	○
기타2	○
기타3	○

감독관 확인

지원구분 / 수험번호 (0~9)

1. 접수지구는 시험보는 지역이
   아니라 수험표상의 접수지구
   입니다.

2. 모든 흑색 필기구로 마킹 가능.
   (연필을 흑색 필기구로 분류)

3. 적색, 청색, 녹색, 회색 마킹도
   판독되므로 예비마킹은 연필로
   한 후 깨끗이 지울 것.

4. 수정테이프 사용 가능.

언어논리 (1~25, ①②③④⑤)

자료해석 (1~20, ①②③④)

공간능력 (1~18, ①②③④)

지각속도 (1~30, ①②③④)

국사 (1~20, ①②③④)

1. ③ 제7조는 해안측량권을 허용한 조항이다. 최혜국 대우 조항은 조·미 수호 통상 조약 때 처음 규정되었다.
2. ④ 흥선대원군이 1873년에 하야, 그 이후 민비가 정권을 잡고 1875년 운요호 사건으로 인해 1876년 강화도조약이 체결됨.
3. ④ (가)는 을사늑약의 강압적 체결에 반대하여 일어난 을미의병으로, 이때 신돌석과 같이 평민 출신 의병장들이 활약하였다. ①, ③은 을미의병, ②는 정미의병이다.
4. ② 선군정치는 김정일의 통치체제의 특징이다.
5. ③ 1984년 북한은 합영법을 제정하였으나 큰 효과를 거두지 못하고 심각한 외채 문제를 안게 되었다.
6. ② ① 1민족 1국가 2제도 2정부가 북한이 원하는 방향 ③ 1991년 ④ 유엔 감시하 아님
7. ② ① 창당 때부터 아님(60~70년대 거치면서 완성)
       ③ 1974~1994년 동안 김정일은 후계자 수업 받음
       ④ 정부 수립 이후 60년대 완성
8. ④ 8월 종파사건 이후로 김일성파가 정권을 확실히 잡게 됨. 김일성은 국내파가 아님.
9. ① 기존에 실시하고 있는 형태에서의 변화가 있었다. 하지만 화전양면정책적인 모습은 꾸준히 이어져 오고 있다.
10. ② 휴전협정 체결 후 한미상호방위조약이 1953년 10월 1일 실시됨. 주한 미군 2개 사단 배치.
11. ③ ② 판문점 도끼 만행 사건(1976.8.18.) – ⓛ KAL기 폭파사건(1987.11.29.) – ㉠ 강릉 무장공비 침투사건(1996.9.18.) – ⓒ 연평도 포격 사건(2010.11.23.)
12. ① 강릉 무장공비 침투 사건(1996.9.18.): 북한 특수부대가 상어급 잠수함을 타고 강릉으로 침투한 사건
       ② 푸에블로호 납치 사건(1968.1.23.): 미국의 정보수집함인 푸에블로가 북한의 해군초계정에 의해 원산항 앞에서 납치된 사건
       ③ 1·21사태(1968.1.21.): 북한의 무장 게릴라 31명 청와대를 습격하기 위해 휴전선을 넘어 서울에 침투한 사건
       ④ 울진·삼척 무장공비 침투 사건(1968.10.30.~11.2.): 사회혼란 조장을 목적으로 무장공비 120명이 15명씩 조를 짜 3차례에 걸쳐 울진과 삼척에 침투한 사건
13. ③ 한국이 원했던 생산재 및 사회기반시설 중심의 원조는 미약했다.
14. ② 강대국들의 세력다툼 속에서 한미동맹은 중국 및 러시아 등에 대해 균형을 유지할 수 있도록 만드는 중요한 기제를 담당하고 있는 것은 정치, 외교적 차원이다.
15. ② 3C~7C 동안에는 동아시아 지역에서는 조공—책봉 시스템이 주를 이뤘다. 신라, 왜, 베트남도 당나라에 대한 조공을 바쳤다.
16. ③ ③ 중국 학계에서는 고구려 종족은 중원으로부터 기원했다고 보고 있으나, 한국 학계에서 관련 사료에 의거하여 살펴보면 예맥족이 건국한 나라였으며 국가발전과정에서 다양한 종족이 주민으로 유입되어 다종족 국가가 되었지만 예맥족이 여전히 중심 종족이었다.
17. ④ 중국은 1980년에 들어와 10단계 다민족 통일국가론에 입각하여 주변 역사를 왜곡하고 있으며 동북공정은 그중 8단계에 해당되는 내용이다.
18. ④ 각 나라의 본토로부터는 일본이 더 가깝다.
19. ④ 세종실록 지리지에 기록된 내용이다.
20. ② 과거에는 독도에 대한 영유권 분쟁은 거의 존재하지 않는다. 근래 들어 독도에 대한 영유권 분쟁이 나타날 뿐이다.

01 ㈎, ㈏가 나타내는 사건에 대한 설명으로 옳은 것은?

> ㈎ 급료와 복장 등 구식 군인에 대한 차별 대우를 시정하라.
> ㈏ 청에 대한 사대를 폐지하고 자주권을 확립하자.

① ㈎는 갑신정변, ㈏는 임오군란의 주장 내용이다.
② ㈎의 결과 조선은 청과 제물포 조약을 체결하였다.
③ ㈎, ㈏ 사건의 결과 청의 내정 간섭이 약화되었다.
④ ㈏의 결과 조선과 일본은 한성 조약을 체결하였고, 일본과 청은 톈진 조약을 체결하였다.

02 다음은 동학 농민 운동의 전개 과정을 나타낸 것이다. ㉠ 시기에 일어난 일이 <u>아닌</u> 것은?

> 고부 농민 봉기 → 황토현 전투 → 전주성 점령 → (㉠) → 재봉기 → 우금치 전투

① 청과 일본이 군대를 파견하였다.
② 전라도 각지에 집강소를 설치하였다.
③ 전봉준을 비롯한 지도자들이 체포되었다.
④ 정부와 전주 화약을 맺고 농민군이 해산하였다.

03 다음 중 이 법에 대한 설명으로 옳은 것을 고르시오.

> 1910년 허가제로 공포되었던 이 법은 1920년에 폐지가 되면서 신고제로 전환되었다. 이로 인해 일본의 기업과 자본이 국내에 손쉽게 진출할 수 있게 되어 국내 자본이 일본에 예속되는 결과를 가져오게 되었다.

① 토지조사사업
② 산미증식계획
③ 병참기지화
④ 회사령

04 다음에서 설명하는 사건이 옳지 <u>않은</u> 것을 고르시오.

① 1863년 고종의 즉위와 함께 흥선대원군의 섭정이 시작되었으나 1873년 고종이 친정을 요구하는 상소로 인해 흥선대원군이 하야하게 되었다.
② 1882년 구식군인에 대한 차별대우로 인해 임오군란이 발생하여 청나라가 정치적 영향력이 강화하게 되었다. 그로 인해 스티븐스, 메가타가 조선의 고문으로 파견되었다.
③ 1884년 급진개화파는 갑신정변을 일으켜 14개조 개혁정강을 실현하려 노력했지만 청의 진압으로 인해 실패하였다.
④ 1894년 발생한 동학농민운동의 근본정신은 반봉건, 반외세를 바탕으로 하였다.

05 1920년대에 일어났던 국외 무장투쟁과 관련된 사건들을 순서대로 나열하시오.

> ㉠ 자유시 참변   ㉡ 간도참변
> ㉢ 청산리 대첩   ㉣ 봉오동 전투
> ㉤ 3부 형성
> ㉥ 조선혁명군·한국독립군

① ㉠-㉡-㉢-㉣-㉤-㉥
② ㉣-㉤-㉥-㉠-㉡-㉢
③ ㉢-㉣-㉠-㉥-㉡-㉤
④ ㉣-㉢-㉡-㉠-㉤-㉥

06 다음에서 설명하는 단체의 이름을 고르시오.

> 1926년 6·10만세운동 이후 1927년 국내에서 최초로 형성된 민족유일당 운동 단체로서 이 단체는 1929년 광주학생운동에도 영향을 준 단체이다. 자매 단체로는 근우회가 있다.

① 신민회
② 대한자강회
③ 신간회
④ 국채보상기성회

07 다음 중 모스크바 3국 외상회의가 일어날 당시의 국내 정세로 옳은 것을 고르시오.

① 신탁통치에 대한 관점의 차이로 반탁과 찬탁으로 나뉨
② 제주도에서 4·3 사태가 일어남
③ 미국에 의해 주도된 삼백산업이 실시됨
④ 한미상호방위조약이 체결됨

08 다음 중 90년대에 발생한 사건으로 옳은 것을 고르시오.

① 2차례에 걸친 석유 파동
② 우루과이 라운드
③ 삼백산업
④ 3저 호황의 시작

09 다음에서 설명하는 내용을 고르시오.

> "일본의 패배와 무장 해제에 의해 미국은 미국과 전 태평양 지역의 안전 보장을 위해 필요한 기간 동안 일본의 군사적 방위를 담당하게 되었다. .... 이 방위선은 알류산 열도로부터 일본의 오키나와를 거쳐 필리핀을 통과한다. 이 방위선 밖의 국가가 제3국의 침략을 받는다면, 침략을 받은 국가는 그 국가 자체의 방위력과 국제 연합 헌장의 발동으로 침략에 대항해야 한다."

① 닉슨 독트린   ② 애치슨 선언
③ 한미상호방위조약 ④ 브라운 각서

10 다음 〈보기〉 내용과 비슷한 시기의 내용이 아닌 것을 고르시오.

> 1950년 6월 25일 새벽 4시 북한은 38선을 넘어 전면적 기습 남침을 감행하였다. 6·25 전쟁은 북한이 대한민국을 공산화 통일시키려는 의도에서 침략한 전쟁이다.

① 국군의 작전 지휘권을 유엔에 이양
② 낙동강 방어선 구축
③ 인천상륙작전과 서울 수복
④ 김일성과 박헌영이 모스크바를 방문하여 스탈린과 회담

11 다음 중 국군의 역사에 대한 내용으로 <u>틀린</u> 것을 고르시오.

① 구한말 항일 의병운동은 일제강점기 독립군으로 계승되었다.

② 독립군은 광복군으로 계승되었다.

③ 대한민국정부가 설립한 군사영어학교와 조선경비대가 모체가 되어 국군으로 확대 개편되었다.

④ 국군조직의 법적 근거로는 국군조직법과 국방부직제가 있다.

12 레바논 동명부대와 관련된 것으로 <u>틀린</u> 것을 고르시오.

① 참가국이 모든 경비를 부담하는 활동이다.

② 동티모르에 이은 두 번째 보병부대로 전전 감시가 주 임무이다.

③ 동명부대 전 장병은 UN 평화유지군에게 주어지는 최고의 영예인 유엔 메달을 수여 받았다.

④ 민사작전 명칭은 Peace Wave로 노후화된 학교의 건물 개·보수, 도로 신설 및 개선, 전민들을 대상으로 한 의료지원 활동 등 다양한 활동을 하였다.

13 90년대 이후 해상전투에 대한 설명으로 옳은 것을 고르시오.

① 대청해전은 6·25 이후 최초의 해상전투이다.

② 1차 연평해전은 2002 한일월드컵의 성공적 개최를 방해하기 위한 사전계획적, 의도적인 기습공격으로 일어났다.

③ 천안함 폭침사건은 북한의 어뢰 공격으로 인해 46명이 전사한 사건이다.

④ 연평도 포격사건으로 인해 한국정부는 5·24조치를 발표하였다.

14 다음 중 대남도발의 특징이 <u>아닌</u> 것을 고르시오.

① 도발행위에 대한 은폐

② 화전양면 전략을 일관적으로 추진

③ 정치−군사적 목적에 의한 도발이 가장 많음

④ 북방한계선(NLL) 무력화 시도를 위해 동해해상 도발 사례가 증가

15 다음 중 주한미군사고문단(KMAG)에 대한 설명으로 <u>틀린</u> 것을 고르시오.

① 미군이 보유하고 있던 무기의 한국군 이양 및 사용법 교육을 실시하였다.

② 1949년에 설치된 기구이다.

③ 한국군의 편성과 훈련지도, 군사교육기관의 정비 강화 등을 실시하였다.

④ 고문단은 외교적 역할을 수행하였으며 치외법권은 없었다.

16 다음 중 닉슨 독트린의 배경으로 맞는 것을 고르시오.

① 베트남전 참전에 대한 국제사회의 비난과 미국 국내의 반전운동의 영향으로 만들어졌다.

② 냉전체제의 형성으로 인한 군비확대의 배경에서 실시되었다.

③ 아시아 지역에 대한 안보공약의 확대를 가지고 왔다.

④ 카터 행정부는 주한미군 철수 3단계 철군안을 발표하고 철군을 완성하였다.

17 다음 중 기자동래설에 대한 설명으로 옳은 것을 고르시오.

① 중국은 한나라의 왕족 기자가 고조선을 건국한 후 왕실의 조회에 참석하여 제후국이 된 것을 가지고 중국사의 일부라고 단정함.

② 기자동래설을 입증하는 상서대전은 신뢰성 문제가 있다.

③ 기자의 이주를 입증할 수 있는 고고학적 사료가 많다고 중국은 강조한다.

④ 고조선 문화에 중국 청동기 문화의 유입이 매우 큰 영향을 준 점을 크게 부각시킨다.

18 다음 중 고구려사를 둘러싼 역사분쟁에서 중국 측 입장이 <u>아닌</u> 것을 고르시오.

① 고구려는 중국 땅에 세워졌다.

② 고구려 민족은 중국의 지방 정권이었다.

③ 수·당과 고구려의 전쟁은 국제전이었다.

④ 고려는 고구려를 계승한 국가가 아니다.

19 독도가 우리 영토라는 것을 증명하는 고문서에 해당하지 <u>않는</u> 것 고르시오.

① 시마네현 고시 40호

② 만기요람

③ 동국문헌비고 「여지고」

④ 신증동국여지승람

20 다음 중 독도와 관련된 인물이 <u>아닌</u> 것을 고르시오.

① 동래지역 출신 어부 안용복

② 신라 지증왕 때 장군 이사부

③ 1906년 울도군수 심흥택

④ 조선 세종 시기 북방영토를 확장한 김종서

국사
실전 모의고사 2회

성명

접수지구

접수지구	
서울	○
춘천	○
강릉	○
수원	○
인천	○
대전	○
청주	○
전주	○
광주	○
대구	○
부산	○
울산	○
진해	○
제주	○
기타1	○
기타2	○
기타3	○

감독관 확인

지원구분 / 수험번호

지원구분		수험번호					
0	0	0	0	0	0	0	0
1	1	1	1	1	1	1	1
2	2	2	2	2	2	2	2
3	3	3	3	3	3	3	3
4	4	4	4	4	4	4	4
5	5	5	5	5	5	5	5
6	6	6	6	6	6	6	6
7	7	7	7	7	7	7	7
8	8	8	8	8	8	8	8
9	9	9	9	9	9	9	9

1. 접수지구는 시험장소 지역이 아니라 수험표상의 접수지구입니다.
2. 모든 흑색 필기구로 마킹 가능.
   (연필은 흑색 필기구 불가)
3. 적색, 청색, 녹색, 회색 마킹도
   판독되므로 예비마킹은 연필로
   한후 깨끗이 지울 것.
4. 수정테이프 사용 가능.

언어논리

문항	1 2 3 4 5
1	① ② ③ ④ ⑤
2	① ② ③ ④ ⑤
3	① ② ③ ④ ⑤
4	① ② ③ ④ ⑤
5	① ② ③ ④ ⑤
6	① ② ③ ④ ⑤
7	① ② ③ ④ ⑤
8	① ② ③ ④ ⑤
9	① ② ③ ④ ⑤
10	① ② ③ ④ ⑤
11	① ② ③ ④ ⑤
12	① ② ③ ④ ⑤
13	① ② ③ ④ ⑤
14	① ② ③ ④ ⑤
15	① ② ③ ④ ⑤
16	① ② ③ ④ ⑤
17	① ② ③ ④ ⑤
18	① ② ③ ④ ⑤
19	① ② ③ ④ ⑤
20	① ② ③ ④ ⑤
21	① ② ③ ④ ⑤
22	① ② ③ ④ ⑤
23	① ② ③ ④ ⑤
24	① ② ③ ④ ⑤
25	① ② ③ ④ ⑤

자료해석

문항	1 2 3 4
1	① ② ③ ④
2	① ② ③ ④
3	① ② ③ ④
4	① ② ③ ④
5	① ② ③ ④
6	① ② ③ ④
7	① ② ③ ④
8	① ② ③ ④
9	① ② ③ ④
10	① ② ③ ④
11	① ② ③ ④
12	① ② ③ ④
13	① ② ③ ④
14	① ② ③ ④
15	① ② ③ ④
16	① ② ③ ④
17	① ② ③ ④
18	① ② ③ ④
19	① ② ③ ④
20	① ② ③ ④

공간능력

문항	1 2 3 4
1	① ② ③ ④
2	① ② ③ ④
3	① ② ③ ④
4	① ② ③ ④
5	① ② ③ ④
6	① ② ③ ④
7	① ② ③ ④
8	① ② ③ ④
9	① ② ③ ④
10	① ② ③ ④
11	① ② ③ ④
12	① ② ③ ④
13	① ② ③ ④
14	① ② ③ ④
15	① ② ③ ④
16	① ② ③ ④
17	① ② ③ ④
18	① ② ③ ④

지각속도

문항	1 2 3 4
1	① ② ③ ④
2	① ② ③ ④
3	① ② ③ ④
4	① ② ③ ④
5	① ② ③ ④
6	① ② ③ ④
7	① ② ③ ④
8	① ② ③ ④
9	① ② ③ ④
10	① ② ③ ④
11	① ② ③ ④
12	① ② ③ ④
13	① ② ③ ④
14	① ② ③ ④
15	① ② ③ ④
16	① ② ③ ④
17	① ② ③ ④
18	① ② ③ ④
19	① ② ③ ④
20	① ② ③ ④
21	① ② ③ ④
22	① ② ③ ④
23	① ② ③ ④
24	① ② ③ ④
25	① ② ③ ④
26	① ② ③ ④
27	① ② ③ ④
28	① ② ③ ④
29	① ② ③ ④
30	① ② ③ ④

국사

문항	1 2 3 4
1	① ② ③ ④
2	① ② ③ ④
3	① ② ③ ④
4	① ② ③ ④
5	① ② ③ ④
6	① ② ③ ④
7	① ② ③ ④
8	① ② ③ ④
9	① ② ③ ④
10	① ② ③ ④
11	① ② ③ ④
12	① ② ③ ④
13	① ② ③ ④
14	① ② ③ ④
15	① ② ③ ④
16	① ② ③ ④
17	① ② ③ ④
18	① ② ③ ④
19	① ② ③ ④
20	① ② ③ ④

1. ④　(개)는 임오군란, (내)는 갑신정변의 주장 내용이다. ② 임오군란 이후 조선 정부는 일본에 배상금을 지불하고 일본군이 서울에 주둔하는
　　　것을 허용하는 내용의 제물포 조약을 체결하였다. ③ 임오군란과 갑신정변 이후 청의 내정 간섭은 더욱 심해졌다.

2. ③　① 시기에 농민군은 정부와 전주 화약을 맺고 해산한 후 집강소를 설치하여 자신들이 제시한 폐정 개혁을 실천해 나갔다. 그러나 일본이
　　　청·일 전쟁을 일으키자 일본을 물리치기 위해 다시 봉기하였다. ③ 공주 우금치 전투에서 전봉준 등이 체포되면서 동학 농민 운동은 끝
　　　이 났다.

3. ④　회사령에 대한 설명이다.

4. ②　메가타와 스티븐스는 1904년 1차 한일협약으로 인해 고문으로 파견되었다. 임오군란 이후로는 마젠창과 묄렌도르프가 고문으로 파견되
　　　었다.

5. ④　봉오동 전투(1920.6.) → 청산리 대첩(1920.10.) → 간도참변(1920.10.~1921.1.) → 자유시 참변(1921) → 3부 형성(1923~25) → 조선혁
　　　명군(1929), 한국독립군(1930)

6. ③　다음에서 설명하는 단체는 1927년에 형성된 신간회이다.

7. ①　모스크바 3국 외상회의의 내용인 신탁통치에 대한 의견으로 반탁과 찬탁으로 나눠지게 되어 국론이 혼란하였음.

8. ②　우루과이 라운드가 93년 실시되면서 농산물 수입개방이 전세계적으로 일어나게 되었다. 그 이후 95년 세계무역기구(WTO)가 출범하게
　　　된다.

9. ②　애치슨 선언(50. 1)에 대한 설명이다. 주한 미군 철수(49. 6)와 더불어 한국에 대한 군사적 무관심을 반영한다.

10. ④　④ 1949년 3월 ① 1950년 7월 14일 ② 1950년 8월~9월 ③ 인천상륙작전 1950년 9월 15일, 서울 수복 1950년 9월 28일

11. ③　미군정청이 설립한 군사영어학교와 조선경비대가 모체가 되어 국군으로 확대 개편되었다.

12. ①　① 참가국이 모든 경비를 부담하는 활동은 다국적군 활동이다. 국제평화유지군 활동은 UN에서 경비를 부담한다.

13. ③　① 1차 연평해전은 6·25 이후 최초의 해상전투이다.
　　　② 2차 연평해전은 2002 한일월드컵의 성공적 개최를 방해하기 위한 사전계획적, 의도적인 기습공격으로 일어났다.
　　　④ 천안함 폭침사건으로 인해 한국정부는 5·24조치를 발표하였다.

14. ④　북방한계선(NLL) 무력화 시도를 위해 서해해상 도발 사례가 증가

15. ④　주한미군사고문단은 치외법권을 가지고 있었다.

16. ①　② 데탕트의 도래와 베트남전 이후 미국의 재정 적자 악화로 인해 일어났다.
　　　③ 아시아 지역에 대한 안보공약의 축소를 가지고 왔다.
　　　④ 카터 행정부는 주한미군 철수 3단계 철군안을 발표하였지만 철군계획을 79년에 취소하였다.

17. ②　① 중국은 기자는 은나라의 왕족이라고 말한다.
　　　③ 기자의 이주를 입증할 수 있는 고고학적 사료가 미미하다.
　　　④ 고조선 문화에 중국 청동기 문화의 유입은 거의 없다.

18. ③　수·당과 고구려의 전쟁은 같은 민족의 통일전쟁이라고 중국은 말한다.

19. ①　시마네현 고시 40호는 1905년 러일전쟁 중에 일본이 독도를 불법적으로 강탈할 때의 문서이다.

20. ④　조선 세종 시기 북방영토를 확장한 김종서는 6진을 개척한 인물이다.

01 임오군란에 대한 설명으로 옳지 <u>않은</u> 것은?

① 도시 하층민이 봉기에 합세하였다.
② 일본군이 조선에 주둔하는 계기가 되었다.
③ 청이 개입하여 흥선대원군을 납치하였다.
④ 별기군이 봉기하여 일본 공사관을 습격하였다.

02 동학 농민 운동의 전개 과정을 바르게 나열한 것은?

㉠ 우금치 전투	㉡ 고부 농민 봉기
㉢ 전주 화약 체결	㉣ 청·일 전쟁 발발

① ㉠-㉡-㉣-㉢
② ㉠-㉢-㉣-㉡
③ ㉡-㉢-㉠-㉣
④ ㉡-㉢-㉣-㉠

03 다음은 한·일 병합 과정을 표로 나타낸 것이다. ㉠~㉤에 대한 설명으로 옳지 <u>않은</u> 것은?

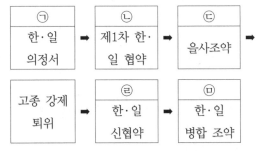

㉠ 한·일 의정서	➡	㉡ 제1차 한·일 협약	➡	㉢ 을사조약	➡
고종 강제 퇴위	➡	㉣ 한·일 신협약	➡	㉤ 한·일 병합 조약	

① ㉠-일본이 대한 제국의 군사적 요충지를 자유롭게 사용할 수 있었다.
② ㉡-재정·외교 고문에 일본이 추천한 사람을 임명하였다.
③ ㉢-대한 제국의 외교권이 박탈되고 통감부가 설치되었다.
④ ㉤-황성신문이 '시일야방성대곡'이라는 논설을 발표하는 계기가 되었다.

04 다음 ㉠에 들어갈 항일 의병 운동에 대한 설명으로 옳은 것은?

을미의병 (1895)	➡	을사의병 (1905)	➡	㉠

① 13도 창의군이 창설되었다.
② 서울진공작전에 성공하였다.
③ 을미사변과 단발령에 반대하여 일어났다.
④ 개화사상과 애국계몽운동을 계승하였다.

05 다음 자료와 관련된 시기에 일제가 실시한 정책으로 옳은 것은?

> 1. 귀족, 양반, 유생, 부호, 실업가, 교육가, 종교가에 침투하여 계급과 사상을 참작하여 각종 친일 단체를 조직하게 할 것.
> 3. 친일적 민간 유지들에게 편의와 원조를 주고 수재 교육의 이름 아래 우수한 조선 청년들을 친일 분자로 양성할 것.

① 동양 척식 주식회사를 설립하였다.
② 일본식 성과 이름을 사용하도록 하였다.
③ 언론·출판·집회·결사의 자유를 박탈하였다.
④ 문관 출신도 총독으로 임명할 수 있도록 제도를 바꾸었다.

06 6·25 전쟁의 배경에 대한 설명으로 옳지 <u>않</u>은 것은?

① 남북한에 각각 정부가 수립되었다.
② 미군과 소련군이 한반도에 주둔하였다.
③ 38도선 부근에서 무력 충돌이 빈번하였다.
④ 미국이 한반도를 미국의 태평양 방위선에서 제외하였다.

07 다음은 북한의 3대 권력세습을 나타낸 것이다. ㉠~㉢에 대한 설명으로 옳은 것은?

① ㉠-북한 최고 권력자가 되어 국방 위원장에 취임하였다.

② ㉠-6·25 전쟁 이후 반대 세력을 제거하고 독재 체제를 강화하였다.

③ ㉡-주체사상을 체계화하였다.

④ ㉡-사회주의 헌법을 제정하고 국가 주석제를 도입하였다.

08 다음 자료와 관련된 운동에 대한 설명으로 옳은 것은?

① 군의 선도적인 역할을 강조하였다.

② 해외 자본의 유치를 목적으로 하였다.

③ 남북 경제 교류의 활성화에 기여하였다.

④ 생산 현장에서의 속도와 경쟁을 강조하였다.

09 다음 글의 ㉠에 들어갈 지역에 대한 설명으로 옳지 않은 것은?

1946년 발령된 연합국 최고 사령관 지령 제677호에 따라 그려진 지도이다. 지도에 TAKE 라고 표시된 부분이 (㉠)이며, (㉠)이 (가) 한국 영토로 표시되어 있는 것을 볼 수 있다.

① 현재 우리 정부가 영토 주권을 행사하고 있다.

② 제2차 세계 대전이 끝난 후 우리나라로 다시 반환되었다.

③ 일본은 2008년 ㉠을 일본 영토로 왜곡한 학습 지도 요령을 발간하였다.

④ 청·일 전쟁 중 일본이 '다케시마'라는 이름으로 시마네 현에 편입하였다.

10 동아시아의 역사 분쟁에 대한 설명으로 옳지 않은 것은?

① 일본은 동북 공정을 추진하며 식민지 지배를 미화하고 있다.

② 2005년 일본 시마네 현 의회가 '다케시마의 날'을 제정하였다.

③ 중국은 고구려와 발해를 중국 소수 민족의 지방 정권이라고 주장하고 있다.

④ 일본은 야스쿠니 신사 참배, 센카쿠 열도 소유권 다툼 등의 문제로 주변국과 갈등을 빚고 있다.

11 2차 연평해전과 관련이 있는 것은?

① 연평도 서방 10km 지점에서 영해 침범하여 경고 무시로 남·북간 포격전 발생

② 연평도 근해 NLL을 침범하여 우리 해군 의도적 공격

③ NLL 이남의 우리 해역에 침범 기습적인 어뢰 공격

④ 연평도의 민가와 군사시설 포격

12 1960년대 이후부터 1980년대까지의 대남 군사도발이 <u>아닌</u> 것은?

① 남조선 혁명론에 근거한 국지적 군사도발로 김신조 사건이 있다.

② 남북 대화를 추진하며 동시에 군사도발로 판문점 도끼 만행사건이 있다.

③ 정치적 혼란을 틈타 대남 도발로 폭탄테러라는 새로운 형태의 KAL기 사건이 있다.

④ 대량 살상 무기 및 핵 개발 시도와 생화학 무기를 보유하여 위협전략을 택했다.

13 북한의 정치체제로 옳지 <u>않은</u> 것은?

① 해방 직후 다양한 정파들이 각축하는 구도를 형성하였다.

② 1956년 8월 종파사건으로 김일성은 독재체제를 공고히 하였다.

③ 1972년 사회주의 헌법을 제정하여 민주적 사회주의로 발전하였다.

④ 세습적 후계체제를 만들었다.

14 한미동맹의 역할 중 정치, 외교적 차원에 대한 내용 중 <u>잘못된</u> 것은?

① 한미동맹은 동아시아의 세력균형자 및 안정자 역할을 하고 있다.

② 한미동맹의 한축인 미국은 지역분쟁의 조정자로서 역내의 작은 분쟁들이 전쟁으로 비화되는 것을 막아주고 있다.

③ 한국군은 미국이 주도하는 테러와의 전쟁을 지원하기 위하여 아프가니스탄에 자이툰 부대를 파견하였다.

④ 국제평화를 위한 군사협력의 일환으로 한국 해군은 아프리카 소말리아 해역인 아덴만에 4,500톤급 구축함 1척을 파견하여 대해적 작전을 실시하였다.

15 다음은 19세기 우리나라의 어떤 사상에 대한 내용이다. 이 사상에 대한 설명으로 옳은 것은?

> ㉠ 전통적인 민족 신앙
> ㉡ 후천개벽의 운수사상
> ㉢ 사람이 곧 하늘이다
> ㉣ 여러 종교의 교리 통합

① 보국안민을 내세워 서양과 일본의 침투를 배격하였다.

② 우리나라에 자생적 자본주의의 이념적 기초를 제공하였다.

③ 당시의 지배계층이 중심이 된 현실개혁의 사회운동이었다.

④ '올바른 것을 지키고 사악한 것을 배척한다(위정척사)'는 명분을 내세웠다.

16 북한의 주체사상으로 바르지 <u>않은</u> 것은?

① 마르크스-레닌주의를 떨쳐낸 독자적 통치이념이다.

② 김일성의 개인 우상화 작업 중 하나이다.

③ 세습작업을 정당화하기 위한 방편이다.

④ 주체사상에 대한 비판과 토론이 가능하다.

17 북한이 다음과 같은 정책들을 추진하게 된 배경으로 가장 알맞은 것은?

• 1984년 합영법 제정
• 1991년 나진·선봉 자유 경제 무역 지대 선정
• 1998년 남한 기업과 금강산 관광 및 개발 사업 추진

① 심각한 경제난을 타개하기 위해

② 독재 체제를 더욱 강화하기 위해

③ 남한과의 교류를 증진시키기 위해

④ 평화 통일의 계기를 마련하기 위해

18 광복 직후의 경제 상황에 대한 설명으로 틀린 것은?

① 북으로부터 전기 공급이 중단되었다.

② 귀속 재산을 불하하여 산업 자본의 형성에 기여하였다

③ 농촌의 안정책으로 농지개혁법을 추진하였다.

④ 미군정 하에 있었기 때문에 경제적 어려움은 줄어들었다.

19 다음 중 제3공화국 시기에 있었던 사실은?

① 월남파병

② 의원 내각제 실시

③ 통일 주체 국민회의 설치

④ 3·15 부정선거

20 우리나라 현대사에 나타났던 정치적 사실들이다. 이로 인해 발생한 역사적 사건은?

• 대통령 직선제를 골자로 하는 발췌 개헌안의 통과
• 현직 대통령의 중임 제한을 철폐하는 사사오입 개헌안의 통과
• 국민 전체의 이익보다는 일당의 집권 욕망을 채우기 위해 민주주의 기본 원칙의 무시

① 4·19 혁명

② 5·16 군사정변

③ 10월 유신

④ 12·12 사태

국사
실전 모의고사 3회

성명

감독관 확인

접수지구

서울	◯
춘천	◯
동해	◯
수원	◯
인천	◯
대전	◯
청주	◯
광주	◯
전주	◯
대구	◯
부산	◯
포항	◯
진해	◯
제주	◯
기타1	◯
기타2	◯
기타3	◯

지원구분 / 수험번호

1. 접수지구는 시험보는 지역이 아니라 수험표상의 접수지구 입니다.
2. 모든 흑색 필기구로 마킹 가능. (연필 등 흑색 필기구 불가)
3. 적색, 청색, 녹색, 황색 마킹은 판독되므로 예비마킹은 연필로 한 후 깨끗이 지울 것.
4. 수정테이프 사용 가능.

언어논리
문항 1 2 3 4 5 (1~25)

자료해석
문항 1 2 3 4 (1~20)

공간능력
문항 1 2 3 4 (1~18)

지각속도
문항 1 2 3 4 (1~30)

국사
문항 1 2 3 4 (1~20)

절취선

1. ④ 별기군이 봉기한 것이 아니라 신신군대인 별기군에 대항하여 구식군인이 봉기하였다.
2. ④ 동학농민운동의 순서를 찾는 문제이다.
   고부농민봉기 후 전주 점령후 전주 화약 - 일본군이 청군을 기습하여 청일전쟁 후 - 농민군의 2차 봉기 - 공주 우금치 전투로 끝
3. ④ ④은 1905년 을사조약에 대한 설명이다.
4. ① 정미의병에 대한 설명이다
   ② 서울진공작전 실패 ③ 을미의병에 대한 설명 ④ 의병은 위정척사의 사상을 계승하였다.
5. ④ 20년대 민족분열통치(문화통치)에 대한 설명이다.
   문관 총독도 임명될 수 있도록 바꾸었지만 광복 전까지 문관 총독은 임명되지 않는다.
6. ② 미군과 소련군은 광복 직후 각각 남북한에 들어왔기 때문에 6·25 전쟁의 배경으로 볼 수는 없다.
7. ② ①은 김정일 ③. ④는 김일성에 대한 설명이다.
8. ④ 1950년대 북한의 천리마 운동이다. 생산과정에서 하루에 천리를 달리는 말처럼 노동 생산성을 높이기 위한 운동이다.
9. ④ 1905년 러일전쟁 중 일본이 다케시마라는 이름으로 편입시켰다.
10. ① 동북공정은 중국의 역사왜곡이다. 중국영토내의 모든 역사를 자국의 역사로 인식하려는 내용이다.
11. ② ① 1차 연평해전 ③ 천안함 사건 ④ 연평도 포격
12. ④ 90년대
13. ③ 민주적이 아님
14. ③ 국군은 미국이 주도하는 테러와의 전쟁을 지원하기 위해 아프가니스탄에 해성·청마·동의·다산·오쉬노 부대를 파견하였다.
15. ① 동학의 사회사상…사회사상으로서의 동학은 '사람이 곧 하늘'이라는 인내천사상을 바탕으로 평등주의와 인도주의를 지향하고 하늘의 운수사상을 바탕으로 하였다. 동학은 운수가 끝난 조선 왕조를 부정하는 혁명사상을 내포하였으며, 대외적으로는 보국안민을 내세워 서양과 일본의 침투를 배격하였다.
16. ④ 주체사상에 대한 토론과 비판이 불가능
17. ① 경제난을 타개하기 위한 정책
18. ④ 미군정 하에서도 어려움 역시 심함
19. ① 1964~1973년, ② 2공화국 때, ③ 4공화국 때, ④ 1공화국 때
20. ① 1공화국에 대한 내용임(1960년)
    ② 1961년, ③ 1972년, ④ 1979년

1. (가) 시대의 생활 모습으로 옳은 것은? [1점]

> 이곳 여주 흔암리 선사 유적은 [(가)] 시대 한강 유역의 대표적인 유적입니다. 여기에서 확인된 20여 기의 집자리에서는 민무늬 토기, 반달 돌칼 등이 출토되었습니다. 특히 토기 안에서는 탄화된 쌀·겉보리·조·수수가 발견되어 이 시대에 벼농사가 이루어졌음을 알 수 있습니다.

① 주로 동굴이나 강가의 막집에서 살았다.
② 계급이 없는 평등한 공동체 생활을 하였다.
③ 오수전, 화천 등의 중국 화폐를 사용하였다.
④ 많은 인력을 동원하여 고인돌을 축조하였다.
⑤ 실을 뽑기 위해 가락바퀴를 처음 사용하였다.

2. (가) 인물에 대한 설명으로 옳은 것을 〈보기〉에서 고른 것은? [3점]

> 연왕(燕王) 노관이 한(漢)을 배반하고 흉노로 들어가자, [(가)] 도 망명하였다. 무리 천여 명을 모아 상투를 틀고 오랑캐 복장을 하고서 동쪽으로 도망하여 요새를 나와 패수를 건너 진(秦)의 옛 땅인 상하장에 살았다.
>
> ─『사기』 조선열전 ─

─〈보 기〉─
ㄱ. 준왕을 몰아내고 왕이 되었다.
ㄴ. 한 무제가 파견한 군대에 맞서 싸웠다.
ㄷ. 진번과 임둔을 복속시켜 세력을 확장하였다.
ㄹ. 연의 장수 진개의 공격을 받아 땅을 빼앗겼다.

① ㄱ, ㄴ ② ㄱ, ㄷ ③ ㄴ, ㄷ ④ ㄴ, ㄹ ⑤ ㄷ, ㄹ

3. (가), (나) 나라에 대한 설명으로 옳은 것은? [1점]

> (가) 그 나라의 풍속에 혼인을 할 때는 말로 미리 정한 다음, 여자 집에 서는 본채 뒤에 작은 집을 짓는데 그 집을 서옥(婿屋)이라 부른다.
>
> ─『삼국지』 동이전 ─
>
> (나) 장사를 지낼 때 큰 나무 곽을 만드는데, 길이가 10여 장이나 되며 한쪽을 열어 놓아 문을 만든다. 사람이 죽으면 모두 가매장을 해서 …… 뼈만 추려 곽 속에 안치한다. 온 집 식구를 모두 하나의 곽 속에 넣어 두는데, 죽은 사람의 숫자대로 나무를 깎아 생전의 모습과 같이 만든다.
>
> ─『삼국지』 동이전 ─

① (가) - 대가들이 사자, 조의 등을 거느렸다.
② (가) - 읍락 간 경계를 중시하는 책화가 있었다.
③ (나) - 도둑질한 자에게 12배를 변상하게 하였다.
④ (나) - 철이 많이 생산되어 낙랑과 왜에 수출하였다.
⑤ (가), (나) - 제사장인 천군과 신성 지역인 소도가 존재하였다.

4. (가) 나라의 문화유산으로 옳은 것은? [2점]

> 고령군은 본래 [(가)] (으)로 시조 이진아시왕에서 도설지왕까지 모두 16대에 걸쳐 520년간 이어졌던 곳이다. 진흥왕이 공격하여 멸망 시키고 그 땅을 군(郡)으로 삼았다. 경덕왕이 이름을 고쳐 지금(고려)에 이르고 있다.
>
> ─『삼국사기』 ─

①  ②
③  ④
⑤

5. (가), (나) 사이의 시기에 있었던 사실로 옳은 것은? [3점]

> (가) 겨울 10월에 백제 왕이 병력 3만을 거느리고 평양성을 공격해 왔다. 왕이 군대를 내어 막다가 흐르는 화살[流矢]에 맞아 이 달 23일에 서거하였다. 고국(故國)의 들에 장사지냈다.
> — 『삼국사기』 —
>
> (나) 가을 7월에 고구려 왕 거련(巨連)이 몸소 군사를 거느리고 백제를 공격하였다. 백제 왕 경(慶)이 아들 문주(文周)를 (신라에) 보내 구원을 요청하였다. 왕이 군사를 내어 구해주려 했으나 미처 도착하기도 전에 백제가 이미 (고구려에) 함락되었고, 경 역시 피살되었다.
> — 『삼국사기』 —

① 미천왕이 낙랑군을 몰아내었다.
② 당이 평양에 안동도호부를 설치하였다.
③ 이문진이 유기를 간추린 신집을 편찬하였다.
④ 고구려가 후연을 공격하고 요동 땅을 차지하였다.
⑤ 관구검이 이끄는 위의 군대가 고구려를 침략하였다.

6. (가)~(마)에 대한 설명으로 옳은 것은? [2점]

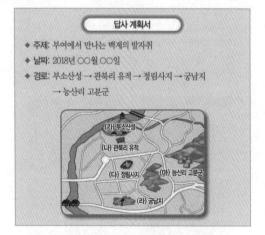

답사 계획서

◆ 주제: 부여에서 만나는 백제의 발자취
◆ 날짜: 2018년 ○○월 ○○일
◆ 경로: 부소산성 → 관북리 유적 → 정림사지 → 궁남지
　　　→ 능산리 고분군

① (가) – 재상을 선출하던 천정대가 있다.
② (나) – 백제 금동 대향로가 발굴되었다.
③ (다) – 백제의 대표적인 5층 석탑이 남아 있다.
④ (라) – 귀족들의 놀이 도구인 나무 주사위가 출토되었다.
⑤ (마) – 무령왕 부부의 무덤이 발견되었다.

7. 다음 인물에 대한 설명으로 옳은 것은? [1점]

역사 인물 카드

• 생몰: 595년~673년
• 가계: 수로왕의 12대손
• 생애
　– 화랑이 되어 용화 향도를 이끎
　– 비담과 염종의 반란 진압
　– 무열왕의 딸인 지소와 결혼
　– 삼국 통일에 기여

① 매소성 전투를 승리로 이끌었다.
② 관산성 전투에서 성왕을 전사시켰다.
③ 당으로 건너가 군사 동맹을 체결하였다.
④ 황산벌에서 계백이 이끄는 군대를 물리쳤다.
⑤ 임존성에서 소정방이 지휘하는 당군을 격퇴하였다.

8. 다음 상황이 전개된 배경으로 가장 적절한 것은? [2점]

> 당 현종은 (대)문예를 파견하여 유주에 가서 군사를 징발하여 이를 토벌케 하는 동시에, 태복원외경 김사란을 시켜 신라에 가서 군사를 일으켜 발해의 남쪽 국경을 치게 하였다. 마침 산이 험하고 날씨가 추운 데다 눈이 한 길이나 내려서 병사들이 태반이나 죽으니, 전공을 거두지 못한 채 돌아왔다.
> — 『구당서』 —

① 장문휴가 등주를 공격하였다.
② 대흥이라는 연호를 사용하였다.
③ 철리부 등 동북방 말갈을 복속시켰다.
④ 별무반을 편성하고 동북 9성을 축조하였다.
⑤ 연개소문이 정변을 일으켜 권력을 장악하였다.

9. (가) 인물에 대한 설명으로 옳은 것은? [2점]

> [(가)]　은/는 열 곳의 절에서 교(教)를 전하게 하니 태백산의 부석사, …… 남악의 화엄사 등이 그것이다. 또한 법계도서인(法界圖書印)을 짓고 아울러 간략한 주석을 붙여 일승(一乘)의 요점을 모두 기록하였다. …… 법계도는 총장(總章) 원년 무진(戊辰)에 완성되었다.
> — 『삼국유사』 —

① 황룡사 구층 목탑의 건립을 건의하였다.
② 무애가를 지어 불교 대중화에 노력하였다.
③ 보현십원가를 지어 불교 교리를 전파하였다.
④ 인도와 중앙아시아를 다녀와서 왕오천축국전을 남겼다.
⑤ 현세의 고난에서 구제받고자 하는 관음 신앙을 강조하였다.

10. (가), (나) 사이의 시기에 있었던 사실로 옳은 것은? [2점]

> (가) 3월에 웅천주 도독 헌창이 아버지 주원이 왕이 되지 못함을 이유로 반란을 일으켜, 국호를 장안이라 하고 연호를 세워 경운 원년이라 하였다. 무진·완산·청(菁)·사벌의 4개 주 도독과 국원경·서원경·금관경의 사신(仕臣), 여러 군현의 수령을 협박해 자기 소속으로 삼았다.
> — 『삼국사기』 —
>
> (나) 진성왕 3년, 나라 안의 모든 주·군에서 공물과 부세를 보내지 않아 창고가 비고 재정이 궁핍해졌다. 왕이 관리를 보내 독촉하니 곳곳에서 도적이 벌떼처럼 일어났다. 이때 원종, 애노 등이 사벌주를 근거지로 반란을 일으켰다.
> — 『삼국사기』 —

① 왕명으로 거칠부가 국사를 편찬하였다.
② 왕의 장인인 김흠돌이 반란을 일으켰다.
③ 병부 등을 설치하여 지배 체제를 정비하였다.
④ 장보고가 청해진을 거점으로 반란을 도모하였다.
⑤ 관리들에게 관료전이 지급되고 녹읍이 폐지되었다.

11. (가)~(라)를 일어난 순서대로 옳게 나열한 것은? [3점]

> (가) 태조는 정예 기병 5천을 거느리고 공산(公山) 아래에서 견훤을 맞아서 크게 싸웠다. 태조의 장수 김락과 신숭겸이 죽고 모든 군사가 패했으며, 태조는 겨우 죽음을 면하였다.
> — 『삼국유사』 —
>
> (나) (태조가) 포정전에서 즉위하여 국호를 고려라 하고 연호를 고쳐 천수(天授)라 하였다.
> — 『고려사』 —
>
> (다) 왕이 삼군을 통솔하여 천안부에 이르러 군대를 합치고 일선군으로 진격하였다. 신검이 군대로 막아서니, 일리천을 사이에 두고 진을 쳤다.
> — 『고려사절요』 —
>
> (라) 견훤이 막내 아들 능예와 딸 애복, 폐첩(嬖妾) 고비 등과 더불어 나주로 도망쳐 와서 조정에 들어오기를 요청하였다.
> — 『고려사절요』 —

① (가) - (나) - (다) - (라)   ② (가) - (다) - (라) - (나)
③ (나) - (가) - (라) - (다)   ④ (나) - (라) - (가) - (다)
⑤ (다) - (라) - (나) - (가)

12. 밑줄 그은 '왕'의 업적으로 옳은 것은? [1점]

> 왕이 교서를 내려 말하기를, "…… 이제 경서에 통달하고 책을 두루 읽은 선비와 온고지신하는 무리를 가려서, 12목에 각각 경학박사 1명과 의학박사 1명을 뽑아 보낼 것이다. …… 여러 주·군·현의 장리(長吏)와 백성 가운데 가르치고 배울만한 재주 있는 아이를 둔 자들은 이에 응해 마땅히 선생으로부터 열심히 수업을 받도록 훈계해야 한다."라고 하였다.
> — 『고려사』 —

① 관학 진흥을 위해 양현고를 설치하였다.
② 노비안검법을 실시하여 왕권을 강화하였다.
③ 권문세족을 견제하기 위해 전민변정도감을 설치하였다.
④ 최승로의 시무 28조를 받아들여 통치 체제를 정비하였다.
⑤ 정계와 계백료서를 지어 관리가 지켜야 할 규범을 제시하였다.

13. 다음 사건이 일어난 시기를 연표에서 옳게 고른 것은? [2점]

> ○ 남쪽에서 적(賊)들이 봉기하였다. 가장 심한 자들은 운문을 거점으로 한 김사미와 초전을 거점으로 한 효심이었다. 이들은 유랑민을 불러 모아 주현(州縣)을 습격하여 노략질하였다.
> — 『고려사절요』 —
>
> ○ 최광수가 마침내 서경에 웅거해 반란을 일으켜 고구려흥복병마사(高句麗興復兵馬使) 금오위섭상장군(金吾衛攝上將軍)이라 자칭하고 막료들을 임명하여 배치한 후 정예군을 모았다.
> — 『고려사』 —

945	1009	1126	1170	1270	1388
(가)	(나)	(다)	(라)	(마)	
왕규의 난	강조의 정변	이자겸의 난	무신 정변	개경 환도	위화도 회군

① (가)   ② (나)   ③ (다)   ④ (라)   ⑤ (마)

14. (가) 국가에 대한 고려의 대응으로 옳은 것은? [2점]

> [(가)]에서 사신을 파견하여 낙타 50필을 보냈다. 왕은 [(가)]이/가 일찍이 발해와 화목하다가 갑자기 의심하여 맹약을 어기고 멸망시켰으니, 매우 무도하여 친선 관계를 맺어 이웃으로 삼을 수는 없다고 생각하였다. 드디어 교빙을 끊고 사신 30인을 섬으로 유배 보냈으며, 낙타는 만부교 아래에 매어두니 모두 굶어 죽었다.
> — 『고려사』 —

① 침입에 대비하여 광군을 창설하였다.
② 화통도감을 설치하여 화포를 제작하였다.
③ 진관 체제를 실시하여 국방을 강화하였다.
④ 상비군으로 구성된 훈련도감을 설치하였다.
⑤ 좌·우별초와 신의군으로 삼별초를 조직하였다.

15. (가) 인물에 대한 설명으로 옳은 것은? [2점]

이것은 문종의 아들인 [(가)]이가 송·요·일본 등 동아시아 각지의 불교 서적을 수집하여 그 목록을 정리한 신편 제종교장총록(新編諸宗敎藏總錄)의 일부 입니다.

① 국청사를 중심으로 해동 천태종을 창시하였다.
② 법화 신앙에 중점을 둔 백련 결사를 주도하였다.
③ 정혜사를 결성하여 불교계를 개혁하고자 하였다.
④ 유불 일치설을 주장하여 심성의 도야를 강조하였다.
⑤ 승려들의 전기를 정리하여 해동고승전을 편찬하였다.

16. (가), (나) 제도에 대한 설명으로 옳은 것을 〈보기〉에서 고른 것은? [2점]

(가) 제술업·명경업의 두 업(業)과 의업·복업(卜業)·지리업·율업·서업·산업(算業) …… 등의 잡업이 있었는데, 각각 그 업으로 시험을 쳐서 벼슬길에 나아가게 하였다.
– 「고려사」 –

(나) 무릇 조상의 공로[蔭]로 벼슬길에 나아가는 자는 모두 나이 18세 이상으로 제한하였다.
– 「고려사」 –

〈보 기〉
ㄱ. (가) – 재가한 여자의 자손은 응시에 제한을 받았다.
ㄴ. (가) – 향리의 자제가 중앙 관직으로 진출하는 통로가 되었다.
ㄷ. (나) – 후주 출신 쌍기의 건의로 시작되었다.
ㄹ. (나) – 사위, 조카, 외손자에게 적용되기도 하였다.

① ㄱ, ㄴ   ② ㄱ, ㄷ   ③ ㄴ, ㄷ   ④ ㄴ, ㄹ   ⑤ ㄷ, ㄹ

17. (가)에 들어갈 사진으로 적절한 것은? [2점]

특별 사진전
🏵 문화유산을 통해 본 고려와 몽골의 교류 🏵

우리 박물관에서는 고려와 몽골 간 교류의 역사를 보여주는 문화유산 특별 사진전을 마련하였습니다.

천산대렵도   송광사 티베트문 법지   (가)

· 기간: 2018년 ○○월 ○○일 ～ ○○월 ○○일
· 장소: △△박물관

① ② ③ ④ ⑤

18. (가) 화폐가 발행된 시기의 경제 상황으로 옳은 것은? [2점]

왕이 이르기를, "금과 은은 천지(天地)의 정수(精髓)이자 국가의 보물인데, 근래에 간악한 백성들이 구리를 섞어 몰래 주조하고 있다. 지금부터 [(가)]에 모두 표지를 새겨 이로써 영구한 법식으로 삼도록 하라. 여기는 자는 엄중히 논하겠다." 라고 하였다. 이때에 비로소 [(가)]을/를 화폐로 쓰기 시작하였다. 그 제도는 은 1근으로 만들어 본국의 지형을 본뜨도록 하였으니, 속칭 활구라고 하였다.

① 왜관이 설치되어 일본과 무역하였다.
② 경시서가 수도의 시전을 감독하였다.
③ 보부상이 장시를 돌아다니며 활동하였다.
④ 광산을 전문적으로 경영하는 덕대가 나타났다.
⑤ 중강 개시와 중강 후시를 통한 중국과의 교역이 활발하였다.

19. 밑줄 그은 '이 왕'의 업적으로 옳은 것은?　　　[2점]

이 책은 동래선생교정북사상절(東萊先生校正北史詳節)의 일부로 이 왕 때 주자소에서 제작한 계미자를 이용하여 간행되었습니다. 또한 이 왕 때에는 세계 지도인 혼일강리역대국도지도가 제작되기도 하였습니다.

① 전통 한의학을 정리한 동의보감을 간행하였다.
② 문하부 낭사를 분리하여 사간원으로 독립시켰다.
③ 경국대전을 반포하여 국가 통치 규범을 마련하였다.
④ 붕당 정치의 폐해를 극복하고자 탕평비를 건립하였다.
⑤ 한양을 기준으로 한 역법서인 칠정산 내편을 편찬하였다.

20. (가)~(마)에 대한 탐구 활동으로 적절하지 <u>않은</u> 것은?　[3점]

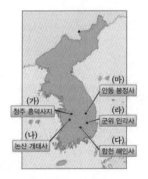

① (가) – 직지심체요절의 인쇄 과정을 파악한다.
② (나) – 팔상전에 나타난 목탑 양식의 특징을 찾아본다.
③ (다) – 팔만대장경판의 보존 방식에 대해 조사한다.
④ (라) – 일연이 삼국유사를 집필한 경위를 알아본다.
⑤ (마) – 주심포 양식 건축물의 구조와 특징을 분석한다.

21. (가) 문화유산에 대한 설명으로 옳은 것은?　　[1점]

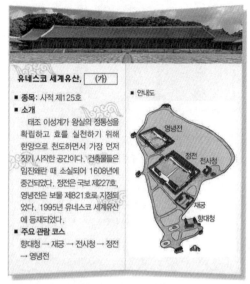

유네스코 세계유산, (가)

■ **종목:** 사적 제125호
■ **소개**
　태조 이성계가 왕실의 정통성을 확립하고 효를 실천하기 위해 한양으로 천도하면서 가장 먼저 짓기 시작한 공간이다. 건축물들은 임진왜란 때 소실되어 1608년에 중건되었다. 정전은 국보 제227호, 영녕전은 보물 제821호로 지정되었다. 1995년 유네스코 세계유산에 등재되었다.
■ **주요 관람 코스**
　향대청 → 재궁 → 전사청 → 정전 → 영녕전

① 역대 국왕과 왕비의 신주가 모셔져 있다.
② 공자와 여러 성현들의 위패를 모셔 놓았다.
③ 신농씨와 후직씨에게 풍년을 기원하는 곳이다.
④ 토지와 곡식의 신에게 제사를 지내는 공간이다.
⑤ 일제에 의해 경내에 조선 총독부 청사가 세워졌다.

22. 밑줄 그은 '왕'의 재위 기간에 있었던 사실로 옳은 것은? [2점]

포도대장 김순고가 왕에게 아뢰기를, "풍문으로 들으니 황해도의 흉악한 도적 임꺽정의 일당인 서임이란 자가 이름을 엄가이로 바꾸고 숭례문 밖에 와서 산다고 하므로, 가만히 엿보다가 잡아서 범한 짓에 대하여 심문하였습니다. 그가 말하기를, '…… 대장장이 이춘동의 집에 모여서 새 봉산 군수 이흠례를 죽이기로 의논하였다. ……'고 하였습니다. …… 속히 달려가서 봉산 군수 이흠례, 금교 찰방 강여와 함께 몰래 잡게 하는 것이 어떻겠습니까?"라고 하였다.

① 청의 요청으로 조총 부대를 파견하였다.
② 4군 6진을 설치하여 북방 영토를 개척하였다.
③ 외척 사이의 권력 다툼으로 을사사화가 발생하였다.
④ 남인이 축출되고 노론과 소론이 정국을 주도하였다.
⑤ 이조 전랑 임명을 둘러싸고 사림이 동인과 서인으로 나뉘었다.

23. 밑줄 그은 '국문 교서'가 발표된 이후의 사실로 옳은 것은? [2점]

이것은 의주로 파천한 국왕이 내린 국문 교서입니다. 어쩔 수 없이 왜군에게 잡혀가 협조한 백성의 죄는 묻지 않으며, 왜군을 잡아오거나 포로가 된 우리 백성을 많이 데리고 나오는 사람에게 벼슬을 내린다는 내용이 적혀 있습니다.

① 이순신이 명량에서 왜의 수군을 대파하였다.
② 신립이 탄금대에서 배수의 진을 치고 항전하였다.
③ 이종무가 왜구의 근거지인 쓰시마섬을 정벌하였다.
④ 계해약조가 체결되어 세견선의 입항이 허가되었다.
⑤ 조선 정부의 통제에 반발하여 3포 왜란이 일어났다.

24. 다음 주장을 펼친 인물에 대한 설명으로 옳은 것은? [3점]

이제 농사를 짓는 사람은 전지(田地)를 얻게 하고 농사를 짓지 않는 사람은 전지를 얻지 못하게 하고자 한다면, 여전(閭田)의 법을 시행하여 나의 뜻을 이룰 수 있을 것이다. 무엇을 여전이라 하는가? 산골짜기와 천원(川原)의 형세로써 나누어 경계로 삼아 그 안을 여(閭)라 한다. …… 여에는 여장(閭長)을 두고 무릇 한 여의 전지는 그 여의 사람들로 하여금 다 함께 경작하게 한다. …… 추수 때에는 …… 그 양곡을 나누는데, 먼저 국가에 세를 내고 그 다음은 여장의 봉급을 주고, 그 나머지를 가지고 장부에 의해, 일한 만큼 (여민에게) 분배한다.

－「전론」－

① 의산문답에서 중국 중심의 세계관을 비판하였다.
② 동의수세보원을 저술하여 사상 의학을 확립하였다.
③ 우서에서 사농공상의 직업적 평등과 전문화를 주장하였다.
④ 경세유표를 저술하여 국가 제도의 개혁 방향을 제시하였다.
⑤ 북학의에서 재물을 우물에 비유하여 절약보다 소비를 권장하였다.

25. 밑줄 그은 '대책'의 내용으로 옳은 것을 〈보기〉에서 고른 것은? [2점]

임금께서 군포를 기존의 절반인 1필로 줄이는 법을 시행한다더군.

그렇다면 세입이 감소할 텐데 이를 보충하기 위해 마련된 대책이 무엇인지 궁금하네.

─〈보 기〉─
ㄱ. 양전 사업을 실시하여 지계를 발급하였다.
ㄴ. 어염세, 선박세를 국가 재정으로 귀속시켰다.
ㄷ. 선무군관에게 1년에 1필의 군포를 징수하였다.
ㄹ. 수신전, 휼양전 등의 명목으로 세습되는 토지를 폐지하였다.

① ㄱ, ㄴ   ② ㄱ, ㄷ   ③ ㄴ, ㄷ   ④ ㄴ, ㄹ   ⑤ ㄷ, ㄹ

26. (가)에 대한 설명으로 옳은 것은? [2점]

① 매년 정기적으로 파견되었다.
② 다녀온 여정을 연행록으로 남겼다.
③ 하정사, 성절사, 천추사 등이 있었다.
④ 사절 왕래를 위하여 북평관을 개설하였다.
⑤ 19세기 초까지 파견되어 문화 교류의 역할을 하였다.

27. (가) 기구에 대한 설명으로 옳은 것은?   [2점]

> 이 상대계첩(霜臺契帖)은 <u>(가)</u> 소속 감찰직 관원들의 계모임을 기념하여 제작되었습니다. 여기에는 그들이 근무하는 청사가 그려져 있고 당시 모인 사람들의 명단이 적혀 있습니다. 상대란 서릿발 같은 관리 감찰 때문에 붙여진 <u>(가)</u> 의 다른 이름으로, 그 수장은 대사헌이라고 하였습니다.

① 사림의 건의로 중종 때 폐지되었다.
② 왕명 출납을 맡은 왕의 비서 기관이었다.
③ 국왕의 친위 부대로 서울과 수원에 배치되었다.
④ 왕에게 경서와 사서를 강론하는 경연을 주관하였다.
⑤ 5품 이하 관리의 임명 과정에서 서경권을 행사하였다.

28. 다음 검색창에 들어갈 인물의 활동으로 옳은 것은?   [3점]

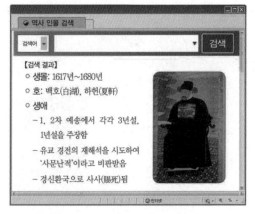

① 사화의 발단이 된 조의제문을 작성하였다.
② 청의 정세 변화를 계기로 북벌을 주장하였다.
③ 반계수록에서 토지 제도 개혁론을 제시하였다.
④ 양반전을 지어 양반의 허례와 무능을 지적하였다.
⑤ 충청도 지역까지 대동법의 확대 실시를 건의하였다.

29. 밑줄 그은 '거사'에 대한 설명으로 옳은 것은?   [1점]

> S# 9. 가산군 다복동 부근 비밀 회의 장소
>
> 이희저: 조정의 지나친 세금 수탈로 인해 평안도민들의 불만이 매우 많습니다. 또 계속된 자연 재해로 인해 많은 사람이 굶어 죽고 있습니다.
>
> 우군칙: 금광을 연다고 하여 사람들을 모으고, 군사 훈련을 하여 거사를 일으킵시다.
>
> 김창시: 평안도민에 대한 차별을 부각하는 격문을 발표한다면 더 많은 사람들이 호응할 것입니다.
>
> 홍경래: 거사 날은 12월 20일입니다. 백성들이 잘 살 수 있는 세상을 만들 수 있도록 마지막까지 힘을 냅시다.

① 청의 군대에 의해 진압되었다.
② 백낙신의 탐학이 발단이 되어 일어났다.
③ 왕이 도성을 떠나 공산성으로 피란하였다.
④ 정부와 약조를 맺고 집강소를 설치하였다.
⑤ 선천, 정주 등 청천강 이북의 여러 고을을 점령하였다.

30. 다음 자료의 상황이 나타난 시기에 볼 수 있는 모습으로 적절하지 <u>않은</u> 것은?   [2점]

> 백목전 상인이 말하기를, "서양목(西洋木)이 나온 이후 토산 면포가 소용이 없게 되어 망할 지경이 되었습니다. 연경을 왕래하는 상인들의 물건 수입을 일절 금지하거나 아니면 우리 전에 오로지 속하게 해야 할 것입니다."라고 하였다.
> ─『일성록』─

① 청화 백자를 제작하는 도공
② 시사를 조직하여 활동하는 중인
③ 담배 등의 상품 작물을 재배하는 농민
④ 저잣거리에서 이야기책을 읽어주는 전기수
⑤ 과전법에 의해 토지의 수조권을 지급받는 관리

31. (가), (나) 사이의 시기에 있었던 사실로 옳은 것은? [2점]

(가) 지난 달 조선에서 국왕의 명령에 의해, 선교 중이던 프랑스인 주교 2명과 선교사 9명, 조선인 사제 7명과 무수히 많은 남녀 노소 천주교도들이 학살되었습니다. …… 며칠 내로 우리 군대가 조선을 정복하기 위해 출발할 것입니다. …… 이제 우리는 중국 정부의 조선 왕국에 대한 어떤 영향력도 인정하지 않을 것임을 선언합니다.
— 「베이징 주재 프랑스 대리공사 벨로네의 서한」 —

(나) 이때에 이르러서는 돌을 캐어 종로에 비석을 세웠다. 그 비면에 글을 써서 이르기를, "서양 오랑캐가 침범하는데 싸우지 않으면 즉 화친하는 것이요, 화친을 주장함은 나라를 팔아먹는 짓이다." 라고 하였다.
— 「대한계년사」 —

① 오페르트가 남연군 묘 도굴을 시도하였다.
② 일본 군함 운요호가 영종도를 공격하였다.
③ 영국군이 러시아를 견제하기 위해 거문도를 점령하였다.
④ 조선이 프랑스와 조약을 체결하고 천주교 포교를 허용하였다.
⑤ 조선책략 유포에 반발하여 이만손 등이 영남 만인소를 올렸다.

32. 다음 조약에 대한 설명으로 옳은 것은? [3점]

제1관 사후 대조선국 군주와 대미국 대통령과 아울러 그 인민은 각각 모두 영원히 화평하고 우호를 다진다. 만약 타국이 어떤 불공평하게 하고 경시하는 일이 있으면 통지를 거쳐 반드시 서로 도와주며 중간에서 잘 조정해 두터운 우의와 관심을 보여준다.
⋮
제14관 현재 양국이 의논해 정한 이후 대조선국 군주가 어떤 혜택·은전의 이익을 타국 혹은 그 나라 상인에게 베풀면 …… 미국과 그 상인이 종래 점유하지 않고 이 조약에 없는 것 또한 미국 관민이 일제 균점하도록 승인한다.

① 양곡의 무제한 유출 조항을 포함하고 있다.
② 외국 상인의 내지 통상권을 최초로 규정하였다.
③ 청의 알선으로 서양 국가와 맺은 최초의 조약이다.
④ 스티븐스가 외교 고문으로 부임하는 계기가 되었다.
⑤ 부산, 원산, 인천에 개항장이 설치되는 결과를 가져왔다.

33. (가) 인물에 대한 설명으로 옳은 것은? [2점]

심문자: 재차 기포(起包)한 것을 일본 군사가 궁궐을 침범하였다고 한 까닭에 다시 일어났다 하니, 다시 일어난 후에는 일본 병사에게 무슨 행동을 하려 하였느냐.

진술자: 궁궐을 침범한 연유를 힐문하고자 하였다.

심문자: 그러면 일본 병사나 각국 사람이 경성에 머물고 있는 자를 내쫓으려 하였느냐.

진술자: 그런 것이 아니라 각국인은 다만 통상만 하는데 일본인은 병사를 거느리고 경성에 진을 치고 있으므로 우리나라 영토를 침략하는가 하고 의아해한 것이다.
— 「 (가) 공초」 —

① 을사늑약에 반대하여 의병을 일으켰다.
② 독립 협회를 창립하고 독립문을 세웠다.
③ 지부복궐척화의소를 올려 왜양일체론을 주장하였다.
④ 13도 창의군을 지휘하여 서울 진공 작전을 전개하였다.
⑤ 보국안민을 기치로 우금치에서 일본군 및 관군과 맞서 싸웠다.

34. 다음 인물에 대한 설명으로 옳은 것은? [1점]

이달의 역사 인물
국권 침탈에 저항한 구국 운동의 지도자
이준(1859년~1907년)

1896년에 한성 재판소 검사보로 임명되었다. 을사늑약 폐기를 주장하는 상소 운동을 펼쳤고, 안창호 등과 함께 비밀 결사인 신민회를 조직하여 구국 운동을 전개하였다. 정부에서는 그의 공훈을 기려 1962년에 건국훈장 대한민국장을 추서하였다.

① 고종의 밀지를 받아 독립 의군부를 조직하였다.
② 영국인 베델과 함께 대한매일신보를 발간하였다.
③ 평양에서 조선 물산 장려회 발기인 대회를 개최하였다.
④ 북간도에 서전서숙을 설립하여 민족 교육을 실시하였다.
⑤ 네덜란드 헤이그에서 열린 만국 평화 회의에 특사로 파견되었다.

35. 다음 상황 이후에 전개된 사실로 옳은 것을 〈보기〉에서 고른
것은?   [2점]

> (환구단에서) 천지에 고하는 제사를 지냈다. 왕태자가 배참(陪參)
> 하였다. 예를 마치고 의정부 의정(議政) 심순택이 백관을 거느리고
> 무릎을 꿇고 아뢰기를, "제례를 마치었으므로 황제의 자리에 오르
> 소서."라고 하였다. 왕이 부축을 받으며 단에 올라 금으로 장식한
> 의자에 앉았다. 심순택이 나아가 12장문(章文)의 곤면(袞冕)을 입혀
> 드리고 옥새를 올렸다. 왕이 두 번 세 번 사양하다가 친히 옥새를 받고
> 황제의 자리에 올랐다.
>
> ㅡ『고종실록』ㅡ

> ────────〈보 기〉────────
> ㄱ. 관립 실업 학교인 상공학교가 개교되었다.
> ㄴ. 군 통수권 장악을 위한 원수부가 설치되었다.
> ㄷ. 근대식 무기 제조 공장인 기기창이 설립되었다.
> ㄹ. 서양식 근대 교육 기관인 육영 공원이 세워졌다.

① ㄱ, ㄴ   ② ㄱ, ㄷ   ③ ㄴ, ㄷ   ④ ㄴ, ㄹ   ⑤ ㄷ, ㄹ

36. 다음 사건이 일어난 시기를 연표에서 옳게 고른 것은?   [3점]

역사신문

제△△호   ○○○○년 ○○월 ○○일

대한민국 임시 정부, 내각 책임제와 국무령제 채택

> 대한민국 임시 정부는 제2차 개헌을 통하여 내각 책임제를 채택
> 하였다. 국무령과 국무원으로 조직된 국무회의가 임시 정부를 운영
> 하며 임시 의정원에 대해 책임을 지고, 임시 의정원이 국무령과
> 국무원을 선임하게 만들었다. 기존의 대통령제를 유지하는 동안
> 독재적인 상황이 나타났던 경험을 고려한 것으로 보인다.

1919	1923	1931	1935	1941	1945
(가)	(나)	(다)	(라)	(마)	
대한민국 임시 정부 수립	국민 대표 회의 개최	한인 애국단 조직	한국 국민당 창당	대한민국 건국 강령 발표	8·15 광복

① (가)   ② (나)   ③ (다)   ④ (라)   ⑤ (마)

37. (가) 단체에 대한 설명으로 옳은 것은?   [1점]

> 조선일보사 귀중
>
>   본인은 우리 2천만 민족의 생존권을 찾아 자유와 행복을
> 천추만대에 누리기 위하여 의열 남아가 희생적으로 단결한
> [(가)]의 일원으로 왜적의 관·사설 기관을 물론하고
> 파괴하려고 금차 회국도경(回國渡境)한 바, 최후 힘을
> 진력하여 휴대 물품을 동척 회사, 식산 은행에 선사하고
> …… 불행히 왜경에게 생포되면 …… 소위 심문이니 무엇이니
> 하면서 세계에 없는 야만적 악행을 줄 것이 명백하기로
> 불복하는 뜻으로 현장에서 자살하기로 결심하였습니다. ……
>
>   희생자 나석주 올림

① 김구에 의해 상하이에서 결성되었다.
② 일제의 황무지 개간권 요구를 저지하였다.
③ 고종의 강제 퇴위에 반대하는 시위를 주도하였다.
④ 신채호의 조선 혁명 선언을 활동 지침으로 삼았다.
⑤ 일제가 조작한 105인 사건으로 조직이 해체되었다.

38. (가) 지역의 독립운동에 대한 설명으로 옳은 것은?   [2점]

> 이 사진은 박용만이 주도하여 (가) 에서
> 창설한 대조선 국민 군단의 훈련 모습입니다. 이
> 부대의 대원들은 병영에 기숙하면서 군사 훈련과
> 파인애플·사탕수수 농사를 병행하였습니다.

① 권업신문을 발간하여 민족 의식을 고취하였다.
② 대한인 국민회를 중심으로 독립운동을 전개하였다.
③ 대한 광복군 정부를 세워 무장 독립 투쟁을 준비하였다.
④ 신한청년당을 결성하여 파리 강화 회의에 대표를 파견하였다.
⑤ 조선 청년 독립단을 중심으로 2·8 독립 선언서를 발표하였다.

39. (가) 인물에 대한 설명으로 옳은 것은? [2점]

이것은 한국광복군 총사령관을 역임한 (가) 의 흉상입니다. 이 흉상은 3·1절과 대한민국 임시 정부 수립 99주년을 기념하기 위해 대한민국 육군 사관 학교에 건립되었습니다. 그는 일본 육군 사관 학교를 졸업하였으나 만주 지역으로 망명하여 신흥 무관 학교에서 독립군 양성에 힘썼습니다. 또한 한국 독립군의 총사령관으로 대전자령 전투를 지휘하여 승리로 이끌었습니다.

① 숭무 학교를 설립하여 독립군을 양성하였다.
② 쌍성보 전투에서 한·중 연합 작전을 전개하였다.
③ 독립군 비행사 육성을 위해 한인 비행 학교를 세웠다.
④ 독립군 연합 부대를 이끌고 청산리 전투에서 승리하였다.
⑤ 일제 패망과 광복에 대비하여 조선 건국 동맹을 결성하였다.

40. 다음 글을 쓴 인물의 활동으로 옳은 것은? [2점]

대륙의 원기는 동으로는 바다로 뻗어 백두산으로 솟았고, 북으로는 요동 평야를 열었으며, 남으로는 한반도를 이루었다. …… 저들이 일찍이 우리를 스승으로 섬겨 왔는데, 이제는 우리를 노예로 삼았구나. …… 옛사람이 이르기를 나라는 멸할 수 있으나 역사는 멸할 수 없다고 하였다. 나라는 형체이고 역사는 정신이다. 이제 한국의 형체는 허물어졌으나 정신만을 홀로 보존하는 것이 어찌 불가능하겠는가.

태백광노(太白狂奴) 지음

① 진단 학회를 창립하고 진단 학보를 발행하였다.
② 여유당전서를 간행하고 조선학 운동을 주도하였다.
③ 한국독립운동지혈사에서 독립 투쟁 과정을 정리하였다.
④ 독사신론을 저술하여 민족주의 사관의 기초를 마련하였다.
⑤ 조선사회경제사에서 식민 사학의 정체성 이론을 반박하였다.

41. 다음 성명서가 발표된 이후의 사실로 옳은 것은? [3점]

금반 우리의 노동 정지는 다만 국제 통상 주식회사 원산 지점이 계약을 무시하고 부두 노동 조합 제1구에 대하여 노동을 정지시킨 것으로 인하여 각 세포 단체가 동정을 표한 것뿐이다. 그러므로 결코 동맹 파업을 행한 것은 아니다. 그럼에도 불구하고 재향 군인회, 소방대가 출동한다 하여 온 도시를 경동케 함은 실로 이해할 수 없는 현상이니 …… 또한 원산 상업 회의소가 우리 연합회 회원과 그 가족 만여 명을 비(非) 시민과 같이 보는 행동을 감행하고 있는 것이 사실임으로 …… 상업 회의소에 대하여 입회 연설회를 개최할 것을 요구하였다.

– 동아일보 –

① 조선 노동 총동맹과 조선 농민 총동맹이 성립되었다.
② 경성 고무 여자 직공 조합이 아사 동맹을 결성하였다.
③ 노동자 강주룡이 을밀대 지붕에서 고공 농성을 전개하였다.
④ 전국 단위의 노동 운동 단체인 조선 노동 공제회가 조직되었다.
⑤ 백정에 대한 차별 철폐를 요구하는 조선 형평사가 창립되었다.

42. (가) 부대에 대한 설명으로 옳은 것은? [2점]

중국 광시성[廣西省] 구이린[桂林]에 위치한 이 건물 터는 김원봉이 조직한 (가) 이/가 주둔했던 곳입니다. 이 부대는 중·일 전쟁 발발 직후 중국 국민당 정부의 지원을 받아 후베이성[湖北省] 우한[武漢]에서 창설되었고, 주로 일본군에 대한 심리전이나 후방 공작 활동을 전개하였습니다.

① 간도 참변 이후 조직을 정비하고 자유시로 이동하였다.
② 북만주 지역에서 활동한 한국 독립당의 산하 부대였다.
③ 남만주에서 중국군과 연합 작전으로 항일 전쟁을 벌였다.
④ 중국 관내(關內)에서 결성된 최초의 한인 군사 조직이었다.
⑤ 대한 국민회군과 연합하여 봉오동에서 일본군을 격파하였다.

43. (가) 종교의 활동으로 옳은 것은?   [1점]

> (가) 은/는 지금으로부터 20년 전 나철이 조직한 것으로 ……
> (그들은) 대한 독립 군정서를 조직하여 본부를 밀산에 두고 북간도
> 일원에 걸쳐 활동을 개시하였다. 총지휘관 서일은 약 1만 명의 신도를
> 거느리고 폭위를 떨쳤다가 …… 자연히 해산된 상태이다. ……
> 김교헌은 최근 (가) 부활을 목적으로 …… 일반 신도에게
> 정식으로 발표하고 사무를 개시함에 따라 각지에 산재한 군정서
> 간부원은 본부를 출입하며 무언가 획책하고 있다.
> ㅡ「불령단관계잡건」ㅡ

① 개벽, 신여성 등의 잡지를 발행하였다.
② 항일 무장 단체인 중광단을 결성하였다.
③ 배재 학당을 세워 신학문 보급에 기여하였다.
④ 만주에서 의민단을 조직하여 무장 투쟁을 전개하였다.
⑤ 어린이 등의 잡지를 발간하여 소년 운동을 주도하였다.

44. 다음 법령이 제정된 이후에 일어난 사실로 옳은 것은?   [2점]

> 제1조 ① 치안 유지법의 죄를 범하여 형에 처하여진 자가 집행을
> 종료하여 석방되는 경우에 석방 후 다시 동법의 죄를
> 범할 우려가 현저한 때에는 재판소는 검사의 청구에
> 의하여 본인을 예방 구금에 부친다는 취지를 명할 수
> 있다.
> ② …… 조선 사상범 보호 관찰령에 의하여 보호 관찰에
> 부쳐져 있는 경우에 보호 관찰을 하여도 동법의 죄를
> 범할 위험을 방지하기 곤란하고 재범의 우려가 현저하게
> 있는 때에도 전항과 같다.

① 민족 유일당 운동의 일환으로 신간회가 창립되었다.
② 조선어 학회 사건으로 최현배, 이극로 등이 투옥되었다.
③ 순종의 인산일을 기회로 삼아 6·10 만세 운동이 일어났다.
④ 사회주의 세력의 활동 방향을 밝힌 정우회 선언이 발표되었다.
⑤ 윤봉길이 훙커우 공원에서 폭탄을 던져 일제 요인을 살상하였다.

45. (가)에 들어갈 내용으로 가장 적절한 것은?   [2점]

> ### 🌀 학술 대회 안내 🌀
>
> 우리 학회는 일제 강점기 프로 문학의 대표적 작가인 민촌
> 이기영 선생의 문학 세계를 조명하는 학술 대회를 개최합니다.
>
> ◆ 발표 주제 ◆
> • 카프의 결성과 민촌 이기영의 문학 세계
> • (가)
> • 민촌 이기영의 소설을 통해 본 근대
>   도시의 모습
> • 민촌 이기영 문학의 위상과 남북 문화
>   교류의 가능성 모색
>
> ■ 일시: 2018년 ○○월 ○○일 13:00~17:00
> ■ 장소: □□ 대학교 소강당
> ■ 주최: △△ 학회

① 황성신문에 연재된 소설의 주제와 문체
② 해에게서 소년에게에 나타난 신체시의 형식
③ 소설 고향을 통해 본 일제 강점기 농촌 현실
④ 금수회의록을 통해 본 신소설의 소재와 내용
⑤ 시 광야에 드러난 항일 정신과 작가의 독립운동

46. 다음 법령이 제정된 정부 시기의 사실로 옳은 것은?   [2점]

> 제1조 본령은 육군 군대가 영구히 일지구에 주둔하여 당해 지구의
> 경비, 육군의 질서 및 군기의 감시와 육군에 속하는 건축물
> 기타 시설의 보호에 임함을 목적으로 한다.
> ⋮
> 제12조 위수 사령관은 재해 또는 비상사태에 제하여 지방 장관으로
> 부터 병력의 청구를 받았을 때에는 육군 총참모장에게
> 상신하여 그 승인을 얻어 이에 응할 수 있다. 전항의 경우에
> 있어서 사태 긴급하여 육군 총참모장의 승인을 기다릴 수
> 없을 때에는 즉시 그 요구에 응할 수 있다.
> 단, 위수 사령관은 지체 없이 이를 육군 총참모장에게
> 보고하여야 한다.

① 5년 단임의 대통령 직선제 개헌이 이루어졌다.
② 부정 선거에 항거하는 4·19 혁명이 전국 각지에서 일어났다.
③ 호헌 철폐와 독재 타도 등의 구호를 내세운 시위가 전개되었다.
④ 치안본부 대공 분실에서 박종철 고문 치사 사건이 발생하였다.
⑤ 신군부의 계엄 확대와 무력 진압에 저항하는 시위가 벌어졌다.

47. 다음 기사 내용이 보도된 정부 시기의 사실로 옳은 것을 〈보기〉에서 고른 것은? [2점]

□□신문

제△△호   ○○○○년 ○○월 ○○일

야간 통행 금지 해제

오는 1월 5일 24시를 기하여, 지난 37년간 지속되어 온 야간 통행 금지가 전국적으로 해제될 예정이다. 다만 국방상 중요한 전방 지역과 후방 해안 도서 지역은 대상에서 제외되었다.

이번 야간 통행 금지의 해제로 국민 생활의 편익이 증진되고 관광과 경제 활동이 활성화될 전망이다.

〈보 기〉
ㄱ. 한국 프로 야구가 6개 구단으로 출범하였다.
ㄴ. 언론의 통폐합이 강제로 단행되고 언론 기본법이 제정되었다.
ㄷ. 허례허식을 없애기 위해 법령으로 가정 의례 준칙이 제정되었다.
ㄹ. 재건 국민 운동 본부를 중심으로 혼·분식 장려 운동이 전개되었다.

① ㄱ, ㄴ   ② ㄱ, ㄷ   ③ ㄴ, ㄷ   ④ ㄴ, ㄹ   ⑤ ㄷ, ㄹ

---

48. (가)~(다)를 발표된 순서대로 옳게 나열한 것은? [3점]

(가)
1. 조선의 민주 독립을 보장한 삼상 회의 결정에 의하여 남북을 통한 좌우 합작으로 민주적 임시 정부를 수립할 것
4. 친일파 민족 반역자를 처리할 조례를 본 합작위원회에서 입법 기구에 제안하여 입법 기구로 하여금 심리 결정하여 실시케 할 것

(나)
3. …… 공동 위원회의 제안은 최고 5년 기한의 4개국 신탁 통치 협약을 작성하기 위해 미·영·소·중 4국 정부가 공동 참작할 수 있도록 조선 임시 정부와 협의한 후 제출되어야 한다.

(다)
3. 외국 군대가 철퇴한 이후 하기(下記) 제 정당·단체들은 공동 명의로써 전 조선 정치 회의를 소집하여 조선 인민의 각층 각계를 대표하는 민주주의 임시 정부가 즉시 수립될 것이며 ……
4. 상기 사실에 의거하여 본 성명서에 서명한 제 정당·사회 단체들은 남조선 단독 선거의 결과를 결코 인정하지 않으며 지지하지 않을 것이다.

① (가) - (나) - (다)   ② (가) - (다) - (나)
③ (나) - (가) - (다)   ④ (나) - (다) - (가)
⑤ (다) - (나) - (가)

---

49. 다음 문서를 접수한 정부 시기의 외교 정책으로 옳은 것은? [2점]

1. 군사 원조
 • 한국에 있는 한국군의 현대화 계획을 위해 앞으로 수년 동안에 걸쳐 상당량의 장비를 제공한다.
 • 월남에 파견되는 추가 증파 병력에 필요한 장비를 제공하는 한편 증파에 따른 모든 추가적 원화 경비를 부담한다.

2. 경제 원조
 • 주월 한국군에 소요되는 보급 물자, 용역 설치 장비를 실시할 수 있는 한도까지 한국에서 구매하며 주월 미군과 월남군을 위한 물자 가운데 선정된 구매 품목을 한국에 발주할 것이며 그 경우는 다음과 같다. ……

① 남북한이 유엔에 동시 가입하였다.
② 중화 인민 공화국과 국교를 수립하였다.
③ 경제 협력 개발 기구(OECD)에 가입하였다.
④ 칠레와 자유 무역 협정(FTA)을 체결하였다.
⑤ 한·일 협정을 체결하여 국교 정상화를 추진하였다.

---

50. 다음 뉴스가 보도된 정부 시기의 통일 노력으로 옳은 것은? [1점]

대통령은 신년사에서 작년에 제정한 국민 기초 생활 보장법을 통해 IMF 외환 위기로 어려워진 중산층과 서민들의 삶의 질 향상을 위해 노력하겠다고 강조하였습니다. 또한 새천년에는 남북 경제 공동체 구성을 위한 협의와 남북 이산가족 상봉을 추진하겠다고 발표하였습니다.

대통령 신년사, 복지와 통일 정책 방향 제시

① 남북한이 한반도 비핵화 공동 선언을 채택하였다.
② 최초의 이산가족 고향 방문과 예술 공연단 교환이 이루어졌다.
③ 남북한의 교류 협력을 위한 개성 공업 지구 조성에 합의하였다.
④ 남북한 간 최초의 공식 합의서인 남북 기본 합의서를 교환하였다.
⑤ 7·4 남북 공동 성명을 실천하기 위한 남북 조절 위원회를 구성하였다.

한국사능력검정시험 답안지

고급

〈답안지 작성 시 유의 사항〉

1. 수험번호란에는 아라비아숫자를 기재하고 해당란에 " ● "와
   같이 완전하게 표기하여야 합니다.
2. 답란에는 반드시 컴퓨터용 사인펜으로 표기하여야 합니다.
3. 답란에는 " ● "와 같이 완전하게 표기하여야 하며, 바르지 못한
   표기를 하셨을 경우에는 붙이익을 받을 수 있습니다.
   (잘못된 표기 예시 : ⊙ ⊗ ⊖ ⊙ ● ◐)
4. 답안지에 낙서를 하거나 불필요한 표기를 하셨을 경우 붙이익을
   받을 수 있습니다.

성명

수험번호

⓪	⓪	⓪	⓪	⓪	⓪	⓪	⓪	⓪	⓪
①	①	①	①	①	①	①	①	①	①
②	②	②	②	②	②	②	②	②	②
③	③	③	③	③	③	③	③	③	③
④	④	④	④	④	④	④	④	④	④
⑤	⑤	⑤	⑤	⑤	⑤	⑤	⑤	⑤	⑤
⑥	⑥	⑥	⑥	⑥	⑥	⑥	⑥	⑥	⑥
⑦	⑦	⑦	⑦	⑦	⑦	⑦	⑦	⑦	⑦
⑧	⑧	⑧	⑧	⑧	⑧	⑧	⑧	⑧	⑧
⑨	⑨	⑨	⑨	⑨	⑨	⑨	⑨	⑨	⑨

답안지

번호	답	번호	답	번호	답	번호	답	번호	답
1	① ② ③ ④ ⑤	11	① ② ③ ④ ⑤	21	① ② ③ ④ ⑤	31	① ② ③ ④ ⑤	41	① ② ③ ④ ⑤
2	① ② ③ ④ ⑤	12	① ② ③ ④ ⑤	22	① ② ③ ④ ⑤	32	① ② ③ ④ ⑤	42	① ② ③ ④ ⑤
3	① ② ③ ④ ⑤	13	① ② ③ ④ ⑤	23	① ② ③ ④ ⑤	33	① ② ③ ④ ⑤	43	① ② ③ ④ ⑤
4	① ② ③ ④ ⑤	14	① ② ③ ④ ⑤	24	① ② ③ ④ ⑤	34	① ② ③ ④ ⑤	44	① ② ③ ④ ⑤
5	① ② ③ ④ ⑤	15	① ② ③ ④ ⑤	25	① ② ③ ④ ⑤	35	① ② ③ ④ ⑤	45	① ② ③ ④ ⑤
6	① ② ③ ④ ⑤	16	① ② ③ ④ ⑤	26	① ② ③ ④ ⑤	36	① ② ③ ④ ⑤	46	① ② ③ ④ ⑤
7	① ② ③ ④ ⑤	17	① ② ③ ④ ⑤	27	① ② ③ ④ ⑤	37	① ② ③ ④ ⑤	47	① ② ③ ④ ⑤
8	① ② ③ ④ ⑤	18	① ② ③ ④ ⑤	28	① ② ③ ④ ⑤	38	① ② ③ ④ ⑤	48	① ② ③ ④ ⑤
9	① ② ③ ④ ⑤	19	① ② ③ ④ ⑤	29	① ② ③ ④ ⑤	39	① ② ③ ④ ⑤	49	① ② ③ ④ ⑤
10	① ② ③ ④ ⑤	20	① ② ③ ④ ⑤	30	① ② ③ ④ ⑤	40	① ② ③ ④ ⑤	50	① ② ③ ④ ⑤

절취선

문항번호	정답	배점	문항번호	정답	배점	문항번호	정답	배점	문항번호	정답	배점
1	④	1	16	④	2	31	①	2	46	②	2
2	②	3	17	③	2	32	③	3	47	①	2
3	①	1	18	②	2	33	⑤	2	48	③	3
4	①	2	19	②	2	34	⑤	1	49	⑤	2
5	④	3	20	②	3	35	①	2	50	③	1
6	③	2	21	①	1	36	②	3			
7	④	1	22	③	2	37	④	1			
8	①	2	23	①	2	38	②	2			
9	⑤	2	24	④	3	39	②	2			
10	④	2	25	③	2	40	③	2			
11	③	3	26	⑤	2	41	③	3			
12	④	1	27	⑤	2	42	④	2			
13	④	2	28	②	3	43	②	1			
14	①	2	29	⑤	1	44	②	2			
15	①	2	30	⑤	2	45	③	2			

1. (가) 시대의 사회 모습으로 옳은 것은? [1점]

□□신문

제△△호
○○○○년 ○○월 ○○일

평창 하리 출토 유골, 여성으로 밝혀져

강원도 평창군 평창읍 하리 유적의 돌널무덤에서 출토된 유골이 여성으로 밝혀졌다. (가) 시대에 처음 사용된 비파형 동검과 함께 발견된 이 유골은 당시 여성의 지위를 연구하는 데 귀중한 자료로 활용될 전망이다.

무덤 내부 모습

① 우경이 널리 보급되었다.
② 주로 동굴과 막집에서 거주하였다.
③ 많은 인력이 고인돌 축조에 동원되었다.
④ 실을 뽑기 위해 가락바퀴를 처음 사용하였다.
⑤ 농경과 목축을 통한 식량 생산이 시작되었다.

2. (가) 나라에 대한 설명으로 옳은 것은? [2점]

초대합니다

풍년 농악 놀이

(가) 에서는 매년 10월 하늘에 제사를 지내면서 밤낮으로 술 마시고 노래하며 춤추는 무천이 열렸습니다. 우리 문화원은 무천을 계승하는 의미에서 수확의 기쁨을 음악과 춤으로 표현하는 농악 놀이를 개최합니다.

● 일시: 2019년 ○○월 ○○일 14:30~17:30
● 장소: △△문화원 야외 마당

① 소도라고 불리는 신성 지역이 있었다.
② 읍락 간의 경계를 중시한 책화가 있었다.
③ 화백 회의에서 나라의 중대사를 결정하였다.
④ 여러 가(加)들이 별도로 사출도를 주관하였다.
⑤ 사회 질서를 유지하기 위해 범금 8조를 만들었다.

3. 밑줄 그은 '이 나라'에 대한 설명으로 옳은 것은? [3점]

① 법흥왕 때 신라에 복속되었다.
② 하남 위례성에 도읍을 정하였다.
③ 지방 행정 구역으로 9주 5소경을 두었다.
④ 태학을 설립하여 유학 교육을 실시하였다.
⑤ 박, 석, 김의 3성이 교대로 왕위를 계승하였다.

4. 다음 왕에 대한 설명으로 옳은 것은? [2점]

웅진에서 중흥을 위해 힘쓴 백제 제25대 왕
1/3

1971년 공주 송산리 고분군에서 발견된 벽돌무덤의 주인공입니다.
2/3

2018년 역사 기록과 출토 유물을 토대로 국가 공인 표준 영정이 제작되었습니다.
3/3

① 독서삼품과를 실시하였다.
② 국호를 남부여로 변경하였다.
③ 22담로에 왕족을 파견하였다.
④ 영락이라는 연호를 사용하였다.
⑤ 동진으로부터 불교를 수용하였다.

5. 밑줄 그은 '문화유산'으로 가장 적절한 것은? [2점]

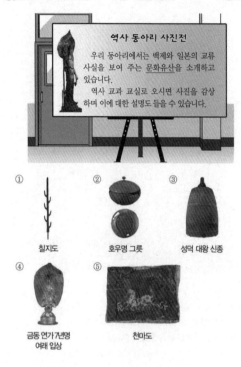

역사 동아리 사진전

우리 동아리에서는 백제와 일본의 교류 사실을 보여 주는 <u>문화유산</u>을 소개하고 있습니다.
역사 교과 교실로 오시면 사진을 감상하며 이에 대한 설명도 들을 수 있습니다.

① 칠지도
② 호우명 그릇
③ 성덕 대왕 신종
④ 금동 연가7년명 여래 입상
⑤ 천마도

---

6. (가) 국가에 대한 설명으로 옳은 것은? [2점]

○ (가) 의 세자 대광현이 무리 수만을 거느리고 투항하자, 성과 이름을 하사하여 왕계라 하고 종실의 족보에 넣었다.
　　　　　　　　　　　　　　　　　　　　　　　　　- 「고려사」 -

○ 거란 동경의 장군 대연림이 대부승 고길덕을 보내 나라를 세웠음을 알리고 아울러 원조를 요구하였다. 대연림은 (가) 의 시조 대조영의 7대손으로 거란을 배반하여 국호를 흥요, 연호를 천흥이라 하였다.
　　　　　　　　　　　　　　　　　　　　　　　　　- 「고려사」 -

① 교육 기관으로 성균관을 설립하였다.
② 국방력 강화를 위해 5군영을 설치하였다.
③ 특수 행정 구역인 향, 부곡, 소를 두었다.
④ 5경 15부 62주의 지방 행정 제도를 갖추었다.
⑤ 지방 세력 견제를 위해 상수리 제도를 실시하였다.

---

7. (가) 국가에 대한 설명으로 옳은 것은? [2점]

S# 12. 당 황제와 관리의 대화

황제: 고구려와의 전투에서 용맹하게 싸우다 죽은 이 자는 누구인가?
관리: (가) 에서 온 설계두입니다.
황제: 외국인이 우리를 위해 목숨을 바쳤으니 어떻게 그 공을 갚겠는가? 그의 소원이 무엇이더냐?
관리: 설계두는 본국에서 진골이 고위 관직을 독점하는 데 불만을 품고 우리나라에 오게 되었다고 합니다. 그의 소원은 고관대작이 되어 천자의 곁에 출입하는 것이었습니다.
황제: 그에게 대장군의 관직을 주고 예를 갖추어 장례를 치르도록 하라.

① 기인 제도를 시행하였다.
② 영고라는 제천 행사를 열었다.
③ 전성기에 해동성국으로도 불렸다.
④ 정사암 회의에서 국가의 중대사를 결정하였다.
⑤ 화랑도를 국가적인 조직으로 개편하여 운영하였다.

---

8. 다음 대화가 있었던 시기를 연표에서 옳게 고른 것은? [3점]

589	612	645	663	676	698
(가)	(나)	(다)	(라)	(마)	
수 중국 통일	살수 대첩	안시성 전투	백강 전투	신라 삼국 통일	발해 건국

① (가)　② (나)　③ (다)　④ (라)　⑤ (마)

9. 밑줄 그은 '이 탑'으로 옳은 것은? [1점]

① 미륵사지 석탑　② 분황사 모전 석탑　③ 불국사 삼층 석탑

④ 정림사지 오층 석탑　⑤ 월정사 팔각 구층 석탑

10. (가) 기구에 대한 설명으로 옳은 것은? [2점]

① 국방과 군사 문제를 처리하였다.
② 관리의 부정과 비리를 감찰하였다.
③ 국정을 총괄하고 정책을 결정하였다.
④ 군사 기밀과 왕명의 출납을 관장하였다.
⑤ 재정의 출납과 회계 업무를 담당하였다.

11. (가)에 들어갈 교육 기관으로 옳은 것은? [1점]

[고구려] 사람들은 배우기를 좋아하여 가난한 마을이나 미천한 집안에 이르기까지 서로 힘써 배우므로, 길거리마다 큼지막한 집을 짓고 (가) (이)라고 부른다. 결혼하지 않은 자제들을 이곳에 머물게 하여 글을 읽고 활쏘기를 익히게 한다.

– 『신당서』 –

① 경당　② 서당　③ 서원　④ 향교　⑤ 국자감

12. (가)~(다)를 일어난 순서대로 옳게 나열한 것은? [2점]

고려 전기의 대외 관계

(가) 서희가 소손녕과 외교 담판을 벌여 강동 6주를 획득하였다.

(나) 윤관이 여진을 정벌하고 동북 9성을 축조하였다.

(다) 강감찬이 귀주에서 거란군을 격퇴하였다.

① (가) – (나) – (다)　② (가) – (다) – (나)
③ (나) – (가) – (다)　④ (나) – (다) – (가)
⑤ (다) – (나) – (가)

13. 밑줄 그은 '정책'으로 옳은 것은? [3점]

문헌공도를 비롯한 사학 12도에서 교육받은 학생들이 과거에서 좋은 성적을 거두어 관학이 위축되고 있습니다. 이에 정부에서는 관학을 진흥하기 위한 정책을 마련하였습니다.

정부, 관학 진흥에 나서다

① 수도에 4부 학당을 두었다.
② 유학 교육기관으로 주자감을 설립하였다.
③ 초계문신을 선발하여 학문 연구를 장려하였다.
④ 장학 기금을 마련하고자 양현고를 설치하였다.
⑤ 신진 인사를 등용하기 위해 현량과를 실시하였다.

14. 교사의 질문에 대한 학생의 답변으로 옳은 것은?　　[2점]

이것은 1287년 이승휴가 저술한 역사서입니다. 중국과 우리나라의 역사를 시로 표현한 이 책에 대해 말해 볼까요?

제왕운기

① 사초, 시정기를 바탕으로 편찬되었어요.
② 남북국이라는 용어가 처음 사용되었어요.
③ 단군의 고조선 건국 이야기가 기록되었어요.
④ 유교 사관에 기초하여 기전체로 서술되었어요.
⑤ 불교사를 중심으로 고대 민간 설화 등이 수록되었어요.

15. (가)에 들어갈 화폐로 옳은 것은?　　[2점]

● 주제: 우리 나라의 화폐 ●

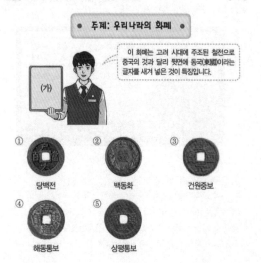

이 화폐는 고려 시대에 주조된 철전으로 중국의 것과 달리 뒷면에 동국(東國)이라는 글자를 새겨 넣은 것이 특징입니다.

(가)

① 당백전
② 백동화
③ 건원중보
④ 해동통보
⑤ 상평통보

16. 밑줄 그은 '왕'의 재위 기간에 있었던 사실로 옳은 것은? [3점]

　남쪽 지방에서 적도들이 벌떼처럼 일어났다. 그 중 심한 것은 운문에 웅거한 김사미와 초전에 자리 잡은 효심인데, 이들은 유랑하는 무리들을 불러 모아 각 고을을 노략질하였다. 왕이 이를 근심하여 대장군 전존걸을 파견해 장군 이지순 …… 등을 이끌고 가서 토벌하게 하였다.

－『고려사』－

① 최승로가 지방관 파견을 건의하였다.
② 이성계가 황산에서 왜구를 격퇴하였다.
③ 이자겸이 금의 사대 요구를 받아들였다.
④ 김윤후가 처인성에서 몽골군을 물리쳤다.
⑤ 최충헌이 봉사 10조의 개혁안을 제시하였다.

17. 교사의 질문에 대한 학생의 답변으로 옳은 것은?　　[2점]

이 그림은 삼별초의 전투 장면을 상상하여 그린 것입니다. 강화도에서 개경 환도 결정에 반발했던 삼별초는 진도와 제주도로 옮겨 저항하다가 여·몽 연합군에 의해 진압되었습니다. 그 이후에 있었던 사실에 대해 말해 볼까요?

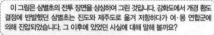

① 정동행성이 설치되었습니다.
② 노비안검법이 실시되었습니다.
③ 초조대장경이 간행되었습니다.
④ 9서당 10정이 편성되었습니다.
⑤ 서경 천도 운동이 전개되었습니다.

18. 다음 인물에 대한 설명으로 옳은 것은?   [2점]

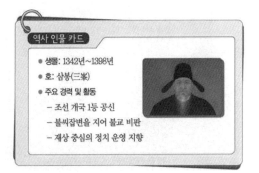

① 거중기를 설계하였다.
② 조선경국전을 저술하였다.
③ 소격서 폐지를 주장하였다.
④ 고려에 성리학을 처음 소개하였다.
⑤ 계유정난을 통해 권력을 장악하였다.

19. 다음 퀴즈의 정답으로 옳은 것은?   [1점]

20. (가)에 들어갈 왕이 추진한 정책으로 옳은 것은?   [2점]

① 영정법을 시행하였다.
② 한양으로 천도하였다.
③ 훈민정음을 창제하였다.
④ 나선 정벌을 단행하였다.
⑤ 관수 관급제를 실시하였다.

21. (가)에 들어갈 내용으로 옳은 것을 〈보기〉에서 고른 것은? [3점]

── 〈보 기〉 ──
ㄱ. 인조반정으로 몰락하였어.
ㄴ. 예송 논쟁에서 남인과 대립하였어.
ㄷ. 이이와 성혼의 문인을 중심으로 형성되었어.
ㄹ. 위훈 삭제를 주장한 조광조 일파를 축출하였어.

① ㄱ, ㄴ   ② ㄱ, ㄷ   ③ ㄴ, ㄷ
④ ㄴ, ㄹ   ⑤ ㄷ, ㄹ

22. (가) 전쟁 중에 있었던 사실로 옳은 것은? [2점]

이곳은 조헌과 영규가 이끄는 의병들이 묻힌 칠백의총입니다. (가) 당시 이들은 금산으로 진격한 왜군과 혈전을 벌이다 순절하였습니다.

① 장용영이 조직되었다.
② 2군 6위가 편성되었다.
③ 훈련도감이 설치되었다.
④ 군국기무처가 설립되었다.
⑤ 도평의사사가 폐지되었다.

23. 다음 대화가 이루어진 시기에 볼 수 있는 모습으로 적절하지 않은 것은? [2점]

요즘 향회 소식 들었는가? 양반도 아니었던 자들이 향회 운영에 참여하고 있다네.

들었네. 수령에게 돈을 주고 향안에 오른 자들이 향촌의 일을 결정하니 참 한심한 일이로군.

① 팔만대장경 조판에 참여하는 승려
② 나루터에서 탈춤 공연을 벌이는 광대
③ 시사(詩社)를 조직하여 활동하는 중인
④ 고추, 인삼을 상품 작물로 재배하는 농민
⑤ 저잣거리에서 이야기책을 읽어주는 전기수

24. 다음 왕의 재위 기간에 있었던 사실로 옳은 것은? [2점]

이조 판서 송시열이 추위에 고생할까 염려되어 담비 가죽옷을 하사하니, 이를 전하여 그를 지극히 아끼는 나의 뜻을 사양하지 말게 하라.

효종

① 사병 혁파
② 4군 6진 개척
③ 수원 화성 건설
④ 북벌 정책 추진
⑤ 쌍성총관부 수복

25. 다음 그림이 그려진 시기의 경제 모습으로 옳은 것은? [2점]

❀그림으로 역사를 읽다❀

이 작품은 김준근이 객주의 모습을 그린 것입니다. 주인이 담뱃대를 물고 갓을 쓴 사람들과 대화를 나누는 듯합니다.

① 빈민 구제를 위해 흑창을 두었다.
② 서양 면직물이 수입되어 유통되었다.
③ 벽란도를 통해 송의 상인과 교역하였다.
④ 시장 감독을 위해 동시전을 설치하였다.
⑤ 현직 관리에게 수조권을 지급하는 직전법을 실시하였다.

26. (가)에 대한 설명으로 옳은 것을 〈보기〉에서 고른 것은? [2점]

> (가) 은/는 역(役)을 고르게 하여 백성을 편안케 하기 위한
> 것이니, 시대를 구할 수 있는 좋은 계책입니다. 비록 여러 도에
> 널리 행하지는 못하더라도 경기도와 강원도에 이미 시행하여 힘을
> 얻었으니, 호남과 호서 지방에서 시행한다면 백성을 편안케 하고
> 나라에 도움이 되는 방도로 이것보다 나은 것이 없습니다. ……
> 다만 탐욕스럽고 교활한 아전은 품목이 간소해지는 것을 싫어하고,
> 모리배들은 방납이 어려워지는 것을 원망하여 반드시 헛소문을
> 퍼뜨려 뒤흔들어 놓을 것입니다.

〈보 기〉

ㄱ. 1년에 2필씩 걷던 군포를 1필로 줄였다.
ㄴ. 지주에게 1결 당 2두의 결작을 부과하였다.
ㄷ. 공납의 부과 기준을 가호에서 토지 결수로 바꾸었다.
ㄹ. 관청에 물품을 조달하는 공인의 등장 배경이 되었다.

① ㄱ, ㄴ   ② ㄱ, ㄷ   ③ ㄴ, ㄷ
④ ㄴ, ㄹ   ⑤ ㄷ, ㄹ

27. (가)에 들어갈 그림으로 가장 적절한 것은? [1점]

> 한 · 일 회화 특별전
>
> 우리 박물관은 17세기 이후 한국과 일본에서 나타난
> 회화의 새로운 경향을 엿볼 수 있는 특별전을 마련
> 하였습니다.
> ● 기간: 2019년 ○○월 ○○일~○○월 ○○일
> ● 장소: △△박물관 특별 전시실
>
> (가)   조선 민화   일본 우키요에

① ② ③ ④ ⑤

28. 밑줄 그은 '왕'의 업적으로 옳은 것은? [1점]

> 이것은 조선 제21대 왕의
> 어진입니다. 조선에서
> 가장 오래 재위한 그는 탕평책으로
> 정국을 안정시키려고
> 노력했습니다.

① 균역법을 실시하였다.
② 별무반을 편성하였다.
③ 농사직설을 편찬하였다.
④ 신해통공을 시행하였다.
⑤ 백두산정계비를 세웠다.

29. (가), (나) 주장에 대한 설명으로 옳은 것은? [3점]

> (가) 국가는 마땅히 한 집의 재산을 헤아려 토지 몇 부(負)를 한정하여
> 1호(戶)의 영업전(永業田)으로 삼는다. …… 영업전보다 많이
> 소유한 자의 것을 줄이거나 빼앗지 않고, 영업전에 모자라게
> 소유한 자라고 해서 더 주지 않는다.
> - 『성호선생전집』 -
>
> (나) 농부 한 사람마다 1경(頃)을 받아 차지한다. 법에 의거하여
> 조세를 거두고 4경마다 군인 1명을 차출한다. 선비로서 처음
> 입학한 자는 2경을 받고, 내사(內舍)에 들어간 자는 4경을 받는데
> 군인 차출을 면제한다.
> - 『반계수록』 -

① (가) - 사원에 토지를 지급하고자 하였다.
② (가) - 신분에 따른 토지 차등 분배 방안을 제시하였다.
③ (나) - 토지를 전지와 시지로 나누어 지급하고자 하였다.
④ (나) - 마을 단위의 토지 분배와 공동 경작을 제안하였다.
⑤ (가), (나) - 자영농을 확보하고자 하였다.

30. (가)에 들어갈 인물로 옳은 것은? [2점]

이 자료는 1696년 일본에서 작성된 문서로 **(가)** 이/가 가져간 조선의 지도 내용을 일본 측이 옮겨 적은 것입니다. 여기에는 울릉도와 독도가 강원도에 속한 섬이라고 기록되어 있습니다.

강원도, 이 도(道) 안에 죽도(울릉도) 송도(독도)가 있다.

① 심흥택　② 안용복　③ 이범윤　④ 이사부　⑤ 이종무

31. 다음 답사 지역을 지도에서 옳게 고른 것은? [2점]

〈답사 계획서〉

▣ 일정: 2019년 ○○월 ○○일~○○월 ○○일

▣ 지역: △△△ 일대

▣ 개요: 19세기 후반부터 한국인들의 이주가 시작되었고, 국권 피탈 이후 그 수가 더욱 증가하였다. 대한 광복군 정부 등 많은 독립 운동 단체가 활동하였다.

▣ 답사 장소

신한촌 기념탑　권업회 총재 최재형의 집　이상설 유허비

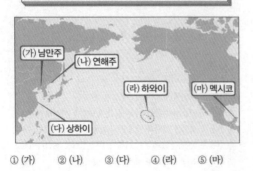

(가) 남만주　(나) 연해주　(라) 하와이　(마) 멕시코　(다) 상하이

① (가)　② (나)　③ (다)　④ (라)　⑤ (마)

32. 다음 대화 이후에 전개된 사실로 옳은 것은? [2점]

며칠 전 서양 오랑캐들이 통상을 요구하며 남연군 묘를 도굴하려 했다는 소식 들었는가?

나도 들었네. 이양선이 평양에 들어와 행패를 부리다 불태워진 지 얼마 되지 않았는데 이게 무슨 일인지 모르겠군.

① 척화비가 건립되었다.

② 홍경래가 난을 일으켰다.

③ 삼정이정청이 설치되었다.

④ 최제우가 동학을 창시하였다.

⑤ 황사영 백서 사건이 발생하였다.

33. (가) 시기에 있었던 사실로 옳은 것은? [3점]

일제가 이완용 등 일부 대신들을 앞세워서 조약 체결을 강요하고 있다네.

결국 외교권을 빼앗기겠군.

자네 무슨 일 있는가?

일하다 더워서 웃통을 벗었는데 일본 헌병대에 끌려가 태형까지 당했다네.

① 대한 제국의 군대가 해산되었다.

② 영국이 거문도를 불법으로 점령하였다.

③ 관민 공동회에서 헌의 6조가 결의되었다.

④ 고종이 러시아 공사관으로 거처를 옮겼다.

⑤ 황준헌이 지은 조선책략이 국내에 처음 소개되었다.

34. 다음 가상 인터뷰의 (가)에 들어갈 내용으로 옳은 것은? [1점]

내각 총리대신 김홍집과의 대담

이번에 새롭게 실시하는 개혁의 주요 내용은 무엇입니까?

태양력과 건양 연호 사용, **(가)** 등이 있습니다.

① 지계 발급

② 단발령 시행

③ 박문국 설치

④ 대전회통 편찬

⑤ 원산 학사 설립

35. 밑줄 그은 '장정'에 대한 설명으로 옳은 것은? [3점]

역사신문

제△△호 　　　　　　　　　○○○○년 ○○월 ○○일

〈논설〉

청 상인의 내지 통상을 우려한다

최근 조선과 청 사이에 맺어진 장정으로 청 상인은 허가만 받으면 개항장 밖 내지에서도 활동할 수 있게 되었다. 이들의 활동 범위가 넓어진다면 조선 상인들의 상권은 크게 위협받을 수밖에 없다. 이러한 상황이 지속되면 조선의 상업이 무너지는 것은 시간문제이다. 따라서 정부는 한성, 양화진 이외 지역에서 청 상인들의 내지 통상을 불허해야 한다.

① 거중 조정 조항을 명시하였다.
② 임오군란을 계기로 체결되었다.
③ 방곡령 시행 규정을 포함하였다.
④ 임술 농민 봉기의 원인이 되었다.
⑤ 강화도 조약 체결의 배경이 되었다.

36. (가)에 들어갈 내용으로 옳은 것은? [2점]

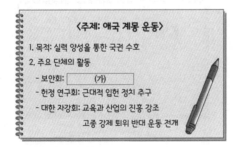

〈주제: 애국 계몽 운동〉

1. 목적: 실력 양성을 통한 국권 수호
2. 주요 단체의 활동
 - 보안회: (가)
 - 헌정 연구회: 근대적 입헌 정치 추구
 - 대한 자강회: 교육과 산업의 진흥 강조
　　　　　고종 강제 퇴위 반대 운동 전개

① 브나로드 운동 전개
② 좌우 합작 7원칙 발표
③ 국외 독립 운동 기지 건설
④ 오산 학교와 대성 학교 설립
⑤ 일제의 황무지 개간권 요구 저지

37. (가) 인물의 활동으로 옳은 것은? [2점]

이곳은 중국 지린성 허룽시에 위치한 항일 지사의 무덤입니다. 여기에 서일, 김교헌과 함께 묻힌 (가) 은/는 오기호 등과 자신회라는 5적 암살단을 조직하였습니다.

① 대종교를 창시하였다.
② 일진회를 조직하였다.
③ 한국통사를 저술하였다.
④ 진단 학회를 창립하였다.
⑤ 조선 건국 동맹을 결성하였다.

38. (가)에 들어갈 민족 운동으로 가장 적절한 것은? [1점]

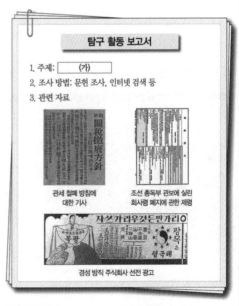

탐구 활동 보고서

1. 주제: (가)
2. 조사 방법: 문헌 조사, 인터넷 검색 등
3. 관련 자료

關稅撤廢方針
관세 철폐 방침에 대한 기사

조선 총독부 관보에 실린 회사령 폐지에 관한 제령

경성 방직 주식회사 선전 광고

① 형평 운동　　　　② 조선학 운동
③ 국채 보상 운동　　④ 농촌 진흥 운동
⑤ 물산 장려 운동

제13장 실전 모의고사 347

39. (가)에 들어갈 내용으로 옳은 것은? [2점]

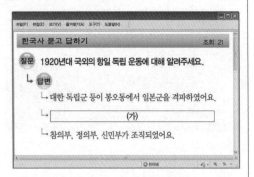

① 박용만이 대조선 국민 군단을 결성하였어요.
② 독립군 연합 부대가 청산리 전투에서 승리하였어요.
③ 안중근이 하얼빈에서 이토 히로부미를 저격하였어요.
④ 조선 의용대가 화북 지역에서 일본군과 전투를 벌였어요.
⑤ 한국 독립군이 대전자령 전투에서 일본군을 격퇴하였어요.

41. 다음 협정이 체결된 시기를 연표에서 옳게 고른 것은? [3점]

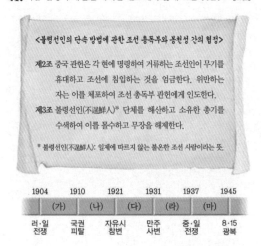

① (가) ② (나) ③ (다) ④ (라) ⑤ (마)

40. 다음 방송의 소재가 된 인물에 대한 설명으로 옳은 것은? [2점]

① 독립 의군부를 조직하였다.
② 조선 의용군을 창설하였다.
③ 조선 공산당을 창립하였다.
④ 조선 혁명 선언을 작성하였다.
⑤ 조선말 큰사전 편찬을 주도하였다.

42. 다음 가상 뉴스에서 보도하고 있는 사건에 대한 설명으로 옳은 것은? [2점]

① 신간회 결성의 배경이 되었다.
② 대한매일신보의 후원을 받았다.
③ 중국의 5·4 운동에 영향을 주었다.
④ 조선어 학회를 중심으로 추진되었다.
⑤ 이른바 문화 통치가 실시되는 계기가 되었다.

43. 밑줄 그은 '이 시기'에 있었던 사실로 옳은 것은?   [1점]

태평양 전쟁이 전개되던 이 시기에 조선 임전 보국단 단장 최린이 조선인에 대한 징병제 실시 결정을 반긴다는 기사입니다.

"우리들 반도 민중은 창씨도 하였고 기쁜 낯으로 제국 군인이 되어 무엇으로 보나 황국 신민이 된 것이다. 이제부터는 있는 힘을 다하여 연성을 쌓아서 군국의 방패로서 부끄럽지 않은 심신을 만들어 두지 않으면 안되겠다."

① 통감부가 설치되었다.
② 정우회 선언이 발표되었다.
③ 경성 제국 대학이 설립되었다.
④ 토지 조사 사업이 실시되었다.
⑤ 여자 정신 근로령이 공포되었다.

44. (가)에 해당하는 인물로 옳은 것은?   [2점]

석주 기념 사업회

| 기념 사업회 소개 | 연 보 | 자료실 | 자유 게시판 | 소 식 |

제 목   일제에 의해 훼손된 석주 (가) 선생의 생가(生家)
작성자   관리자   조 회   123

일제 강점기 경경선(현 중앙선) 철로 부설 때 석주의 생가인 임청각의 행랑채와 부속 건물이 허물어졌다. 석주 일가가 이어온 독립 운동의 맥을 끊기 위해 일제가 철도 노선을 일부러 임청각 앞으로 우회시켰다는 말이 안동 지역에서 전해지고 있다.

▲ 경상북도 안동 임청각

▲ 이전글   석주 선생, 서간도로 망명하여 경학사 설립
▼ 다음글   대한민국 임시 정부 초대 국무령으로 석주 선생 선출

① 김원봉   ② 안창호   ③ 여운형
④ 이동휘   ⑤ 이상룡

45. 다음 글이 발표된 배경으로 옳은 것은?   [2점]

출발에 앞서 김구 선생 담화 발표

내가 30년 동안 조국을 그리다가 겨우 이 반쪽에 들어온 지도 벌써 만 2년 반에 가까웠다. 그동안에 또 다시 안타깝게 그리던 조국의 저 반쪽을 찾아가서 이제 38선을 넘게 되었다. …… 이번 회담의 방안이 무엇이냐고 묻는 친구들이 많다. 그러나 우리는 미리부터 특별한 방안을 작성하지 않고 피차에 백지로 임하기로 약속되었다. …… 조국을 위하여 민주 자주의 통일 독립을 전취하는 현 단계에 처한 우리에게는 벌써 우리의 원칙과 노선이 명백히 규정되어 있는 까닭이다.

① 6·25 전쟁이 발발하였다.
② 브라운 각서가 체결되었다.
③ 애치슨 선언이 발표되었다.
④ 남한만의 단독 선거가 결정되었다.
⑤ 한·미 상호 방위 조약이 조인되었다.

46. (가)에 대한 설명으로 옳지 <u>않은</u> 것은?   [2점]

(가) 수립 100주년 기념 특별 사진전

| 직원 일동 기념 촬영 | 독립 공채 발행 | 한국 광복군 창설 |

① 구미 위원부를 설치하였다.
② 국민 대표 회의를 개최하였다.
③ 연통제와 교통국을 운영하였다.
④ 한·일 관계 사료집을 발간하였다.
⑤ 조선 혁명 간부 학교를 설립하였다.

47. (가)에 들어갈 내용으로 가장 적절한 것은?   [2점]

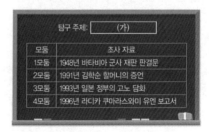

탐구 주제: (가)

모둠	조사 자료
1모둠	1948년 바타비아 군사 재판 판결문
2모둠	1991년 김학순 할머니의 증언
3모둠	1993년 일본 정부의 고노 담화
4모둠	1996년 라디카 쿠마라스와미 유엔 보고서

① 간도 참변의 피해 양상
② 사할린 강제 징용의 실태
③ 관동 대지진과 한인 학살 사건
④ 일본군 '위안부'와 전쟁 범죄 문제
⑤ 중앙아시아로 강제 이주된 한인들의 삶

48. (가), (나) 사이의 시기에 있었던 사실로 옳은 것은? [1점]

(가) 7·4 남북 공동 성명

(나) 부·마 민주 항쟁

① 유신 헌법이 제정되었다.
② 금융 실명제가 실시되었다.
③ 남북 정상 회담이 개최되었다.
④ 한·일 기본 조약이 체결되었다.
⑤ 남북 기본 합의서가 채택되었다.

49. 다음 상황이 전개된 민주화 운동에 대한 설명으로 옳은 것은? [2점]

역사 신문

제△△△호   ○○○○년 ○○월 ○○일

대학 교수단, 가두시위 나서

오늘 대학 교수단이 '학생의 피에 보답하라.' 는 현수막을 들고 거리로 나섰다. 교수단은 '3 · 15 선거를 규탄한다.'는 구호를 외치며 국회의사당으로 향했고, 1만여 명의 학생과 시민들이 시위에 가담하였다.

① 6·29 민주화 선언을 이끌어냈다.
② 4·13 호헌 조치의 철폐를 요구하였다.
③ 신군부의 비상계엄 확대를 반대하였다.
④ 이승만 대통령이 하야하는 결과를 가져왔다.
⑤ 관련 기록물이 유네스코 세계기록유산으로 등재되었다.

50. 다음 담화문을 발표한 정부 시기에 있었던 사실로 옳은 것은? [3점]

전직 대통령을 구속하고 재판하는 일은 국가적으로 불행하고 부끄러운 일입니다. 그러나 이러한 과정을 거치지 않으면 우리 역사는 바로 설 수 없습니다. 우리는 이를 통해 군사 쿠데타라는 불행하고 후진적인 유산을 영원히 추방함으로써 군의 진정한 명예와 국민적 자존심을 되찾을 것입니다. …… 우리가 광복 50주년을 맞아 일제 잔재인 옛 조선 총독부 건물을 철거하기 시작한 것도 역사를 바로 잡아 민족정기를 확립하기 위한 것입니다.

① 남북한 유엔 동시 가입이 이루어졌다.
② 중화 인민 공화국과 국교를 수립하였다.
③ 남북한이 개성 공단 조성에 합의하였다.
④ 경제 협력 개발 기구(OECD)에 가입하였다.
⑤ 국제 통화 기금(IMF)의 관리 체제를 극복하였다.

한국사능력검정시험 답안지

결시자 확인(응시자는 표기하지 말 것)

컴퓨터용 사인펜을 사용하여 열란과
성명, 수험번호란을 표기

○

성명

〈답안지 작성 시 유의 사항〉

1. 수험번호란에는 아라비아숫자로 기재하고 해당란에 "●"와
   같이 완전하게 표기하여야 합니다.
2. 답란에는 반드시 컴퓨터용 사인펜으로 표기하여야 합니다.
3. 답란에는 "●"와 같이 완전하게 표기하여야 하며, 바르지 못한
   표기를 하였을 경우에는 불이익을 받을 수 있습니다.
   (잘못된 표기 (예시) ⊙ ⊗ ① ⊗ ● ◐)
4. 답안지에 낙서를 하거나 불필요한 표기를 하였을 경우 불이익을
   받을 수 있습니다.

수험번호

⓪	⓪	⓪	⓪	⓪	⓪	⓪	⓪	⓪
①	①	①	①	①	①	①	①	①
②	②	②	②	②	②	②	②	②
③	③	③	③	③	③	③	③	③
④	④	④	④	④	④	④	④	④
⑤	⑤	⑤	⑤	⑤	⑤	⑤	⑤	⑤
⑥	⑥	⑥	⑥	⑥	⑥	⑥	⑥	⑥
⑦	⑦	⑦	⑦	⑦	⑦	⑦	⑦	⑦
⑧	⑧	⑧	⑧	⑧	⑧	⑧	⑧	⑧
⑨	⑨	⑨	⑨	⑨	⑨	⑨	⑨	⑨

감독관 확인(응시자는 표기하지 말 것)

응시자의 본인 여부와 수험번호 표기가
정확한지 확인 후 답란에 서명 또는 날인

(서명 또는 날인)

답란

문번	답란
1	① ② ③ ④ ⑤
2	① ② ③ ④ ⑤
3	① ② ③ ④ ⑤
4	① ② ③ ④ ⑤
5	① ② ③ ④ ⑤
6	① ② ③ ④ ⑤
7	① ② ③ ④ ⑤
8	① ② ③ ④ ⑤
9	① ② ③ ④ ⑤
10	① ② ③ ④ ⑤
11	① ② ③ ④ ⑤
12	① ② ③ ④ ⑤
13	① ② ③ ④ ⑤
14	① ② ③ ④ ⑤
15	① ② ③ ④ ⑤
16	① ② ③ ④ ⑤
17	① ② ③ ④ ⑤
18	① ② ③ ④ ⑤
19	① ② ③ ④ ⑤
20	① ② ③ ④ ⑤
21	① ② ③ ④ ⑤
22	① ② ③ ④ ⑤
23	① ② ③ ④ ⑤
24	① ② ③ ④ ⑤
25	① ② ③ ④ ⑤
26	① ② ③ ④ ⑤
27	① ② ③ ④ ⑤
28	① ② ③ ④ ⑤
29	① ② ③ ④ ⑤
30	① ② ③ ④ ⑤
31	① ② ③ ④ ⑤
32	① ② ③ ④ ⑤
33	① ② ③ ④ ⑤
34	① ② ③ ④ ⑤
35	① ② ③ ④ ⑤
36	① ② ③ ④ ⑤
37	① ② ③ ④ ⑤
38	① ② ③ ④ ⑤
39	① ② ③ ④ ⑤
40	① ② ③ ④ ⑤
41	① ② ③ ④ ⑤
42	① ② ③ ④ ⑤
43	① ② ③ ④ ⑤
44	① ② ③ ④ ⑤
45	① ② ③ ④ ⑤
46	① ② ③ ④ ⑤
47	① ② ③ ④ ⑤
48	① ② ③ ④ ⑤
49	① ② ③ ④ ⑤
50	① ② ③ ④ ⑤

절취선

문항번호	정답	배점	문항번호	정답	배점	문항번호	정답	배점	문항번호	정답	배점
1	③	1	16	⑤	3	31	②	2	46	⑤	2
2	②	2	17	①	2	32	①	2	47	④	2
3	①	3	18	②	2	33	①	3	48	①	1
4	③	2	19	⑤	1	34	②	1	49	④	2
5	①	2	20	⑤	2	35	②	3	50	④	3
6	④	2	21	③	3	36	⑤	2			
7	⑤	2	22	③	2	37	①	2			
8	④	3	23	①	2	38	⑤	1			
9	③	1	24	④	2	39	②	2			
10	②	2	25	②	2	40	④	2			
11	①	1	26	⑤	2	41	③	3			
12	②	2	27	①	1	42	①	2			
13	④	3	28	①	1	43	⑤	1			
14	③	2	29	⑤	3	44	⑤	2			
15	③	2	30	②	2	45	④	2			

1. (가) 시대의 사회 모습으로 옳은 것은? [1점]

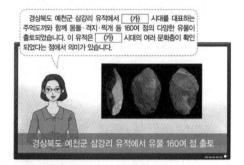

> 경상북도 예천군 삼강리 유적에서 (가) 시대를 대표하는 주먹도끼와 함께 몸돌·격지·찍개 등 160여 점의 다양한 유물이 출토되었습니다. 이 유적은 (가) 시대의 여러 문화층이 확인되었다는 점에서 의미가 있습니다.

경상북도 예천군 삼강리 유적에서 유물 160여 점 출토

① 가락바퀴를 이용하여 실을 뽑았다.
② 주로 동굴에 살면서 사냥과 채집을 하였다.
③ 거푸집을 이용하여 세형 동검을 제작하였다.
④ 빗살무늬 토기를 만들어 식량을 저장하였다.
⑤ 쟁기, 쇠스랑 등의 철제 농기구를 사용하였다.

2. (가)에 들어갈 내용으로 옳은 것은? [2점]

> 기원전 2세기경에 위만이 준왕을 몰아내고 왕이 된 이후 고조선의 상황에 대해 이야기해 볼까요?

> (가)

> 우거왕이 왕검성을 침략한 한 무제의 군대에 맞서 저항했습니다.

① 지방의 여러 성에 욕살, 처려근지 등을 두었습니다.
② 제가 회의에서 나라의 중요한 일을 결정하였습니다.
③ 한(漢)과 진국(辰國) 사이에서 중계 무역을 하였습니다.
④ 전국 7웅 중 하나인 연과 대적할 만큼 성장하였습니다.
⑤ 부왕(否王) 등 강력한 왕이 등장하여 왕위를 세습하였습니다.

3. (가), (나) 나라에 대한 설명으로 옳은 것은? [3점]

> (가) 나라가 작아 큰 나라의 틈바구니에서 압박을 받다가 마침내 고구려에 예속되었다. 고구려는 그 [지역 사람] 중에서 대인(大人)을 두고 사자(使者)로 삼아 함께 통치하게 하였다. 또 대가(大加)로 하여금 조세를 책임지도록 하였고, 맥포(貊布)·어염(魚鹽) 및 해산물 등을 천리나 되는 거리에서 짊어져 나르게 하였다.
> ─ 『삼국지』 동이전 ─

> (나) 해마다 10월이면 하늘에 제사를 지내는데, 밤낮으로 술 마시며 노래 부르고 춤추니 이를 무천(舞天)이라 한다. 또 호랑이를 신(神)으로 여겨 제사 지낸다. …… 낙랑의 단궁이 그 지역에서 산출된다. 바다에서는 반어피가 나며, 땅은 기름지고 무늬 있는 표범이 많고, 과하마가 나온다.
> ─ 『삼국지』 동이전 ─

① (가) - 혼인 풍속으로 민며느리제가 있었다.
② (가) - 읍락 간의 경계를 중시하여 책화가 있었다.
③ (나) - 여러 가(加)들이 별도로 사출도를 주관하였다.
④ (나) - 남의 물건을 훔쳤을 때에는 12배로 갚게 하였다.
⑤ (가), (나) - 제사장인 천군과 신성 지역인 소도가 존재하였다.

4. (가) 나라에 대한 설명으로 옳은 것은? [2점]

> 호계사의 파사석탑(婆娑石塔)은 옛날 이 고을이 (가) 이었을 때, 시조 수로왕의 왕비 허황옥이 동한(東漢) 건무 24년에 서역 아유타국에서 싣고 온 것이다. …… 탑은 사각형에 5층인데, 그 조각은 매우 기이하다. 돌에는 희미한 붉은 무늬가 있고 그 질이 매우 연하여 우리나라에서 나는 돌이 아니다.
> ─ 『삼국유사』 ─

① 철이 많이 생산되어 왜 등에 수출하였다.
② 만장일치제로 운영된 화백 회의가 있었다.
③ 빈민을 구제하기 위해 진대법을 실시하였다.
④ 지방을 통제하기 위해 22담로를 설치하였다.
⑤ 박, 석, 김의 3성이 교대로 왕위를 계승하였다.

5. 다음 검색창에 들어갈 왕에 대한 설명으로 옳은 것은? [2점]

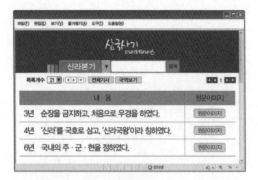

① 첨성대를 세워 천체를 관측하였다.
② 대가야를 정복하여 영토를 확장하였다.
③ 거칠부에게 국사를 편찬하도록 하였다.
④ 건원이라는 독자적인 연호를 사용하였다.
⑤ 시장을 감독하는 관청인 동시전을 설치하였다.

7. 다음 특별전에 전시될 사진으로 적절하지 않은 것은? [1점]

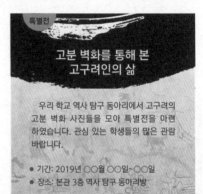

6. (가), (나) 사이의 시기에 있었던 사실로 옳은 것은? [3점]

(가) 김춘추가 무릎을 꿇고 아뢰기를, "…… 만약 폐하께서 당의 군사를 빌려주어 흉악한 무리를 잘라 없애지 않는다면 저희 백성은 모두 포로가 될 것이며, 산 넘고 바다 건너 행하는 조회도 다시는 바랄 수 없을 것입니다."라고 하였다. 태종이 매우 옳다고 여겨서 군사의 출동을 허락하였다.
– 『삼국사기』 –

(나) 계필하력이 먼저 군사를 이끌고 평양성 밖에 도착하였고, 이적의 군사가 뒤따라 와서 한 달이 넘도록 평양을 포위하였다. …… 남건은 성문을 닫고 항거하여 지켰다. …… 5일 뒤에 신성이 성문을 열었다. …… 남건은 스스로 칼을 들어 자신을 찔렀으나 죽지 못했다. [보장]왕과 남건 등을 붙잡았다.
– 『삼국사기』 –

① 당이 안동도호부를 요동 지역으로 옮겼다.
② 신라와 당의 연합군이 백강에서 왜군을 물리쳤다.
③ 신라가 당의 군대에 맞서 매소성에서 승리하였다.
④ 고구려 안승이 신라에 의해 보덕국왕으로 임명되었다.
⑤ 고구려가 당의 침입에 대비하여 천리장성을 완성하였다.

8. 밑줄 그은 '왕'의 재위 기간에 있었던 사실로 옳은 것은? [2점]

왕이 장군 윤충을 보내 군사 1만 명을 거느리고 신라의 대야성을 공격하게 하였다. 성주 품석이 처자를 데리고 나와 항복하자 윤충이 그들을 모두 죽이고 품석의 목을 베어 왕도(王都)에 보냈다. 남녀 1천여 명을 사로잡아 서쪽 지방의 주·현에 나누어 살게 하고 군사를 남겨 그 성을 지키게 하였다.
– 『삼국사기』 –

① 익산에 미륵사를 창건하였다.
② 사비로 천도하고 국호를 남부여로 고쳤다.
③ 수와 외교 관계를 맺고 친선을 도모하였다.
④ 평양성을 공격하여 고국원왕을 전사시켰다.
⑤ 계백의 결사대를 보내 신라군에 맞서 싸웠다.

9. 밑줄 그은 '왕'의 정책으로 옳은 것은?   [2점]

> **설화 속에 담긴 역사**
>
> ○ 왕이 한여름날 설총에게 이야기를 청하였다. 설총이 아첨하는 미인 장미와 충언하는 백두옹(白頭翁: 할미꽃)을 두고 누구를 택할까 망설이는 화왕(花王)에게 백두옹이 간언한 이야기를 해 주었다. 이에 왕이 정색하고 낯빛을 바꾸며 "그대의 우화 속에는 실로 깊은 뜻이 있구나. 이를 기록하여 임금된 자의 교훈으로 삼도록 하라."고 하고, 드디어 설총을 높은 벼슬에 발탁하였다.
>
> ○ 동해 가운데 홀연히 한 작은 산이 나타났는데, 형상이 거북 머리와 같았다. 그 위에 한 줄기의 대나무가 있어, 낮에는 갈라져 둘이 되고 밤에는 합하여 하나가 되었다. 왕이 사람을 시켜 베어다가 피리를 만들어 이름을 만파식적(萬波息笛)이라고 하였다.

① 관료전을 지급하고 녹읍을 폐지하였다.
② 관리 채용을 위해 독서삼품과를 시행하였다.
③ 병부와 상대등을 설치하고 관등을 정비하였다.
④ 자장의 건의로 황룡사 구층 목탑을 건립하였다.
⑤ 위홍과 대구화상에게 삼대목을 편찬하도록 하였다.

10. (가) 국가의 문화유산으로 옳은 것은?   [2점]

□□신문

제△△호   ○○○○년 ○○월 ○○일

(가) 의 황후 묘지 발굴

중국 지린성 허룽시 룽하이촌 룽터우산 고분군에서 (가) 이/가 황제국이었음을 보여주는 제3대 문왕의 부인 효의황후와 제9대 간왕의 부인 순목황후의 묘지(墓誌)가 발굴되었다. 이와 함께 고구려 양식을 계승한 것으로 보이는 금제 관식도 출토되었다.

순목황후묘 실측도

 ①
 ②
 ③
 ④
 ⑤

11. (가) 인물의 활동에 대한 설명으로 옳은 것은?   [2점]

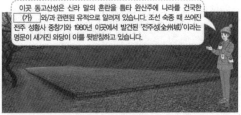

> 이곳 동고산성은 신라 말의 혼란을 틈타 완산주에 나라를 건국한 (가) 와/과 관련된 유적으로 알려져 있습니다. 조선 숙종 때 쓰여진 전주 성황사 중창기와 1980년 이곳에서 발견된 '전주성(全州城)'이라는 명문이 새겨진 와당이 이를 뒷받침하고 있습니다.

① 양길의 휘하에서 세력을 키웠다.
② 후당, 오월에 사신을 파견하였다.
③ 광평성 등 각종 정치 기구를 마련하였다.
④ 일리천 전투에서 고려군에게 패배하였다.
⑤ 국호를 마진으로 바꾸고 철원으로 천도하였다.

12. 다음 정책이 추진된 시기의 경제 상황으로 옳은 것은?   [1점]

> ○ 왕 2년 교서를 내리기를, "…… 짐은 선왕의 업적을 계승하여 장차 민간에 큰 이익을 일으키고자 주전(鑄錢)하는 관청을 세우고 백성들에게 두루 유통시키려 한다."라고 하였다.
>
> ○ 왕 6년 주전도감(鑄錢都監)에서 아뢰기를, "백성들이 비로소 동전 사용의 이로움을 알아 편리하게 여기고 있으니 종묘에 고하소서." 라고 하였다. 또한 이 해에 은병(銀瓶)을 사용하여 화폐로 삼았다.

① 집집마다 부경이라는 창고가 있었다.
② 청해진을 중심으로 해상 무역이 전개되었다.
③ 서적점, 다점 등의 관영 상점이 운영되었다.
④ 감자, 고구마 등의 구황 작물을 널리 재배하였다.
⑤ 일본과의 무역을 허용하고 계해약조를 체결하였다.

13. (가) 왕이 시행한 정책으로 옳지 않은 것은?   [2점]

> 발해가 거란의 군사에게 격파되자 그 나라 세자인 대광현 등이 우리나라가 의(義)로써 흥기하였으므로 남은 무리 수만 호를 거느리고 밤낮으로 길을 재촉하여 달려왔습니다. (가) 께서는 이들을 더욱 가엾게 여기시어 영접과 대우가 매우 두터웠고, 성과 이름을 하사하시기까지 이르렀습니다. 또한 그들을 종실의 족보에 붙이고, 본국 조상들의 제사를 받들도록 하셨습니다.
>
> - 「고려사」 -

① 평양을 서경으로 삼아 중시하였다.
② 민생 안정을 위해 흑창을 설치하였다.
③ 경순왕 김부를 경주의 사심관으로 삼았다.
④ 국자감에 7재라는 전문 강좌를 개설하였다.
⑤ 계백료서를 지어 관리의 규범을 제시하였다.

14. (가)~(라)를 일어난 순서대로 옳게 나열한 것은?　　[3점]

> (가) 강감찬이 수도에 성곽이 없다 하여 나성을 쌓을 것을 요청하니, 왕이 그 건의를 따라 왕가도에게 명령하여 축조하게 하였다.
>
> (나) 양규가 흥화진으로부터 군사 7백여 명을 이끌고 통주까지 와서 군사 1천여 명을 수습하였다. 밤중에 곽주로 들어가서 지키고 있던 거란군을 급습하여 모조리 죽인 후 성 안에 있던 남녀 7천여 명을 통주로 옮겼다.
>
> (다) 묘청 등이 왕에게 말하기를, "신들이 보건대 서경의 임원역은 음양가들이 말하는 대화세(大華勢)이니 만약 이곳에 궁궐을 세우고 옮기시면 천하를 병합할 수 있을 것이요, 금이 공물을 바치고 스스로 항복할 것입니다."라고 하였다.
>
> (라) 윤관이 여진을 평정하고 6성을 새로 쌓았다 하여 하례하는 표를 올렸고, 임언에게 공적을 칭송하는 글을 짓게 하여 영주(英州) 남청(南廳)에 걸었다. 또 공험진에 비를 세워 경계로 삼았다.

① (가) – (나) – (다) – (라)　　② (가) – (나) – (라) – (다)
③ (나) – (가) – (라) – (다)　　④ (나) – (다) – (가) – (라)
⑤ (다) – (라) – (나) – (가)

15. (가)에 해당하는 문화유산으로 옳은 것은?　　[1점]

우리 고장의 문화유산에 대해 말해 보자.

국보 제323호이자 고려 시대 최대 규모의 불상인 (가) 이가 있어.

은진 미륵이라고도 불리는데, 거대하고 투박하면서도 지역적 특색을 담고 있지.

① ② ③ ④ ⑤

16. (가) 국가의 침입에 대한 고려의 대응으로 옳지 <u>않은</u> 것은?　　[3점]

> ○ (가) 의 장수 합진과 찰랄이 군사를 거느리고 …… 거란을 토벌하겠다고 말하면서 화주, 맹주, 순주, 덕주의 4개 성을 공격하여 격파하고 곧바로 강동성으로 향하였다. …… 조충과 김취려가 합진, 완안자연 등과 함께 병사를 합하여 강동성을 포위하니 적들이 성문을 열고 나와 항복하였다.
> 　　　　　　　　　　　　　　　　　　　　　　　– 『고려사』 –
>
> ○ (가) 에서 조서를 보내 이르기를, "…… 너희들이 모의하여 [우리 사신] 저고여를 죽이고서는 포선만노의 백성들이 죽였다고 한 것이 세 번째 죄이다. ……"라고 하였다.
> 　　　　　　　　　　　　　　　　　　　　　　　– 『고려사』 –

① 강화도로 도읍을 옮겨 항전하였다.
② 김윤후가 처인성 전투에서 활약하였다.
③ 화포를 이용하여 진포에서 대승을 거두었다.
④ 다인철소 주민들이 충주 지역에서 저항하였다.
⑤ 대장도감을 설치하여 팔만대장경판을 만들었다.

17. (가) 정치 기구에 대한 설명으로 옳은 것은?　　[2점]

> **역사 용어 해설**
>
> ### (가)
>
> **1. 개요**
> 　1405년(태종 5)에 독립된 기구로 개편된 중앙 관서로, 경국대전에 의하면 도승지·좌승지·우승지·좌부승지·우부승지·동부승지 모두 6인의 승지가 있었다.
>
> **2. 관련 사료**
> 　승지에 임명되는 당상관은 이조나 대사간을 거쳐야 맡을 수 있었고, 인망이 마치 신선과 같으므로 세속 사람들이 '은대(銀臺)' 학사라고 부른다.
> 　　　　　　　　　　　　　　　　　　　– 『임하필기』 –

① 수도의 행정과 치안을 맡아보았다.
② 화폐와 곡식의 출납과 회계를 맡았다.
③ 5품 이하의 관원에 대한 서경권을 가졌다.
④ 왕의 비서 기관으로 왕명 출납을 담당하였다.
⑤ 외국어의 통역과 번역에 관한 업무를 관장하였다.

18. 다음 역사서가 편찬된 이후의 사실로 옳은 것은?   [2점]

> ○ 대체로 옛 성인들은 예악으로 나라를 일으키고 인의로 가르침을 베푸는 데 있어 괴력난신(怪力亂神)을 말하지 않았다. 그러나 제왕이 장차 일어날 때에는 …… 보통사람과는 다른 점이 있기 마련이다. …… 이로 보건대 삼국의 시조가 모두 신비로운 데에서 탄생하였다고 하여 이상할 것이 없다. 이 책머리에 기이(紀異)편을 싣는 까닭도 바로 여기에 있는 것이다.
>
> ○ 신(臣) 이승휴가 지어서 바칩니다. 예로부터 제왕들이 서로 계승하여 주고받으며 흥하고 망한 일은 세상을 경영하는 군자가 밝게 알지 않아서는 안 되는 바입니다. …… 그 선하여 본받을 만한 것과 악하여 경계로 삼을 만한 것은 모두 일마다 춘추필법에 따랐습니다.

① 쌍기의 건의로 과거제가 도입되었다.
② 이제현이 만권당에서 유학자들과 교류하였다.
③ 최충이 유학을 교육하는 9재 학당을 설립하였다.
④ 망이·망소이가 가혹한 수탈에 저항하여 봉기하였다.
⑤ 의천이 불교 교단 통합을 위해 천태종을 개창하였다.

19. (가) 지역에서 있었던 사실로 옳은 것은?   [2점]

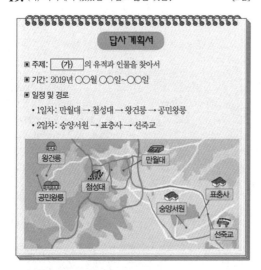

① 인조가 피신하여 청군에 항전하였다.
② 제1차 미·소 공동 위원회가 개최되었다.
③ 오페르트가 남연군 묘 도굴을 시도하였다.
④ 만적을 비롯한 노비들이 신분 해방을 도모하였다.
⑤ 현존 최고(最古)의 금속 활자본인 직지심체요절이 간행되었다.

20. (가)에 들어갈 내용으로 옳은 것은?   [2점]

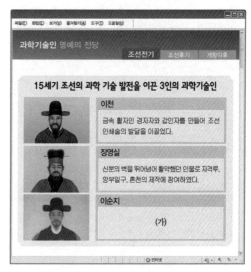

① 기기도설을 참고하여 거중기를 설계하였다.
② 최초로 100리 척 축척법을 사용하여 지도를 만들었다.
③ 홍역에 관한 국내외 자료를 종합하여 의서를 편찬하였다.
④ 한양을 기준으로 천체 운동을 계산한 역법서를 저술하였다.
⑤ 체질에 따라 처방을 달리해야 한다는 사상 의학을 확립하였다.

21. (가), (나)에 대한 설명으로 옳은 것은?   [2점]

나는 8도의 부·목·군·현에 파견되는 (가) 입니다. 경국대전에 의하면 임기는 1,800일이고, 원칙적으로 상피제의 적용을 받고 있습니다.

나는 지방 관아에서 행정 실무를 담당하는 (나) 입니다. 고려 때와는 달리 요즘은 외역전도 지급받지 못하고 직무를 수행하고 있습니다. 우리들의 수장을 호장이라고도 부릅니다.

① (가) - 단안(壇案)이라는 명부에 등재되었다.
② (가) - 지방의 행정·사법·군사권을 행사하였다.
③ (나) - 감사, 도백으로도 불렸다.
④ (나) - 장례원(掌隷院)을 통해 국가의 관리를 받았다.
⑤ (가), (나) - 잡과를 통해 선발되었다.

22. (가), (나) 사이의 시기에 있었던 사실로 옳은 것은?　　[2점]

> (가) 왕이 어머니 윤씨가 폐위되고 죽은 것이 엄씨와 정씨의 참소 때문이라 여기고, 밤에 엄씨와 정씨를 대궐 뜰에 결박하여 놓고 손수 마구 치고 짓밟았다. …… 왕이 장검을 들고 자순 왕대비 침전 밖에 서서 …… 말하기를 "대비는 어찌하여 내 어머니를 죽였습니까?"라고 하며 불손한 말을 많이 하였다.
>
> (나) 정유년 이후부터 조정 신하들 사이에는 대윤이니 소윤이니 하는 말들이 있었다. …… 인종이 승하한 뒤에 윤원형이 기회를 얻었음을 기뻐하여 비밀히 보복할 생각을 품었다. …… 자전(慈殿)*은 밀지를 윤원형에게 내렸다. 이에 이기 · 임백령 · 정순붕 · 허자가 고변하여 큰 화를 만들어 냈다.
>
> *자전(慈殿): 임금의 어머니

① 왕자의 난으로 정도전 등이 피살되었다.
② 위훈 삭제를 주장한 조광조가 제거되었다.
③ 서인이 반정을 일으켜 정권을 장악하였다.
④ 성삼문 등이 상왕의 복위를 꾀하다 처형되었다.
⑤ 이조 전랑 임명을 둘러싸고 사림이 동인과 서인으로 나뉘었다.

23. (가)에 대한 설명으로 옳은 것은?　　[1점]

① 좌수와 별감을 선발하여 운영하였다.
② 지방의 사림 세력이 주로 설립하였다.
③ 전국의 부 · 목 · 군 · 현에 하나씩 설립되었다.
④ 최고의 관립 교육 기관으로 성현의 제사도 지냈다.
⑤ 흥선 대원군에 의해 47개소를 제외하고 철폐되었다.

24. 밑줄 그은 '이 왕'의 재위 기간에 있었던 사실로 옳은 것은?　　[2점]

제시된 자료는 이 왕이 세자 시절 쓴 칠언시입니다. 척화를 주장했던 신하들과 함께 청에 볼모로 잡혀갔다 돌아온 후에 지은 것으로 보입니다.

> 세상의 뜬 이름 모두 다 헛되니
> 물가에서 뛰어난 흥취를 한 잔 술에 붙이노라.
> 늙은 수레 발이 묶여 참으로 부끄러운데
> 샘물 소리 도도하니 나의 한도 끝이 없노라.

① 나선 정벌에 조총 부대가 동원되었다.
② 왕권 강화를 위해 장용영이 설치되었다.
③ 청과의 경계를 정한 백두산정계비가 건립되었다.
④ 역대 문물을 정리한 동국문헌비고가 편찬되었다.
⑤ 전통 한의학을 집대성한 동의보감이 완성되었다.

25. 다음 상황 이후에 전개된 사실로 옳은 것은?　　[3점]

> 인평 대군의 아들 여러 복(복창군 · 복선군 · 복평군)이 본래 교만하고 억세었는데, 임금이 초년에 자주 병을 앓았으므로 그들이 몰래 못된 생각을 품고 바라서는 안 될 자리를 넘보았다. …… 남인에 붙어서 윤휴와 허목을 스승으로 삼고 …… 그들이 허적의 서자 허견을 보고 말하기를, "임금에게 만약 불행한 일이 생기면 너는 우리를 후사로 삼게 하라. 우리는 너에게 병조 판서를 시킬 것이다."라고 하였다. …… 이 때 김석주가 남몰래 그 기미를 알고 경신년 옥사를 일으켰다.
>
> - 「연려실기술」 -

① 자의 대비의 복상 문제로 예송이 전개되었다.
② 정여립 모반 사건으로 서인이 정국을 주도하였다.
③ 이괄의 난이 일어나 반란군이 도성을 장악하였다.
④ 북인이 서인과 남인을 배제한 채 정국을 독점하였다.
⑤ 희빈 장씨 소생의 원자 책봉 문제로 환국이 발생되었다.

26. 밑줄 그은 '이 제도'에 대한 설명으로 옳은 것은?   [2점]

이원익 대감의 건의로 경기도에 이 제도를 시행하고 있다네. 방납의 폐단이 경기도에서 특히 심해서라더군.

이제 각 고을에서는 공물을 현물 대신 쌀로 거두어 선혜청으로 납부한다는군.

① 양반에게도 군포가 부과되었다.
② 양전 사업을 실시하여 지계를 발급하였다.
③ 풍흉에 따라 전세를 9등급으로 차등 부과하였다.
④ 부족한 재정의 보충을 위해 선무군관포를 징수하였다.
⑤ 관청에 물품을 조달하는 공인이 등장하는 배경이 되었다.

27. 다음 글을 쓴 인물에 대한 설명으로 옳은 것은?   [3점]

중국은 서양에 대해서 경도의 차이가 1백 80도에 이르는데, 중국 사람은 중국을 정계(正界)로 삼고 서양을 도계(倒界)로 삼으며, 서양 사람은 서양을 정계로 삼고 중국을 도계로 삼는다. 그러나 실제에 있어서는 하늘을 이고 땅을 밟는 사람은 지역에 따라 모두 그러하니, 횡(橫)이나 도(倒)할 것이 없이 다 정계다.

– 「의산문답」 –

① 지전설과 무한우주론을 주장하였다.
② 남북국이라는 용어를 처음 사용하였다.
③ 북한산비가 진흥왕 순수비임을 고증하였다.
④ 서얼 출신으로 규장각 검서관에 등용되었다.
⑤ 여전론을 통해 마을 단위 토지 분배와 공동 경작을 주장하였다.

28. (가) 종교에 대한 설명으로 옳은 것은?   [1점]

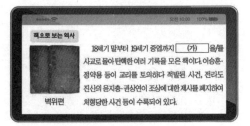

18세기 말부터 19세기 중엽까지 [(가)] 을/를 사교로 몰아 탄핵한 여러 기록을 모은 책이다. 이승훈·정약용 등이 교리를 토의하다 적발된 사건, 전라도 진산의 윤지충·권상연이 조상에 대한 제사를 폐지하여 처형당한 사건 등이 수록되어 있다.

벽위편

① 단군 숭배 사상을 전파하였다.
② 하늘에 제사 지내는 초제를 거행하였다.
③ 동경대전과 용담유사를 경전으로 삼았다.
④ 청을 다녀온 사신들에 의하여 서학으로 소개되었다.
⑤ 유·불·선을 바탕으로 민간 신앙의 요소까지 포함하였다.

29. 다음 상황이 나타난 시기의 경제 모습으로 옳지 않은 것은?   [2점]

호조 판서 이성원이 말하기를, "종전에 허다하게 주조한 돈을 결코 작년과 금년에 다 써버렸을 리가 없고, 경외(京外) 각 아문의 봉부동전(封不動錢)* 역시 새로 조성한 것이 아닙니다. 작년과 금년에 전황(錢荒)이 극심한 것은 아마도 부상(富商)과 대고(大賈)가 이 때를 틈타 감추어 두고 이익을 취하려는 것으로 보이는데, 그 폐단을 바로잡을 방책이 없습니다."라고 하였다.

– 「비변사등록」 –

*봉부동전(封不動錢): 창고에 넣고 쓰지 못하도록 봉해 둔 비상대비용 돈

① 덕대가 광산을 전문적으로 경영하였다.
② 담배와 면화 등이 상품 작물로 재배되었다.
③ 수조권이 세습되는 수신전, 휼양전이 있었다.
④ 송상, 만상이 대청 무역으로 부를 축적하였다.
⑤ 왜관에서 개시 무역과 후시 무역이 이루어졌다.

30. (가) 사건에 대한 설명으로 옳은 것은?   [2점]

이곳은 유계춘의 무덤입니다. 그는 경상 우병사 백낙신의 탐학과 향리들의 횡포에 맞서 농민들과 함께 [(가)] 을/를 일으켰습니다. 이를 계기로 농민 봉기가 삼남 지방으로 확산되었습니다.

① 청의 군대에 의해 진압되었다.
② 최제우가 동학을 창시하는 계기가 되었다.
③ 왕이 도성을 떠나 공산성으로 피란하였다.
④ 남접과 북접이 연합하여 조직적으로 전개되었다.
⑤ 사건의 수습을 위해 박규수가 안핵사로 파견되었다.

31. 다음 서술형 평가의 답안에 들어갈 내용으로 옳은 것은? [3점]

서술형 평가   ○학년 ○○반 이름: ○○○

◎ 밑줄 그은 '이 기구'에서 추진한 정책을 서술하시오.

이 기구는 변화하는 국내외 정세에 대응하고 개화 정책을 총괄하기 위해 1880년에 설치되었다. 소속 부서로 외교 업무를 담당하는 사대사와 교린사, 중앙과 지방의 군사를 통솔하는 군무사, 외국과의 통상에 관한 일을 맡는 통상사, 외국어 번역을 맡은 어학사, 재정 사무를 담당한 이용사 등 12사가 있었다.

답안

① 재판소를 설치하여 사법권을 독립시켰다.
② 미국과 합작하여 한성 전기 회사를 설립하였다.
③ 5군영을 2영으로 축소하고 별기군을 창설하였다.
④ 재정 문제를 해결하기 위해 당백전을 주조하였다.
⑤ 교육 입국 조서를 반포하고 외국어 학교 관제를 마련하였다.

32. (가)~(마)에 들어갈 내용으로 적절한 것은? [2점]

〈한국사 시민 강좌〉

인물로 보는 우리 역사

우리 학회에서는 격동의 시대를 살펴던 인물들의 삶을 살펴보는 자리를 마련하였습니다. 많은 관심과 참여 바랍니다.

강좌 순서	인 물	주 제
제1강	최익현	(가)
제2강	김옥균	(나)
제3강	전봉준	(다)
제4강	김홍집	(라)
제5강	홍범도	(마)

• 일시: 2019년 ○○월 ○○일~○○월 ○○일 14시
• 장소: □□ 대학교 대강당
• 주관: △△학회

① (가) - 반침략 기치를 들고 우금치 전투에 참여하다
② (나) - 군국기무처의 총재로 개혁을 주도하다
③ (다) - 입헌 군주제를 꿈꾸며 갑신정변을 일으키다
④ (라) - 을사늑약에 반대하여 항일 의병을 이끌다
⑤ (마) - 평민 의병장에서 대한 독립군 사령관으로 활약하다

33. 다음 사건이 일어난 시기를 연표에서 옳게 고른 것은? [2점]

일본 장교는 군사의 대오를 정렬하여 합문을 에워싸고 지키도록 명령하여, 흉악한 일본 자객들이 왕후 폐하를 수색하는 것을 도왔다. 이에 자객 20~30명이 …… 전각으로 돌입하여 왕후를 찾았다. …… 자객들은 각처를 찾더니 마침내 깊은 방 안에서 왕후 폐하를 찾아내고 칼로 범하였다. …… 녹원 수풀 가운데로 옮겨 석유를 그 위에 바르고 나무를 쌓아 불을 지르니 다만 해골 몇 조각만 남았다.

– 고등재판소 보고서 –

1882	1884	1889	1894	1896	1904
	(가)	(나)	(다)	(라)	(마)
임오 군란	갑신 정변	함경도 방곡령 선포	청·일 전쟁	아관 파천	러·일 전쟁

① (가)　② (나)　③ (다)　④ (라)　⑤ (마)

34. (가) 시기에 실시된 정책으로 옳은 것은? [2점]

이 어진은 황룡포를 입은 고종의 모습을 그린 것입니다. 본래 조선의 왕은 홍룡포를 입었는데, 고종은 황룡포를 입고 황제 즉위식을 올린 후 새로운 국호인 [(가)] 을/를 선포하였습니다.

① 이범윤을 간도 관리사로 임명하였다.
② 김윤식을 청에 영선사로 파견하였다.
③ 건양이라는 독자적인 연호를 사용하였다.
④ 행정 기구를 6조에서 8아문으로 개편하였다.
⑤ 공사 노비법을 혁파하고 과거제를 폐지하였다.

35. 다음 검색창에 들어갈 신문에 대한 설명으로 옳은 것은? [1점]

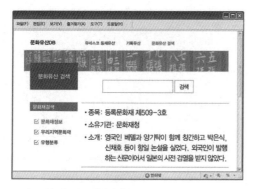

① 천도교의 기관지로 발행되었다.
② 상업 광고가 처음으로 게재되었다.
③ 국채 보상 운동의 확산에 기여하였다.
④ 농촌 계몽을 위해 브나로드 운동을 전개하였다.
⑤ 순 한문 신문으로 열흘마다 발행하는 것이 원칙이었다.

36. (가), (나) 조약 사이의 시기에 있었던 사실로 옳은 것은? [2점]

> (가) 제4조 ······ 대한 제국 정부는 대일본 제국 정부의 행동이 용이
> 하도록 충분한 편의를 제공한다. 대일본 제국 정부는
> ······ 군사 전략상 필요한 지점을 수시로 사용할 수 있다.
>
> (나) 제2조 한국 정부의 법령 제정 및 중요한 행정상 처분은 미리
> 통감의 승인을 거칠 것.
>   ⋮
>   제5조 한국 정부는 통감이 추천하는 일본인을 한국 관리에
> 임명할 것.

① 안중근이 하얼빈에서 이토 히로부미를 사살하였다.
② 의병 진압을 위한 '남한 대토벌' 작전이 전개되었다.
③ 일본이 경복궁을 점령하고 내정 개혁을 요구하였다.
④ 헤이그에서 열린 만국 평화 회의에 특사가 파견되었다.
⑤ 영국군이 러시아를 견제하기 위해 거문도를 불법 점령하였다.

37. (가)~(마) 단체에 대한 설명으로 옳은 것은? [3점]

> **한국사 과제 안내문**
>
> ■ 다음 국외 독립 운동 단체 중 하나를 선택하여 보고서를
> 제출하시오.
>
> · 간민회 ·· (가)
> · 부민단 ·· (나)
> · 신한 청년당 ·· (다)
> · 대한인 국민회 ······································ (라)
> · 대한 광복군 정부 ·································· (마)
>
> ■ 조사 방법: 문헌 조사, 인터넷 검색 등
> ■ 제출 기간: 2019년 ○○월 ○○일~○○월 ○○일
> ■ 분량: A4 용지 3장 이상

① (가) - 샌프란시스코에 중앙 총회를 두었다.
② (나) - 숭무 학교를 설립하여 독립군을 양성하였다.
③ (다) - 권업신문을 발행하여 민족 의식을 고취하였다.
④ (라) - 2·8 독립 선언서를 작성하여 발표하였다.
⑤ (마) - 이상설과 이동휘를 정·부통령으로 선임하였다.

38. 밑줄 그은 '만세 시위 운동'에 대한 설명으로 옳은 것은? [2점]

① 사회주의 세력의 주도 아래 계획되었다.
② 순종의 인산일을 기회로 삼아 추진되었다.
③ 조선 형평사를 중심으로 전국으로 확산되었다.
④ 대한민국 임시 정부가 수립되는 계기가 되었다.
⑤ 박상진이 주도한 대한 광복회 결성에 영향을 주었다.

39. (가) 단체에 대한 설명으로 옳은 것은? [2점]

> 지난 3일 전남 광주에서 일어난 고보학생 대 중학생의 충돌 사건에 대하여 종로에 있는 [(가)] 본부에서는 제19회 중앙상무집행위원회의 결의로 장성·송정·광주 세 지회에 대하여 긴급 조사 보고를 지령하는 동시에 사태의 진전을 주시하고 있던 바, 지난 8일 밤 중요 간부들이 긴급 상의한 결과, 사건 내용을 철저히 조사하고 구금된 학생들의 석방도 교섭하기 위하여 중앙집행위원장 허헌, 서기장 황상규, 회계 김병로 세 최고 간부를 광주까지 특파하기로 하고 9일 오전 10시 특급 열차로 광주에 향하게 하였다더라.
>
> – 동아일보 –

① 조선 혁명 선언을 활동 지침으로 삼았다.
② 민족 유일당 운동의 일환으로 창립되었다.
③ 조선학 운동을 전개하여 여유당전서를 간행하였다.
④ 조소앙의 삼균주의를 기초로 기본 강령을 발표하였다.
⑤ 대성 학교와 오산 학교를 세워 민족 교육을 전개하였다.

40. 다음 대책이 발표된 이후 일제가 시행한 정책으로 옳은 것은? [1점]

> **1. 친일 단체 조직의 필요**
> …… 암암리에 조선인 중 …… 친일 인물을 물색케 하고, 그 인물로 하여금 …… 각기 계급 및 사정에 따라 각종의 친일적 단체를 만들게 한 후, 그에게 상당한 편의와 원조를 제공하여 충분히 활동토록 할 것.
> ⋮
> **1. 농촌 지도**
> …… 조선 내 각 면에 ○재회 등을 조직하고 면장을 그 회장에 추대하고 여기에 간사 및 평의원 등을 두어 유지(有志)가 단체의 주도권을 잡고, 그 단체에는 국유 임야의 일부를 불하하거나 입회를 허가하는 등 당국의 양해 하에 각종 편의를 제공할 것.
> – 『사이토 마코토 문서』 –

① 한국인에 한해 적용되는 조선 태형령이 공포되었다.
② 사회주의 운동을 탄압하기 위한 치안 유지법이 마련되었다.
③ 기한 내에 토지를 신고하게 하는 토지 조사령이 제정되었다.
④ 헌병대 사령관이 치안을 총괄하는 경무총감부가 신설되었다.
⑤ 회사 설립 시 총독의 허가를 얻도록 하는 회사령이 발표되었다.

41. (가), (나)에 들어갈 내용으로 옳은 것은? [2점]

일제 강점기 종교계의 저항		
불교	**천도교**	**대종교**
조선 불교 유신회를 조직하여 사찰령 철폐 운동을 전개하였다.	(가)	(나)

① (가) – 의민단을 조직하여 무장 투쟁을 전개하였다.
② (가) – 잡지 개벽을 발행하여 민족 의식을 고취하였다.
③ (나) – 경향신문을 발간하여 민중 계몽에 힘썼다.
④ (나) – 배재 학당을 세워 신학문 보급에 기여하였다.
⑤ (가), (나) – 을사오적을 처단하기 위해 자신회를 결성하였다.

42. (가) 단체의 활동으로 옳은 것은? [1점]

이달의 독립운동가

이 봉 창

서울 출신으로 1925년에 일본으로 건너가 막일로 생계를 유지하다 민족 차별에 분노하여 독립 운동에 투신할 것을 결심하고 상하이로 갔다. 1931년 김구가 조직한 [(가)]에 가입하고, 1932년 1월 도쿄에서 일왕이 탄 마차를 향해 폭탄을 던졌다. 같은 해 사형을 선고받아 순국하였으며, 광복 후 서울 효창 공원에 안장되었다.

① 중국군과 함께 영릉가 전투에서 큰 전과를 올렸다.
② 영국군의 요청으로 인도·미얀마 전선에 투입되었다.
③ 홍커우 공원에서 일어난 윤봉길 의거를 계획하였다.
④ 조선 총독부에 국권 반환 요구서를 제출하려 하였다.
⑤ 조선 혁명 간부 학교를 설립하여 군사 훈련에 힘썼다.

43. 다음 글을 쓴 인물의 활동으로 옳은 것은?   [2점]

> 우리 조선의 역사적 발전의 전 과정은 …… 외관상의 이른바 특수성이 다른 문화 민족의 역사적 발전 법칙과 구별될 만큼 독자적인 것은 아니며, 세계사적인 일원론적 역사 법칙에 의해 다른 여러 민족과 거의 같은 궤도의 발전 과정을 거쳐 왔던 것이다. …… 여기에서 조선사 연구의 법칙성이 가능하게 되며, 그리고 세계사적 방법론 아래에서만 과거의 민족 생활 발전사를 내면적으로 이해함과 동시에 현실의 위압적인 특수성에 대해 절망을 모르는 적극적인 해결책을 발견할 수 있을 것이다.

① 조선사 편수회에 들어가 조선사 편찬에 참여하였다.
② 실증주의 사학의 연구를 위해 진단 학회를 창립하였다.
③ 한국독립운동지혈사에서 독립 투쟁 과정을 서술하였다.
④ 임시 사료 편찬회에서 한·일 관계 사료집을 편찬하였다.
⑤ 식민 사학을 반박하는 조선봉건사회경제사를 저술하였다.

44. 밑줄 그은 '이 사건' 이후의 사실로 옳은 것은?   [2점]

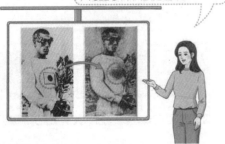

> 이 사진은 베를린 올림픽에서 우승한 손기정 선수의 시상식 모습입니다. 일부 신문들이 손기정 선수의 가슴에 있던 일장기를 삭제했는데, 이 사건으로 해당 신문들은 무기 정간을 당하거나 자진 휴간했습니다.

① 일제에 의해 경성 제국 대학이 설립되었다.
② 신경향파 작가들이 카프(KAPF)를 결성하였다.
③ 나운규가 제작한 영화 아리랑이 처음 개봉되었다.
④ 여성 계몽과 구습 타파를 주장하는 근우회가 창립되었다.
⑤ 일제가 한글 학자들을 구속한 조선어 학회 사건이 일어났다.

45. 밑줄 그은 '국회'에 대한 설명으로 옳은 것은?   [2점]

> 지난 5·10 총선을 통해 구성된 국회가 반민족 행위자를 처벌할 수 있는 법안을 통과시켰습니다. 이 법의 적용을 받는 자는 한·일 합방에 협력한 자, 한국의 주권을 침해하는 데 도움을 준 자, 일본 치하 독립운동자나 그 가족을 살상·박해한 자 등입니다. 아울러 반민족 행위를 예비 조사하기 위해 특별 조사 위원회를 설치하기로 했습니다.

① 민의원, 참의원의 양원으로 운영되었다.
② 한·미 자유 무역 협정(FTA)을 비준하였다.
③ 초대 대통령에 한해 중임 제한을 철폐하였다.
④ 유상 매수·유상 분배 원칙의 농지 개혁법을 제정하였다.
⑤ 의원 정수 3분의 1이 통일 주체 국민 회의에서 선출되었다.

46. 다음 인물에 대한 설명으로 옳은 것은?   [3점]

2019년 이달의 독립운동가

OOO [1881~1950]

훈격: 대한민국장   서훈 연도: 1989년

■ 공적 개요
• 1919년 파리 강화 회의 민족 대표
• 1935년 민족 혁명당 설립 참여
• 1944년 대한민국 임시 정부 부주석

① 의열단을 조직하여 단장으로 활동하였다.
② 재미 한인을 중심으로 흥사단을 창립하였다.
③ 신흥 강습소를 설립하여 독립군을 양성하였다.
④ 민족 자주 연맹을 이끌고 남북 협상에 참여하였다.
⑤ 일제의 패망과 건국에 대비하여 조선 건국 동맹을 결성하였다.

47. 다음 조약에 대한 설명으로 옳은 것을 〈보기〉에서 고른 것은? [2점]

> 국제 연합군 총사령관을 한쪽 편으로 하고 조선 인민군 최고 사령관 및 중국 인민 지원군 사령원을 다른 쪽으로 하는 아래의 서명자들은 쌍방에 막대한 고통과 유혈을 초래한 한국에서의 충돌을 정지시키기 위하여, 최후적인 평화적 해결이 달성될 때까지 한국에서의 적대 행위와 일체 무장 행동의 완전한 정지를 보장하는 정전을 확립할 목적으로, 아래의 조항에 기재된 정전 조건과 규정을 접수하며 또 그 제약과 통제를 받는 데 각자 공동 상호 동의한다. 이 조건과 규정들의 의도는 순전히 군사적 성질에 속하는 것이며 이는 오직 한국에서의 교전 쌍방에만 적용한다.

〈보 기〉
ㄱ. 포로 송환 문제로 인해 체결이 지연되었다.
ㄴ. 미국과 소련의 군정이 종식되는 계기가 되었다.
ㄷ. 군사 분계선을 확정하고 비무장 지대를 설정하였다.
ㄹ. 미국의 극동 방위선을 조정한 애치슨 선언에 영향을 주었다.

① ㄱ, ㄴ ② ㄱ, ㄷ ③ ㄴ, ㄷ ④ ㄴ, ㄹ ⑤ ㄷ, ㄹ

48. (가) 정부 시기의 사실로 옳은 것은? [3점]

사형 집행 소식에 오열하는 유가족

지난 2007년 1월, 서울중앙지방법원은 '인민혁명당 재건위 사건'에 연루되어 사형당한 8인에게 무죄를 선고하였다. '인민혁명당 재건위 사건'은 (가) 정부 시기 국가 전복을 계획했다는 혐의로 국가보안법 및 긴급 조치 제4호에 따라 서도원·도예종·여정남을 포함한 다수 인사들을 체포하여 사형·무기 징역 등을 선고한 사건이다. 특히 판결 확정 후 18시간 만인 다음 날 새벽, 형 선고 통지서가 도착하기도 전에 사형수에 대한 형이 집행되었다. 당시 국제법학자협회는 사형이 집행된 4월 9일을 '사법 역사상 암흑의 날'로 선포하였다.

① 한·미 상호 방위 조약을 체결하였다.
② YH 무역 노동자들의 농성을 강경 진압하였다.
③ 대통령 긴급 명령으로 금융 실명제를 시행하였다.
④ 사회 정화를 명분으로 삼청 교육대를 설치하였다.
⑤ 평화 통일론을 주장한 진보당의 조봉암을 제거하였다.

49. 밑줄 그은 '민주화 운동'에 대한 설명으로 옳은 것은? [1점]

이것은 당시 치안본부 남영동 대공 분실에서 고문을 당하여 죽은 박종철에 대한 국민 추도회 사진이야.

이 고문 치사 사건은 호헌 철폐·독재 타도를 외쳤던 민주화 운동의 도화선이 되었어.

민주화 운동 사진전

① 장면 내각이 출범하는 배경이 되었다.
② 굴욕적인 한·일 국교 정상화에 반대하였다.
③ 5년 단임의 대통령 직선제 개헌을 이끌어 냈다.
④ 신군부의 계엄령 확대와 무력 진압에 저항하였다.
⑤ 3·15 부정 선거에 항의하는 시위가 전국으로 확산되었다.

50. 다음 정부 시기의 통일 노력으로 옳은 것은? [2점]

사진으로 보는 ○○○ 정부

민주자유당 창당 축하연

서울 올림픽 개최 3당 합당 남북한 유엔 동시 가입

① 남북 기본 합의서를 교환하였다.
② 7·4 남북 공동 성명을 발표하였다.
③ 개성 공업 지구 조성에 합의하였다.
④ 10·4 남북 공동 선언을 채택하였다.
⑤ 이산 가족 고향 방문을 최초로 성사시켰다.

한국사능력검정시험 답안지

고급

성명

수험번호

	답		답		답
1 ① ② ③ ④ ⑤	11 ① ② ③ ④ ⑤	21 ① ② ③ ④ ⑤	31 ① ② ③ ④ ⑤	41 ① ② ③ ④ ⑤
2 ① ② ③ ④ ⑤	12 ① ② ③ ④ ⑤	22 ① ② ③ ④ ⑤	32 ① ② ③ ④ ⑤	42 ① ② ③ ④ ⑤
3 ① ② ③ ④ ⑤	13 ① ② ③ ④ ⑤	23 ① ② ③ ④ ⑤	33 ① ② ③ ④ ⑤	43 ① ② ③ ④ ⑤
4 ① ② ③ ④ ⑤	14 ① ② ③ ④ ⑤	24 ① ② ③ ④ ⑤	34 ① ② ③ ④ ⑤	44 ① ② ③ ④ ⑤
5 ① ② ③ ④ ⑤	15 ① ② ③ ④ ⑤	25 ① ② ③ ④ ⑤	35 ① ② ③ ④ ⑤	45 ① ② ③ ④ ⑤
6 ① ② ③ ④ ⑤	16 ① ② ③ ④ ⑤	26 ① ② ③ ④ ⑤	36 ① ② ③ ④ ⑤	46 ① ② ③ ④ ⑤
7 ① ② ③ ④ ⑤	17 ① ② ③ ④ ⑤	27 ① ② ③ ④ ⑤	37 ① ② ③ ④ ⑤	47 ① ② ③ ④ ⑤
8 ① ② ③ ④ ⑤	18 ① ② ③ ④ ⑤	28 ① ② ③ ④ ⑤	38 ① ② ③ ④ ⑤	48 ① ② ③ ④ ⑤
9 ① ② ③ ④ ⑤	19 ① ② ③ ④ ⑤	29 ① ② ③ ④ ⑤	39 ① ② ③ ④ ⑤	49 ① ② ③ ④ ⑤
10 ① ② ③ ④ ⑤	20 ① ② ③ ④ ⑤	30 ① ② ③ ④ ⑤	40 ① ② ③ ④ ⑤	50 ① ② ③ ④ ⑤

문항번호	정답	배점	문항번호	정답	배점	문항번호	정답	배점	문항번호	정답	배점
1	②	1	16	③	3	31	③	3	46	④	3
2	③	2	17	④	2	32	⑤	2	47	②	2
3	①	3	18	②	2	33	④	2	48	②	3
4	①	2	19	④	2	34	①	2	49	③	1
5	⑤	2	20	④	2	35	③	1	50	①	2
6	②	3	21	②	2	36	④	2			
7	⑤	1	22	②	2	37	⑤	3			
8	⑤	2	23	④	1	38	④	2			
9	①	2	24	①	2	39	②	2			
10	③	2	25	⑤	3	40	②	1			
11	②	2	26	⑤	2	41	②	2			
12	③	1	27	①	3	42	③	1			
13	④	2	28	④	1	43	⑤	2			
14	③	3	29	③	2	44	⑤	2			
15	②	1	30	⑤	2	45	④	2			

- 강경표. 『한국 근현대사』. 인천: 진영사, 2017.
- 국방부. 『국방백서 2018』. 서울: 국방부, 2018.
- 국방부. 『정신교육 기본교재』. 서울: 국방부, 2013.
- 국방부. 『한미동맹 60년사』. 서울: 국방부, 2013.
- 국방부. 『한미동맹과 주한미군』. 서울: 국방부, 2004.
- 국사편찬위원회. 『한국사능력검정시험』. 서울, 2018.
- 국사편찬위원회. 『고등학교 국사』. 서울: 교학사, 2005.
- 김뜻. 『육군부사관 필기평가』. 서울: 한국고시회, 2018.
- 김진재. 『적중 근현대사』. 서울: 코리아잡북스, 2015.
- 변태섭. 『한국사 통론』. 서울: 삼영사, 2005.
- 양형남. 『한국사 능력검정시험』. 서울: (주)에듀윌, 2016.
- 육군사관학교. 『북한학』. 서울: 황금알, 2011.
- 윤휘탁. 『신중화주의: 중화민족 대가정 만들기와 한반도』. 푸른역사, 2006.
- 이기백. 『한국사 신론』. 서울: 일조각, 2013.
- 이찬희·임상선·윤휘탁. 『동아시아의 역사분쟁: 한·중·일 역사교과서의 비교분석』. 동재: 2006.
- 이필희. 『2018 부사관』. 서울: 현대고시사, 2017.
- 주진오 외 4명. 『고등학교 한국 근·현대사』. 서울: 중앙교육진흥연구소, 2003.
- 통일교육원. 『2019 북한 이해』. 서울: 통일교육원, 2018.
- 통일교육원. 『2019 통일문제 이해』. 서울: 통일교육원, 2018.
- 한영우. 『다시찾는 우리역사』. 서울: 경세원, 2014.
- 허동욱·김진재. 『한국 근현대사와 군』. 서울: 박영사, 2017.
- 홍범준. 『한국사 바로가기(하) 근현대편』. 서울: (주)좋은책신사고, 2014.
- 기본자료: 검정 『고등학교 한국사』 교과서 8종(2013. 8. 30. 검정), 출판사: 미래엔, 비상교육, 지학사, 천재교육, 교학사, 금성출판사, 두산동아, 리베르스쿨

보조자료
- 국방부 홈페이지 국방정책소개: 한·미 안보협력
  (http://www.mnd.go.kr/mbshome/mbs/mnd/subview.jsp?id=mnd_010601010000&titleId=mnd_010601000000)
- 동북아역사재단홈페이지(http://www.historyfoundation.or.kr/) 중 〈동북아 역사이슈〉
- 외교부 독도 홈페이지(http://dokdo.mofa.go.kr/)
- 외교부 홈페이지(이슈별 자료실/지역별 이슈/동북아/일본군 위안부 피해자 문제)
- 한국정신대문제대책협의회 홈페이지(http://www.womenandwar.net)
  (http://www.uniedu.go.kr/uniedu/index.jsp)

저자약력

허동욱

충남대학교 대학원 졸업(군사학 박사)
국사편찬위원회 국사전문교육과정 수료
예)육군 대령
육군대학 인사행정처장, 합동군사대학교 참모학과장 역임
육군본부 군사연구소 자문위원 역임
육군본부 분석평가단 자문위원(現)
육군본부 군사연구 논문심사위원(現)
한국군사학논총 학술지 편집위원(現)
대한군사교육 논문지 편집위원(現)
학군협약대학협의회 수석부회장(現)

한국사능력검정시험 인증 1급(98점)
대학교 교양필수 한국사 6년째 강의 중
대덕대학교 '잘 가르치는 교수' 최우수상 수상

현재 대덕대학교 군사학부 학과장 및 교수

▌대표저서

『중국의 한반도 군사개입전략』(북코리아, 2011)
『시진핑시대의 한반도 군사개입전략』(북코리아, 2013)
『국방체육』공저(박영사, 2016)
『한국 근현대사와 군』공저(박영사, 2017)

한국사

초판발행   2019년 2월 25일

지은이   허동욱
펴낸이   안종만·안상준

편 집   한두희
기획/마케팅   정연환
표지디자인   김연서
제 작   우인도·고철민

펴낸곳   (주) **박영사**
              서울특별시 종로구 새문안로3길 36, 1601
              등록 1959. 3. 11. 제300-1959-1호(倫)

전 화   02)733-6771
f a x   02)736-4818
e-mail   pys@pybook.co.kr
homepage   www.pybook.co.kr
ISBN   979-11-303-0734-3   93390

정 가   22,000원